技工院校实训基地人才培养一体化模块教材

# 数控铣床加工实训
# （中级模块）

人力资源和社会保障部教材办公室组织编写

中国劳动社会保障出版社

## 内容简介

本书主要内容有数控铣床编程基础、数控铣床操作、数控铣床零件加工、数控铣床维护与故障诊断、职业技能鉴定数控铣工中级考核模拟试卷。

**图书在版编目(CIP)数据**

数控铣床加工实训：中级模块/史建军主编. —北京：中国劳动社会保障出版社，2015
技工院校实训基地人才培养一体化模块教材
ISBN 978-7-5167-1924-4

Ⅰ.①数… Ⅱ.①史… Ⅲ.①数控机床-铣床-加工工艺-教材 Ⅳ.①TG547

中国版本图书馆CIP数据核字(2015)第169756号

中国劳动社会保障出版社出版发行
（北京市惠新东街1号 邮政编码：100029）

*

北京鑫海金澳胶印有限公司印刷装订 新华书店经销
787毫米×1092毫米 16开本 21印张 468千字
2015年8月第1版 2025年1月第6次印刷
定价：39.00元

营销中心电话：400-606-6496
出版社网址：http://www.class.com.cn
http://jg.class.com.cn

# 技工院校实训基地人才培养一体化模块
# 教材编委会名单

**编审委员会**（按姓氏笔画排序）

王国海　冯跃虹　吕成鹰　刘海光　孙大俊
冷耀明　张　林　胡恒庆　龚　安

**编审人员**

本书主编：史建军
本书参编：仇晓燕　赵　旭　王　柱　李　宁　支双林
本书主审：周咸阳

# 前言

Preface

为了进一步发挥技工院校在技能人才培养方面的作用，切实满足企业对技能型人才的需求，人力资源和社会保障部教材办公室组织有关学校的骨干教师和行业、企业专家，在充分调研技工院校实训基地人才培养和培训模式以及企业技能人才需求的基础上，吸收和借鉴当前较为成熟的人才培养理念，编写了技工院校实训基地人才培养一体化模块教材。

**使用说明**

本套教材分为基础模块和专业核心模块（见下图）。其中专业核心模块教材根据国家职业技能鉴定标准中的初级、中级和高级要求设计有相对应的初级模块教材、中级模块教材和高级模块教材。实训基地可根据需要按照“基础模块 + 专业核心模块”组合模式选择相应的教材。

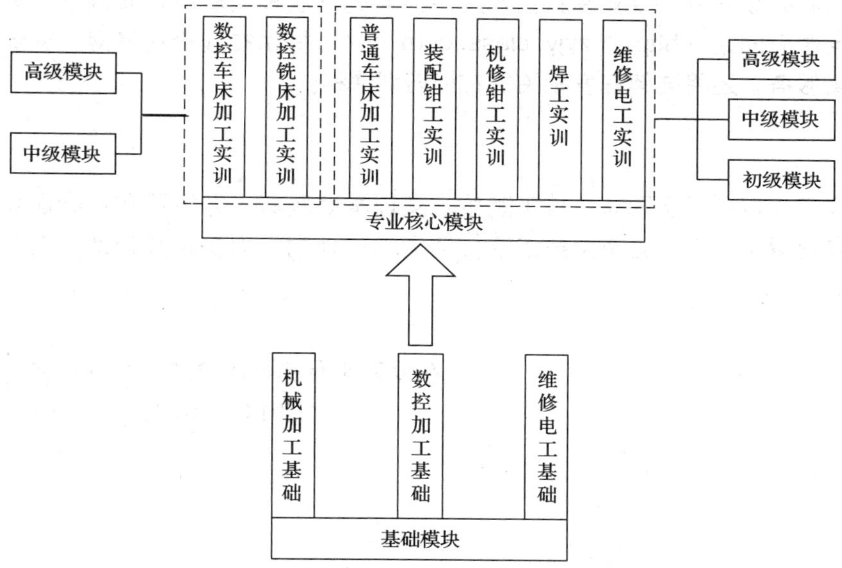


**编写特色**

◆与职业技能鉴定接轨

教材的编写以车工、数控车工、数控铣工、装配钳工、机修钳工、焊工、维修电工等国家职业技能标准为依据，涵盖国家职业技能标准（初、中、高级）的知识和技能要求，内容具有权威性。为了帮助学员熟悉职业技能鉴定考核形式及考题类型，每种专业核心模块教材均附有 3 ~ 5 套职业技能鉴定模拟试卷（包含理论知识试卷和技能操作试卷），并配有相应的参考答案。

◆与企业需求接轨

教材在编写中充分考虑企业的培训和用人需求，尽量选取企业真实的、有代表性的操作案例，整合相应的知识和技能，构建一体化教学模块，实现理论与操作技能的统一，既符合职业教育和职业培训的基本规律，又有利于培养学员分析问题和解决问题的综合职业能力。

◆保证先进性和规范性

教材根据相关专业领域的最新发展，编入了新知识、新技术、新设备、新材料等方面的内容，保证教材的先进性。同时采用最新的国家技术标准，使教材更加科学和规范。

**读者对象**

本套教材既可作为技工院校实训基地技能人才培养和培训用书，还可作为企业、社会培训机构的技能培训用书以及职业技术院校师生的专业用书。

**后续拓展**

作为补充，我们将陆续开发各专业高新技术应用方面的拓展模块教材，通过职业教育教学资源和数字学习中心网站（http://zyjy.class.com.cn/）提供在线论坛等网上交流以及相关教学资源下载服务，还将陆续开发相关的在线培训课程。

**致谢**

本套教材的开发工作得到了全国有关技工院校、实训基地及其人力资源和社会保障主管部门的支持，尤其是得到了江苏省有关技工院校及实训基地的大力支持和帮助，在此我们表示诚挚的谢意。

人力资源和社会保障部教材办公室

2014 年 10 月

# 目　录
CONTENTS

## 模块五 职业技能鉴定数控铣工中级考核模拟试卷

# 模块一 数控铣床编程基础

## 课题1　数控铣床的手工编程

学习目标

1. 了解数控编程的基础知识。
2. 掌握直线和圆弧的插补原理。
3. 掌握数控简单的数值计算方法。
4. 掌握固定循环和子程序的基本知识。

### 一、数控编程的基础知识

**1. 数控编程的定义**

为了使数控机床能根据零件加工的要求进行动作，必须将这些要求以机床数控系统能识别的指令形式告知数控系统，这种数控系统可以识别的指令称为程序，制作程序的过程称为数控编程。

数控编程的过程不仅仅指编写数控加工指令代码的过程，它还包括从零件分析到编写加工指令代码，再到制成控制介质以及程序校核的全过程。在编程前首先要进行零件的加工工艺分析，确定加工艺路线、工艺参数、刀具的运动轨迹、位移量、切削参数（切削速度、进给量、背吃刀量）以及各项辅助功能（换刀、主轴正反转、切削液开关等）；接着根据数控机床规定的指令代码及程序格式编写加工程序单；再把这一程序单中的内容记录在控制介质上（如软盘、移动存储器、硬盘等），检查正确无误后采用手工输入方式或计算机传输方式输入数控机床的数控装置中，从而指挥机床加工零件。

**2. 数控编程的内容与步骤**

数控编程步骤如图1—1—1所示，主要有以下几个方面的内容。

**（1）分析图样**

分析图样包括零件轮廓分析，零件尺寸精度、形位精度、表面粗糙度、技术要求的分析，零件材料、热处理等要求的分析。

**（2）确定加工工艺**

确定加工工艺包括选择加工方案、确定加工路线、选择定位与夹紧方式、选择刀具、

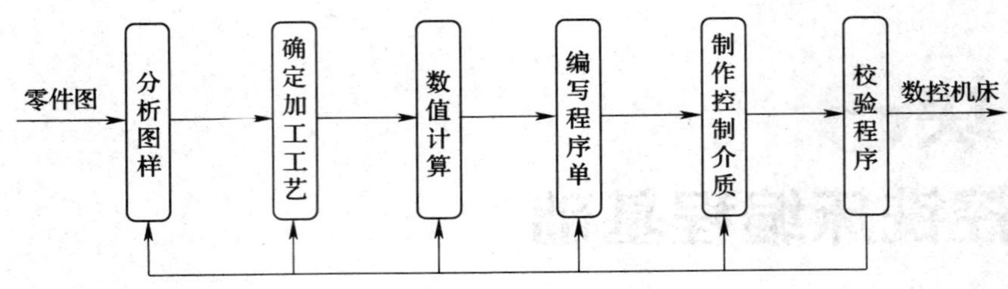


图 1—1—1　数控编程步骤

选择各项切削参数、选择对刀点和换刀点。

**(3) 数值计算**

数值计算包括选择编程原点，对零件图形各基点进行正确的数学计算，为编写程序单做好准备。

**(4) 编写程序单**

编写程序单是指根据数控机床规定的指令代码及程序格式编写加工程序单。

**(5) 制作控制介质**

简单的数控程序直接采用手工输入机床，当程序自动输入机床时，必须制作控制介质。现在大多数程序采用软盘、移动存储器、硬盘作为存储介质，采用计算机传输来输入机床。目前，除了少数老式的数控机床仍在采用穿孔纸带外，现代数控机床均不再采用此种控制介质。

**(6) 校验程序**

程序必须经过校验正确后才能使用。一般采用机床空运行的方式进行校验，有图形显示卡的机床可直接在 CRT 显示屏上进行校验，现在有很多学校还采用计算机数控模拟仿真进行校验。以上方式只能进行数控程序、机床动作的校验，如果要校验加工精度，则要进行首件试切校验。

**3. 数控编程的分类**

数控编程可分为手工编程和自动编程两种。

**(1) 手工编程**

手工编程是指所有编制加工程序的全过程，即图样分析、工艺处理、数值计算、编写程序单、制作控制介质、程序校验都是由手工来完成。手工编程不需要计算机、编程器、编程软件等辅助设备，只需要有合格的编程人员即可完成。手工编程具有编程快速、及时的优点，其缺点是不能进行复杂曲面的编程。手工编程比较适合批量较大、形状简单、计算方便、轮廓由直线或圆弧组成的零件的加工。对于形状复杂的零件，特别是具有非圆曲线、列表曲线及曲面的零件，采用手工编程则比较困难，最好采用自动编程的方法进行编程。

**(2) 自动编程**

自动编程是指用计算机编制数控加工程序的过程。自动编程的优点是效率高、正确性好。自动编程由计算机代替人完成复杂的坐标计算和书写程序单的工作，它可以解决许多手工编制无法完成的复杂零件编程难题，但其缺点是必须具备自动编程系统或自动编程软件。自动编程较适合形状复杂零件的加工程序编制，如模具加工、多轴联动加工等场合。

实现自动编程的方法主要有语言式自动编程和图形交互式自动编程两种。前者通过高级语言的形式表示出全部加工内容，计算机运行时采用批处理方式，一次性处理、输出加工程序；后者是采用人机对话的处理方式，利用 CAD/CAM 功能生成加工程序。

**4. 程序的结构与格式**

每种数控系统，根据系统本身的特点及编程的需要，都有一定的程序格式。对于不同的机床，其程序格式也不尽相同。因此，编程人员必须严格按照机床说明书的规定格式进行编程。

**(1) 程序结构**

一个完整的程序由程序号、程序的内容和程序结束三部分组成。

举例如下：

| 程序 | 说明 |
|---|---|
| O0001; | 程序号 |
| N10 G92 X40 Y30;<br>N20 G90 G00 X28 T01 S800 M03;<br>N30 G01 X－8 Y8 F200;<br>N40 X0 Y0;<br>N50 X28 Y30;<br>N60 G00 X40; | 程序内容 |
| N70 M02; | 程序结束 |

1）程序号。在程序的开头要有程序号，以便进行程序检索。程序号就是给零件加工程序一个编号，并说明该零件加工程序开始。如 FANUC 数控系统中，一般采用英文字母 O 及其后 4 位十进制数表示（“O××××”），4 位数中若前面为 0，则可以省略，如“O0101”等效于“O101”。而其他系统有时也采用符号“%”或“P”及其后 4 位十进制数表示程序号。

2）程序内容。程序内容部分是整个程序的核心，它由许多程序段组成，每个程序段由一个或多个指令构成，它表示数控机床要完成的全部动作。

3）程序结束。程序结束是以程序结束指令 M02、M30 或 M99（子程序结束）作为程序结束的符号，用来结束零件加工。

**(2) 程序段格式**

零件的加工程序是由许多程序段组成的，每个程序段由程序段号、若干个数据字和程序段结束字符组成，每个数据字是控制系统的具体指令，它是由地址符、特殊文字和数字集合而成，它代表机床的一个位置或一个动作。

程序段格式是指一个程序段中字、字符和数据的书写规则。目前，国内外广泛采用字—地址可变程序段格式。

所谓字—地址可变程序段格式，就是在一个程序段内数据字的数目以及字的长度（位数）都是可以变化的格式。不需要的字以及与上一程序段相同的续效字可以不写。一般的书写顺序为从左往右（见表 1—1—1），对其中不用的功能应省略。

该格式的优点是程序简短、直观以及容易检验、修改。

**表 1—1—1　　程序段书写顺序格式**

| 1 | 2 | 3 | 4 | 5 | 6 | 7 | 8 | 9 | 10 | 11 |
|---|---|---|---|---|---|---|---|---|---|---|
| N_ | G_ | X_<br>U_<br>P_<br>A_<br>D_ | Y_<br>V_<br>Q_<br>B_<br>E_ | Z_<br>W_<br>R_<br>C_ | I_ J_ K_<br>R_ | F_ | S_ | T_ | M_ | LF（或 CR） |
| 程序段序号 | 准备功能 | 坐标字 | | | | 进给功能 | 主轴功能 | 刀具功能 | 辅助功能 | 结束符号 |
| | 数据字 | | | | | | | | | |

例如，N20 G01 X25 Z－36 F100 S300 T02 M03；

程序段内各字的说明如下

1）程序段序号（简称顺序号）。它是用以识别程序段的编号。用地址码 N 和后面的若干位数字来表示。如 N20 表示该语句的语句号为 20。

2）准备功能 G 指令。它是使数控机床做某种动作的指令，由地址 G 和两位数字所组成，从 G00 ~ G99 共 100 种。G 功能的代号已标准化。

①非模态 G 功能。只在所规定的程序段中有效，程序段结束时被注销。

例：N10 G04 P10.0；（延时 10s）

N11 G91 G00 X－10.0 F200；（*X* 负向移动 10 mm）

注解：N10 程序段中 G04 是非模态 G 代码，不影响 N11 程序段的移动。

②模态 G 功能。一组可相互注销的 G 功能，这些功能一旦被执行，则一直有效，直到被同一组的 G 功能注销为止。

例：N15 G91 G01 X－10.0 F200；

N16 Y10.0；（G91、G01 仍然有效）

N17 G03 X20.0 Y20.0 R20；（G03 有效，G01 无效）

数控铣削及加工中心编程常用准备功能指令见表 1—1—2。

**表 1—1—2　　常用准备功能指令**

| 指令代码 | 功能 | 模态 | 组别 | 指令代码 | 功能 | 模态 | 组别 |
|---|---|---|---|---|---|---|---|
| G00 | 快速点定位 | * | 01 | G17 | *XY* 平面选择 | * | 02 |
| G01 | 直线插补 | * | 01 | G18 | *ZX* 平面选择 | * | 02 |
| G02 | 顺时针圆弧插补 | * | 01 | G19 | *YZ* 平面选择 | * | 02 |
| G03 | 逆时针圆弧插补 | * | 01 | G20 | 英制输入 | * | |
| G04 | 进给暂停 | | 00 | G21 | 公制输入 | * | |
| G09 | 准确停止 | | | G28 | 自动返回原点 | | 00 |
| G15 | 极坐标指令取消 | * | | G29 | 从参考点返回 | | 00 |
| G16 | 极坐标指令 | * | | G33 | 螺纹切削 | * | |

续表

| 指令代码 | 功能 | 模态 | 组别 | 指令代码 | 功能 | 模态 | 组别 |
|---|---|---|---|---|---|---|---|
| G40 | 刀具半径补偿取消 | * | 07 | G73、G74、G76 | 固定循环指令 | | |
| G41 | 刀具半径左补偿 | * | 07 | G80 | 固定循环取消 | | |
| G42 | 刀具半径右补偿 | * | 07 | G81 ~ G89 | 固定循环指令 | | |
| G43 | 刀具长度正补偿 | * | 07 | G90 | 绝对指令编程 | | |
| G44 | 刀具长度负补偿 | * | 07 | G91 | 增量指令编程 | | |
| G49 | 刀具长度补偿取消 | * | 07 | G92 | 工件坐标系变更 | | |
| G50 | 比例缩放取消 | | | G94 | 每分钟进给 | | |
| G51 | 比例缩放 | | | G95 | 主轴每转进给 | | |
| G52 | 局部坐标系 | | | G96 | 恒线速度指令 | | |
| G53 | 机床坐标系 | | | G97 | 取消恒线速度指令 | | |
| G54 ~ G59 | 工件坐标系 | | | G98 | 返回初始平面 | | |
| G68 | 坐标系旋转 | | | G99 | 返回安全平面 | | |
| G69 | 坐标系旋转取消 | | | | | | |

3）坐标字。它由坐标地址符（如 X、Y 等）、+、－符号及绝对值（或增量）的数值组成，且按一定的顺序进行排列。坐标字的“+”可省略。

其中坐标字的地址符含义见表 1—1—3。

**表 1—1—3　　地址符含义**

| 地址码 | 意　义 |
|---|---|
| X－　Y－　Z－ | 基本直线坐标轴尺寸 |
| U－　V－　W－ | 第一组附加直线坐标轴尺寸 |
| P－　Q－　R－ | 第二组附加直线坐标轴尺寸 |
| A－　B－　C－ | 绕 *X*、*Y*、*Z* 旋转坐标轴尺寸 |
| I－　J－　K－ | 圆弧圆心的坐标尺寸 |
| D－　E－ | 附加旋转坐标轴尺寸 |
| R－ | 圆弧半径值 |

各坐标轴的地址符按下列顺序排列：

X、Y、Z、U、V、W、P、Q、R、A、B、C、D、E

4）进给功能 F 指令。它用来指定各运动坐标轴及其任意组合的进给量或螺纹导程。该指令是续效代码，有两种表示方法。

①代码法。即 F 后跟两位数字，这些数字不直接表示进给速度的大小，而是机床进给速度数列的序号，进给速度数列可以是算术级数，也可以是几何级数。从 F00 ~ F99 共 100 个等级。

②直接指定法。即 F 后面跟的数字就是进给速度的大小。按数控机床的进给功能，它

也有两种速度表示法。一是以每分钟进给距离的形式指定刀具切削进给速度（每分钟进给量），用F字母和它后继的数值表示，单位为“mm/min”，如F100表示进给速度为100 mm/min；对于回转轴，如F12表示每分钟进给速度为12°。二是以主轴每转进给量规定的速度（每转进给量），单位为“mm/r”。直接指定方法较为直观，因此现在大多数机床均采用这一指定方法。

5）主轴转速功能字S指令。它用来指定主轴的转速，由地址码S和在其后的若干位数字组成。有恒转速（单位r/min）和表面恒线速（单位m/min）两种运转方式。如S800表示主轴转速为800 r/min；对于有恒线速度控制功能的机床，还要用G96或G97指令配合S代码来指定主轴的速度。如G96　S200表示切削速度为200 m/min，G96为恒线速控制指令；G97　S2000表示注销G96，主轴转速为2 000 r/min。

6）刀具功能字T指令。它主要是用来选择刀具，也可用来选择刀具偏置和补偿，由地址码T和若干位数字组成。如T18表示换刀时选择18号刀具，如用作刀具补偿时，T18是指按18号刀具事先所设定的数据进行补偿。若用四位数码指令时，如T0102，则前两位数字表示刀号，后两位数字表示刀补号。由于不同的数控系统有不同的指定方法和含义，具体应用时应参照所用数控机床说明书中的有关规定进行。

7）辅助功能字M指令。辅助功能表示一些机床辅助动作及状态的指令。由地址码M和后面的两位数字表示。从M00～M99共100种，见表1—1—4。

**表1—1—4　　准备功能M代码**

| 代码 | 功能 | 代码 | 功能 |
|---|---|---|---|
| M00 | 程序停止 | M06 | 更换刀具 |
| M01 | 程序有条件停止 | M08 | 冷却液开 |
| M02 | 程序结束 | M09 | 冷却液关 |
| M03 | 主轴顺时针方向 | M30 | 程序结束并返回起点 |
| M04 | 主轴逆时针方向 | M98 | 子程序调用 |
| M05 | 主轴停止 | M99 | 子程序返回 |

8）程序段结束：写在每个程序段之后，表示程序结束。当用EIA标准代码时，结束符为“CR”，用ISO标准代码时为“NL”或“LF”。有的用符号“;”或“*”表示。

## 二、直线和圆弧的插补

### 1. 插补的基本概念

插补是指在轮廓控制系统中，根据给定的进给速度和轮廓线形的要求等“有限信息”，在已知数据点之间插入中间点的方法。插补的实质就是数据点的“密化”。插补的结果是输出运动轨迹的中间坐标值，机床伺服驱动系统根据这些坐标值控制各坐标轴协调运动，加工出预定的几何形状。

### 2. 插补的含义

插补有两层含义：一是用小线段逼近产生基本线型（如直线、圆弧等）；二是用基本线型拟合其他轮廓曲线。

插补运算具有实时性，直接影响刀具的运动。插补运算的速度和精度是数控装置的重要指标。插补原理也叫轨迹控制原理。五坐标插补加工仍是国外对我国封锁的技术。

## 三、数值计算

根据零件图样，按照已确定的加工路线和允许的编程误差，计算出数控系统所需要的输入数据，称为数控加工的数值计算。具体地说，数值计算就是计算出零件轮廓上或刀具轨迹上一些点的坐标数据。

数值计算的内容繁简悬殊甚大。点位控制系统只需进行简单的尺寸计算，而轮廓控制系统则复杂得多。为了提高工效，降低出错率，有效的途径是计算机辅助完成坐标数据的计算，或直接采用自动编程。

**1. 基点坐标的计算**

一个零件的轮廓往往是由许多不同的几何元素所组成，如直线、圆弧、二次曲线和特形曲线等。各个几何元素间的连接点称为基点，如两直线间的交点、直线与圆弧或圆弧与圆弧间的交点或切点、圆弧与二次曲线的交点或切点等。计算的方法可以是联立方程组求解，也可以利用几何元素间的三角函数关系求解或采用计算机辅助计算编程，计算比较方便。这里只简单介绍联立方程组求解基点坐标的方法。

采用联立方程组求解基点坐标，若直接列解方程组，计算过程是比较繁琐的，为简化计算，可以将计算过程标准化。

**（1）直线与圆弧相交或相切**

如图 1—1—2 所示，已知直线方程为 $y = kx + b$，求以点（$x_0$，$y_0$）为圆心，半径为 $R$ 的圆与该直线的交点坐标（$x_c$，$y_c$）。

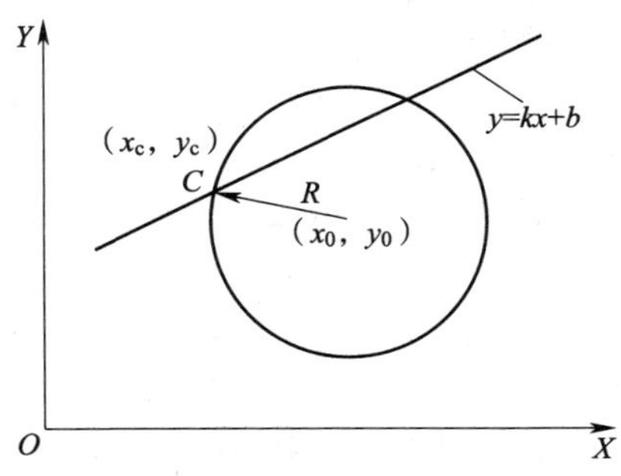


图 1—1—2　直线与圆弧相交

直线方程与圆方程联立，得联立方程组：

$$\begin{cases}(x - x_0)^2 + (y - y_0)^2 = R^2 \\ y = kx + b\end{cases}$$

经推算后给出标准计算公式如下：

$$A = 1 + k^2$$

$$B = 2[k(b - y_0) - x_0]$$

$$C = x_0^2 + (b - y_0)^2 - R^2$$

$$x_c = \frac{-B \pm \sqrt{B^2 - 4AC}}{2A} \quad (\text{求 } x_c \text{ 较大者时取“+”})$$

$$y_c = kx_c + b$$

上式也可用于求解直线与圆相切时的切点坐标。当直线与圆相切时，取 $B^2 - 4AC = 0$，此时 $x_c = -B/(2A)$，其余计算公式不变。

**（2）圆弧与圆弧相交或相切**

如图 1—1—3 所示，已知两相交圆的圆心坐标及半径分别为（$x_1$，$y_1$）、$R_1$，（$x_2$，$y_2$）、$R_2$，求其交点坐标（$x_c$，$y_c$）。

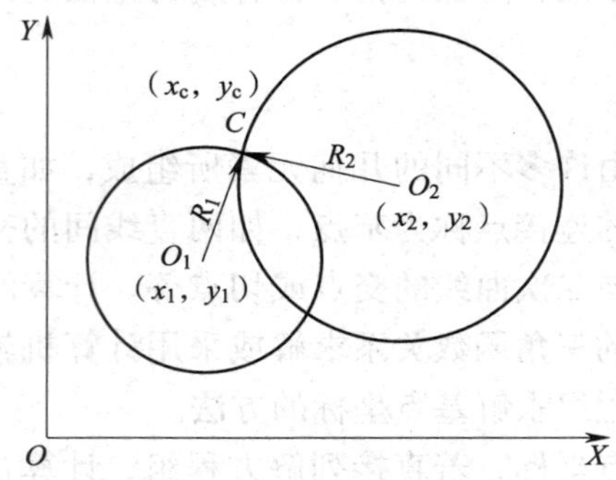


图 1—1—3　圆弧与圆弧相交

联立两圆方程，得联立方程组：

$$\begin{cases}(x - x_1)^2 + (y - y_1)^2 = R_1^2 \\ (x - x_2)^2 + (y - y_2)^2 = R_2^2\end{cases}$$

经推算可给出标准计算公式如下：

$$\Delta x = x_2 - x_1$$

$$\Delta y = y_2 - y_1$$

$$D = \frac{(x_2^2 + y_2^2 - R_2^2) - (x_1^2 + y_1^2 - R_1^2)}{2}$$

$$A = 1 + \left(\frac{\Delta x}{\Delta y}\right)^2$$

$$B = 2\left[\left(y_1 - \frac{D}{\Delta y}\right)\frac{\Delta x}{\Delta y} - x_1\right]$$

$$C = \left(y_1 - \frac{D}{\Delta y}\right)^2 + x_1^2 - R_1^2$$

$$x_c = \frac{-B \pm \sqrt{B^2 - 4AC}}{2A} \quad (\text{求 } x_c \text{ 较大值时取“+”})$$

$$y_c = \frac{D - \Delta x x_c}{\Delta y}$$

当两圆相切时，$B^2 - 4AC = 0$，因此上式也可用于求两圆相切的切点。

**2. 非圆曲线节点坐标的计算**

当被加工零件轮廓形状与机床的插补功能不一致时，如在只有直线和圆弧插补功能的数控机床上加工双曲线、抛物线、阿基米德螺线或列表曲线时，就要采用逼近法加工，用直线或圆弧去逼近被加工曲线。这时，逼近线段与被加工曲线的交点，称为节点。如图1—1—4a 所示为用直线段逼近非圆曲线的情况，图 1—1—4b 为用圆弧段逼近非圆曲线的情况。

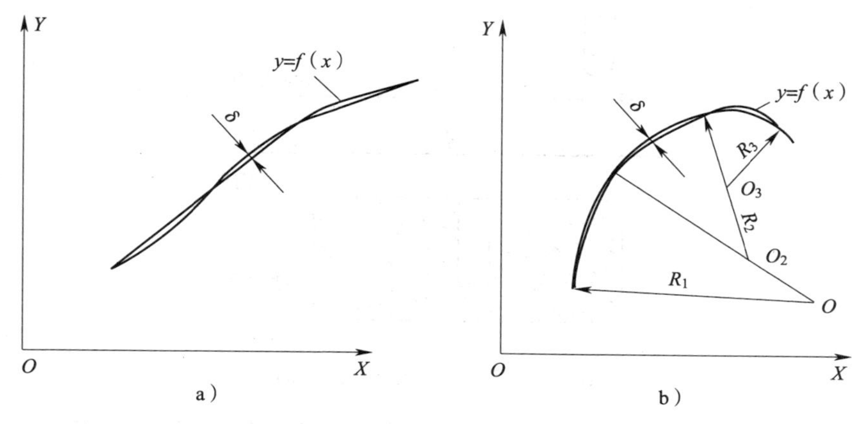


图 1—1—4　曲线逼近

编写程序段时，应按节点划分程序段。逼近线段的近似区间越大，则节点数目越少，相应的程序段数目也会减少，但逼近线段的误差 $\delta$ 应小于或等于编程允许误差 $\delta_{允}$，即 $\delta \leq \delta_{允}$。考虑到工艺系统及计算误差的影响，一般取零件公差的 1/10 ~ 1/5。

非圆曲线轮廓零件的数值计算过程，一般可按以下步骤进行。

（1）选择插补方式，即采用直线还是圆弧逼近非圆曲线。采用直线段逼近，一般数学处理较简单，但计算的坐标数据较多，且各直线段间连接处存在尖角，由于在尖角处，刀具不能连续地对零件进行切削，零件表面会出现硬点或切痕，使加工质量变差。采用圆弧段逼近的方式，可以大大减少程序段的数目，同时若采用彼此相切的圆弧段来逼近非圆曲线，可以提高零件表面的加工质量。但采用圆弧段逼近，其数学处理过程比直线要复杂一些。

（2）确定编程允许误差，即使 $\delta \leq \delta_{允}$。

（3）选择数学模型，确定计算方法。目前生产中采用的算法比较多，在决定采用什么算法时，主要考虑的因素有两条：一是尽可能按等误差的条件，确定节点坐标位置，以便最大限度地减少程序段的数目；二是尽可能寻找一种简便的计算方法，以便于计算机程序的制作，及时得到节点坐标数据。

（4）根据算法，画出计算机处理流程图。

（5）用高级语言编写程序，上机调试，并获得节点坐标数据。

## 四、固定循环

在编程过程中，对于孔加工（钻孔、攻螺纹、镗孔、深孔钻削等），常常使用孔加工固定循环指令，对于型腔和凸台加工，常常使用子程序，应用循环指令和子程序可以简化加工程序和提高编程的效率。

### 1. 孔加工固定循环

#### (1) 孔加工固定循环的运动与动作

对工件进行孔加工时，根据刀具的运动位置可以分为四个平面：初始平面、*R* 平面、工件平面和孔底平面，如图 1—1—5 所示。在孔加工过程中，刀具的运动由 6 个动作组成。

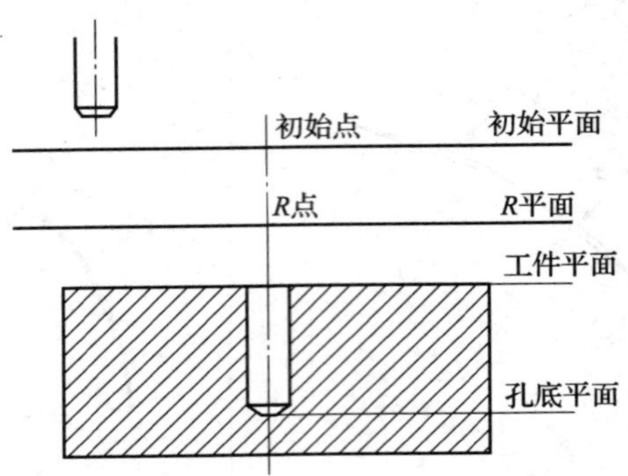


图 1—1—5　孔加工循环的平面

动作 1——快速定位至初始点，*X*、*Y* 表示了初始点在初始平面中的位置。

动作 2——快速定位至 *R* 点，刀具自初始点快速进给到 *R* 点。

动作 3——孔加工以切削进给的方式执行孔加工的动作。

动作 4——在孔底的相应动作包括暂停、主轴准停、刀具移位等动作。

动作 5——返回到 *R* 点，继续孔加工时刀具返回到 *R* 点平面。

动作 6——快速返回到初始点，孔加工完成后返回初始点平面。

为了保证孔加工的加工质量，有的孔加工固定循环指令需要主轴准停、刀具移位。

如图 1—1—6 所示为在孔加工固定循环中刀具的运动与动作，图中的虚线表示快速进给，实线表示切削进给。

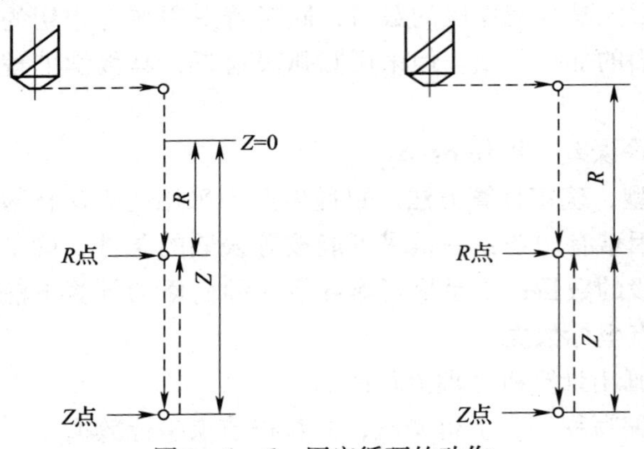


图 1—1—6　固定循环的动作

1）初始平面。初始平面是为安全操作而设定的定位刀具的平面。初始平面到零件表面的距离可以任意设定。若使用同一把刀具加工若干个孔，当孔间存在障碍需要跳跃或全部孔加工完成时，用 G98 指令使刀具返回到初始平面；否则，在中间加工过程中可用 G99 指令使刀具返回到 *R* 点平面，这样可缩短加工辅助时间。

2）$R$ 点平面。$R$ 点平面又叫 $R$ 参考平面。这个平面表示刀具从快进转为工进的转折位置，$R$ 点平面距工件表面的距离主要考虑工件表面形状的变化，一般可取 2～5 mm。

3）孔底平面。$Z$ 表示孔底平面的位置，加工通孔时刀具伸出工件孔底平面一段距离，保证通孔全部加工到位，钻削盲孔时应考虑钻头钻尖对孔深的影响。

**（2）选择加工平面及孔加工轴线**

选择加工平面有 G17、G18 和 G19 三条指令，对应 $XOY$、$XOZ$ 和 $YOZ$ 三个加工平面，以及对应孔加工轴线分别为 $Z$ 轴、$Y$ 轴和 $X$ 轴。立式数控铣床孔加工时，只能在 $XOY$ 平面内使用 $Z$ 轴作为孔加工轴线，与平面选择指令无关。下面主要讨论立式数控铣床孔加工固定循环指令。

**（3）孔加工固定循环指令格式**

1）指令格式：

G90 G99 G73～G89 X__ Y__ Z__ R__ Q__ P__ F__ L__ ;

G90 G98 G73～G89 X__ Y__ Z__ R__ Q__ P__ F__ L__ ;

G91 G99 G73～G89 X__ Y__ Z__ R__ Q__ P__ F__ L__ ;

G91 G98 G73～G89 X__ Y__ Z__ R__ Q__ P__ F__ L__ ;

2）指令功能：孔加工固定循环。

3）指令说明

①在 G90 或 G91 指令中，$Z$ 坐标值有不同的定义。

②G98、G99 为返回点平面选择指令，G98 指令表示刀具返回到初始点平面，G99 指令表示刀具返回到 $R$ 点平面，如图 1—1—6 所示。

③孔加工方式 G73～G89 指令，孔加工方式对应指令见表 1—1—5。

④X__ Y__ 指定加工孔的位置（与 G90 或 G91 指令的选择有关）。

Z__ 指定孔底平面的位置（与 G90 或 G91 指令的选择有关）。

R__ 指定 $R$ 点平面的位置（与 G90 或 G91 指令的选择有关）。

Q__ 在 G73 或 G83 指令中定义每次进刀加工深度，在 G76 或 G87 指令中定义位移量，Q 值为增量值，与 G90 或 G91 指令的选择无关。

P__ 指定刀具在孔底的暂停时间，用整数表示，单位为 ms。

F__ 指定孔加工切削进给速度。该指令为模态指令，即使取消了固定循环，在其后的加工程序中仍然有效。

L__ 指定孔加工的重复加工次数，执行一次 L1 可以省略。如果程序中选 G90 指令，刀具在原来孔的位置上重复加工；如果选择 G91 指令，则用一个程序段对分布在一条直线上的若干个等距孔进行加工。L 指令仅在被指定的程段中有效。

**表 1—1—5　固定循环功能表**

| 指令 | 动作 3（$-z$）方向的进刀动作 | 动作 4 孔底位置的动作 | 动作 5（$+z$）方向的退回动作 | 用途 |
|---|---|---|---|---|
| G73 | 间歇进给 | | 快速移动 | 高速深孔啄钻循环 |
| G74 | 切削进给 | 主轴停止→主轴正转 | 切削进给 | 攻左螺纹循环 |

续表

| 指令 | 动作 3（−z）方向的进刀动作 | 动作 4 孔底位置的动作 | 动作 5（+z）方向的退回动作 | 用途 |
|---|---|---|---|---|
| G76 | 切削进给 | 主轴定向停止 | 快速移动 | 精镗孔循环 |
| G80 | | | | 固定循环取消 |
| G81 | 切削进给 | | 快速移动 | 钻孔循环 |
| G82 | 切削进给 | 暂停 | 快速移动 | 沉孔钻孔循环 |
| G83 | 间歇进给 | | 快速移动 | 深孔啄钻循环 |
| G84 | 切削进给 | 主轴停止→主轴反转 | 切削进给 | 攻右螺纹循环 |
| G85 | 切削进给 | | 切削进给 | 铰孔循环 |
| G86 | 切削进给 | 主轴停止 | 快速移动 | 镗孔循环 |
| G87 | 切削进给 | 主轴停止 | 快速移动 | 背镗孔循环 |
| G88 | 切削进给 | 暂停→主轴停止 | 手动操作 | 镗孔循环 |
| G89 | 切削进给 | 暂停 | 切削进给 | 镗孔循环 |

**2. 固定循环的基本动作**

如图 1—1—7a 所示，选用绝对坐标方式 G90 指令，*Z* 表示孔底平面相对坐标原点的距离，*R* 表示 *R* 点平面相对坐标原点的距离；如图 1—1—7b 所示，选用相对坐标方式 G91 指令，*R* 表示初始点平面至 *R* 点平面的距离，*Z* 表示 *R* 点平面至孔底平面的距离。孔加工方式指令以及指令中 Z、R、Q、P 等指令都是模态指令。

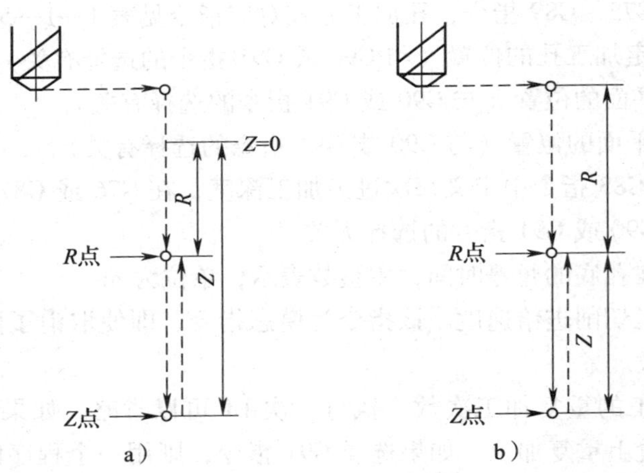


图 1—1—7　G90 与 G91 的坐标计算
a) G90 指令　b) G91 指令

**3. 重复固定循环简单应用举例**

钻削如图 1—1—8 所示中的后 4 个孔，编制加工程序。

G90 G00 X20 Y10;

G91 G98 G81 X10 Y5 Z－20 R－5 L4 F80;

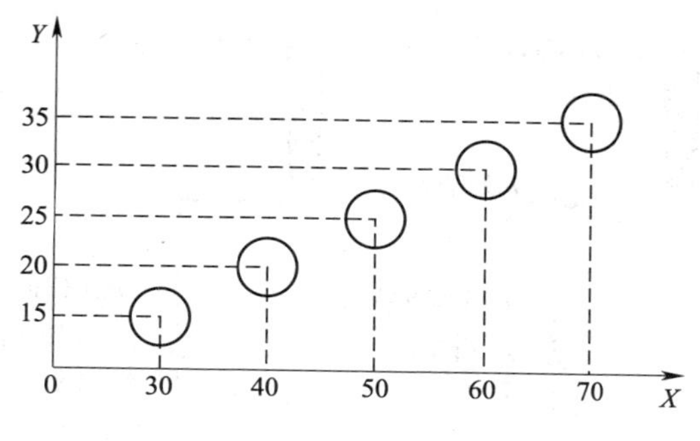


图 1—1—8　例题图

当加工很多相同的孔时，应仔细分析孔的分布规律，合理使用重复固定循环，尽量简化编程。本例中各孔按等间距线性分布，可以使用重复固定循环加工，即用地址 L 规定重复次数。采用这种方式编程，在进入固定循环之前，刀具不能直接定位在第一个孔的位置，而应向前移动一个孔的位置。因为在执行固定循环时，刀具要先定位后再执行钻孔动作。

**4. FANUC 系统数控铣床常用固定循环详解**

**（1）高速啄式深孔钻循环（G73）（见图 1—1—9）**

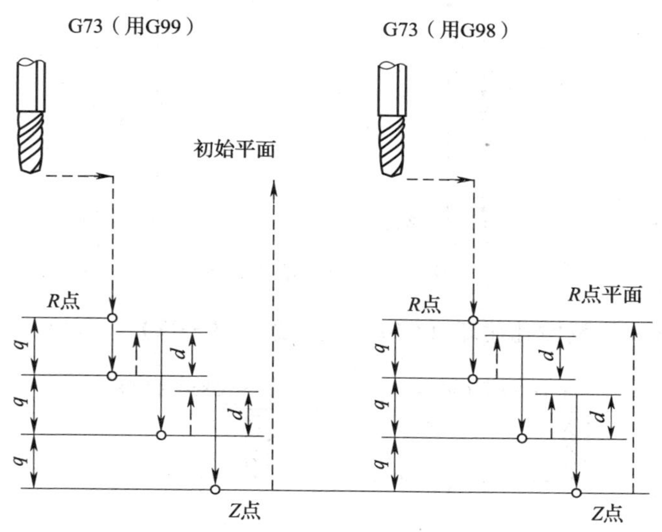


图 1—1—9　高速啄式深孔钻循环

指令格式：G73 X___ Y___ Z___ R___ Q___ P___ F___ K___ ；

加工方式：进给—孔底—快速退刀。

**（2）攻左螺纹循环（G74）（见图 1—1—10）**

指令格式：G74 X___ Y___ Z___ R___ Q___ P___ F___ K___ ；

加工方式：进给—孔底—主轴暂停—正转—快速退刀。

**（3）钻孔循环——点钻孔循环（G81）（见图 1—1—11）**

指令格式：G81 X___ Y___ Z___ R___ F___ K___ ；

加工方式：进给—孔底—快速退刀。

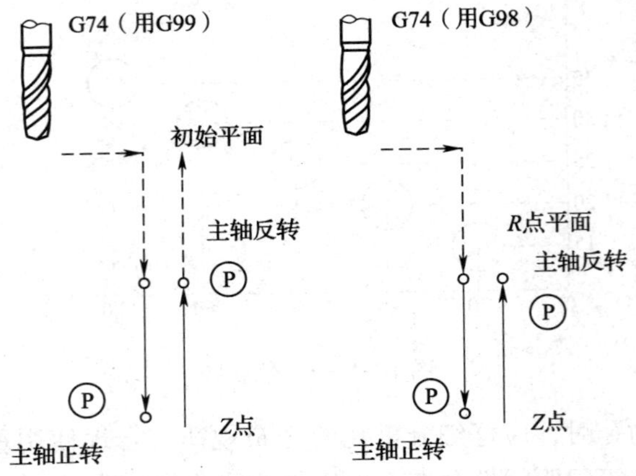

图 1—1—10　攻左螺纹循环

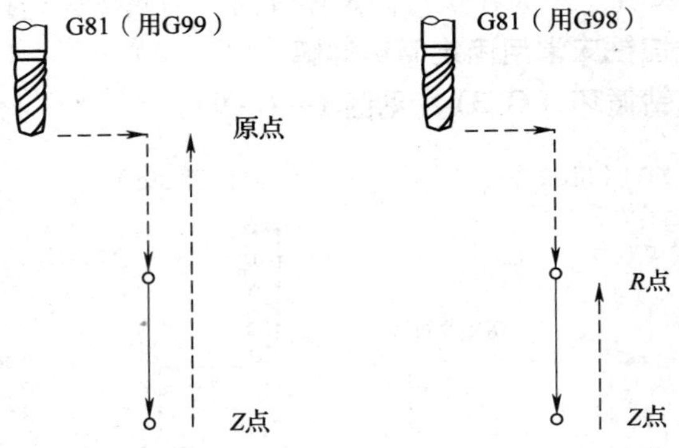

图 1—1—11　钻孔循环

**（4）钻孔循环——反镗孔循环（G82）（见图 1—1—12）**

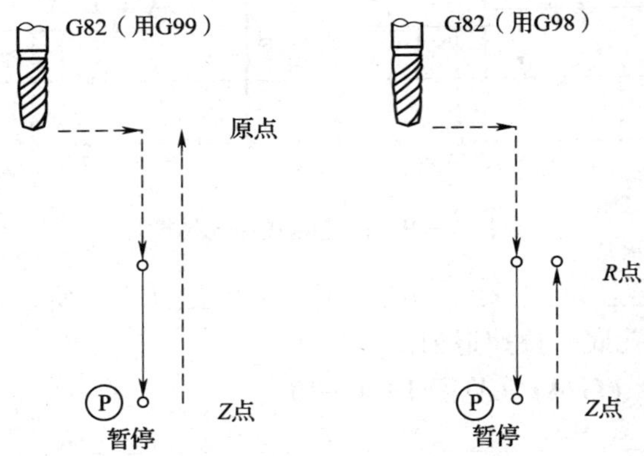

图 1—1—12　钻孔循环

指令格式：G82 X___ Y___ Z___ R___ F___ K___ ；

加工方式：进给—孔底—快速退刀。

**（5）啄式钻孔循环（G83）（见图1—1—13）**

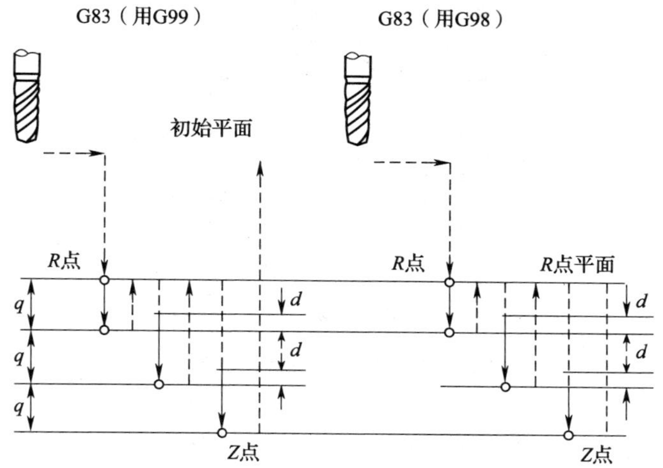


图1—1—13　啄式钻孔循环

指令格式：G83 X___ Y___ Z___ Q___ R___ F___ K___ ；

加工方式：中间进给—孔底—快速退刀。

**（6）攻螺纹循环（G84）（见图1—1—14）**

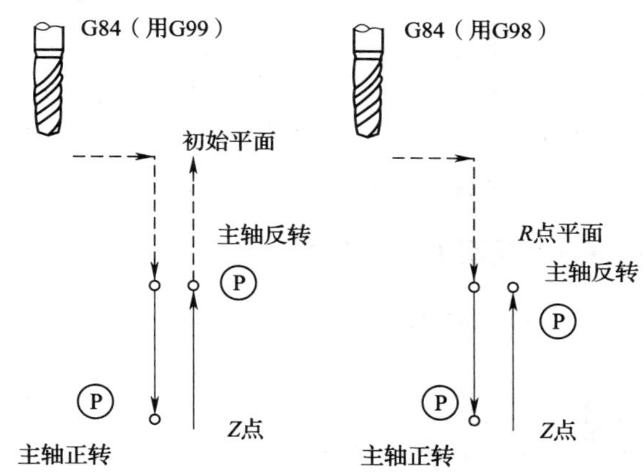


图1—1—14　攻螺纹循环

指令格式：G84 X___ Y___ Z___ R___ P___ F___ K___ ；

加工方式：进给—孔底—主轴反转—快速退刀。

**（7）镗孔循环（G85）（见图1—1—15）**

指令格式：G85 X___ Y___ Z___ R___ F___ K___ ；

加工方式：中间进给—孔底—快速退刀。

**（8）镗孔循环（G86）（见图1—1—16）**

指令格式：G86 X___ Y___ Z___ R___ F___ K___ ；

加工方式：进给—孔底—主轴停止—快速退刀。

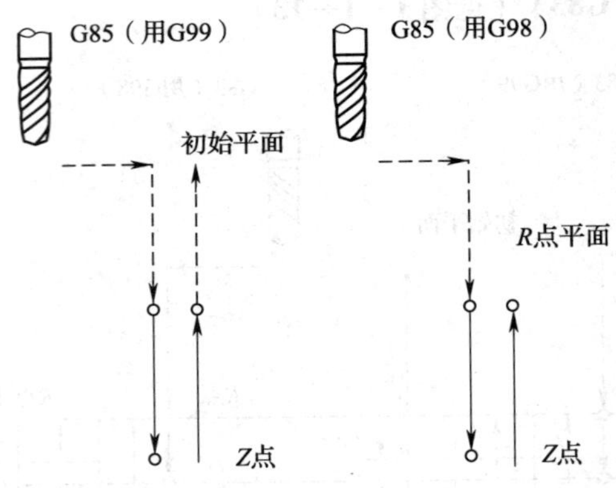


图 1—1—15　镗孔循环（G85）

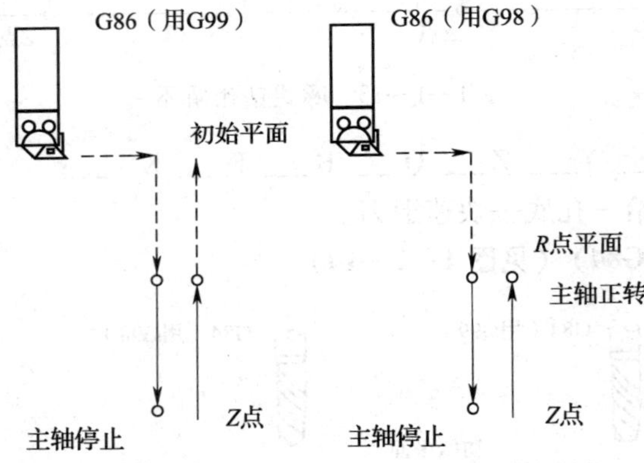


图 1—1—16　镗孔循环（G86）

**(9) 反镗孔循环（G87）（见图 1—1—17）**

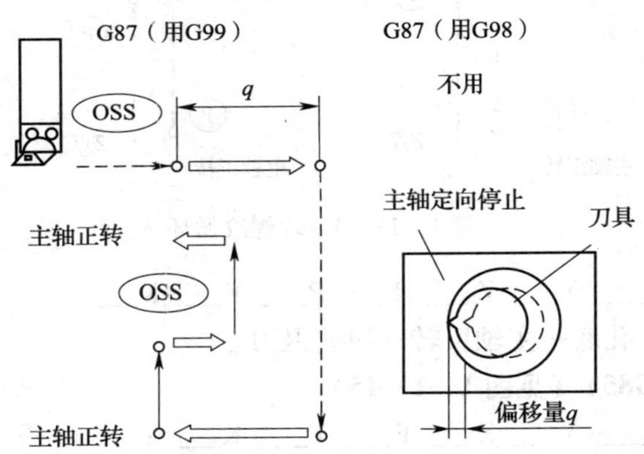


图 1—1—17　反镗孔循环（G87）

指令格式：G87 X___ Y___ Z___ R___ F___ K___ ；

加工方式：进给—孔底—主轴正转—快速退刀。

**（10）镗孔循环（G88）（见图 1—1—18）**

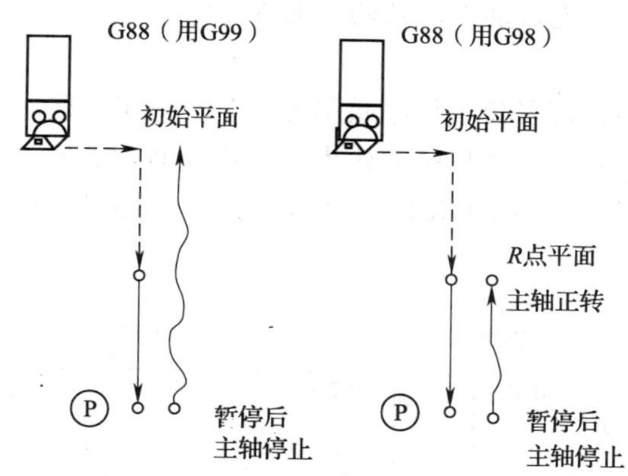


图 1—1—18 镗孔循环（G88）

指令格式：G88 X___ Y___ Z___ R___ F___ K___ ；

加工方式：进给—孔底—暂停—主轴停止—快速退刀。

**（11）镗孔循环（G89）（见图 1—1—19）**

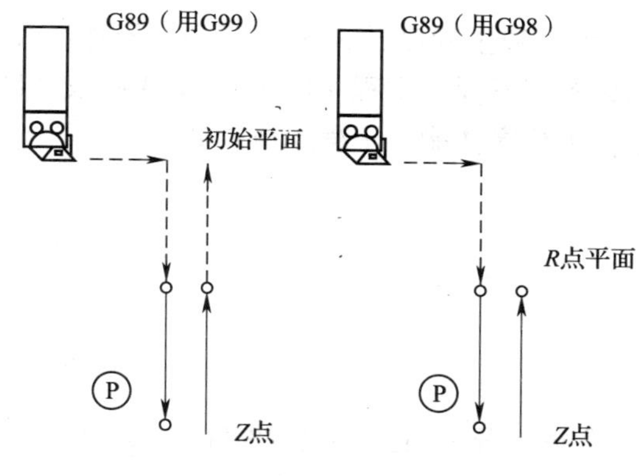


图 1—1—19 镗孔循环（G89）

指令格式：G89 X___ Y___ Z___ R___ F___ K___ ；

加工方式：进给— 孔底—暂停—快速退刀。

## 五、子程序

### 1. 子程序的定义

机床的加工程序可以分为主程序和子程序两种。主程序是一个完整的零件加工程序，或是零件加工程序的主体部分。它和被加工零件或加工要求一一对应，不同的零件或不同的加工要求，都有唯一的主程序。

在编制加工程序中，有时会遇到一组程序段在一个程序中多次出现，或者在几个程序中都要使用它。这个典型的加工程序可以做成固定程序，并单独加以命名，这组程序段就称为子程序。

子程序一般都不可以作为独立的加工程序使用，它只能通过调用，实现加工中的局部动作。子程序执行结束后，能自动返回到调用的程序中。

**2. 子程序的嵌套**

为了进一步简化程序，可以让子程序调用另一个子程序，这一功能称为子程序的嵌套。

当主程序调用子程序时，该子程序被认为是一级子程序，系统不同，其子程序的嵌套级数也不相同。一般情况下，在 FANUC 0i 系统中，子程序可以嵌套 4 级，如图 1—1—20 所示。

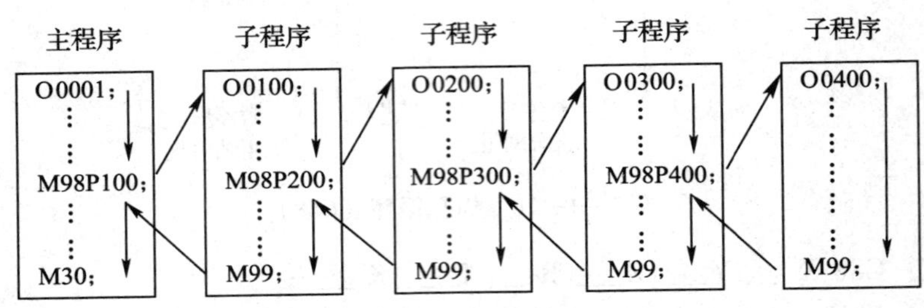


图 1—1—20　子程序的嵌套

**3. 子程序的格式**

在 FANUC 系统中，子程序和主程序并无本质区别。子程序和主程序在程序号及程序内容方面基本相同，但结束标记不同。主程序用 M02 或 M30 表示结束，而子程序则用 M99 表示结束，并实现自动返回主程序功能。子程序格式如下。

O0100;

G91 G01 Z－2.0;

…

G91 G28 Z0;

M99;

对于子程序结束指令 M99，不一定要单独书写一行，如上面程序中最后两行写成“G91 G28 Z0 M99;”也是允许的。

**4. 子程序的调用**

在 FANUC 系统中，子程序的调用可通过辅助功能代码 M98 指令进行，且在调用格式中将子程序的程序号地址改为 P，其常用的子程序调用格式有两种。

格式一 M98　P××××　L××××;

例 1　　M98　P100　L5;

例 2　　M98　P100;

格式二 M98　P××××××××;

例 3　　M98　P50010;

例 4　　M98　P510;

地址 P 后面的八位数字中，前四位表示调用次数，后四位表示子程序序号，采用此种调用格式时，调用次数前的 0 可以省略不写，但子程序号前的 O 不可省略。如例 3 表示调用子程序 O0010 五次，而例 4 则表示调用子程序 O510 一次。

子程序的执行过程如下程序所示。

主程序：

```
O0001;                        子程序：
N10…;                         O0100;
N20 M98 P0100;                  …
N30…;                         M99;
…
…                              O0200;
N60 M98 P0200 L2;                …
…                                M99;
N100 M30;
```

**5. 子程序的应用**

**(1) 同平面内多个相同轮廓形状工件的加工**

在一次装夹中，若要完成多个相同轮廓形状工件的加工，编程时只编写一个轮廓形状的加工程序，然后用主程序来调用子程序。

**(2) 实现零件的分层切削**

当零件在 $Z$ 方向上的总铣削深度比较大时，需采用分层切削方式进行加工。实际编程时先编写该轮廓加工的刀具轨迹子程序，然后通过子程序调用方式来实现分层切削。

**(3) 实现程序的优化**

加工中心的程序往往包含有许多独立的工序，为了优化加工顺序，通常将每一个独立的工序编写成一个子程序，主程序只有换刀和调用子程序的命令，从而实现优化程序的目的。

**6. 使用子程序的注意事项**

在使用子程序时应注意，在半径补偿模式中的程序不能被分支执行。例如，

```
O1;（主程序）        O2;（子程序）
G91…;                  …;
G41…;                 M99;
M98 P2;
G40…;
M30;
```

在以上程序中，刀具半径补偿模式在主程序及子程序中被分支执行，在编程过程中应尽量避免编写这种形式的程序。在有些系统中如出现此种刀具半径补偿被分支执行的程序，在程序执行过程中还可能出现系统报警。正确的书写格式如下：

```
O1;（主程序）              O2;（子程序）
    G91…;                     G41…;
    …;                         …;
    M98 P2;                    G40…;
    M30;                       M99;
```

## 六、技能训练——零件的手工编程

### 1. 训练项目

加工如图 1—1—21 所示零件（单件生产），毛坯为 100 mm × 120 mm × 25 mm 长方块（100 mm × 120 mm 四方轮廓及底面已加工），材料为 45 钢。编写其数控加工程序。

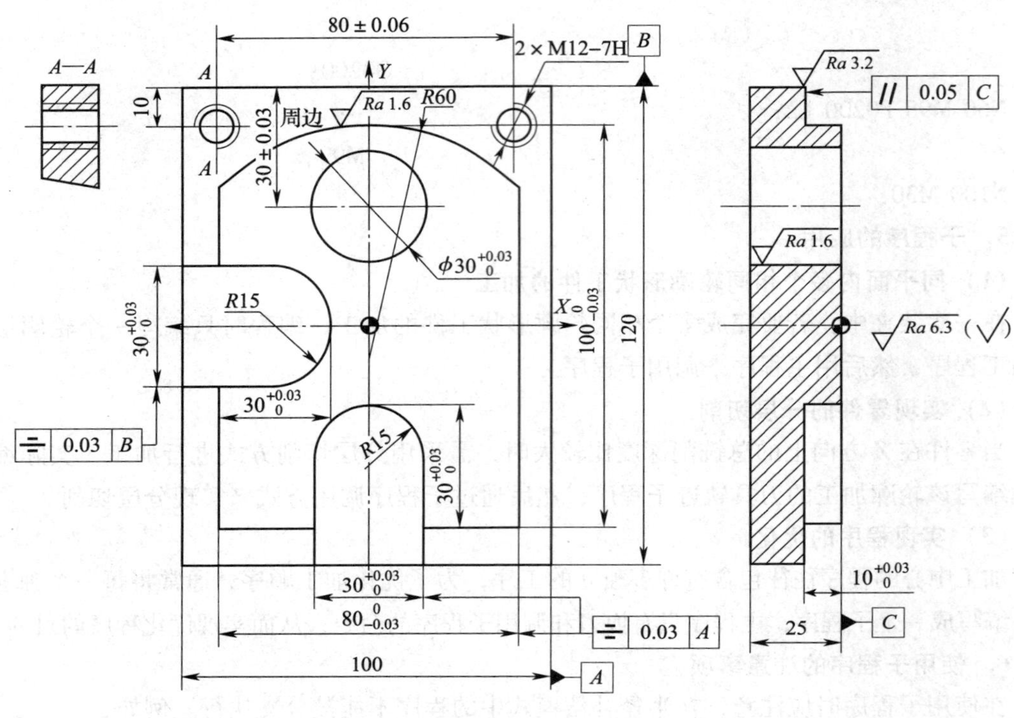


图 1—1—21　零件加工图

### 2. 项目分析

该零件包含了平面、外形轮廓、孔、螺纹的加工，凸台外轮廓及孔的尺寸精度要求较高，表面粗糙度为 *Ra*1.6 μm。在编程时要充分考虑零件加工的工艺性，考虑加工的前后顺序及步骤。

### 3. 操作步骤

#### （1）加工方案的确定

根据零件的要求，上表面采用端铣刀粗铣→精铣完成；凸台轮廓表面及台阶面采用立铣刀粗铣→精铣完成；$\phi$30 孔的加工方案为钻中心孔→钻孔→扩孔→粗镗孔→精镗孔；M12 螺纹的加工方案为钻中心孔→钻孔→攻螺纹。

#### （2）确定装夹方案

该零件为单件生产，且零件外形为长方体，可选用平口虎钳装夹。工件上表面高出钳口 13 mm 左右。

**(3) 确定加工工艺**

加工工艺见表 1—1—6。

**表 1—1—6　　数控加工工艺卡片**

| 数控加工工艺卡片 | | | 产品名称 | | 零件名称 | 材料 | | 零件图号 | |
|---|---|---|---|---|---|---|---|---|---|
| | | | | | | 45 钢 | | | |
| 工序号 | 程序编号 | 夹具名称 | 夹具编号 | | 使用设备 | | 车间 | | |
| | | 平口虎钳 | | | | | | | |
| 工步号 | 工步内容 | | 刀具号 | 主轴转速 /（r/min） | 进给速度 /（mm/min） | 背吃刀量 /mm | 侧吃刀量 /mm | 备注 | |
| 1 | 粗铣上表面 | | T01 | 350 | 150 | 0.7 | 50 | | |
| 2 | 精铣上表面 | | T01 | 500 | 100 | 0.3 | 50 | | |
| 3 | 粗铣凸台外轮廓 | | T02 | 350 | 100 | 9.7 | | | |
| 4 | 钻中心孔 | | T03 | 1 200 | 50 | 2.5 | | | |
| 5 | 钻孔 | | T04 | 600 | 60 | 5.15 | | | |
| 6 | 扩孔 | | T05 | 300 | 50 | 9.7 | | | |
| 7 | 精铣凸台外轮廓 | | T06 | 1 600 | 200 | 10 | 0.3 | | |
| 8 | 攻螺纹 | | T07 | 150 | 262.5 | | | | |
| 9 | 粗镗孔 | | T08 | 800 | 80 | 0.1 | | | |
| 10 | 精镗孔 | | T09 | 1 200 | 60 | 0.05 | | | |

**(4) 进给路线的确定**

凸台外轮廓及台阶面加工走刀路线如图 1—1—22 所示，其余表面走刀路线略。

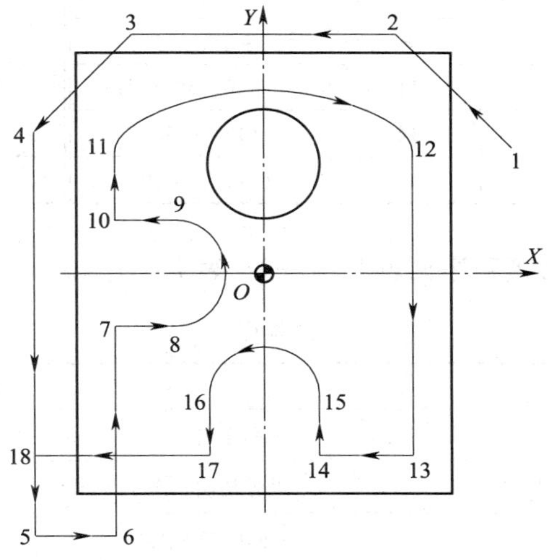


图 1—1—22　走刀路线

**(5) 刀具及切削参数的确定**

刀具及切削参数见表 1—1—7。

表 1—1—7　　数控加工刀具及切削参数

| 数控加工刀具卡片 | 工序号 | 程序编号 | 产品名称 | 零件名称 | 材料 | 零件图号 |
|---|---|---|---|---|---|---|
| | | | | | 45 钢 | |

| 序号 | 刀具号 | 刀具名称 | 刀具规格/mm | | 补偿值/mm | | 刀补号 | | 备注 |
|---|---|---|---|---|---|---|---|---|---|
| | | | 直径 | 长度 | 半径 | 长度 | 半径 | 长度 | |
| 1 | T01 | 端铣刀（6 齿） | 80 | 实测 | | | | | 硬质合金 |
| 2 | T02 | 立铣刀（3 齿） | 20 | 实测 | 10.3 | | D01 | | 高速钢 |
| 3 | T03 | 中心钻（2 齿） | 5 | 实测 | | | | | 高速钢 |
| 4 | T04 | 麻花钻（2 齿） | 10.3 | 实测 | | | | | 高速钢 |
| 5 | T05 | 麻花钻（2 齿） | 29.7 | 实测 | | | | | 高速钢 |
| 6 | T06 | 立铣刀（4 齿） | 20 | 实测 | 10 | | D02 | | 硬质合金 |
| 7 | T07 | 丝锥 | M12 | 实测 | | | | | 高速钢 |
| 8 | T08 | 粗镗刀 | 29.9 | 实测 | | | | | 硬质合金 |
| 9 | T09 | 精镗刀 | 30 | 实测 | | | | | 硬质合金 |
| 备注：D02 的实际半径补偿值根据测量结果调整。 | | | | | | | | | |

**(6) 参考程序编制**

1）工件坐标系的建立。以图 1—1—22 所示的上表面中心作为 G54 工件坐标系原点。

2）基点坐标计算。根据图 1—1—22 得出的基点坐标见表 1—1—8。

表 1—1—8　　凸台外轮廓及台阶面加工基点坐标

| | | | | | |
|---|---|---|---|---|---|
| 1 | (66, 33) | 2 | (35, 65) | 3 | (−35, 65) |
| 4 | (−62, 38) | 5 | (−62, −72) | 6 | (−40, −72) |
| 7 | (−40, −15) | 8 | (−25, −15) | 9 | (−25, 15) |
| 10 | (−40, 15) | 11 | (−40, 34.721) | 12 | (40, 34.721) |
| 13 | (40, −50) | 14 | (15, −50) | 15 | (15, −35) |
| 16 | (−15, −35) | 17 | (−15, −50) | 18 | (−62, −50) |

3）参考程序。工件参考程序见表 1—1—9、表 1—1—10。

表 1—1—9　　主程序

| 程序 | 说明 |
|---|---|
| O1301; | 主程序名 |
| N10 G54 G90 G17 G40 G80 G49 G21; | 设置初始状态 |
| N20 G91 G28 Z0; | *Z* 向回参考点 |
| N30 M06 T01; | 换 1 号刀，端铣刀 |
| N40 G90 G43 G00 Z100 H1; | 安全高度，建立刀具长度补偿 |
| N50 G00 X40 Y−105 M03 S350; | 启动主轴，快速进给至下刀位置 |

续表

| 程序 | 说明 |
| --- | --- |
| N60 G00 Z5 M08; | 接近工件，同时打开冷却液 |
| N70 G01 Z－0.7 F80; | 下刀至 Z－0.7 mm |
| N80 G01 X40 Y105 F150; | 粗铣上表面 |
| N90 G00 X－25 Y105; | |
| N100 G01 X－25 Y－105; | |
| N110 G00 X40 Y－105; | 快速进给至下刀位置 |
| N120 G00 Z－1 M03 S500; | 下刀至 Z－1 mm，主轴转速为 500 r/min |
| N130 G01 X40 Y105 F100; | 精铣上表面 |
| N140 G00 X－25 Y105; | |
| N150 G01 X－25 Y－105; | |
| N160 G00 Z100 M09 M05; | *Z* 向抬刀至安全高度，并关闭冷却液，主轴停 |
| N170 G91 G28 Z0; | *Z* 向回参考点 |
| N180 M06 T02; | 换 2 号刀，立铣刀 |
| N190 G90 G43 G00 Z100 H2; | 安全高度，建立刀具长度补偿 |
| N200 G00 X66 Y33 M03 S350; | 启动主轴，快速进给至下刀位置（点 1，见图 1—1—22） |
| N210 G00 Z5 M08; | 接近工件，同时打开冷却液 |
| N220 G01 Z－9.7 F80; | 下刀 |
| N230 M98 P1311 D01 F100; | 调子程序 O1311，粗加工凸台外轮廓及台阶面 |
| N240 G00 Z100 M09 M05; | *Z* 向抬刀至安全高度，并关闭冷却液，主轴停 |
| N250 G91 G28 Z0; | *Z* 向回参考点 |
| N260 M06 T03; | 换 3 号刀，中心钻 |
| N270 G90 G43 G00 Z100 H3; | 安全高度，建立刀具长度补偿 |
| N280 M03 S1200; | 启动主轴 |
| N290 G00 Z10; | 接近工件，同时打开冷却液 |
| N300 G98 G81 X0 Y30 R3 Z－4 F50; | 钻出 3 个孔的中心孔 |
| N310 X40 Y50 R－7 Z－14; | |
| N320 X－40 Y50 R－7 Z－14; | |
| N330 G00 Z100 M09 M05; | *Z* 向抬刀至安全高度，并关闭冷却液，主轴停 |
| N340 G91 G28 Z0; | *Z* 向回参考点 |
| N350 M06 T04; | 换 4 号刀，$\phi$10.3 mm 麻花钻 |
| N360 G90 G43 G00 Z100 H4; | 安全高度，建立刀具长度补偿 |
| N370 M03 S600; | 启动主轴 |
| N380 G00 Z10; | 接近工件，同时打开冷却液 |
| N390 G98 G73 X0 Y30 R3 Z－30 Q6 F60; | 钻出 3 个 $\phi$10.3 mm 的孔 |
| N400 X40 Y50 R－7 Z－30 Q6 F60; | |
| N410 X－40 Y50 R－7 Z－30 Q6 F60; | |

续表

| 程序 | 说明 |
| --- | --- |
| N420 G00 Z100 M09 M05; | Z 向抬刀至安全高度，并关闭冷却液，主轴停 |
| N430 G91 G28 Z0; | Z 向回参考点 |
| N440 M06 T05; | 换 5 号刀，$\phi$29.7 mm 麻花钻 |
| N450 G90 G43 G00 Z100 H5; | 安全高度，建立刀具长度补偿 |
| N460 M03 S300; | 启动主轴 |
| N470 G00 Z10; | 接近工件，同时打开冷却液 |
| N480 G98 G81 X0 Y30 R3 Z－36 F50; | 扩 $\phi$30 mm 孔至 $\phi$29.7 mm |
| N490 G00 Z100 M09 M05; | Z 向抬刀至安全高度，并关闭冷却液，主轴停 |
| N500 G91 G28 Z0; | Z 向回参考点 |
| N510 M06 T06; | 换 6 号刀，立铣刀 |
| N520 G90 G43 G00 Z100 H6; | 安全高度，建立刀具长度补偿 |
| N530 G00 X66 Y33 M03 S1600; | 启动主轴，快速进给至下刀位置（点 1，见图 1—1—22） |
| N540 G00 Z5 M08; | 接近工件，同时打开冷却液 |
| N550 G01 Z－10 F80; | 下刀 |
| N560 M98 P1311 D02 F200; | 调子程序 1311，精加工凸台外轮廓及台阶面 |
| N570 G00 Z100 M09 M05; | Z 向抬刀至安全高度，并关闭冷却液，主轴停 |
| N580 G91 G28 Z0; | Z 向回参考点 |
| N590 M06 T07; | 换 7 号刀，丝锥 |
| N600 G90 G43 G00 Z100 H7; | 安全高度，建立刀具长度补偿 |
| N570 M03 S150; | 启动主轴 |
| N580 G00 Z10; | 接近工件，同时打开冷却液 |
| N590 G98 G84 X40 Y50 R－5 Z－30 F262.5; | 加工 2×M12 螺纹 |
| N600 X－40 Y50; | |
| N610 G00 Z100 M09 M05; | Z 向抬刀至安全高度，并关闭切削液，主轴停 |
| N620 G91 G28 Z0; | Z 向回参考点 |
| N630 M06 T08; | 换 8 号刀，粗镗刀 |
| N640 G90 G43 G00 Z100 H8; | 安全高度，建立刀具长度补偿 |
| N650 M03 S800; | 启动主轴 |
| N660 G00 Z10; | 接近工件，同时打开切削液 |
| N670 G98 G85 X0 Y30 R3 Z－32 F80; | 粗镗 $\phi$30 mm 孔至 $\phi$29.9 mm |
| N680 G00 Z100 M09 M05; | Z 向抬刀至安全高度，并关闭切削液，主轴停 |
| N690 G91 G28 Z0; | Z 向回参考点 |
| N700 M06 T09; | 换 9 号刀，精镗刀 |
| N710 G90 G43 G00 Z100 H9; | 安全高度，建立刀具长度补偿 |
| N720 M03 S1200; | 启动主轴 |
| N730 G00 Z10; | 接近工件，同时打开切削液 |

续表

| 程序 | 说明 |
| --- | --- |
| N740 G98 G86 X0 Y30 R3 Z-32 F60; | 精镗 $\phi$30 mm 孔 |
| N750 G00 Z100 M09; | Z 向抬刀至安全高度，并关闭切削液 |
| N760 M05; | 主轴停 |
| N770 M30; | 主程序结束 |

**表 1—1—10　　凸台外轮廓及台阶面加工子程序**

| 程序 | 说明 |
| --- | --- |
| O1112; | 子程序名 |
| N10 G01 X35 Y65; | 1→2（见图 1—1—22）; |
| N20 G01 X-35 Y65; | 2→3 |
| N30 G01 X-62 Y38; | 3→4 |
| N40 G00 X-62 Y-72; | 4→5 |
| N50 G41 G01 X-40 Y-72; | 5→6 建立刀具半径补偿 |
| N60 G01 X-40 Y-15; | 6→7 |
| N70 G01 X-25 Y-15; | 7→8 |
| N80 G03 X-25 Y15 R15; | 8→9 |
| N90 G01 X-40 Y15; | 9→10 |
| N100 G01 X-40 Y34.721; | 10→11 |
| N110 G02 X40 Y34.721 R60; | 11→12 |
| N120 G01 X40 Y-50; | 12→13 |
| N130 G01 X15 Y-50; | 13→14 |
| N140 G01 X15 Y-35; | 14→15 |
| N150 G03 X-15 Y-35 R15; | 15→16 |
| N160 G01 X-15 Y-50; | 16→17 |
| N170 G01 X-62 Y-50; | 17→18 |
| N180 G40 G00 X-62 Y-72; | 18→5，取消刀具半径补偿 |
| N190 G00 Z5; | 快速提刀 |
| N200 M99; | 子程序结束 |

## 课后练习

1. 数控编程的内容与步骤有哪些？
2. 一个完整的程序由哪三部分组成？
3. 插补运算两大类型是什么？
4. G90　X20.0　Y15.0 与 G91　X20.0　Y15.0 有什么区别？

5. 在数控加工中，一般固定循环由哪六个顺序动作构成？

# 课题 2　计算机辅助设计（CAD）

## 学习目标

1. 能分析零件图纸，并利用绘图软件绘制出零件图。
2. 掌握 CAXA 制造工程师软件相关绘图指令的应用。
3. 掌握简单零件的绘制。

CAXA 制造工程师是全中文、面向数控铣床和加工中心的三维 CAD/CAM 软件，它可以生成 3～5 轴的加工代码，可用于加工具有复杂三维曲面的零件。

## 一、CAXA 制造工程师的主要功能

### 1. 特征实体造型

零件通常的特征包括孔、槽、型腔、凸台、圆柱体、圆锥体、球体和管子等，CAXA 制造工程师可以方便地建立和管理这些特征信息。实体模型的生成可以用增料方式，通过拉伸、旋转、导动、放样或加厚曲面来实现，也可以通过减料方式，从实体中减掉实体或用曲面裁剪来实现，还可以用等半径过渡、变半径过渡、倒角、打孔、增加拔模斜度和抽壳等高级特征功能来实现。

### 2. 自由曲面造型

CAXA 制造工程师可通过列表数据、数学模型、字体文件及各种测量数据生成样条曲线，通过扫描、放样、拉伸、导动、等距、边界网格等多种形式生成复杂曲面，并可对曲面进行任意裁剪、过渡、拉伸、缝合、拼接、相交和变形等，建立任意复杂的零件模型。通过曲面模型生成的真实感图，可直观显示设计结果。

### 3. 曲面实体复合造型

基于实体的“精确特征造型”技术，使曲面融合进实体中，形成统一的曲面实体复合造型模式。利用这一模式，可实现曲面裁剪实体、曲面生成实体、曲面约束实体等混合操作，是用户设计产品和模具的有力工具。

### 4. 可实现两轴到三轴的数控加工，支持四轴到五轴加工

两轴到两轴半加工方式：可直接利用零件的轮廓曲线生成加工轨迹指令，而无须建立其三维模型；提供轮廓加工和区域加工功能，加工区域内允许有任意形状和数量的岛。可分别指定加工轮廓和岛的拔模斜度，自动进行分层加工。

三轴加工方式：多样化的加工方式可以安排从粗加工、半精加工到精加工的加工工艺路线。4～5 轴加工模块提供曲线加工、平切面加工、参数线加工、侧刃铣削加工等多种 4～5轴加工功能。标准模块提供 2～3 轴铣削加工。

四轴到五轴加工为选配模块。

**5. 支持高速加工**

该软件支持高速切削工艺，以提高产品精度，降低代码数量，使加工质量和效率大大提高。可设定斜向切入和螺旋切入等接近和切入方式，拐角处可设定圆角过渡，轮廓与轮廓之间可通过圆弧或 S 字形方式来过渡形成光滑连接，从而生成光滑刀具轨迹，有效地满足了高速加工对刀具路径形式的要求。

**6. 参数化轨迹编辑和轨迹批处理**

CAXA 制造工程师的"轨迹再生成"功能可实现参数化轨迹编辑。用户只需选中已有的数控加工轨迹，修改原定义的加工参数表，即可重新生成加工轨迹。CAXA 制造工程师可以先定义加工轨迹参数，而不立即生成轨迹。工艺设计人员可先将大批加工轨迹参数事先定义而在某一集中时间批量生成。这样，合理地优化了工作时间。

**7. 仿真加工与代码验证**

可直观、精确地对加工过程进行模拟仿真、对代码进行反读校验。仿真过程中可以随意放大、缩小、旋转，便于观察细节，可以调节仿真速度；能显示多道加工轨迹的加工结果。仿真过程中可以检查刀柄干涉、快速移动过程（G00）中的干涉、刀具无切削刃部分的干涉情况，可以将切削残余量用不同颜色区分表示，并把切削仿真结果与零件理论形状进行比较等。

**8. 通用后置处理**

全面支持 SIEMENS、FANUC 等多种主流机床控制系统。CAXA 制造工程师提供的后置处理器，无须生成中间文件就可直接输出 G 代码控制指令。系统不仅可以提供常见的数控系统的后置格式，用户还可以定义专用数控系统的后置处理格式。可生成详细的加工工艺清单，方便 G 代码文件的应用和管理。

## 二、CAXA 制造工程师软件的基本操作

**1. 曲线的绘制**

CAXA 制造工程师为曲线绘制提供了十六项功能：直线、圆弧、圆、矩形、椭圆、样条、点、公式曲线、多边形、二次曲线、等距线、曲线投影、相关线、样条、圆弧和文字等。用户可以利用这些功能，方便快捷地绘制出各种各样复杂的图形。利用 CAXA 制造工程师编程加工时，应用曲线中的直线、矩形工具绘制零件的加工范围的情况比较多。

**（1）绘制直线**

直线中的两点线就是在屏幕上按给定两点画一条直线段或按给定的连续条件画连续的直线段，如图 1—2—1 所示。具体操作：单击直线 ╲ 按钮，在立即菜单中选择两点线。按状态栏提示，给出第一点和第二点，两点线生成。

**（2）绘制矩形**

矩形是图形构成的基本要素，为了适应各种情况下矩形的绘制，CAXA 制造工程师提供了两点矩形和中心_长_宽等两种方式。

1）两点矩形就是给定对角线上两点绘制矩形，如图 1—2—2 所示。具体操作：单击 □ 按钮，在立即菜单中选择两点矩形方式。给出起点和终点，矩形生成。

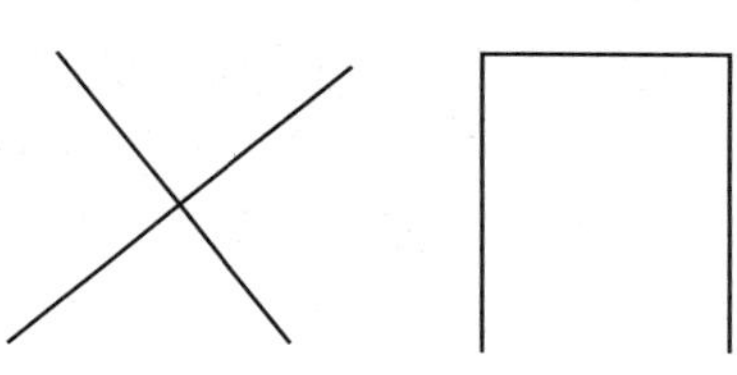

图 1—2—1　直线的绘制

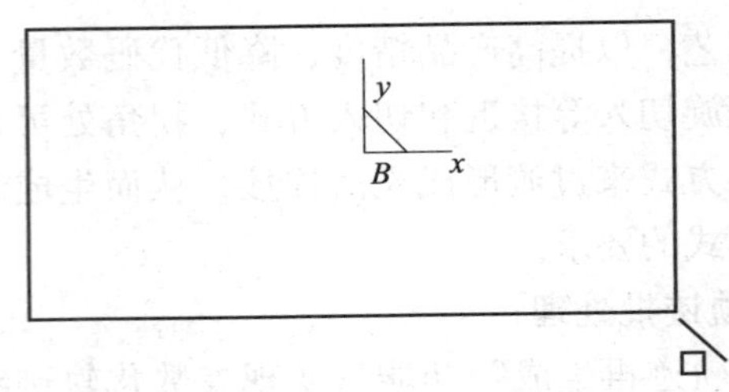


图 1—2—2　两点绘制矩形

2）中心_ 长_ 宽就是给定长度和宽度尺寸值来绘制矩形，如图 1—2—3 所示。具体操作：单击 □ 按钮，在立即菜单中选择“中心_ 长_ 宽”方式，输入长度和宽度值。给出矩形中心（0，0），矩形生成。

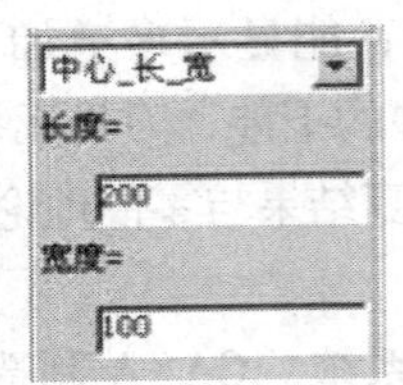


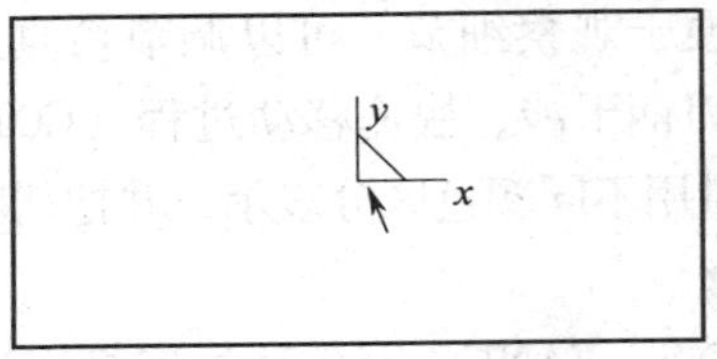


图 1—2—3　“中心_ 长_ 宽”方式绘制矩形

**2. 曲线的编辑**

曲线编辑包括曲线裁剪、曲线过渡、曲线打断、曲线组合和曲线拉伸五种功能。

曲线编辑安排在主菜单的下拉菜单和线面编辑工具条中。线面编辑工具条如图 1—2—4 所示。

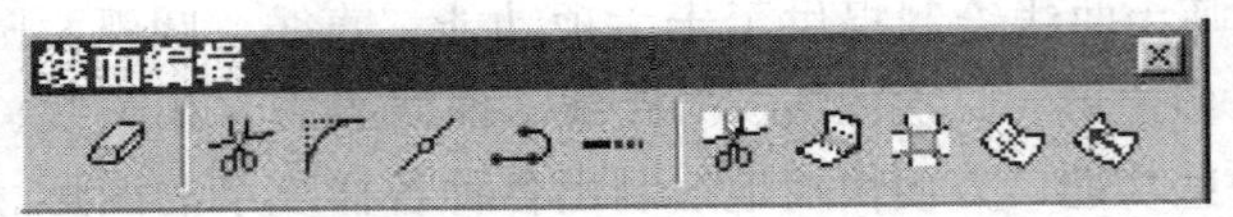


图 1—2—4　线面编辑工具条

**（1）曲线裁剪**

曲线裁剪中的快速裁剪是指系统对曲线修剪具有指哪裁哪的快速反映，如图 1—2—5 所示。具体操作：单击 按钮，在立即菜单中选择快速裁剪和正常裁剪（或投影裁剪）。拾取被裁剪线（选取被裁掉的段），快速裁剪完成。

**（2）曲线过渡**

曲线过渡就是对指定的两条曲线进行圆弧过渡、尖角过渡或对两条直线倒角。曲线过渡共有三种方式：圆弧过渡、尖角过渡和倒角过渡。

1）圆弧过渡。圆弧过渡用于在两根曲线之间进行给定半径的圆弧光滑过渡，如图 1—2—6 所示。具体操作：单击 按钮，在立即菜单中选择“圆弧过渡”，输入半径，选择是否裁剪曲线 1 和曲线 2。拾取第一条曲线、第二条曲线，圆弧过渡完成。

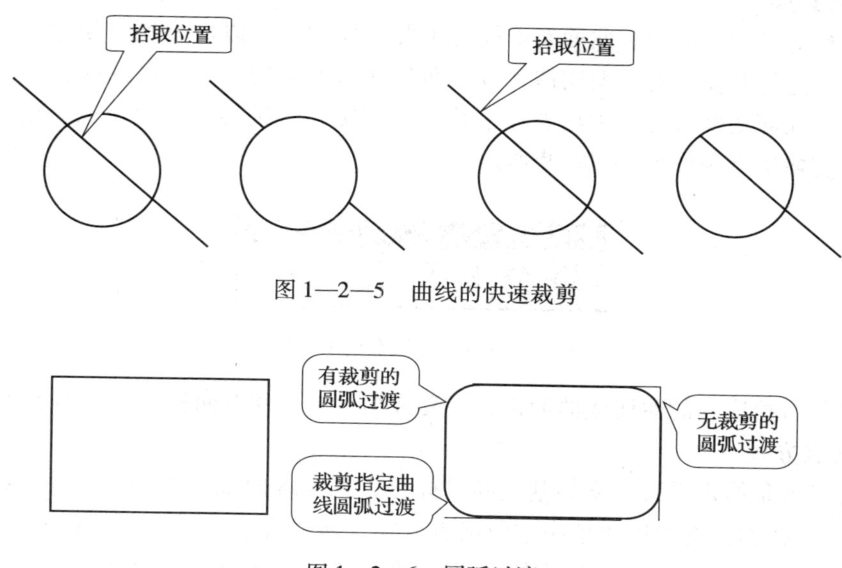


图 1—2—5　曲线的快速裁剪

图 1—2—6　圆弧过渡

2）尖角过渡。尖角过渡用于在给定的两根曲线之间进行过渡，过渡后在两曲线的交点处呈尖角。尖角过渡后，一根曲线被另一根曲线裁剪，如图 1—2—7 所示。具体操作：单击按钮，在立即菜单中选择“尖角裁剪”，拾取第一条曲线、第二条曲线，尖角过渡完成。

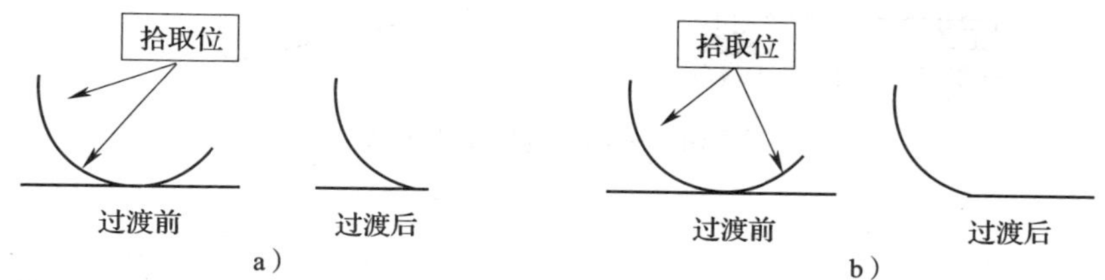


图 1—2—7　尖角过渡

3）倒角过渡。倒角过渡用于在给定的两直线之间进行过渡，过渡后在两直线之间有一条按给定角度和长度的直线。

倒角过渡后，两直线可以被倒角线裁剪，也可以不被裁剪，如图 1—2—8 所示。

单击按钮，在立即菜单中选择“倒角裁剪”，输入角度和距离值，选择是否裁剪曲线 1 和曲线 2。拾取第一条曲线、第二条曲线，尖角过渡完成。

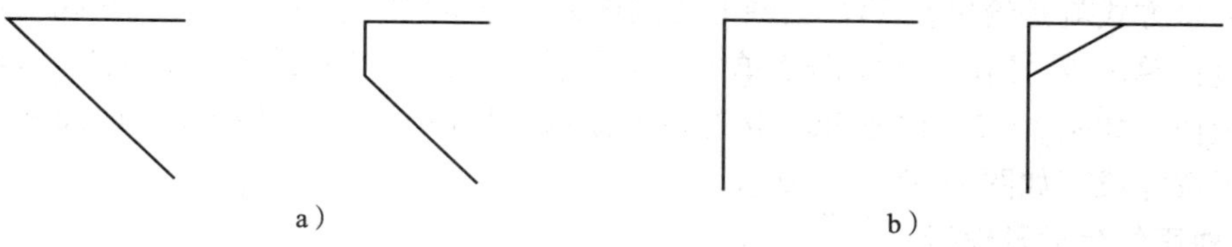


图 1—2—8　倒角过渡

a）有裁剪的倒角过渡　b）无裁剪的倒角过渡

**3. 几何变换**

几何变换对于编辑图形和曲面有着极为重要的作用，可以极大地方便用户。几何变换是指对线、面进行变换，对造型实体无效，而且几何变换前后线、面的颜色、图层等属性不发生变换。几何变换共有七种功能：平移、平面旋转、旋转、平面镜像、镜像、阵列和缩放。几何变换工具条如图 1—2—9 所示。

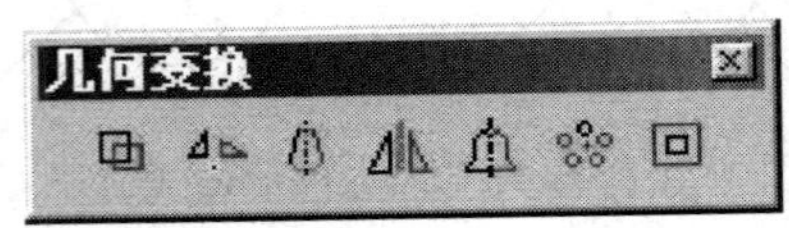


图 1—2—9 几何变换工具条

平移就是对拾取到的曲线或曲面进行平移或拷贝。平移有两种方式：两点或偏移量。

**(1) 两点方式**

两点方式就是给定平移元素的基点和目标点，来实现曲线或曲面的平移或拷贝。具体操作：单击 按钮，在立即菜单中选取两点方式，拷贝或平移，正交或非正交，如图 1—2—10 所示；拾取曲线或曲面，按右键确认，输入基点，光标就可以拖动图形了，输入目标点，平移完成，如图 1—2—11 所示。

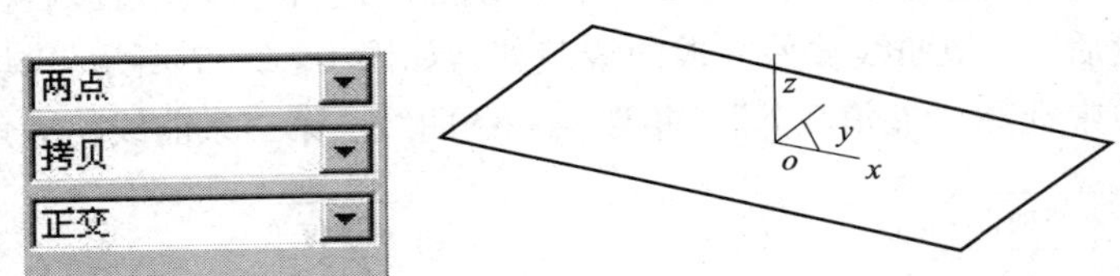


图 1—2—10 选取两点方式

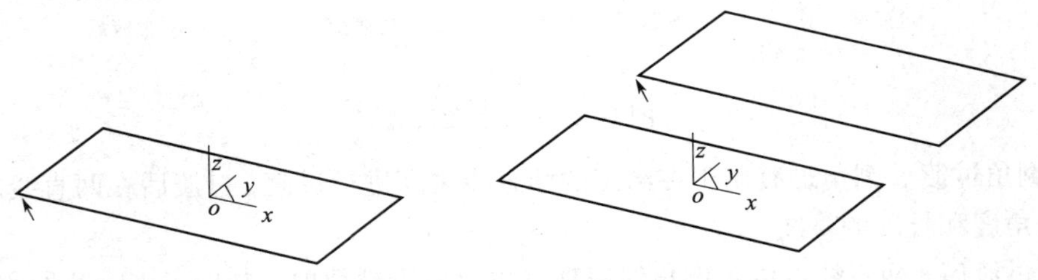


图 1—2—11 两点方式平移

**(2) 偏移量方式**

偏移量方式就是给出在 *XYZ* 三轴上的偏移量，来实现曲线或曲面的平移或拷贝。具体操作：直接单击 按钮，在立即菜单中选取偏移量方式，拷贝或平移，输入 *XYZ* 三轴上的偏移量值，如图 1—2—12 所示。状态栏中提示“拾取元素”，选择曲线或曲面，按右键确认，平移完成，如图 1—2—13 所示。

**4. 曲面的生成及编辑**

CAXA 制造工程师软件有丰富的曲面造型手段，共有 10 种生成方式：直纹面、旋转面、扫描面、边界面、放样面、网格面、导动面、等距面、平面和实体表面。

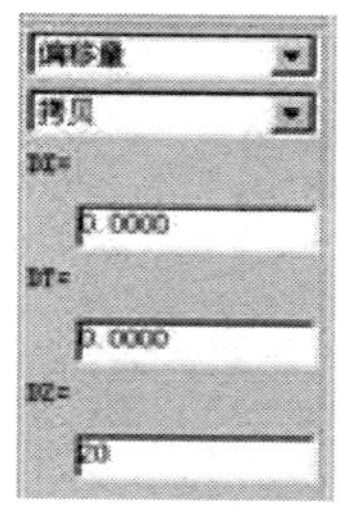


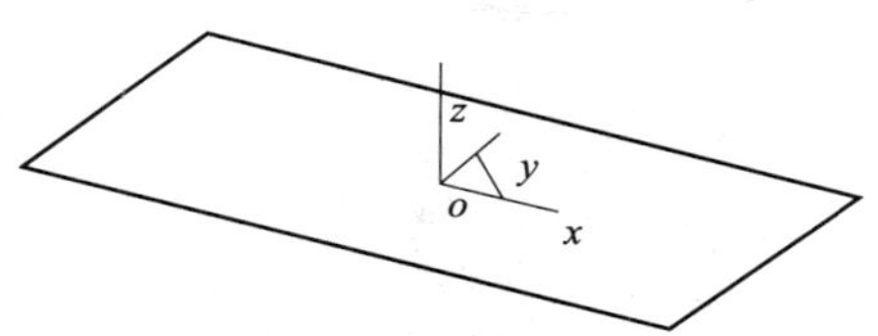


图 1—2—12　偏移量值的输入

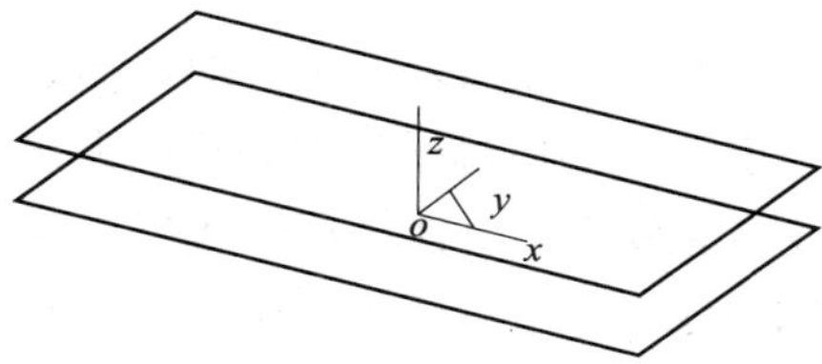


图 1—2—13　偏移量方式平移

**(1) 曲面生成**

1）直纹面。直纹面是由一根直线两端点分别在两曲线上匀速运动而形成的轨迹曲面。直纹面生成有三种方式：曲线 + 曲线、点 + 曲线和曲线 + 曲面，如图 1—2—14 所示。具体操作：单击“应用”，指向“曲面生成”，单击“直纹面”或者 按钮，在立即菜单中选择直纹面生成方式，按状态栏的提示操作，生成直纹面。

曲线 + 曲线是指在两条自由曲线之间生成直纹面，如图 1—2—15 所示。具体操作：选择“曲线 + 曲线”方式，分别拾取第一条和第二条空间曲线，拾取完毕即生成直纹面。

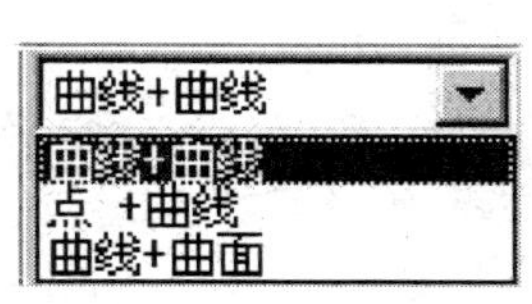


图 1—2—14　直纹面的三种生成方式

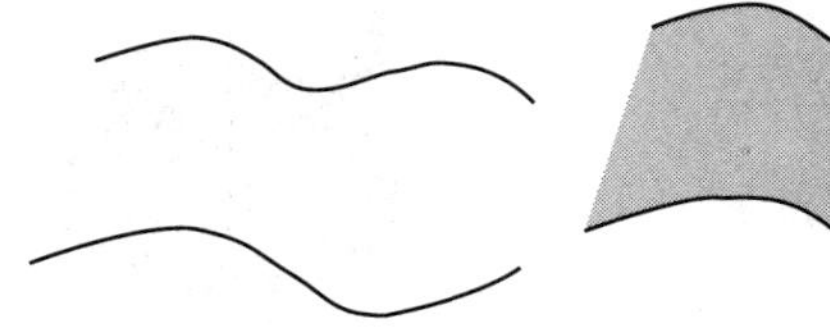

图 1—2—15　曲线 + 曲线生成直纹面

点 + 曲线是指在一个点和一条曲线之间生成直纹面，如图 1—2—16 所示。具体操作：选择“点 + 曲线”方式，拾取空间点，拾取空间曲线，拾取完毕即生成直纹面。

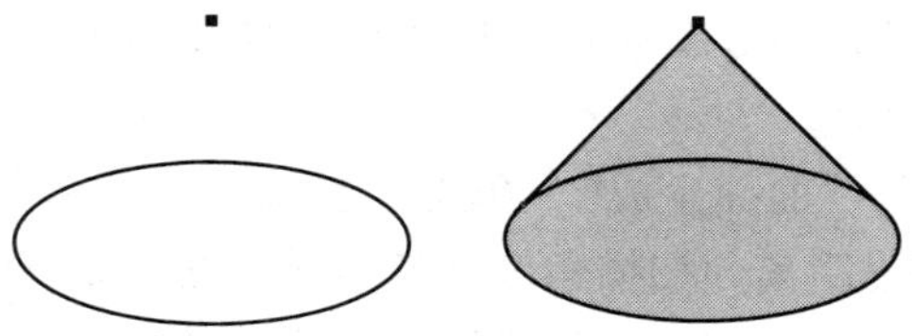

图 1—2—16　点 + 曲线生成直纹面

曲线 + 曲面是指在一条曲线和一个曲面之间生成直纹面，如图 1—2—17 所示。

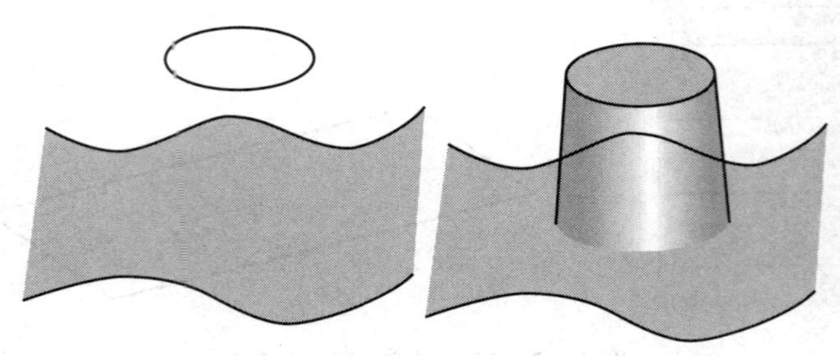

图 1—2—17　曲线 + 曲面生成直纹面

曲线 + 曲面方式生成直纹面时，曲线沿着一个方向向曲面投影，同时曲线在与这个方向垂直的平面内上以一定的角度（指锥体母线与中心线的夹角）扩张或收缩，生成另外一条曲线，在这两条曲线之间生成直纹面。具体操作：选择“曲线 + 曲面”方式；填写角度和精度；拾取曲面；拾取空间曲线；单击空格键弹出矢量工具；选择投影方向；单击箭头选择锥度方向，即生成直纹面。

2）旋转面。按给定的起始角度、终止角度将曲线绕一旋转轴旋转而生成的轨迹曲面，如图 1—2—18 所示。

①单击“应用”，指向“曲面生成”，单击“旋转面”或者按钮。

②输入起始角和终止角角度值。起始角是指生成曲面的起始位置与母线和旋转轴构成平面的夹角。终止角是指生成曲面的终止位置与母线和旋转轴构成平面的夹角，如图 1—2—19 所示。

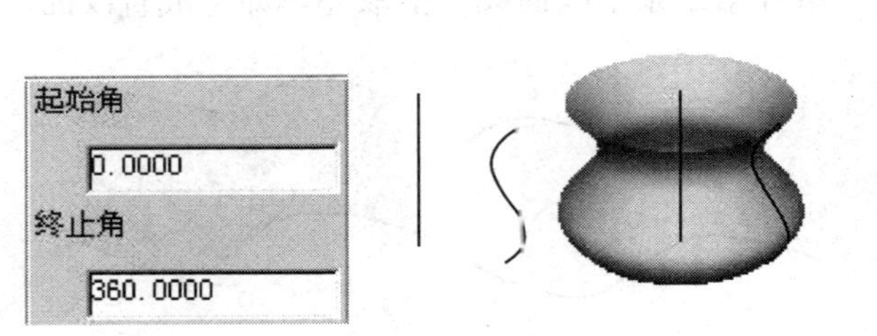


图 1—2—18　旋转面

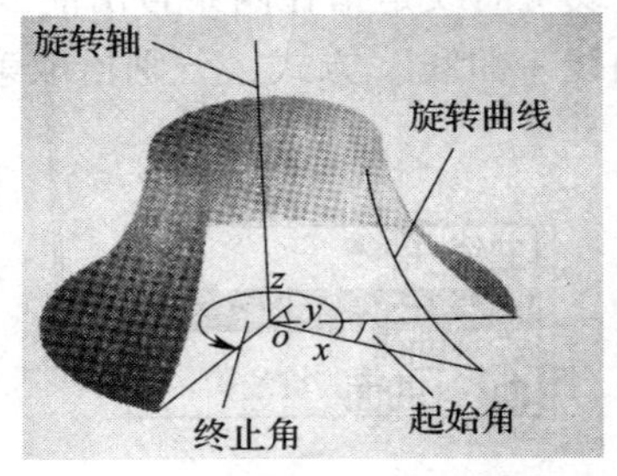


图 1—2—19　旋转面起始角和终止角

③拾取空间直线为旋转轴，并选择方向。选择方向时的箭头方向与曲面旋转方向两者遵循右手螺旋法则。

④拾取空间曲线为母线，拾取完毕即可生成旋转面。

3）扫描面。按照给定的起始位置和扫描距离将曲线沿指定方向以一定的锥度扫描生成曲面，如图 1—2—20 所示。

①单击“应用”，指向“曲面生成”，单击“扫描面”或者按钮。

②填入起始距离、扫描距离、扫描角度和精度等参数。起始距离是指生成曲面的起始位置与曲线平面沿扫描方向上的间距；扫描距离是指生成曲面的起始位置与终止位置沿扫描方向上的间距；扫描角度是指生成的曲面母线与扫描方向的夹角。如图 1—2—21 所示，为扫描初始距离不为零的情况。

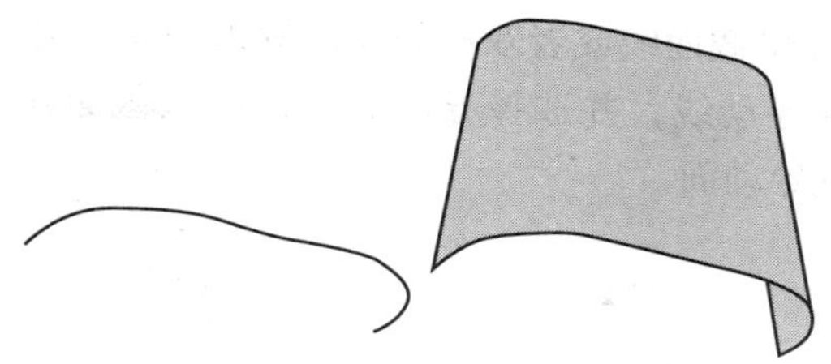

图 1—2—20　扫描面

③按空格键弹出矢量工具，选择扫描方向。注意：扫描方向不同，会产生不同的效果。

④拾取空间曲线。

⑤若扫描角度不为零，选择扫描夹角方向，扫描面生成。

4）导动面。让特征截面线沿着特征轨迹线的某一方向扫动生成曲面。导动面生成有六种方式：平行导动、固接导动、导动线 & 平面、导动线 & 边界线、双导动线和管道曲面。

生成导动曲面的思路：选取截面曲线或轮廓线沿着另外一条轨迹线扫动生成曲面。基本步骤：单击“应用”，指向“曲面生成”，单击“导动面”或者按钮；选择导动方式；根据不同的导动方式下的提示，完成操作。

①平行导动。平行导动是指截面线沿导动线趋势始终平行它自身地移动而扫成生成曲面，截面线在运动过程中没有任何旋转，如图 1—2—22 所示。具体步骤：激活导动面功能，并选择“平行导动”方式；拾取导动线，并选择方向；拾取截面曲线，即可生成导动面。

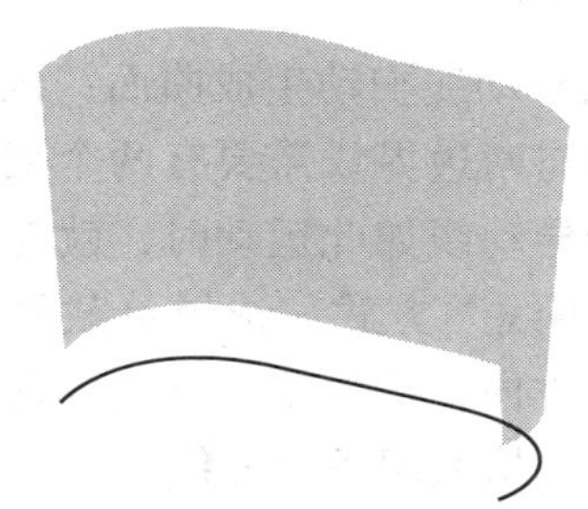

图 1—2—21　扫描初始距离不为零的扫描面

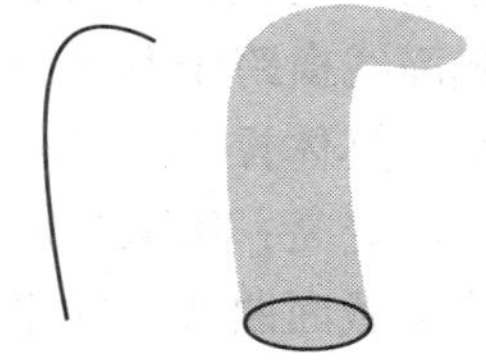

图 1—2—22　平行导动

②固接导动。固接导动是指在导动过程中，截面线和导动线保持固接关系，即让截面线平面与导动线的切矢方向保持相对角度不变，而且截面线在自身相对坐标架中的位置关系保持不变，截面线沿导动线变化的趋势导动生成曲面。

固接导动有单截面线和双截面线两种，也就是说截面线可以是一条或两条，如图 1—2—23 所示。具体步骤：选择“固接导动”方式；选择单截面线或者双截面线；拾取导动线，并选择导动方向；拾取截面线，如果是双截面线导动，应拾取两条截面线；生成导动面。

③导动线 & 平面。截面线按以下规则沿一条平面或空间导动线（脊线）扫动生成曲面：截面线平面的方向与导动线上每一点的切矢方向之间相对夹角始终保持不变；截面线的平面方向与所定义的平面法矢的方向始终保持不变。这种导动方式尤其适用于导动线是空间曲线的情形，截面线可以是一条或两条，如图 1—2—24 所示。具体步骤：选择“导

动线 & 平面”方式；选择单截面线或者双截面线；输入平面法矢方向；按空格键，弹出矢量工具，选择方向；拾取导动线，并选择导动方向；拾取截面线，如果是双截面线导动，应拾取两条截面线；生成导动面。

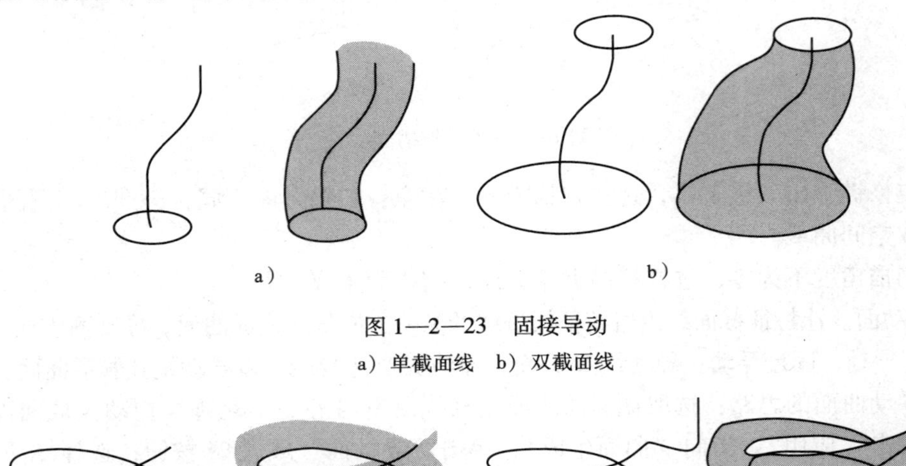

a）　　　　b）

图 1—2—23　固接导动

a）单截面线　b）双截面线

a）　　　　b）

图 1—2—24　导动线 & 平面导动

a）单截面线　b）双截面线

④导动线 & 边界线。截面线按以下规则沿一条导动线扫动生成曲面：运动过程中截面线平面始终与导动线垂直；运动过程中截面线平面与两边界线需要有两个交点；对截面线进行缩放，将截面线横跨于两个交点上；截面线沿导动线如此运动时，就与两条边界线一起扫动生成曲面。具体操作：选择“导动线 & 边界线”方式；选择单截面线或者双截面线；选择等高或者变高；拾取导动线，并选择导动方向；拾取第一条边界曲线；拾取第二条边界曲线；拾取截面曲线，如果是双截面线导动，拾取两条截面线（在第一条边界线附近）；生成导动面。

在导动过程中，截面线始终在垂直于导动线的平面内摆放，并求得截面线平面与边界线的两个交点。在两截面线之间进行混合变形，并对混合截面进行缩放变换，使截面线正好横跨在两个边界线的交点上。

若对截面线进行放缩变换时，仅变化截面线的长度，而保持截面线的高度不变，称为等高导动。如图 1—2—25 所示为双截面线等高导动。

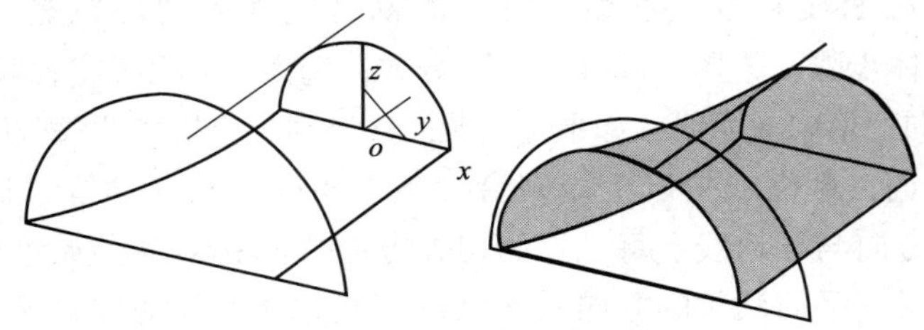


图 1—2—25　双截面线等高导动

若对截面线，不仅变化截面线的长度，同时等比例地变化截面线的高度，称为变高导动。如图 1—2—26 所示为单截面线变高导动。

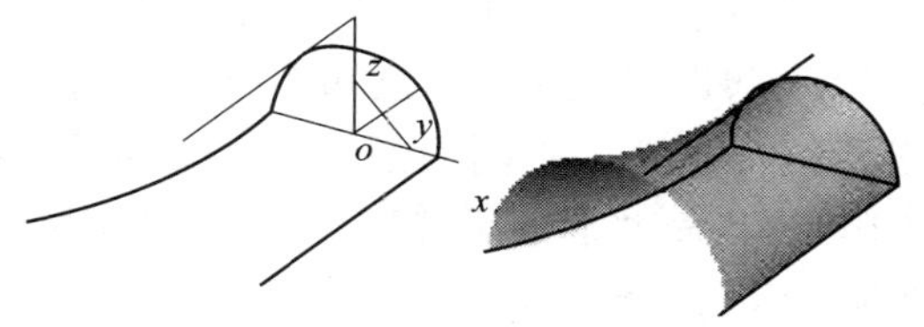


图 1—2—26 单截面线变高导动

⑤双导动线。将一条或两条截面线沿着两条导动线匀速地扫动生成曲面。双导动线导动支持等高导动和变高导动，如图 1—2—27 所示。具体操作：选择“双导动线”方式；选择单截面线或者双截面线；选择等高或者变高；拾取第一条导动线，并选择方向；拾取第二条导动线，并选择方向；拾取截面曲线（在第一条导动线附近）。如果是双截面线导动，拾取两条截面线（在第一条导动线附近）；生成导动面。

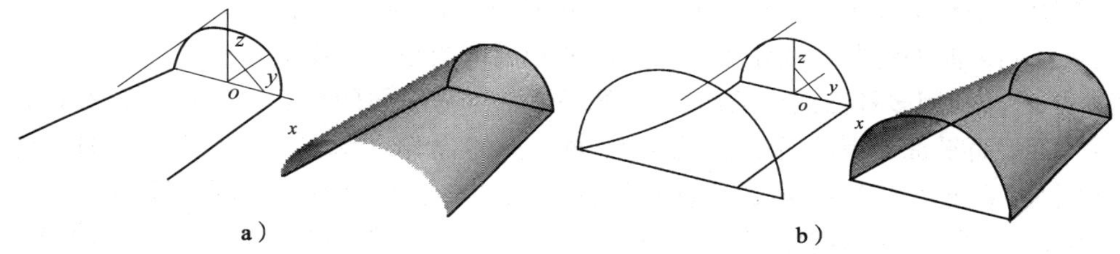


图 1—2—27 等高导动和变高导动

a）单截面线等高导动 b）双截面线变高导动

⑥管道曲面。给定起始半径和终止半径的圆形截面沿指定的中心线扫动生成曲面。截面线为一整圆，截面线在导动过程中，其圆心总是位于导动线上，且圆所在平面总是与导动线垂直。圆形截面可以是两个，由起始半径和终止半径分别决定，生成变半径的管道面，如图 1—2—28 所示。

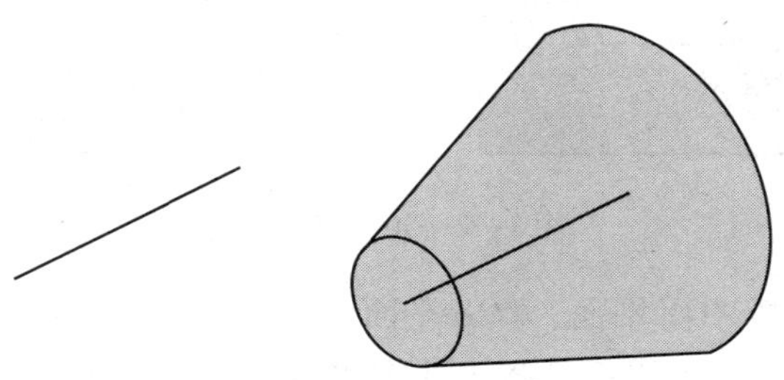

图 1—2—28 两个圆形截面的管道曲面

具体操作：选择“管道曲面”方式；填入起始半径、终止半径和精度；拾取导动线，并选择方向；生成导动面。

起始半径是指管道曲面导动开始的圆的半径。终止半径是指管道曲面导动终止时的半径。

注意：导动曲线、截面曲线应当是光滑曲线；在两根截面线之间进行导动时，拾取两根截面线时应使得它们方向一致，否则曲面将发生扭曲，形状不可预料；导动线 & 平面中给定的平面法矢尽量不要和导动线的切矢方向相同。

5）等距面。按给定距离与等距方向生成与已知平面（曲面）等距的平面（曲面）。这个命令类似曲线中的“等距线”命令，不同的是“线”改成了“面”，如图 1—2—29 所示。具体操作：单击“应用”，指向“曲面生成”，单击“等距面”或者按钮；填入等距距离；拾取平面，选择等距方向；生成等距面。

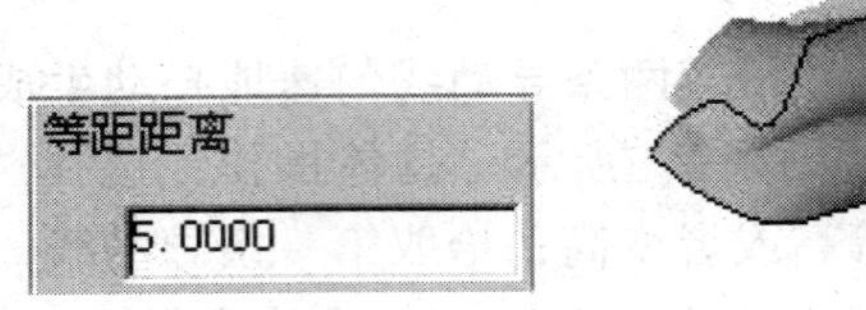


图 1—2—29　等距面

等距距离是指生成平面在所选的方向上的离开已知平面的距离。

注意：如果曲面的曲率变化太大，等距的距离应当小于最小曲率半径。

6）平面。利用多种方式生成所需平面。平面与基准面的比较：基准面是在绘制草图时的参考面，而平面则是一个实际存在的面。具体操作：单击“应用”，指向“曲面生成”，单击“平面”或者按钮；选择裁剪平面或者工具平面；按状态栏提示完成操作。

①裁剪平面。由封闭内轮廓进行裁剪形成的有一个或者多个边界的平面。封闭内轮廓可以有多个，如图 1—2—30 所示。具体操作：拾取平面外轮廓线，并确定链搜索方向，选择箭头方向即可；拾取内轮廓线，并确定链搜索方向，每拾取一个内轮廓线确定一次链搜索方向；拾取完毕，单击鼠标右键，完成操作。

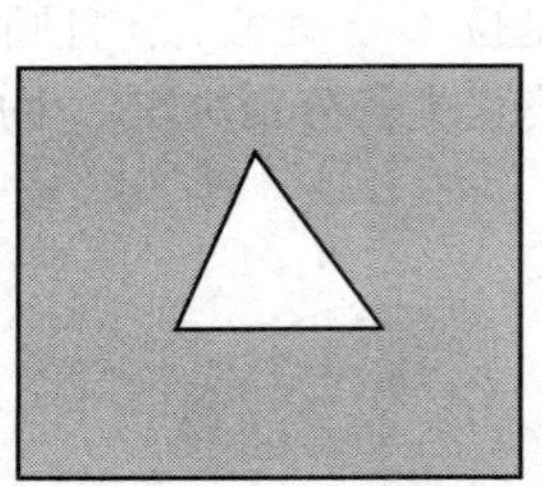

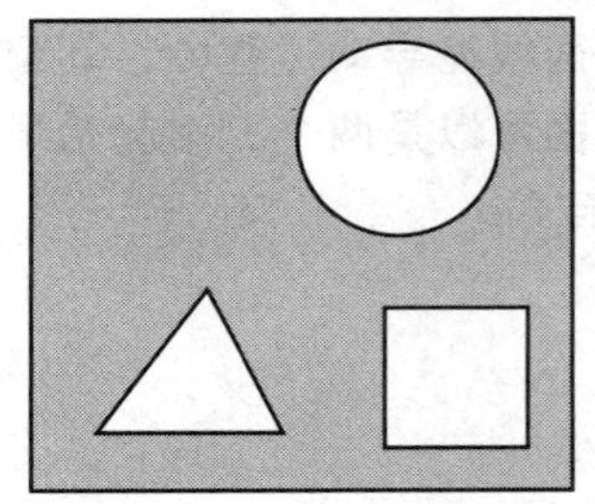

图 1—2—30　剪裁平面

②工具平面。它包括 *XOY* 平面、*YOZ* 平面、*ZOX* 平面、三点平面、矢量平面、曲线平面和平行平面七种方式。*XOY* 平面是绕 *X* 或 *Y* 轴旋转一定角度生成一个指定长度和宽度的平面。*YOZ* 平面是绕 *Y* 或 *Z* 轴旋转一定角度生成一个指定长度和宽度的平面。*ZOX* 平面是绕 *Z* 或 *X* 轴旋转一定角度生成一个指定长度和宽度的平面。三点平面是按给定三点生成一指定长度和宽度的平面，其中第一点为平面中点，如图 1—2—31 所示。矢量平面是生成一个指定长度和宽度的平面，其法线的端点为给定的起点和终点。曲线平面是在给定曲线的指定点上，生成一个指定长度和宽度的法平面或切平面，有法平面和包络面两种方式，如

图 1—2—32 所示。平行平面是按指定距离，移动给定平面或生成一个复制平面（也可以是曲面），如图 1—2—33 所示。

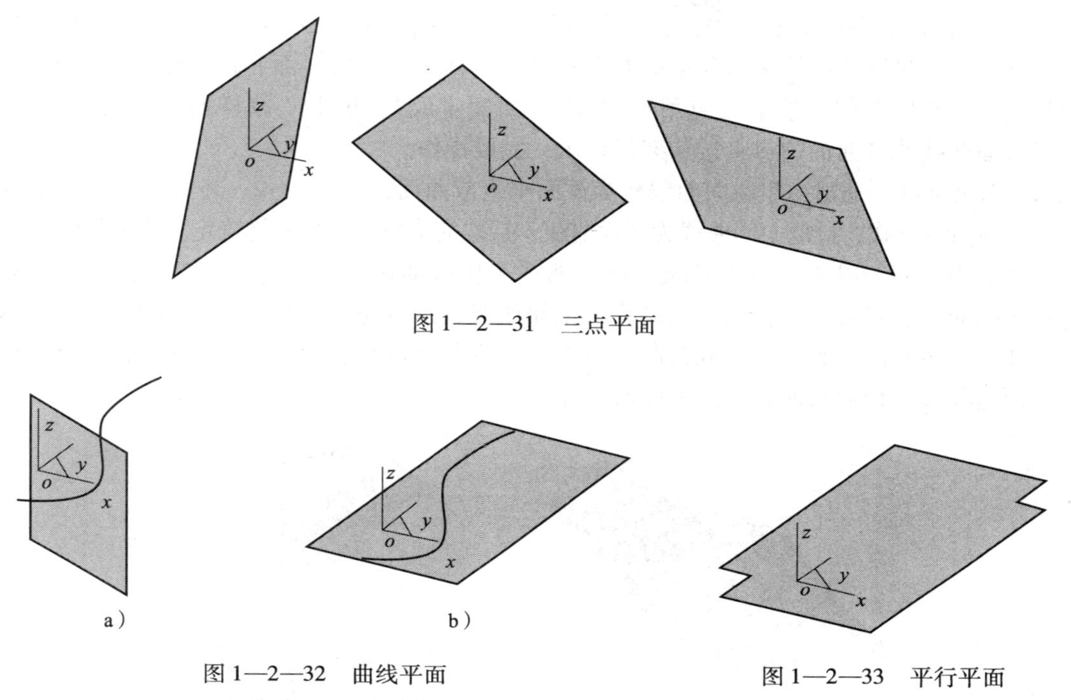


图 1—2—31　三点平面

图 1—2—32　曲线平面

a）法平面　b）包络面

图 1—2—33　平行平面

具体操作：选择工具面类型；选择对应类型的相关方式；填写角度、长度和宽度等数值；根据状态栏提示完成操作。

其中，角度是指生成平面绕旋转轴旋转，与参考平面所夹的锐角。长度是指要生成平面的长度尺寸值。宽度是指要生成平面的宽度尺寸值。

注意：点的输入有两种方式，按空格键拾取工具点和按回车键直接输入坐标值；平行平面功能与等距面功能相似，但等距面后的平面（曲面），不能再对其使用平行平面，只能使用等距面；而平行平面后的平面（曲面），可以再对其使用等距面或平行平面。

7）边界面。在由已知曲线围成的边界区域上生成曲面。边界面有两种类型：四边面和三边面。四边面是指通过四条空间曲线生成平面；三边面是指通过三条空间曲线生成平面，如图 1—2—24 所示。具体操作：单击“应用”，指向“曲面生成”，单击“边界面”，或者单击 按钮；选择四边面或三边面；拾取空间曲线，完成操作。

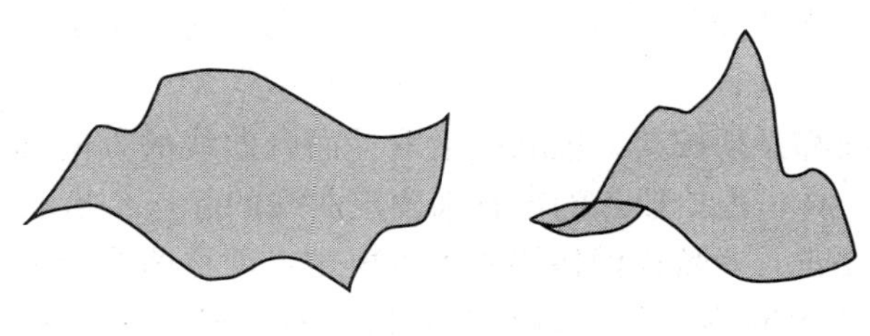

图 1—2—34　边界面

注意：拾取的四条曲线必须首尾相连成封闭环，才能作出四边面；并且拾取的曲线应当是光滑曲线。

8）放样面。以一组互不相交、方向相同、形状相似的特征线（或截面线）为骨架进行形状控制，过这些曲线蒙面生成的曲面称之为放样曲面。放样面有截面曲线和曲面边界两种类型。具体操作：单击“应用”，指向“曲面生成”，单击“放样面”或者 按钮；选择截面曲线或者曲面边界；按状态栏提示，完成操作。

①截面曲线。通过一组空间曲线作为截面来生成曲面，如图1—2—35所示。具体操作：选择界面曲线方式；拾取空间曲线为截面曲线，拾取完毕后按鼠标右键确定，完成操作。

②曲面边界。以曲面的边界线和截面曲线来生成曲面，如图1—2—36所示。具体操作：选择曲面边界方式；拾取空间曲线为截面曲线，拾取完毕后按鼠标右键确定，完成操作；在第一条曲面边界线上拾取其所在平面；拾取截面曲线，单击鼠标右键确定；在第二条曲面边界线上拾取其所在平面，完成操作。

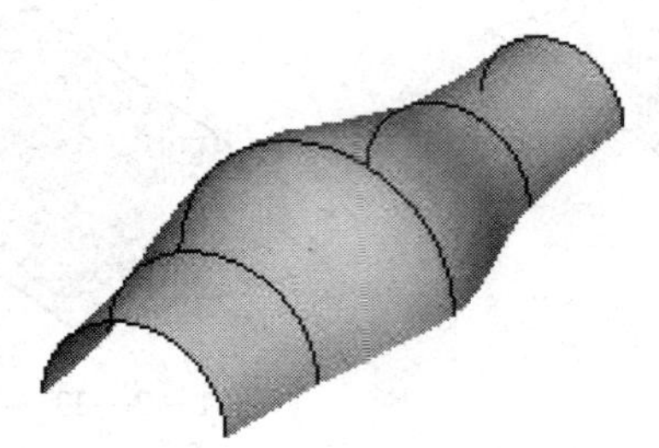

图1—2—35　截面曲线

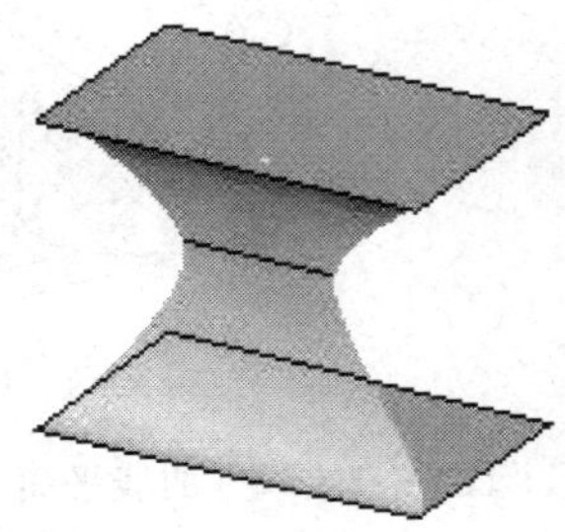

图1—2—36　曲面边界

注意：拾取的一组特征曲线互不相交，方向一致，形状相似，否则生成结果将发生扭曲，形状不可预料；截面线需保证其光滑性；用户需按截面线摆放的方位顺序拾取曲线；用户拾取曲线时需保证截面线方向的一致性。

9）网格面。以网格曲线为骨架，蒙上自由曲面生成的曲面称之为网格曲面。网格曲线是由特征线组成横竖相交线。网格面的生成思路：首先构造曲面的特征网格线确定曲面的初始骨架形状。然后用自由曲面插值特征网格线生成曲面。

特征网格线可以是曲面边界线或曲面截面线等。由于一组截面线只能反应一个方向的变化趋势，还可以引入另一组截面线来限定另一个方向的变化，这形成一个网格骨架，控制住两方向（$U$和$V$两个方向）的变化趋势，如图1—2—37所示，使特征网格线基本上反映出设计者想要的曲面形状，在此基础上插值网格骨架生成的曲面必然将满足设计者的要求。

具体操作：单击“应用”，指向“曲面生成”，单击“网格面”或者 按钮；拾取空间曲线为$U$向截面线，单击鼠标右键结束；拾取空间曲线为$V$向截面线，单击鼠标右键结束，完成操作。

注意：每一组曲线都必须按其方位顺序拾取，而且曲线的方向必须保持一致。曲线的方向与放样面功能中一样，由拾取点的位置来确定曲线的起点；拾取的每条$U$向曲线与所有$V$向曲线都必须有交点。对特征网格线有以下要求：网格曲线组成网状四边形网格，规则四边网格与不规则四边网格均可。插值区域是四条边界曲线围成的（见图1—2—39a、b），不允许有三边域、五边域和多边域（见图1—2—39c）。

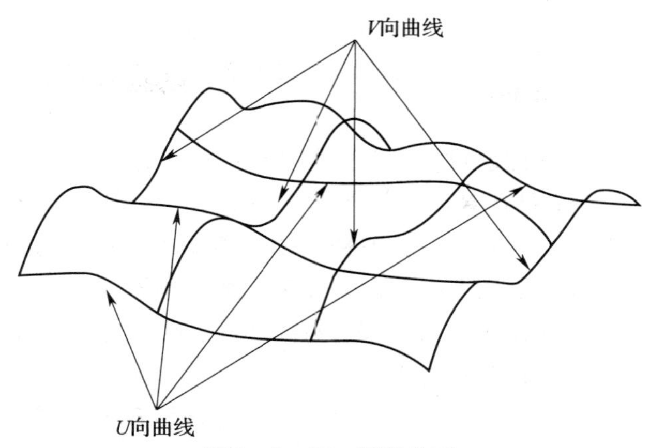


图 1—2—37　网格曲面

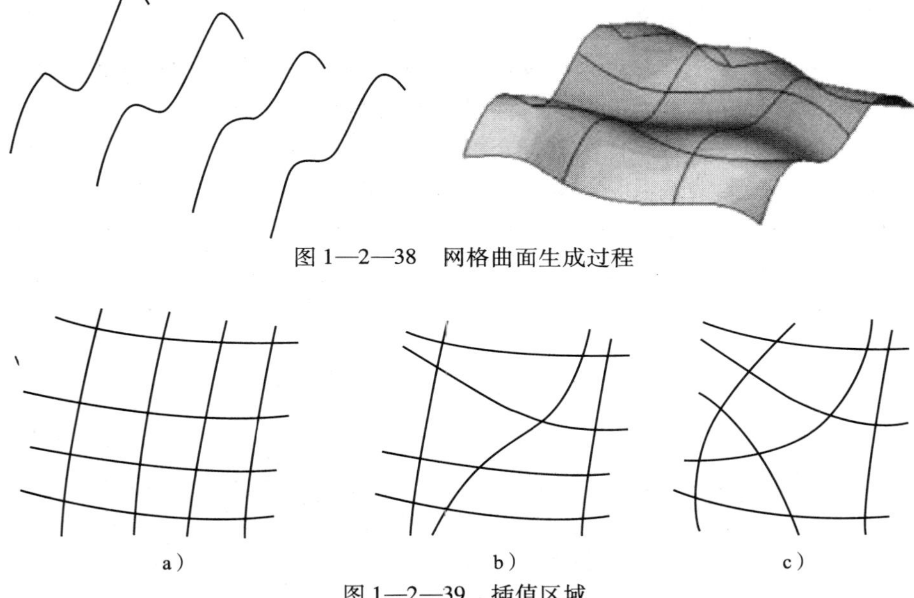

图 1—2—38　网格曲面生成过程

a）

b）

c）

图 1—2—39　插值区域

a）规则四边网格　b）不规则四边网格　c）不规则网格

10）实体表面。把通过特征生成的实体表面剥离出来而形成一个独立的面。具体操作：单击“应用”，指向“曲面生成”，单击“实体表面”；按提示拾取实体表面，如图 1—2—40 所示。

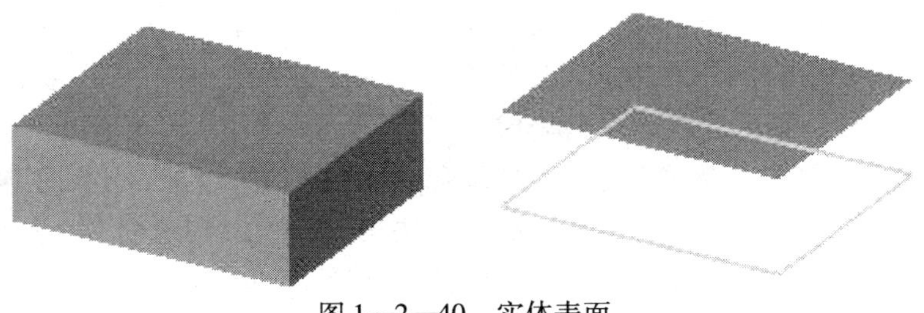

图 1—2—40　实体表面

**（2）曲面编辑**

曲面编辑主要讲述有关曲面的常用编辑命令及操作方法，它是 CAXA 制造工程师的重要功能。

曲面编辑包括曲面裁剪、曲面过渡、曲面缝合、曲面拼接和曲面延伸五种功能。

1）曲面裁剪。曲面裁剪是指对生成的曲面进行修剪，去掉不需要的部分。在曲面裁剪功能中，用户可以选用各种元素，包括各种曲线和曲面来修理和剪裁曲面，获得用户所需要的曲面形态。也可以将被裁剪了的曲面恢复到原来的样子。

曲面裁剪有五种方式：投影线裁剪、等参数线裁剪、线裁剪、面裁剪和裁剪恢复。

在各种曲面裁剪方式中，用户都可以通过切换立即菜单来采用裁剪或分裂的方式。在分裂的方式中，系统用剪刀线将曲面分成多个部分，并保留裁剪生成的所有曲面部分。在裁剪方式中，系统只保留用户所需要的曲面部分，其他部分将都被裁剪掉。系统根据拾取曲面时鼠标的位置来确定用户所需要的部分，即剪刀线将曲面分成多个部分，用户在拾取曲面时鼠标单击在哪一个曲面部分上，就保留哪一部分。

具体操作：单击主菜单“应用”，指向“线面编辑”，单击“曲面裁剪”或者 按钮；在立即菜单中选择曲面裁剪的方式；根据状态栏提示完成操作。

下面对曲面裁剪的四种方式依次进行介绍。

①投影线裁剪。投影线裁剪是将空间曲线沿给定的固定方向投影到曲面上，形成剪刀线来裁剪曲面，如图 1—2—41 所示。裁剪时保留拾取点所在的那部分曲面；拾取的裁剪曲线沿指定投影方向被裁剪曲面投影时必须有投影线，否则无法裁剪曲面；在输入投影方向时可利用矢量工具菜单。

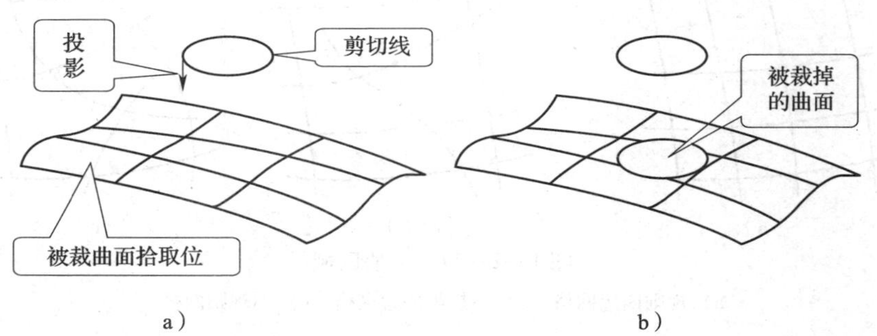


图 1—2—41　剪裁曲面

a）裁剪前　b）裁剪后

具体操作：在立即菜单上选择“投影线裁剪”和“裁剪”方式；拾取被裁剪的曲面（选取需保留的部分）；输入投影方向。按空格键，弹出矢量工具菜单，选择投影方向；拾取剪刀线。拾取曲线，曲线变红，裁剪完成。

注意：剪刀线与曲面边界线重合或部分重合以及相切时，可能得不到正确的裁剪结果。

②线裁剪。线裁剪是将曲面上的曲线沿曲面法矢方向投影到曲面上，形成剪刀线来裁剪曲面，如图 1—2—42 所示。裁剪时保留拾取点所在的那部分曲面；若裁剪曲线不在曲面上，则系统将曲线按距离最近的方式投影到曲面上获得投影曲线，然后利用投影曲线对曲

面进行裁剪，此投影曲线不存在时，裁剪失败，一般应尽量避免此种情形；若裁剪曲线与曲面边界无交点，且不在曲面内部封闭，则系统将其延长到曲面边界后实行裁剪。

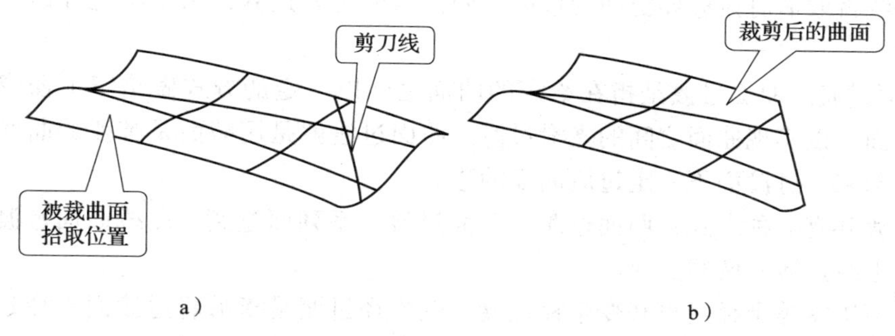


图 1—2—42 线剪裁

a）裁剪前 b）裁剪后

具体操作：在立即菜单上选择“线裁剪”和“裁剪”方式；拾取被裁剪的曲面（选取需保留的部分）；拾取剪刀线。拾取曲线，曲线变红，裁剪完成。

注意：与曲面边界线重合或部分重合以及相切的曲线对曲面进行裁剪时，可能得不到正确的结果，建议尽量避免这种情况。

③面裁剪。面裁剪是将剪刀曲面和被裁剪曲面求交，用求得的交线作为剪刀线来裁剪曲面，如图 1—2—43 所示。裁剪时保留拾取点所在的那部分曲面；两曲面必须有交线，否则无法裁剪曲面。

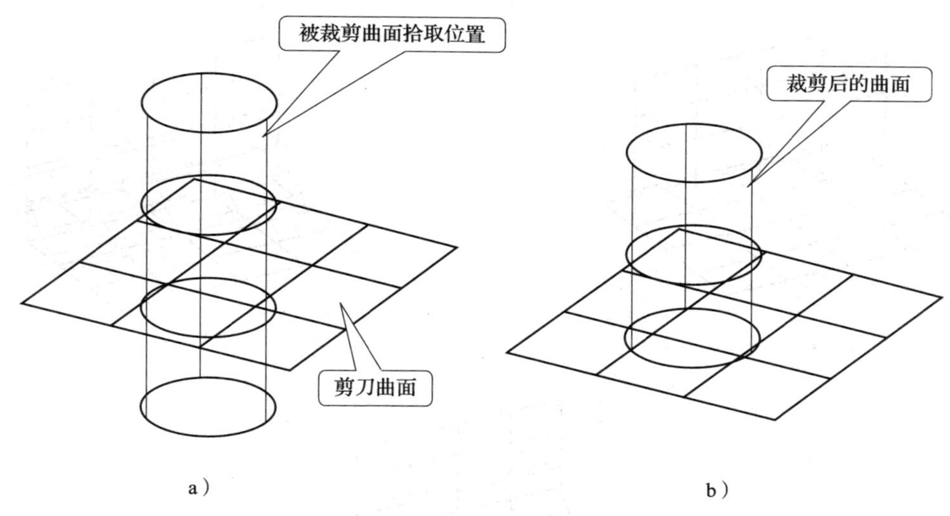


图 1—2—43 面裁剪

a）裁剪前 b）裁剪后

具体操作：在立即菜单上选择“面裁剪”“裁剪”或“分裂”“相互裁剪”或“裁剪曲面 1”；拾取被裁剪的曲面（选取需保留的部分）；拾取剪刀曲面，裁剪完成。

注意：两曲面在边界线处相交或部分相交以及相切时，可能得不到正确的结果，建议尽量避免；若曲面交线与被裁剪曲面边界无交点，且不在其内部封闭，则系统将交线延长到被裁剪曲面边界后实行裁剪。一般应尽量避免这种情况。

④裁剪恢复。将拾取到的曲面裁剪部分恢复到没有裁剪的状态。如拾取的裁剪边界是内边界，系统将取消对该边界施加的裁剪。如拾取的是外边界，系统将把外边界恢复到原始边界状态。

2）曲面过渡。曲面过渡是指在给定的曲面之间以一定的方式做给定半径或半径规律的圆弧过渡面，以实现曲面之间的光滑过渡。曲面过渡就是用截面是圆弧的曲面将两张曲面光滑连接起来，过渡面不一定过原曲面的边界。

曲面过渡共有七种方式：两面过渡、三面过渡、系列面过渡、曲线曲面过渡、参考线过渡、曲面上线过渡和两线过渡。

曲面过渡支持等半径过渡和变半径过渡。变半径过渡是指沿着过渡面半径是变化的过渡方式。不管是线性变化半径还是非线性变化半径，系统都能提供有力的支持。用户可以通过给定导引边界线或给定半径变化规律的方式来实现变半径过渡。基本操作：单击主菜单“应用”，指向“线面编辑”，单击“曲面过渡”或者按钮；选择曲面过渡的方式；根据状态栏提示完成操作。

下面对曲面过渡中的两面过渡进行介绍。

两面过渡是指在两个曲面之间进行给定半径或给定半径变化规律的过渡，生成的过渡面的截面将沿两曲面的法矢方向摆放。两面过渡有两种方式，即等半径过渡和变半径过渡，如图1—2—44、1—2—45所示。等半径两面过渡有裁剪曲面、不裁剪曲面和裁剪指定曲面三种方式。

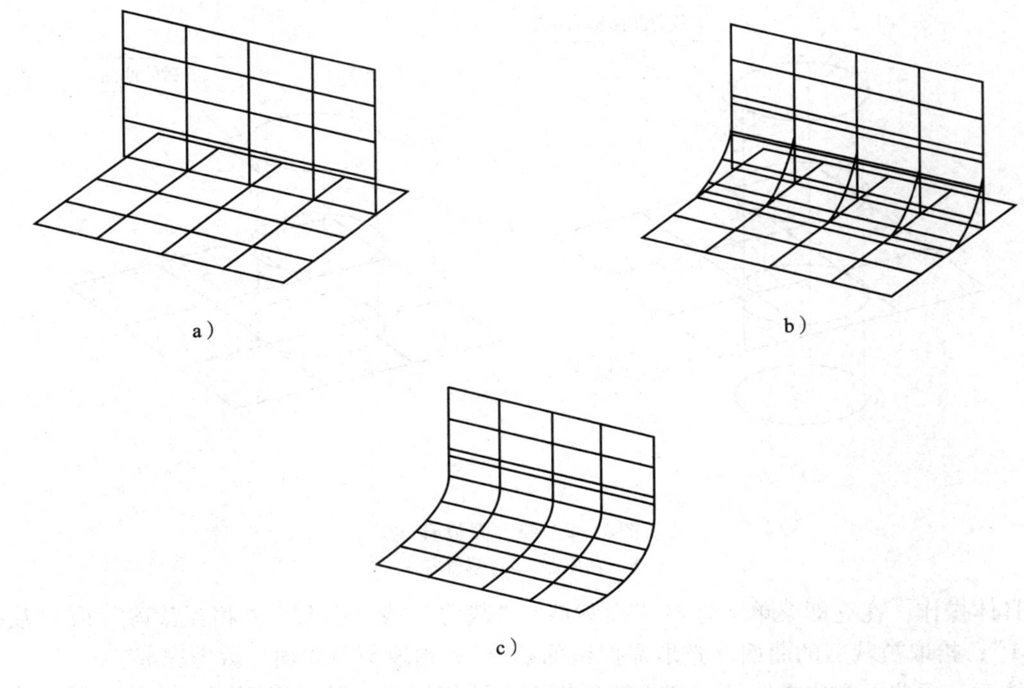

图1—2—44　等半径两面过渡

a）过渡的两张曲面　b）不进行裁剪的过渡　c）带裁剪的过渡

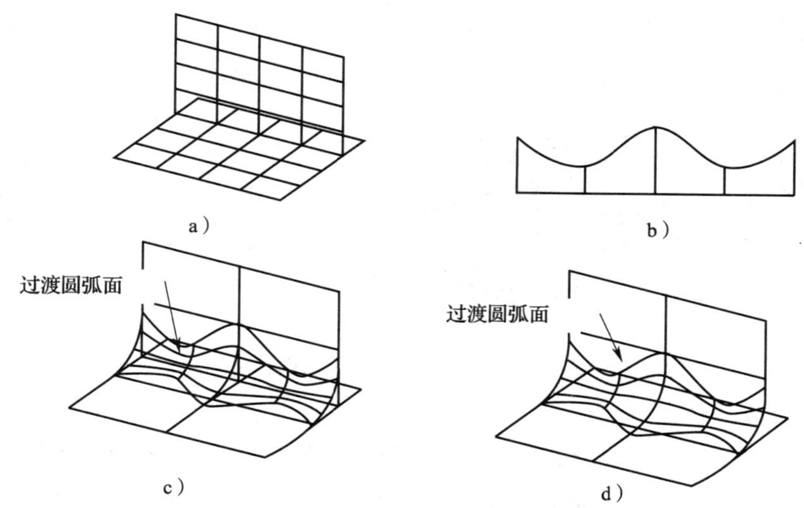


图 1—2—45　变半径两面过渡

a）待过渡的两张曲面　b）半径变化规律　c）不进行裁剪的过渡　d）带裁剪的过渡

变半径两面过渡可以拾取参考线，定义半径变化规律，过渡面将从头到尾按此半径变化规律来生成。在这种情况下，依靠拾取的参考线和过渡面中心线之间弧长的相对比例关系来映射半径变化规律。因此，参考曲线越接近过渡面的中心线，就越能在需要的位置上获得给定的精确半径。同样，变半径两面过渡也分为裁剪曲面、不裁剪曲面和裁剪指定曲面三种方式。

等半径过渡与变半径过渡操作步骤不同，下面分别介绍。

等半径过渡操作：在立即菜单中选择“两面过渡”“等半径”和是否裁剪曲面，输入半径值；拾取第一张曲面，并选择方向；拾取第二张曲面，并选择方向，指定方向，曲面过渡完成。

变半径过渡操作：在立即菜单中选择“两面过渡”“变半径”和是否裁剪曲面；拾取第一张曲面，并选择方向；拾取第二张曲面，并选择方向；拾取参考曲线，指定曲线；指定参考曲线上点并定义半径，指定点后，弹出立即菜单，在立即菜单中输入半径值；可以指定多点及其半径，所有点都指定完后，按右键确认，曲面过渡完成。

注意：用户需正确地指定曲面的方向，方向不同会导致完全不同的结果；进行过渡的两曲面在指定方向上与距离等于半径的等距面必须相交，否则曲面过渡失败；若曲面形状复杂，变化过于剧烈，使得曲面的局部曲率小于过渡半径时，过渡面将发生自交，形状难以预料，应尽量避免这种情形。

3）曲面缝合。曲面缝合是指将两张曲面光滑连接为一张曲面。曲面缝合有两种方式：通过曲面 1 的切矢进行光滑过渡连接；通过两曲面的平均切矢进行光滑过渡连接。基本操作：单击主菜单“应用”，指向“线面编辑”，单击“曲面缝合”或者按钮；选择曲面缝合的方式；根据状态栏提示完成操作。

①曲面切矢 1。曲面切矢 1 方式曲面缝合，即在第一张曲面的连接边界处按曲面 1 的切方向和第二张曲面进行连接，最后生成的曲面仍保持有曲面 1 形状的部分，如图 1—2—46

所示。具体操作：在立即菜单中选择“曲面切矢 1”，拾取第一张曲面，拾取第二张曲面，曲面缝合完成。

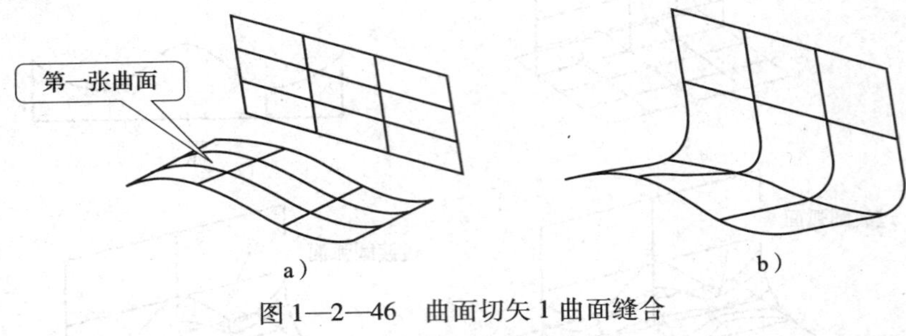


图 1—2—46　曲面切矢 1 曲面缝合

a）待缝合两曲面　b）缝合结果

②平均切矢。切矢方式曲面缝合，在第一张曲面的连接边界处按两曲面的平均切矢方向进行光滑连接。最后生成的曲面在曲面 1 和曲面 2 处都改变了形状，如图 1—2—47 所示。具体操作：在立即菜单中选择“平均切矢”；拾取第一张曲面；拾取第二张曲面，曲面缝合完成。

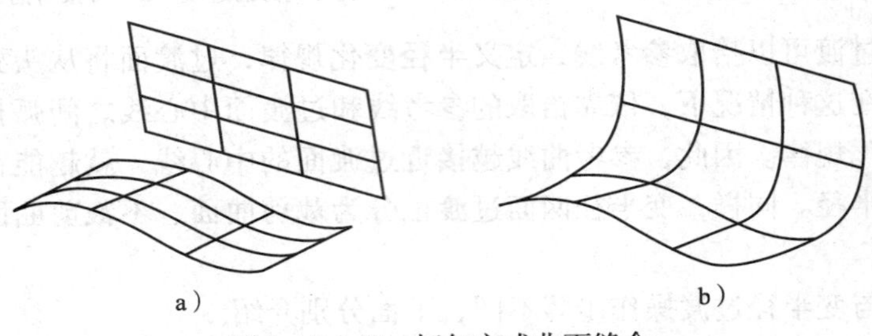


图 1—2—47　切矢方式曲面缝合

a）待缝合曲面　b）缝合结果

4）曲面拼接。曲面拼接是曲面光滑连接的一种方式，它可以通过多个曲面的对应边界，生成一张曲面与这些曲面光滑相接。曲面拼接共有两面拼接、三面拼接和四面拼接三种方式。

在许多物体的造型中，通过曲面生成、曲面过渡、曲面裁剪等工具生成物体的形面后，总会在一些区域留下一片空缺，称之为“洞”。曲面拼接就可以对这种情形进行“补洞”处理，如图 1—2—48 所示。

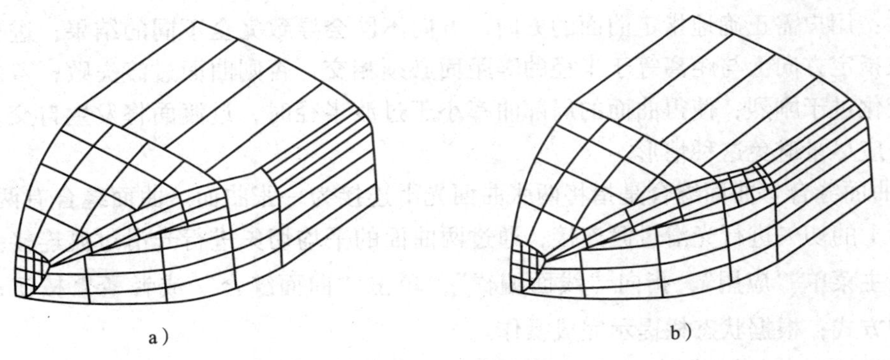


图 1—2—48　曲面拼接

a）造型后留下一个“洞”　b）通过曲面拼接进行“补洞”

基本操作：单击“应用”，指向“线面编辑”，单击“曲面拼接”或单击按钮。

①两面拼接。两面拼接是指做一曲面，使其连接两给定曲面的指定对应边界，并在连接处保证光滑。当遇到要把两个曲面从对应的边界处光滑连接时，用曲面过渡的方法无法实现，因为过渡面不一定通过两个原曲面的边界。这时就需要用到曲面拼接的功能，过曲面边界光滑连接曲面，如图1—2—49所示。

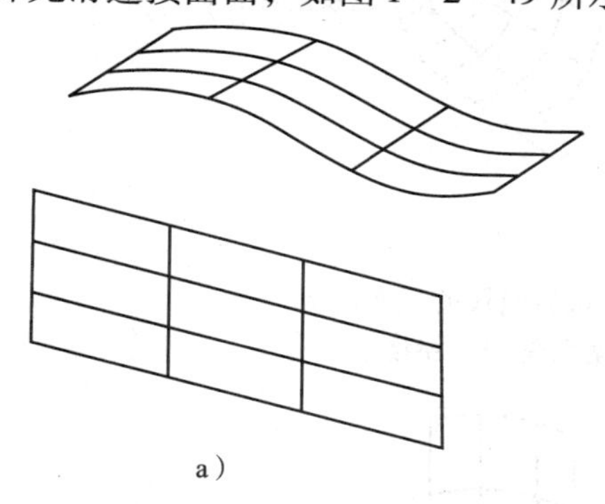
a）

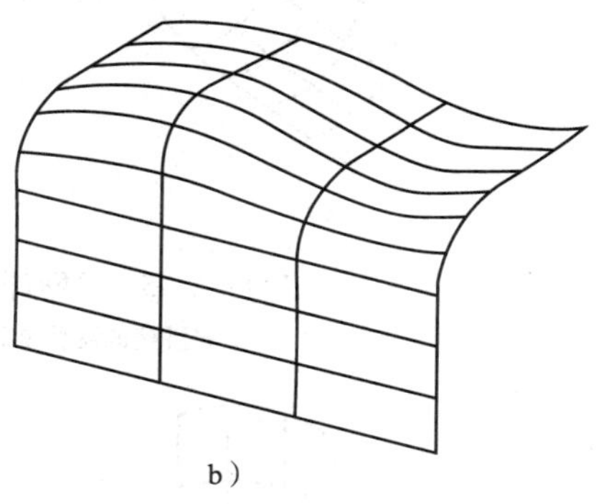
b）

图1—2—49　两面拼接

a）待拼接曲面　b）拼接结果

拾取时请在需要拼接的边界附近单击曲面。拾取时，需要保证两曲面的拼接边界方向一致，这是由拾取点在边界线上的位置决定，即拾取点与边界线的哪一个端点距离最近，那一个端点就是边界的起点。两个边界线的起点应该一致，这样两个边界线的方向一致；如果两个曲面边界线方向相反，拼接的曲面将发生扭曲，形状不可预料。

具体操作：拾取第一张曲面；拾取第二张曲面，拼接完成。

②三面拼接。三面拼接是指做一曲面，使其连接三个给定曲面的指定对应边界，并在连接处保证光滑。三个曲面在角点处两两相接，成为一个封闭区域，中间留下一个“洞”，三面拼接就能光滑拼接三张曲面及其边界而进行“补洞”处理，如图1—2—50所示。

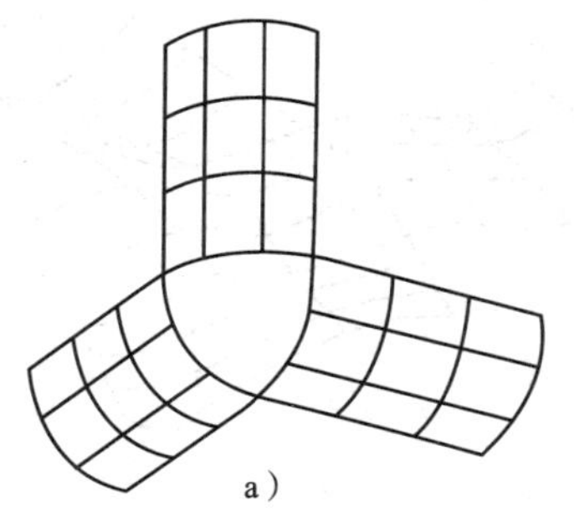
a）

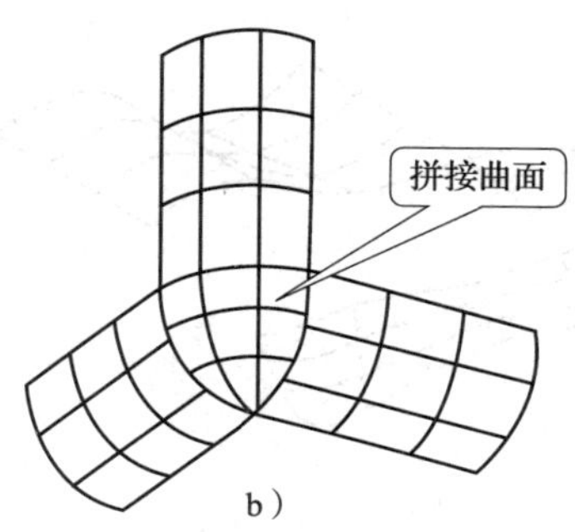

b）

图1—2—50　三面拼接

a）需拼接的三张曲面　b）拼接结果

在三面拼接中，使用的元素不仅局限于曲面，还可以是曲线，即可以拼接曲面和曲线围成的区域，拼接面和曲面保持光滑相接，并以曲线为边界。如图1—2—51和图1—2—52所示，可以对两张曲面和一条曲线围成的区域以及一张曲面和两条曲线围成的区域进行三面拼接。

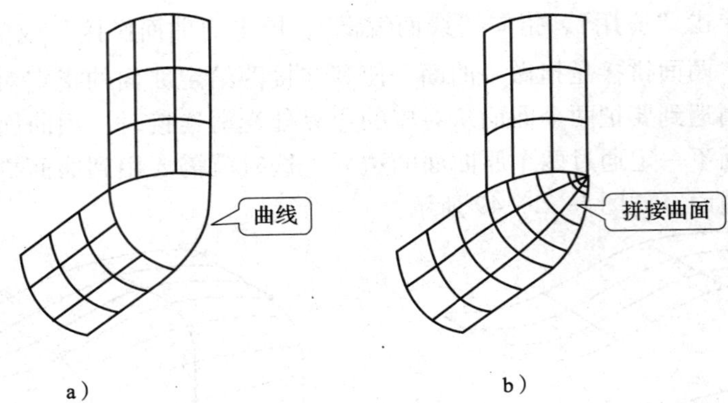


图 1—2—51　两张曲面和一条边界曲线的三面拼接

a）需拼接的两张曲面和一条边界曲线　b）拼接结果

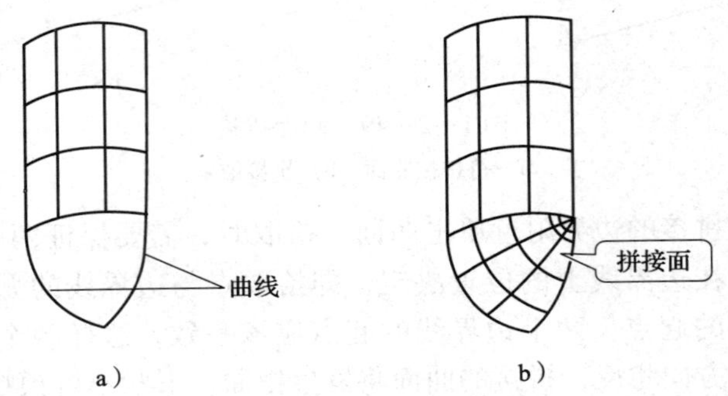


图 1—2—52　一张曲面和两条曲线组成封闭区域的三面拼接

a）需拼接的一张曲面和两条边界曲线　b）拼接结果

在三面拼接时，三个曲面围成的区域可以是非封闭区域，如图 1—2—53 所示，在非封闭处，系统将根据拼接条件自动确定拼接曲面的边界形状。

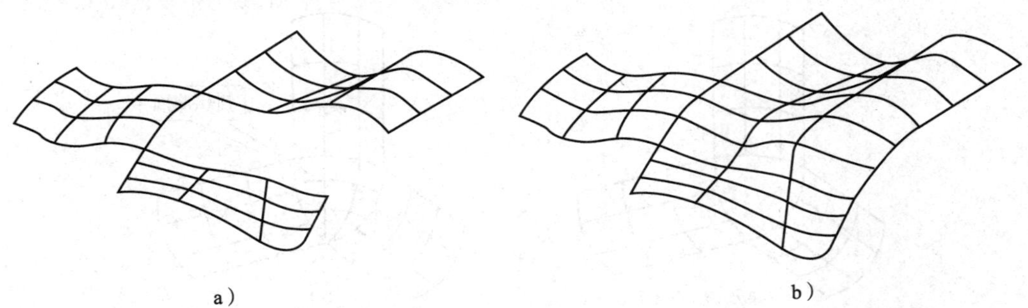


图 1—2—53　三张曲面组成非封闭区域的三面拼接

a）需拼接的三张曲面　b）拼接结果

具体操作：在立即菜单中选择拼接方式；拾取第一张曲面；拾取第二张曲面；拾取第三张曲面，曲面拼接完成。注意：要拼接的三个曲面必须在角点相交，要拼接的三个边界应该首尾相连，形成一串曲线，它可以封闭，也可以不封闭；操作中，拾取曲线时需先按右键，再单击曲线才能选择曲线。

5）曲面延伸。在应用中会遇到所做的曲面短了或窄了，无法进行一些操作的情况。这就需要把一张曲面从某条边延伸出去。曲面延伸就是针对这种情况，把原曲面按所给长度沿相切的方向延伸出去，扩大曲面，以帮助用户进行下一步操作，如图 1—2—54 所示。

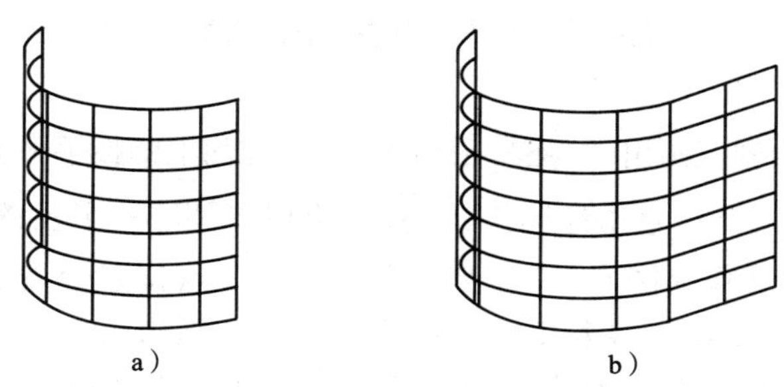


图 1—2—54　曲面延伸
a）待延伸曲面　b）延伸结果

延伸曲面有两种方式：长度延伸和比例延伸。具体操作：单击“应用”，指向“线面编辑”，单击“曲面延伸”或 按钮；在立即菜单中选择“长度延伸”或“比例延伸”方式，输入长度或比例值；状态栏中提示“拾取曲面”，单击曲面，延伸完成。

注意：曲面延伸功能不支持裁剪曲面的延伸。

## 三、技能训练——零件的 CAD 设计

### 1．训练项目

与某企业进行产品加工合作，由我方负责运用 CAD/CAM 软件主要是 CAXA 制造软件来完成如图 1—2—55 所示零件的三维建模，该零件二维草图如图 1—2—55 所示，厚度为 10 mm，建模将为下一步零件的生成刀具路径、后置处理生成 G 代码任务做好准备工作。

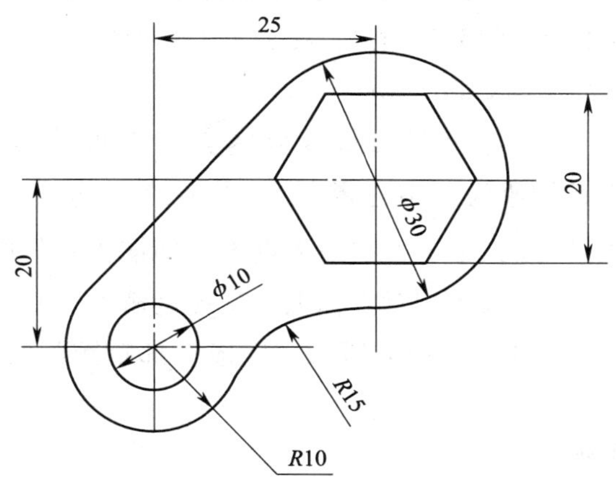


图 1—2—55　扳手的二维图形

### 2．项目分析

由图纸可知扳手的草图尺寸驱动及造型，该造型特点主要是有草图的绘制和拉伸实体两大步骤。在实际绘图过程中首先要注意在草图绘制过程中曲线裁剪的应用，在绘制草图结束后，再利用拉伸指令生成实体，完成造型。

**3. 操作步骤**

**(1) 按图1—2—55的平面图形绘制草图**

点击主菜单“文件”下拉菜单“新建…”，建立新文件（原文件自动关闭）。

1）设定基准面。点击零件特征树中“ 平面XY”，再点击草图按钮 为按下状态。

2）画草图。在绘图区画出“ 平面XY”基准面上的扳手平面图形。

①绘制下方两同心圆：点击绘圆按钮 ，出现“圆心—半径▼”对话框，移动光标至坐标原点后点击（作为圆心点），然后再移至另一点位置处点击（两点相距的距离为半径值），画出第一个圆；接着于另一位置处点击，画出第二个同心圆，按右键结束命令；因画圆命令仍处于执行状态，只需移动光标于右上方的适当位置处点击（作为圆心），然后距圆心的适当位置处点击，即画出上方圆，按右键结束命令，如图1—2—56a所示。

②绘切线与切圆：点击画直线按钮 ，然后按空格键弹出点工具菜单（见图1—2—56b），点击“T切线”项，于上方圆周切点附近点击，然后于下方圆周切点附近点击，绘出切线；点击画圆按钮 ，类同画直线方法绘制相切圆。

③点击曲线裁剪按钮 ，出现“快速裁剪▼菜单，点击多余的线段，裁剪后如图1—2—56c所示。

④尺寸注写与驱动：点击尺寸注写按钮 ，移动光标在绘图区点击圆弧注写定形尺寸，而注写定位尺寸需分别点击上、下两圆弧，这时自动给出该两圆弧圆心的 $X$ 方向尺寸，再点击该两圆弧注写 $Y$ 方向距离尺寸，如图1—2—56c所示。点击尺寸驱动按钮 ，然后点击绘图区中尺寸“30.831”，弹出如图1—2—56d所示坐标框，从键盘输入“25”，回车完成该尺寸的修改并驱动图形，接着点击其他尺寸，进行相同的驱动操作，绘制出符合如图1—2—56e所示尺寸的图形。

⑤绘制正六边形：点击画正多边形按钮 ，出现“边▼边6”对话框，按“▼”下拉钮，把该对话框改为“中心▼边6内接▼”方式，然后按空格键弹出点工具菜单，点击“C圆心”项，于上方圆周上点击（即取正六边形的中心为圆心点），按键盘上的@键，弹出“@”，输入相对坐标框，从键盘输入“9，0”，回车后绘制出六边形，按右键结束命令，如图1—2—56c所示。完成全部草图的绘制后，点击 按钮，退出草图状态。

**(2) 拉伸出扳手实体**

点击“拉伸增料”按钮 ，弹出对话框，在“深度”栏输入“10”，“拉伸对象”栏为“草图0”（若为“草图未准备好”，则此时需在绘图区点击草图变为亮显状态）。点击“确定”按钮，完成扳手实体造型。按键盘上的F8键实体摆成轴测图位置，按Page Down键适当缩小实体，并点击显示旋转按钮 使实体处于如图1—2—57所示的位置。

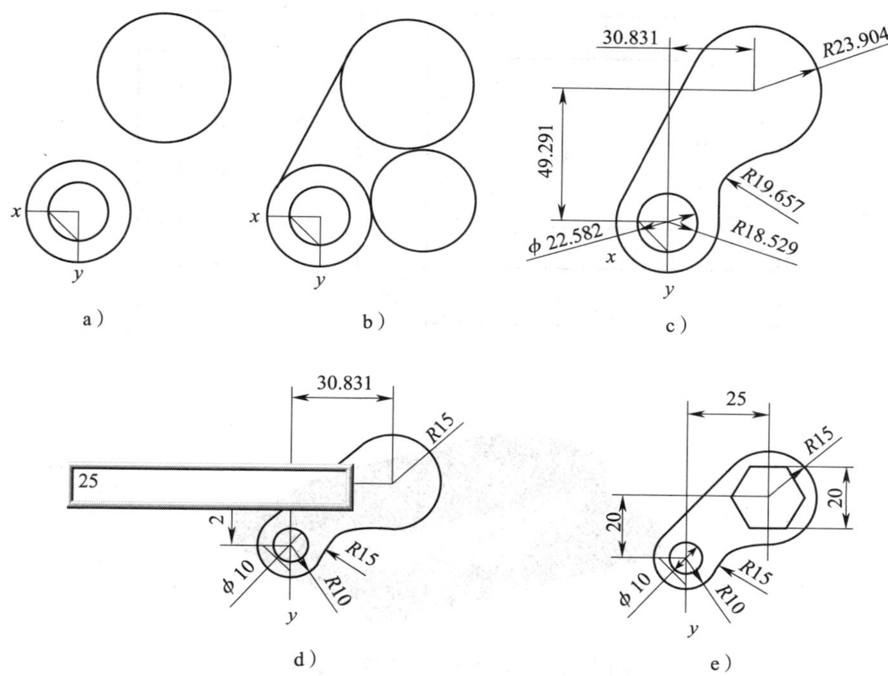


图 1—2—56　草图的绘制过程

a）画三个圆　b）画切线与相切圆　c）注写尺寸　d）尺寸驱动　e）画正六边形

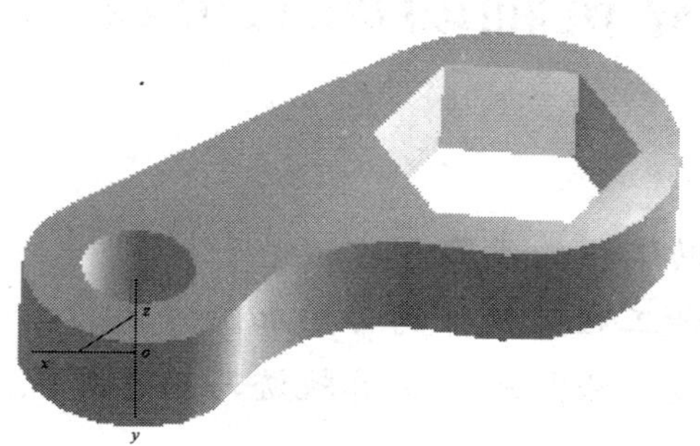

图 1—2—57　扳手实体

## 课后练习

1. CAXA 制造工程师有哪些主要功能？
2. CAXA 制造工程师的曲线绘制有哪些？直线、矩形如何绘制？
3. 曲线的编辑包括哪五种功能？
4. 曲面的造型有哪些？直纹面、旋转面和扫描面如何生成？
5. 曲面剪裁有哪五种方式？
6. 根据上述所讲的内容，试着自己分析如图 1—2—58 所示图形，运用 CAXA 制造工程师软件完成零件的三维建模。

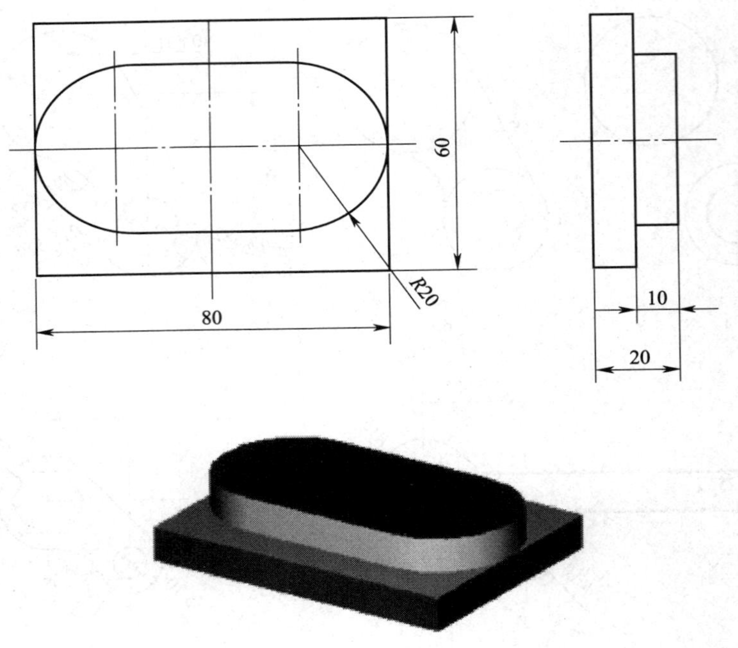


图 1—2—58 CAD 课后练习零件图

# 课题 3 计算机辅助加工仿真（CAM）

## 学习目标

1. 熟悉计算机辅助编程的步骤。
2. 掌握 CAXA 制造工程师软件的常用加工方法。
3. 掌握 CAXA 制造工程师软件仿真轨迹与后置处理。

## 一、计算机辅助编程的步骤

为适应复杂形状零件的加工、多轴加工、高速加工，一般计算机辅助编程的步骤如下。

**1. 零件的几何建模**

对于基于图纸以及型面特征点测量数据的复杂形状零件数控编程，其首要环节是建立被加工零件的几何模型。

**2. 加工方案与加工参数的合理选择**

数控加工的效率与质量有赖于加工方案与加工参数的合理选择，其中刀具、刀轴控制方式、走刀路线和进给速度的优化选择是满足加工要求、机床正常运行和刀具使用寿命的前提。

**3. 刀具轨迹生成**

刀具轨迹生成是复杂形状零件数控加工中最重要的内容，能否生成有效的刀具轨迹直接决定了加工的可能性、质量与效率。刀具轨迹生成的首要目标是使所生成的刀具轨迹能满足无干涉、无碰撞、轨迹光滑、切削负荷光滑并满足要求、代码质量高的要求。同时，刀具轨迹生成还应满足通用性好、稳定性好、编程效率高、代码量小等条件。

**4. 数控加工仿真**

由于零件形状的复杂多变以及加工环境的复杂性，要确保所生成的加工程序不存在任何问题十分困难，其中最主要的是加工过程中的过切与欠切、机床各部件之间的干涉碰撞等。对于高速加工，这些问题常常是致命的。因此，实际加工前采取一定的措施对加工程序进行检验并修正是十分必要的。数控加工仿真通过软件模拟加工环境、刀具路径与材料切除过程来检验并优化加工程序，具有柔性好、成本低、效率高且安全可靠等特点，是提高编程效率与质量的重要措施。

**5. 后置处理**

后置处理是数控加工编程技术的一个重要内容，它将通用前置处理生成的刀位数据转换成适合于具体机床数据的数控加工程序。其技术内容包括机床运动学建模与求解、机床结构误差补偿、机床运动非线性误差校核修正、机床运动的平稳性校核修正、进给速度校核修正及代码转换等。因此，后置处理对于保证加工质量、效率与机床可靠运行具有重要作用。

## 二、CAXA 制造工程师自动编程概述

CAXA 制造工程师提供了 2 ~ 5 轴的数控铣加工功能，20 多种生成数控加工轨迹的方法，包括粗加工、精加工、补加工、孔加工等，可以完成平面、曲面和孔等零件的加工编程。加工菜单如图 1—3—1 所示，加工工具栏如图 1—3—2 所示。

**1. 两轴加工**

它是指机床坐标系的 *X* 和 *Y* 轴两轴联动，而 *Z* 轴固定，即机床在同一高度下对工件进行切削。两轴加工适合于铣削平面图形。

**2. 两轴半加工**

两轴半加工在两轴的基础上增加了 *Z* 轴的移动，当机床坐标系的 *X* 和 *Y* 轴固定时，*Z* 轴可以有上、下的移动。利用两轴半加工可以实现分层加工，即刀具在同一高度（指 *Z* 向高度，下同）上进行两轴加工，层间有 *Z* 向的移动。

**3. 三轴加工**

它是指机床坐标系的 *X*、*Y* 和 *Z* 三轴联动。三轴加工适合进行各种非平面图形，即一般曲面的加工。

## 三、CAXA 制造工程师编程步骤

在进行必要的零件加工工艺分析之后，使用 CAXA 制造工程师软件进行数控铣自动编程的一般步骤：建立加工模型；建立毛坯；建立刀具；选择加工方法，填写加工参数；轨迹生成与仿真；后置处理，生成 G 代码。

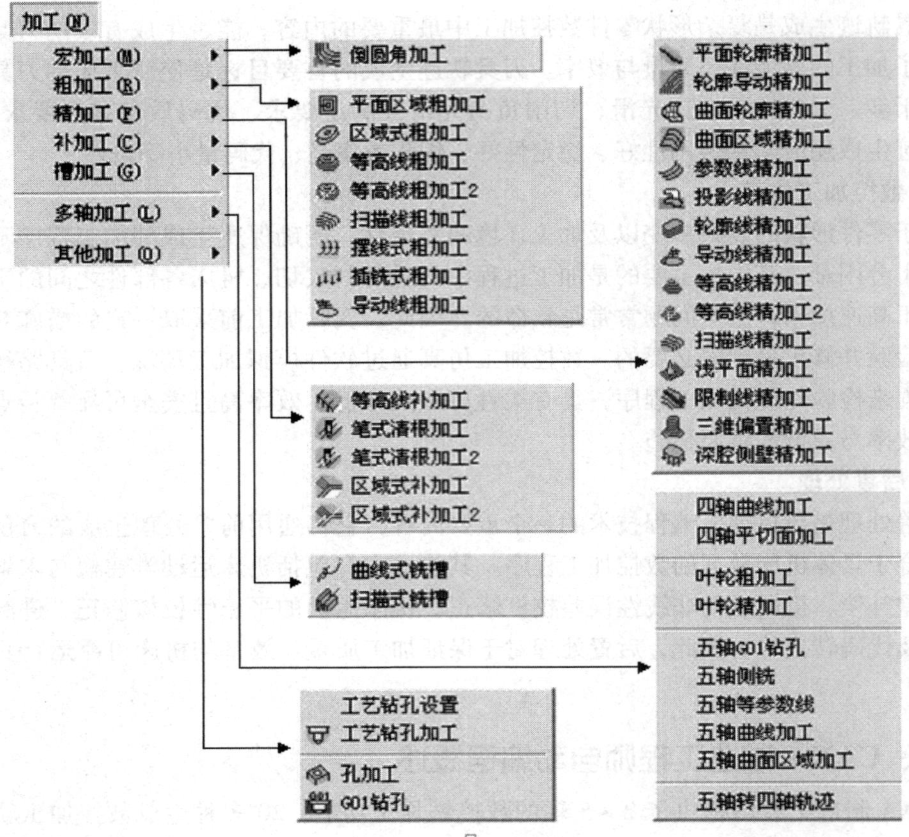

图 1—3—1　加工菜单

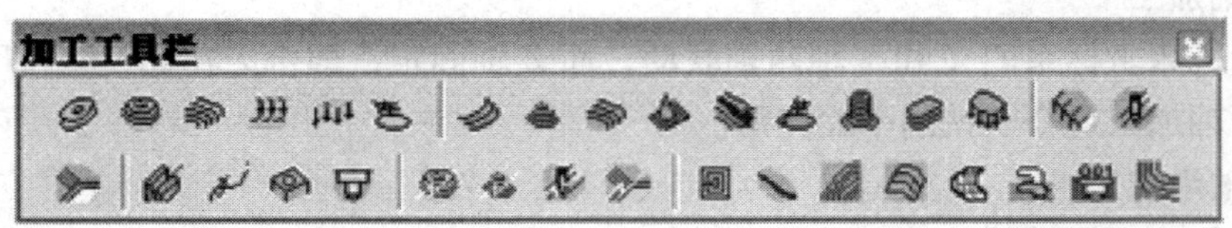

图 1—3—2　加工工具栏

## 四、CAXA 制造工程师加工管理窗口

在绘图区的左侧，单击“加工管理”标签，将出现加工管理窗口，如图 1—3—3 所示，用户可以通过操作加工管理树，对毛坯、刀具、加工参数等进行修改，还可以实现轨迹的复制、删除、显示、隐藏等操作。

## 五、CAXA 制造工程师通用操作与参数设置

在 CAXA 制造工程师各种加工方法的设置中，有一些操作过程和参数设置是一致的，在此加以详细的介绍。

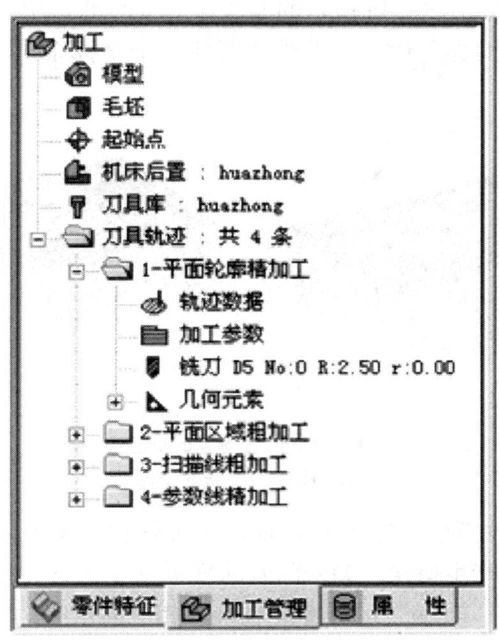


图 1—3—3　加工管理窗口

**1. 加工模型的准备**

数控编程前，必须准备好加工模型。加工模型的准备包括加工模型的建立、加工坐标系的检查与创建。如果采用轮廓边界加工或者要进行局部加工，还必须创建加工辅助线。

**(1) 建立加工模型**

加工模型的建立可有以下几种方法。

1）CAXA 制造工程师软件造型。根据工程图，直接使用 CAXA 制造工程师软件进行造型。造型方法这里就不做详细说明了。

2）导入其他 CAD 软件的模型。使用其他软件创建的模型，也可在 CAXA 制造工程师软件中使用。单击“文件”→“并入文件”命令，弹出“打开”对话框，选择需要导入的文件即可。

虽然 CAXA 制造工程师软件支持多种文件格式模型的导入，但建议先使用其他软件将文件存储为“*. x_ t”格式后再导入 CAXA 制造工程师软件中使用。

**(2) 建立加工坐标系**

在使用 CAM 软件编程时，为了编程简单，通常使用加工坐标系（MCS）确定被加工零件的原点位置。加工坐标系决定了刀具轨迹的零点，刀轨中的坐标值均相对于加工坐标系。

为了便于对刀，加工坐标系的原点通常设置在毛坯的上表面的中心或靠近操作者一侧的顶角处（矩形毛坯），加工坐标系的 *Z* 轴方向必须和机床坐标系 *Z* 轴方向一致。

在使用 CAXA 制造工程师软件进行编程时，可以选择造型时使用的系统坐标系（sys）或其他辅助坐标系作为加工坐标系。

1）新建坐标系。如图1—3—4a所示的零件，造型时的系统坐标系原点位于零件底部面中心。为了编程方便，可在零件上表面中心新建一个坐标系作为加工坐标系，如图1—3—4b所示。

a）　　b）

图1—3—4　坐标系的新建
a）原坐标系　b）新建坐标系

2）变换坐标系。零件模型坐标系的 $Z$ 轴方向最好和机床坐标系的 $Z$ 轴方向一致，否则生成的数控程序可能会产生错误。如果两者的坐标系不一致，编程前必须进行坐标系的变换。变换的方法是使用“布尔”运算将 $Z$ 轴旋转相应的角度，使零件模型的 $Z$ 轴方向与机床坐标系 $Z$ 轴方向一致。

如图1—3—5a所示的模型零件，模型坐标系的 $Z$ 轴方向和机床坐标系的方向不一致，必须进行坐标方向的变换，如图1—3—5b所示。操作步骤如下。

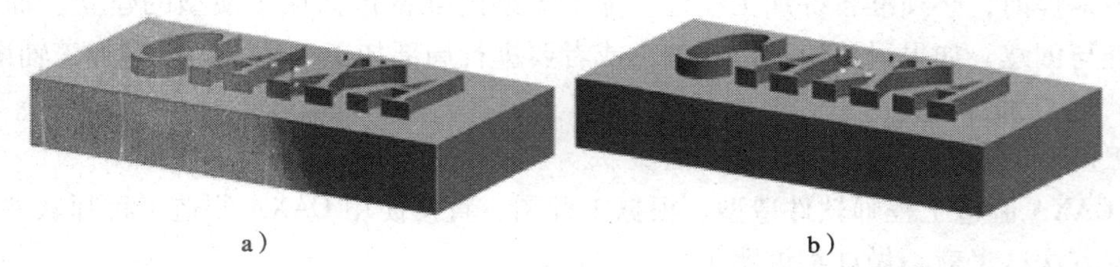

a）　　b）

图1—3—5　坐标系的变换
a）坐标变换前　b）坐标变换后

①将文件另保存为“＊. x_ t”格式。单击“文件”→“另存为”命令，弹出“另存为”对话框，将模型保存为“CAXA. x_ t”格式。

②新建文件。单击“文件”→“新建”命令，新建一空白文件。

③并入文件。单击“文件”→“并入文件”命令，弹出“打开”对话框，选择文件“CAXA. x_ t”，单击“确定”按钮，弹出“输入特征”对话框，如图1—3—6所示。

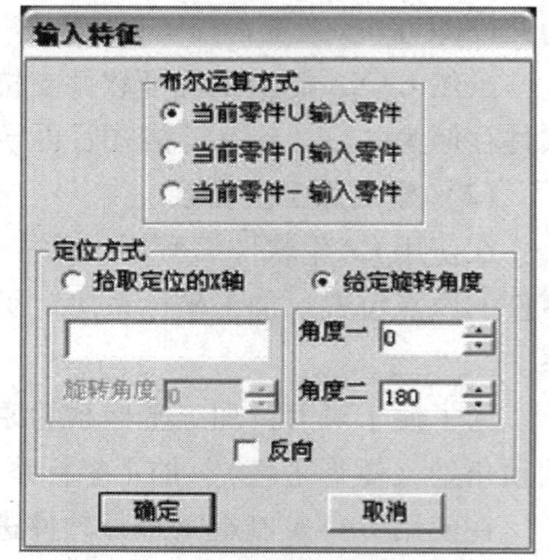


图1—3—6　“输入特征”对话框

④选择并入方式。选择布尔运算方式为“当前零件∪输入零件”。

⑤给出定位点。在绘图区，点击坐标系原点，将其指定为模型定位点。

⑥选择定位方式。点选“给定旋转角度”定位方式。

⑦输入角度值。在“角度二”一栏输入 180。

⑧单击“确定”按钮，完成坐标系的变换。

**(3) 创建加工辅助线**

创建加工辅助线可以使用“曲线生成”命令，通常可以使用“相关线”→“实体边界”方法来创建。操作步骤如下。

1）“曲线生成”工具条中，单击“相关线”→“实体边界”命令。

2）拾取零件模型棱边，得到加工辅助线如图 1—3—7 所示。

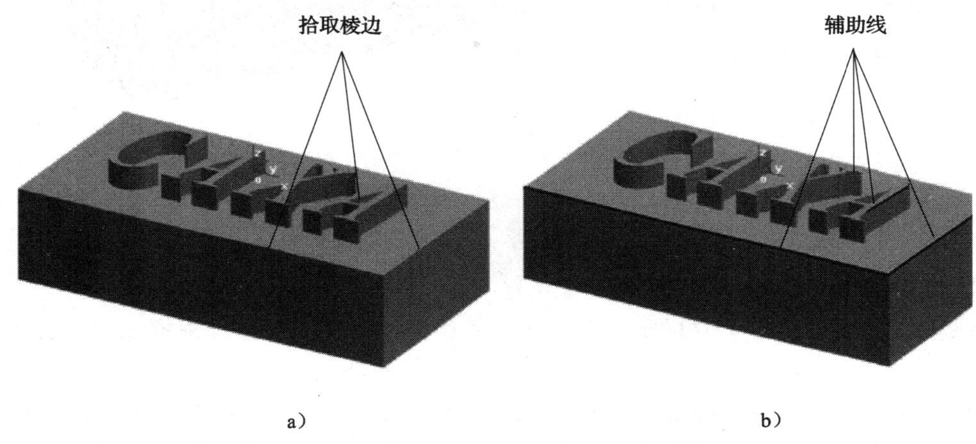


图 1—3—7 创建加工辅助线

a）拾取零件棱边 b）加工辅助线

**2. 建立毛坯**

使用 CAXA 制造工程师软件编程时必须定义毛坯，用于轨迹仿真和检查过切。目前，只支持长方体毛坯。

在“加工管理”窗口，双击“毛坯”按钮，系统弹出“定义毛坯”对话框。系统提供了三种毛坯定义的方式，分别是“两点方式”“三点方式”“参照模型”，如果已经绘制了模型，通常使用“参照模型”方式。

使用“参照模型”方式建立毛坯的步骤如下。

(1) 单击“参照模型”单选按钮。

(2) 单击“参照模型”按钮，系统自动计算模型的包围盒，以此作为毛坯，毛坯的长宽高数值显示于对话框中，如图 1—3—8a 所示。可以通过修改长宽高的数值调整毛坯的大小。

(3) 选择“毛坯类型”，主要是写工艺清单时需要。

(4) 选择“显示毛坯”，设定是否在工作区中显示毛坯。

(5) 单击“锁定”，禁止更改毛坯参数。

(6) 单击“确定”，完成毛坯的定义，如图如图 1—3—8b 所示线框。

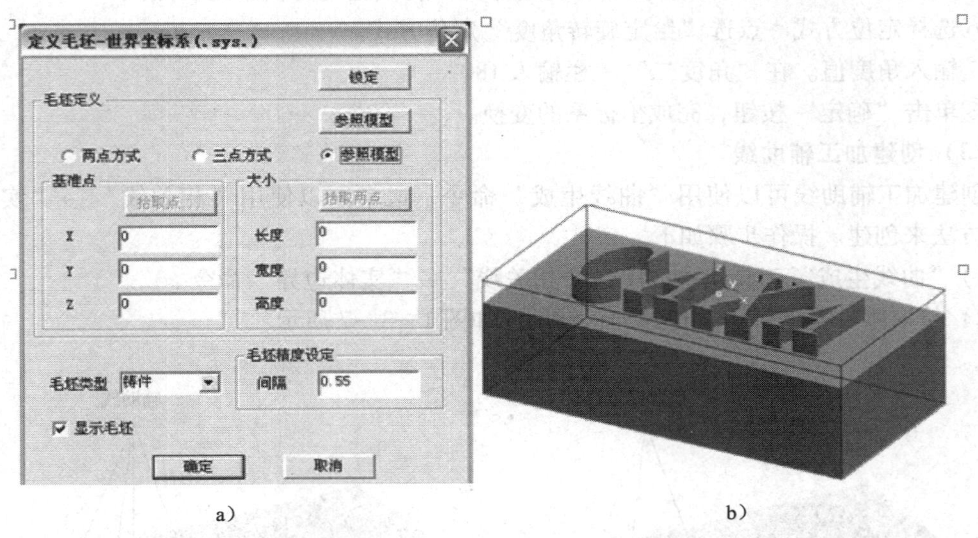


a） b）

图 1—3—8 参照模型窗口

a）操作步骤 b）毛坯模型

### 3. 建立刀具

在实际生产中，一个零件的加工不可能只使用一把刀，因此必须根据加工需要创建刀具。

CAXA 制造工程师目前提供三种铣刀：球刀（$r=R$），R 刀（$r<R$），端铣刀（$r=R$），如图 1—3—9 所示，其中 $R$ 为刀具的半径，$r$ 为刀角半径，刀具参数还有刀杆长度 $L$ 和切削刃长度 $l$，如图 1—3—10 所示。

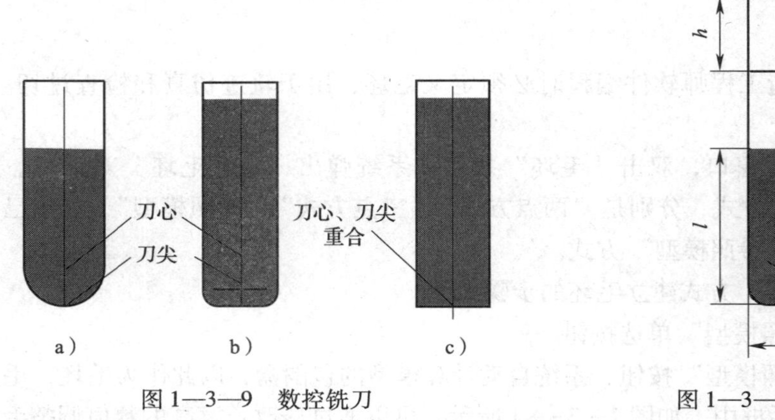


图 1—3—9 数控铣刀

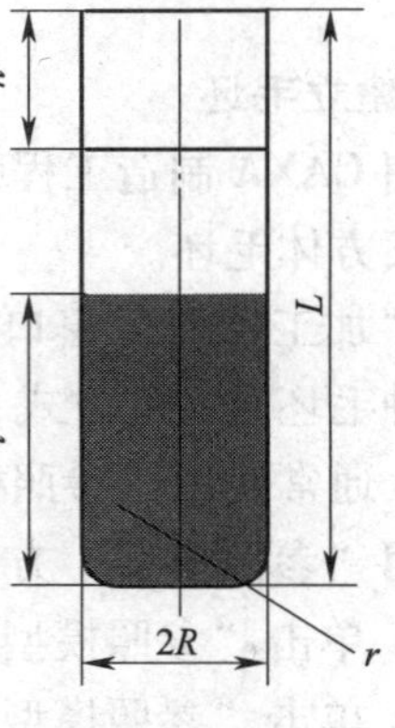

图 1—3—10 刀具参数

#### （1）刀具的管理

在“加工管理”窗口，双击“刀具库”图标，系统弹出“刀具库管理”对话框，如图 1—3—11 所示。

在“刀具库管理”对话框中，单击“选择编辑刀具库”下拉列表框，从中选择需要编辑的刀具库，可进行刀具的建立、编辑、删除等操作。

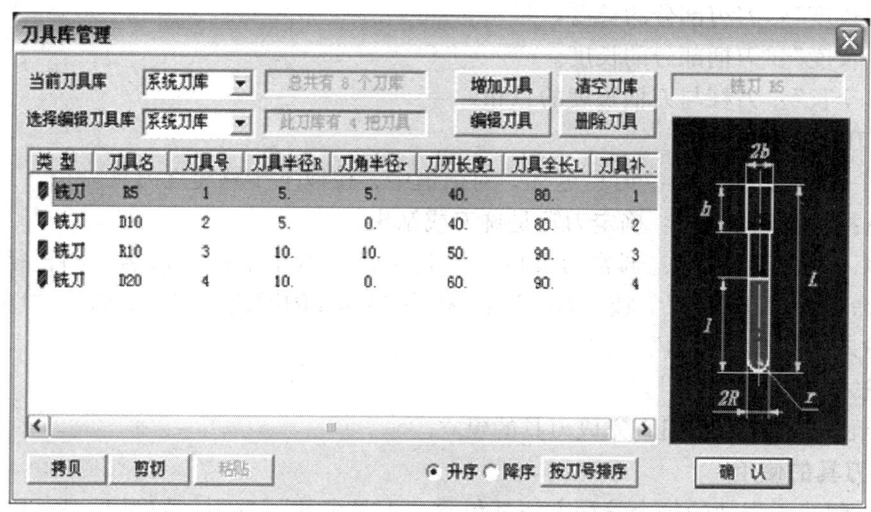


图 1—3—11　“刀具库管理”对话框

**(2）刀具的参数**

在“刀具库管理”对话框中，单击“增加刀具”按钮，弹出“刀具定义”对话框，刀具参数如图 1—3—12 所示。

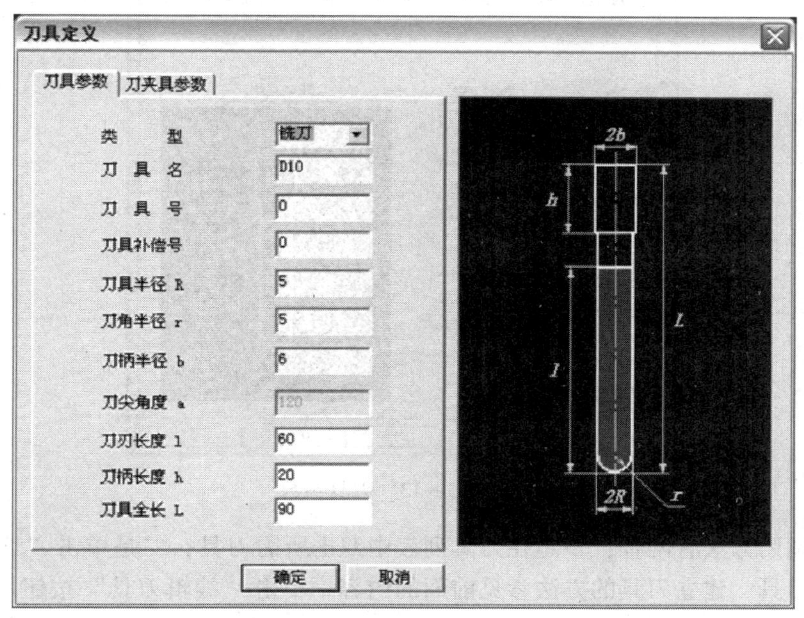


图 1—3—12　“刀具定义”对话框

“刀具号”：刀具在加工中心里的位置编号，便于加工过程中换刀。

“刀具补偿号”：刀具半径补偿值对应的编号。

“刀柄半径”：刀柄部分截面圆半径的大小。

“刀尖角度”：只对钻头有效，钻尖的圆锥角。

“刀刃长度”：刀刃部分的长度。

“刀柄长度”：刀柄部分的长度。

“刀具全长”：刀杆与刀柄长度的总和。

**（3）刀具的建立**

在图 1—3—12 所示的“刀具定义”对话框中，按以下步骤建立刀具。

1）选择“刀具类型”：确定刀具是铣刀或钻头。

2）输入“刀具名称”：通常刀具以“刀具半径 + 刀角半径”命名，如直径为 20 mm 的球刀，命名为“D20r10”，或“R10”，直径为 20 mm 的键槽铣刀，命名为“D20”。

3）输入“刀具半径 R”。

4）输入“刀角半径 r”。

5）点击“确定”按钮，完成刀具的建立。

**（4）刀具的使用**

CAXA 制造工程师的每个编程方法都包含“刀具参数”选项，如图 1—3—13 所示，其作用就是确定加工中所使用的刀具。

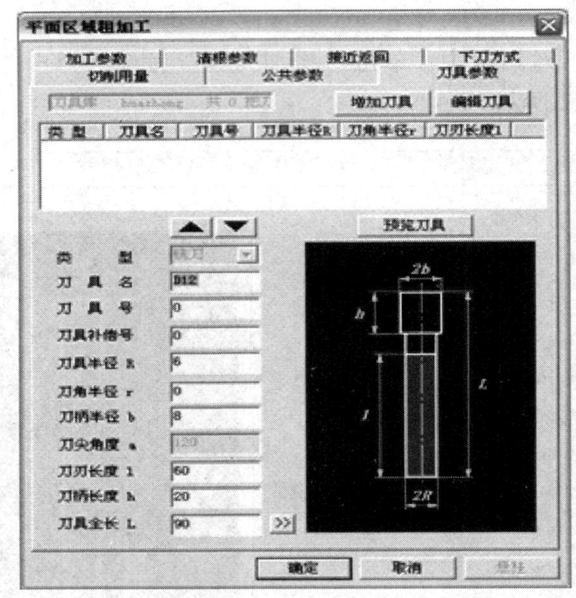


图 1—3—13　刀具参数

刀具的调用方法有两种：一是在刀具列表中双击所需刀具；二是单击“增加刀具”按钮建立所需刀具。建立刀具的方法参见前面的内容。单击“编辑刀具”按钮可以对当前刀具的参数进行编辑。

**4. 公共参数**

公共参数设定包括加工坐标系的选择和起始点的位置，如图 1—3—14 所示。

**（1）加工坐标系**

加工坐标系是指建立加工时所需的坐标系。

“坐标系名称”：显示刀路的加工坐标系的名称。

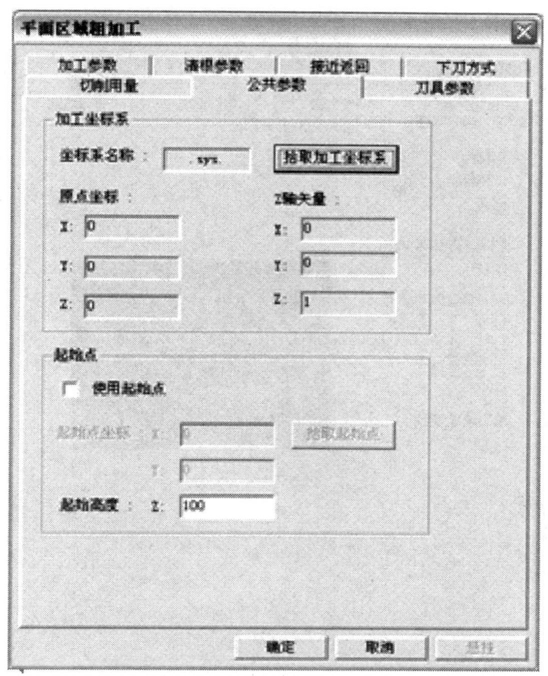


图 1—3—14　公共参数的设定

“拾取加工坐标系”：用户可以在屏幕上拾取加工坐标系。

“原点坐标”：显示加工坐标系的原点值。

“Z 轴矢量”：显示加工坐标系的 *Z* 轴方向值。

**(2) 起始点**

“使用起始点”：决定刀路是否从起始点出发并回到起始点。

“起始点坐标”：显示起始点坐标信息。

“拾取起始点”：用户可以在屏幕上拾取点作为刀路的起始点。

**5. 切削用量**

切削用量的设定包括轨迹各位置的相关进给速度及主轴转速等，切削用量参数如图 1—3—15 所示，各个参数的含义如图 1—3—16 所示。

“主轴转速”：设定主轴转速的大小，单位为 r/min（转/分）。

“慢速下刀速度（F0）”：设定慢速下刀轨迹段的进给速度的大小，单位为 mm/min。

“切入切出连接速度（F1）”：设定切入轨迹段、切出轨迹段、连接轨迹段、接近轨迹段、返回轨迹段的进给速度的大小，单位为 mm/min。

“切削速度（F2）”：设定切削轨迹段的进给速度的大小，单位为 mm/min。

“退刀速度（F3）”：设定退刀轨迹段的进给速度的大小，单位为 mm/min。

主要参数确定方法如下。

**(1) 进给速度 F（进给量）的确定**

进给速度主要根据零件的加工精度和表面粗糙度要求以及刀具、工件的材料性质选取。按以下公式计算：

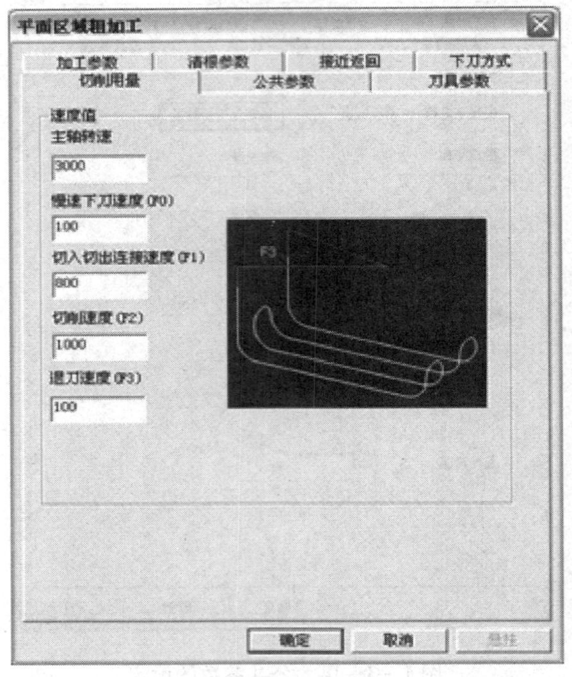


图 1—3—15　切削用量参数的设定

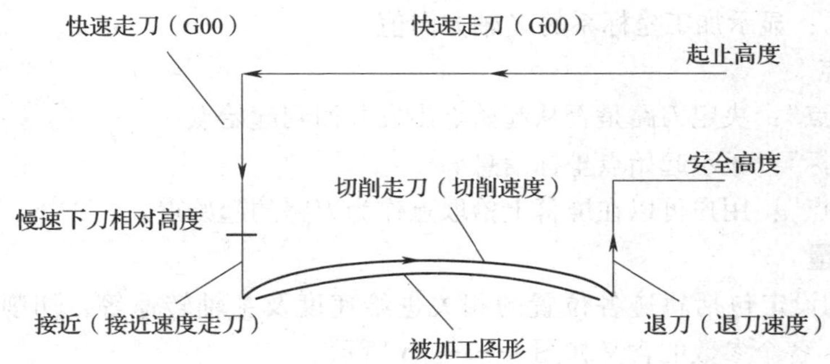


图 1—3—16　切削用量参数

$$F = f_z ns(\mathrm{mm/min})$$

式中　$f_z$——每齿进给量，mm/z；

$n$——切削刃数量；

$s$——主轴转速，r/min。

**(2) 切削速度 $V_c$ 的确定**

切削速度可根据已经选定的背吃刀量、进给量及刀具寿命进行选取。实际加工过程中，可根据生产实践经验确定，或通过查表的方法来选取，表 1—3—1 列出了一些常用的参考值。

表 1—3—1　　切削速度参考值

| 刀具材料 | 切削速度 $V_c$/（m/min） | 每齿进给量 $f_z$/（m/z） |
|---|---|---|
| 高速钢 | 20 ~ 30 | 0.05 ~ 0.2 |
| 硬质合金刀 | 50 ~ 80 | 0.1 ~ 0.3 |
| 硬质合金涂层刀 | 100 ~ 130 | 0.1 ~ 0.3 |

切削速度 $V_c$ 确定后，根据刀具直径 $D$（mm），按以下公式确定主轴转速 $s$（r/min）：

$$s = v_c \times 1\,000/D\pi$$

**6. 下刀方式**

设定刀具切入工件的方式如图 1—3—17 所示。

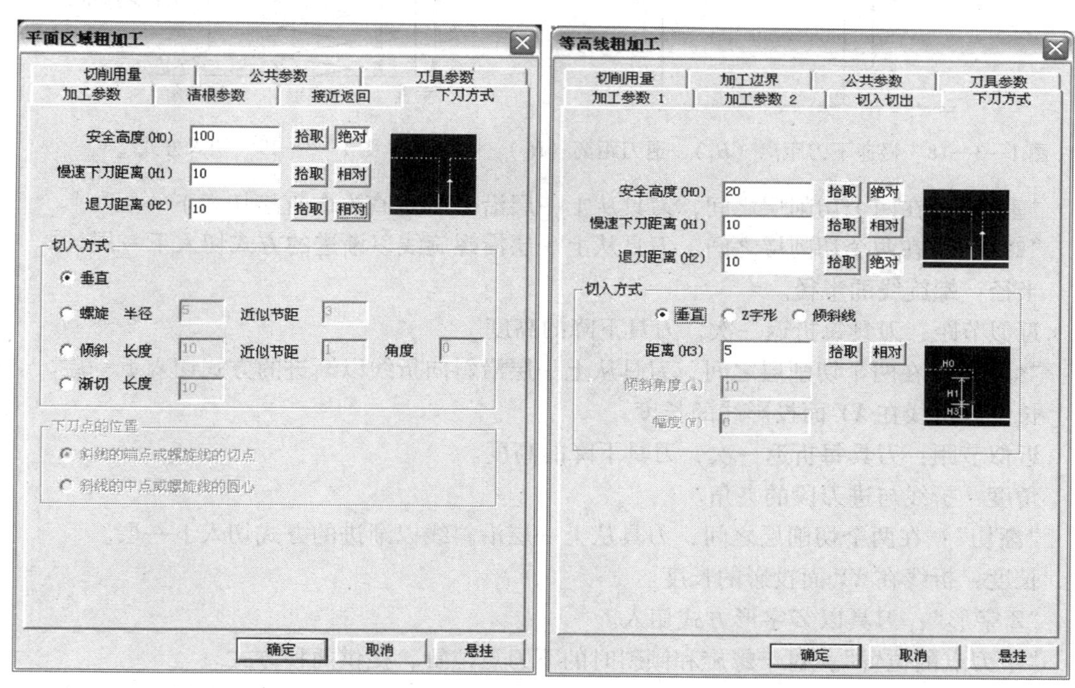


图 1—3—17　下刀方式

**（1）距离参数**

“安全高度”：刀具快速移动而不会与毛坯或模型发生干涉的高度，有相对与绝对两种模式，单击相对或绝对按钮可以实现两者的互换。

“相对”：以切入、切出、切削开始或切削结束位置的刀位点为参考点。

“绝对”：以当前加工坐标系的 *XOY* 平面为参考平面。

“拾取”：单击后可以从工作区选择安全高度的绝对位置高度点。

“慢速下刀距离”：在切入或切削开始前的一段刀位轨迹的位置长度，如图 1—3—18 所示，这段轨迹以慢速下刀速度垂直向下进给。有相对与绝对两种模式，单击相对或绝对按钮可以实现两者的互换。

“退刀距离”：在切出或切削结束后的一段刀位轨迹的位置长度，这段轨迹以退刀速度垂直向上进给。有相对与绝对两种模式，单击相对或绝对按钮可以实现两者的互换。

**(2) 切入方式**

CAXA提供了多种切入方式，如图1—3—19所示。几乎适用于所有的铣削加工策略，其中的一些切削加工策略有其特殊的切入切出方式（在切入切出属性页面中可以设定）。如果在切入切出属性页面里设定了特殊的切入切出方式后，此处通用切入方式将不会起作用。

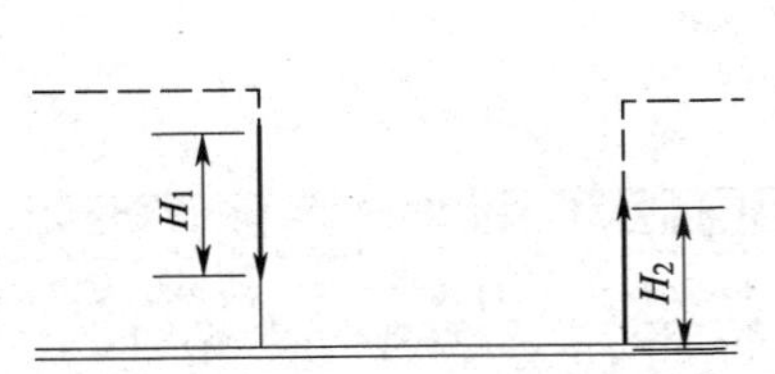


图1—3—18　慢速下刀距离（$H_1$）、退刀距离（$H_2$）

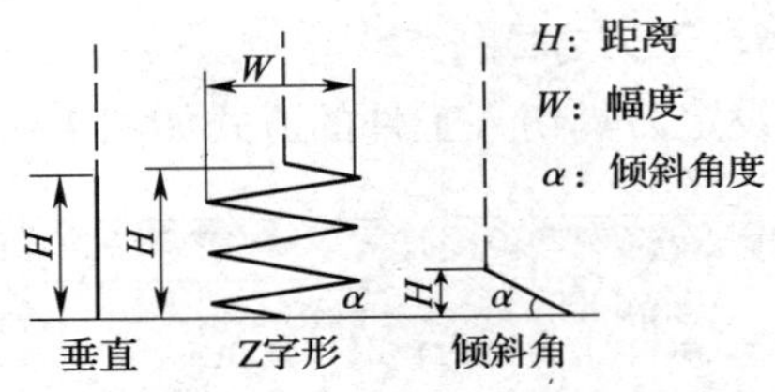


图1—3—19　切入方式

“垂直”：在两个切削层之间，刀具从上一层沿$Z$轴垂直方向直接切入下一层。

“螺旋”：在两个切削层之间，刀具从上一层沿螺旋线以渐进的方式切入下一层。

半径：螺旋线的半径。

近似节距：刀具每折返一次，刀具下降的高度。

“倾斜”：在两个切削层之间，刀具从上一层沿斜向折线以渐进的方式切入下一层。

长度：折线在$XY$面投影线的长度。

近似节距：刀具每折返一次，刀具下降的高度。

角度：折线与进刀段的夹角。

“渐切”：在两个切削层之间，刀具从上一层沿斜线以渐进的方式切入下一层。

长度：折线在$XY$面投影的长度。

“Z字形”：刀具以Z字形方式切入。

“下刀点的位置”：对于螺旋和倾斜时的下刀点位置，提供两种方式。

斜线端点或螺旋线切点：选择此项后，下刀点位置将在斜线端点或螺旋线切点处下刀。

斜线中点或螺旋线圆心：选择此项后，下刀点位置将在斜线中点或螺旋线圆心处下刀。

通常，下刀方式与切削区域的形式、刀具的种类等因素有关。

**7. 接近返回**

接近返回用于指定每一次进退刀的方式，避免刀具和工件的碰撞，并得到较好的接刀质量，其参数如图1—3—20所示。一般的，接近是指从刀具起始点快速移动后以切入方式逼近切削点的那段切入轨迹，返回是指从切削点以切出方式离开切削点的那段切出轨迹。

“不设定”：不设定接近返回的切入切出。

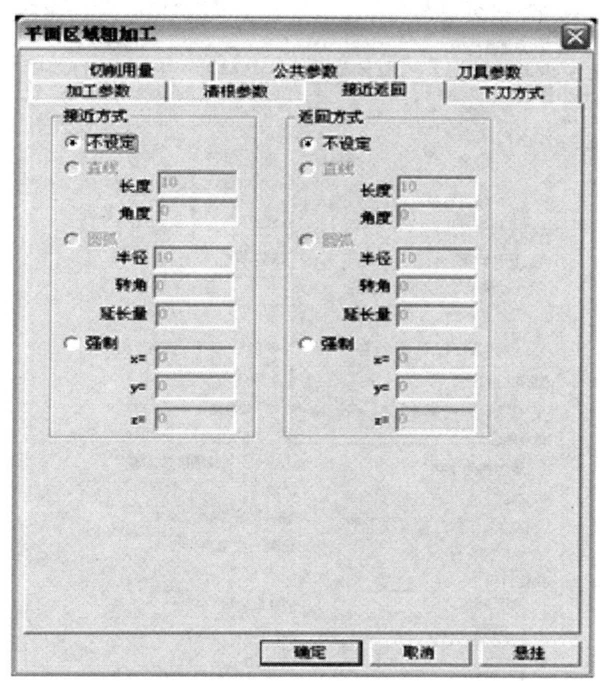


图 1—3—20　接近返回

“直线”：刀具按给定长度，以直线方式向切削点平滑切入或从切削点平滑切出。

长度：直线切入切出的长度。

角度：进刀路线和 $X$ 方向的夹角。

“圆弧”：以 π/4 圆弧向切削点平滑切入或从切削点平滑切出。

半径：圆弧切入切出的半径。

转角：圆弧的圆心角，延长不使用。

“强制”：刀具从指定点直线切入到切削点，或强制从切削点直线切出到指定点。

x、y、z：指定点空间位置的三分量。

**8. 加工余量**

加工余量是指预留给下道工序的切削量，位于“加工参数”选项页中，如图 1—3—21 所示。

一般粗加工时加工余量设为 0.5 ~ 1.5，半精加工时加工余量设为 0.2 ~ 0.5，精加工时加工余量设为 0。

**9. 加工精度**

加工精度指输入模型的加工精度，位于“加工参数”选项页中，如图 1—3—21 所示。计算模型的轨迹的误差小于此值。加工精度越大，模型形状的误差也增大，模型表面越粗糙。加工精度越小，模型形状的误差也减小，模型表面越光滑，但是，轨迹段的数目增多，轨迹数据量变大。通常，粗加工精度取预留量的 1/10，精加工设置为 0.01。

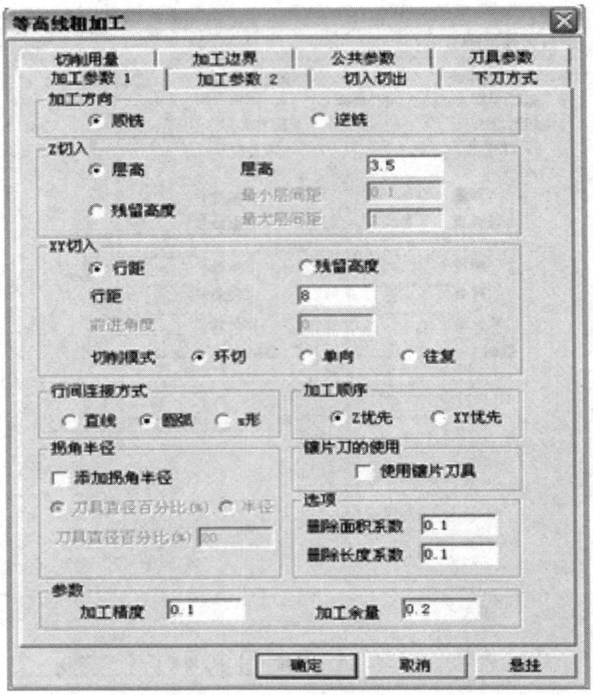

图 1—3—21　加工余量和加工精度

## 六、CAXA 制造工程师常用加工方法

CAXA 制造工程师提供了 20 多种生成数控加工轨迹的方法，在此只解释其中应用较多的、典型的几种加工方法，通用参数的含义请参考上节。

要注意的是，所谓粗加工功能和精加工功能，仅仅指生成的轨迹是单层的还是多层的，并非完全针对零件的某道工序，比如，用区域式粗加工功能，完全可以生成某个零件平面区域的粗加工以及精加工轨迹，加工精度和加工余量是通过设置加工参数来实现的。每一种加工轨迹的生成方式，并不是孤立的，而是有联系的，可以互相配合、互相补充，要根据零件的结构和技术要求，综合考虑，以加工出合格零件为最终目的。

**1. 平面区域粗加工**

平面区域粗加工主要应用于平面轮廓零件的粗加工。该方法可根据给定的轮廓和岛生成分层的加工轨迹。它的优点是不需要进行 3D 实体的造型，直接使用 2D 曲线就可以生成加工轨迹，且计算速度快。

注意区分轮廓、区域和岛的含义。

**（1）轮廓**

轮廓是一系列首尾相接曲线的集合，如图 1—3—22 所示。CAXA 制造工程师的一些加工方法用轮廓来界定被加工的区域或被加工的图形本身，如果轮廓是用来界定被加工区域的，则要求指定的轮廓是闭合的；如果加工的是轮廓本身，则轮廓也可以不闭合。

轮廓曲线应该是空间曲线，且不应有自由交点。

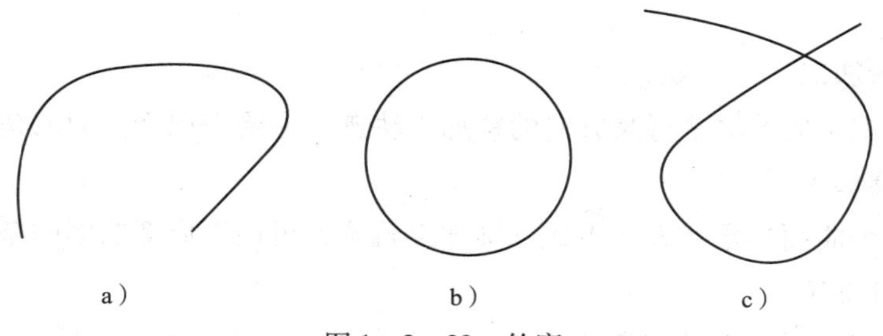


图 1—3—22　轮廓

a）开轮廓　b）闭轮廓　c）有自交点的轮廓

**（2）区域和岛**

区域是指由一个闭合轮廓围城的内部空间，其内部可以有岛。岛也是由闭合轮廓界定的。

区域是指外轮廓和岛之间的部分。由外轮廓和岛共同指定待加工的区域，外轮廓用来界定加工区域的外部边界，岛用来屏蔽其内部不需加工或需保护的部分，如图 1—3—23 所示。

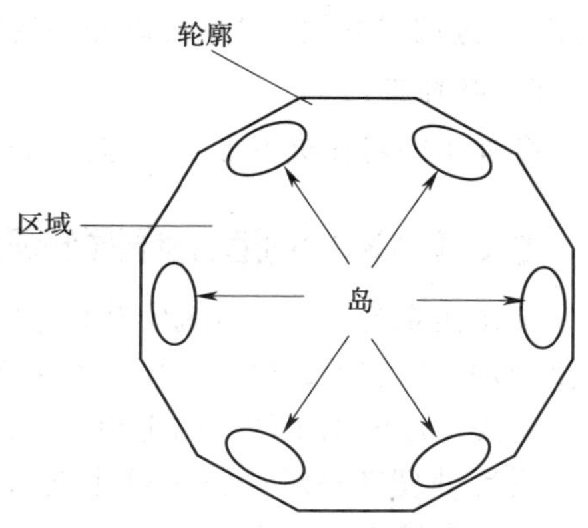


图 1—3—23　轮廓与岛的关系

CAXA 制造工程师的“区域式粗加工”与“平面区域粗加工”功能相似。

**2. 等高线粗加工**

等高线粗加工生成分层等高式轨迹，应用于任何形状零件的粗加工。它只对于 3D 实体模型生成加工轨迹，并可通过选择曲线指定局部区域的加工。

CAXA 制造工程师的“等高线粗加工 2”与“等高线粗加工”功能相似，不同在于“等高线粗加工 2”可以分别定义 *XY* 方向和 *Z* 方向的加工余量。

**3. 平面轮廓精加工**

平面轮廓精加工主要应用于平面轮廓零件底平面、垂直侧壁的精加工，支持具有一定拔模斜度的轮廓轨迹，通过定义加工参数也可实现粗加工功能。

它的优点是不需要进行 3D 实体的造型，直接使用 2D 曲线生成加工轨迹，且计算速度快。

CAXA 制造工程师的“轮廓线精加工”与“平面轮廓精加工”功能相似。

**4. 等高线精加工**

等高线精加工可以生成分层等高式精加工轨迹，要应用于斜度较大的曲面的精加工，对较平坦曲面的加工不理想。

CAXA 制造工程师的“等高线精加工 2”与“等高线精加工”功能相似，不同在于“等高线精加工 2”可以分别定义 *XY* 方向和 *Z* 方向的加工余量。

**5. 三维偏置精加工**

通过对指定的零件集合体进行偏置来产生刀具轨迹，即沿零件外形切削，主要应用于曲面的精加工。

**6. 扫描线精加工**

扫描线精加工生成始终平行某方向的精加工轨迹，主要应用于曲面的精加工。

**7. 参数线精加工**

沿单个或多个曲面参数线方向生成三轴加工轨迹，可用于局部曲面的精加工。

**8. 区域式补加工**

区域式补加工主要用于型腔和型芯内圆角的补加工，对大直径刀具未切削到的圆角处进行补加工。补加工区域可以分为平坦区和垂直区，区域式补加工方法将在垂直区生成等高线加工轨迹，在平坦区生成类似于三维偏置的轨迹。

CAXA 制造工程师还提供了“等高线补加工”和“笔式清根加工”两种补加工方法。“等高线补加工”主要用于垂直区域的清角加工，“笔式清根加工”多用在平坦区域的清角加工。“区域式补加工 2”可以分别指定 *XY* 向、*Z* 向的余量。

**9. 孔加工**

孔加工即对孔进行加工，包括钻孔、铰孔、镗孔等的加工。

## 七、CAXA 制造工程师轨迹仿真与后置处理

轨迹仿真就是在三维真实感显示状态下，模拟刀具运动，切削毛坯、去除材料的过程。在生成加工轨迹后，通常需要对加工轨迹进行加工仿真，通过模拟实现切削过程和加工结果，检查生成的加工轨迹的正确性。

后置处理就是结合特定机床把系统生成的刀具轨迹转化成机床能够识别的 G 代码指令，输入数控机床用于加工。考虑到生成程序的通用性，CAXA 软件针对不同的机床，可以设置不同的机床参数和特定的数控代码程序格式，还可以对生成的机床代码正确性进行校核。

后置处理模块包括后置设置、生成 G 代码和生成工艺卡功能。

**1. 轨迹仿真**

生成加工刀具轨迹后，通常要进行加工轨迹仿真，以检查加工轨迹的正确性。轨迹仿真有线框仿真和实体仿真两种形式。

**（1）线框仿真**

线框仿真是一种快速的仿真方式，仿真时只显示刀具和刀具轨迹。

在菜单栏中，单击“加工”→“线框仿真”命令，系统将提示选择需要进行加工仿真的刀具轨迹。拾取轨迹后，单击鼠标右键确认，系统即进入轨迹仿真环境，如图 1—3—24 所示。

在线框仿真对话框中，通过单击下拉箭头可以实现以下控制。

“刀具的显示”：实体显示和线框显示。

“刀柄的显示”：显示刀柄和不显示刀柄。

“刀具的运动形式”：连续向前运行，连续向后运行，上一点，下一点，拾取点。

通过输入数值控制仿真速度：仿真单步长和一次走步数。

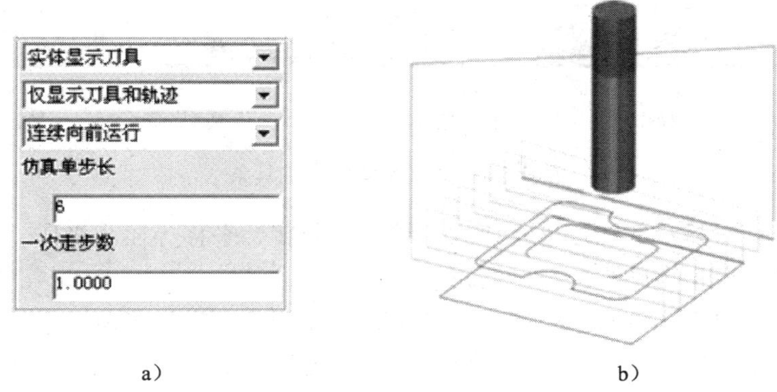


a）　　b）

图 1—3—24　线框仿真

a）线框仿真快捷菜单　b）线框仿真模式

**（2）实体仿真**

1）仿真环境。在菜单栏中，单击“加工”→“实体仿真”命令，系统将提示选择需要进行加工仿真的刀具轨迹。拾取轨迹后，点击鼠标右键确认，系统即进入实体仿真环境，如图 1—3—25 所示。或者在加工管理窗口拾取加工轨迹，再点击鼠标右键，选择“实体仿真”命令，系统也将进入轨迹仿真环境。

2）显示控制。显示控制工具条，如图 1—3—26 所示，包括以下内容。

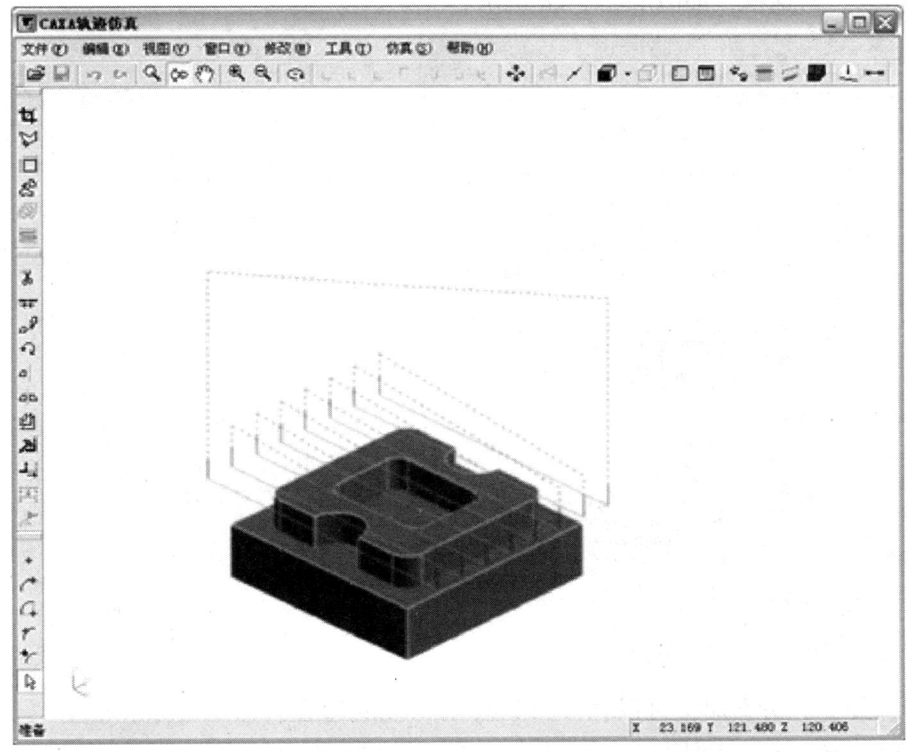


图 1—3—25　实体仿真

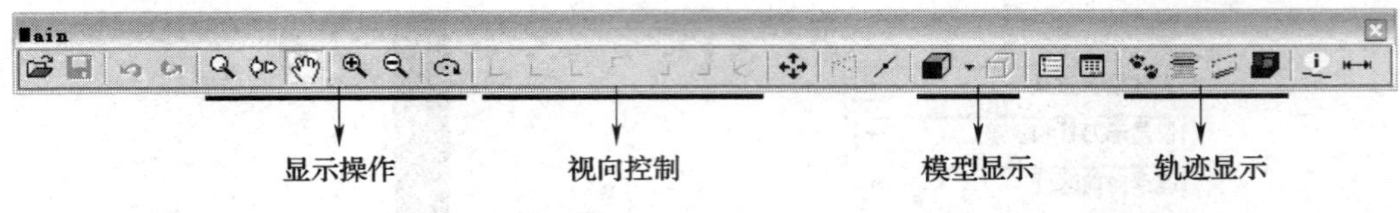


图 1—3—26　实体仿真工具条

①显示操作：对显示的图形进行放大、缩小、旋转、平移等显示操作。

②视向控制：以指定的视向显示图形。

③模型显示：以不同的显示效果显示图形，方便用户观察加工轨迹。

④轨迹显示：控制加工轨迹的显示情况，以方便用户观察加工轨迹。

3）轨迹仿真。轨迹仿真环境提供了三种轨迹仿真模式，用户可以选择不同的方式进行轨迹仿真，以方便检查加工轨迹的正确性。

①单步仿真。以单步或多步的形式模拟刀具运动的轨迹。单击“单步仿真 ”按钮，或单击“工具”→“单步仿真”命令，系统弹出“单步仿真”对话框，如图 1—3—27 所示。

②等高线仿真。只对指定高度的截面加工轨迹进行仿真。特别适合对轨迹密集的粗加工轨迹进行仿真，可以方便观察分层加工轨迹的情况，检查轨迹的正确性。

单击“等高线仿真 ”按钮，或单击“工具”→“等高线仿真”命令，系统弹出“等高线仿真”对话框，如图 1—3—28 所示。

图 1—3—27　单步仿真

图 1—3—28　等高线仿真

③仿真加工。仿真加工可以模拟刀具切削工件的过程和加工结果。单击“仿真加工 ”按钮，或单击“工具”→“仿真”命令，系统弹出“仿真加工”对话框，如图 1—3—29 所示。

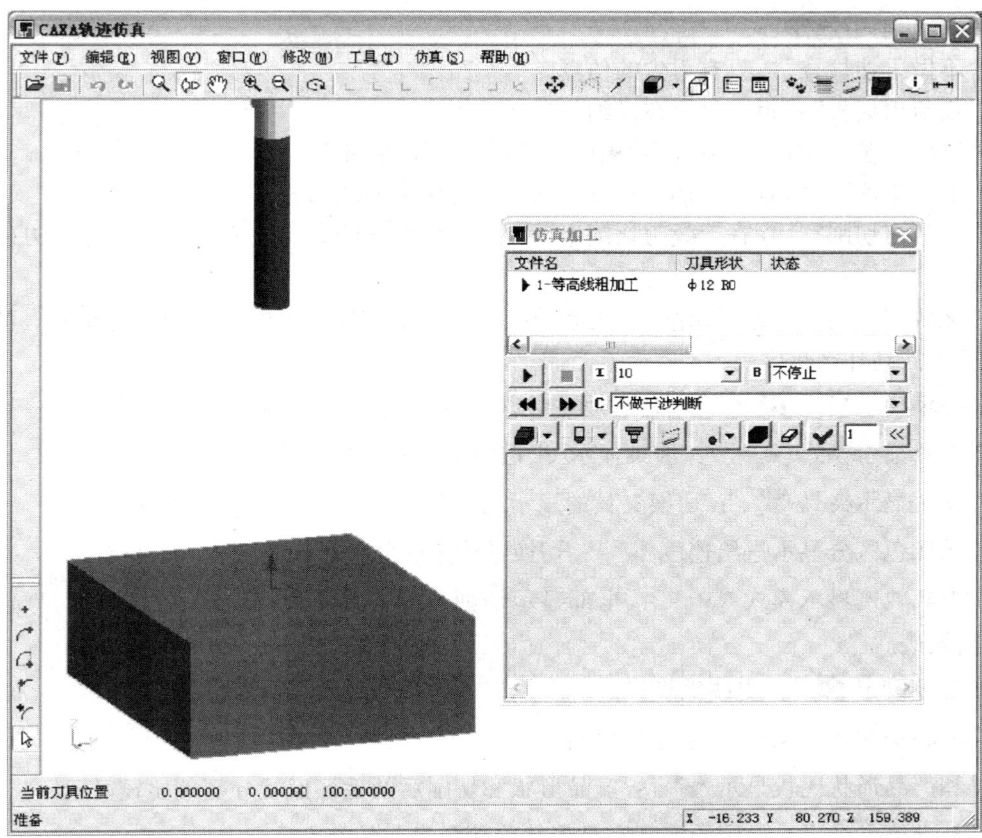


图 1—3—29 实体仿真主窗口

在对话框中设定仿真选项，单击“播放”按钮，系统开始仿真加工过程，同时在对话框上方显示正在仿真的轨迹名称，在对话框下方显示当前刀位点的属性信息。

“播放 ”：模拟显示每一步切削后的毛坯形状。

“停止 ”：停止模拟切削。

“返回到最初 ”：返回毛坯的初始状态。

“切削到最后 ”：显示切削到最后的毛坯形状。

“显示间隔 I 10 ”：指定切削步数。不指定或从数值指定（1，10，50，100，500，1 000）中选择。

“显示停止位置 B 不停止 ”：设定切削停止的步数。不停止或从数值指定（1，10，50，100，500，1 000）、速度变换时、下一快速度移动步以及高度变换时中选择。

“设定干涉检查 C 不做干涉判断 ”：设定干涉检查，包括多种干涉检查方式包括：从不做干涉检查、算出报告、仅在 G00 干涉时、G00 夹具干涉时、G00 · 夹具干涉 ·

无效刃切削时、仅夹具干涉时、夹具干涉·无效刃切削时、仅无效刃切削时以及无效刃·夹具强行切削中选择。

“不做干涉检查”：只有刃尖的仿真。

“仅给出报告”：报告显示在详细信息面板中。

“G00 干涉”：检查在快速移动中与毛坯发生干涉的部分。

“夹具干涉”：检查在刀柄、夹具中与毛坯发生干涉的部分。

“无效刃切削”：检查无效刃切削中，毛坯发生的干涉。无效刃由首下长度－刃长部分构成。

“无效刃·夹具的强行切削”：无效刃·夹具与毛坯发生干涉，也能强行切削。可以方便确认干涉到什么程度。

“毛坯显示模式 ”：渲染显示/半透明显示。

“刀具显示模式 ”：渲染显示/半透明显示/隐藏/线控显示。

“是否显示夹具 ”：切换夹具的显示/隐藏。

“用颜色区分显示进给速度 ”：切换进给速度分色显示模式。

“刀具轨迹显示模式 ”：全部显示切削后的刀具轨迹/显示间隔部分刀具轨迹/隐藏刀具轨迹。

“毛坯设定 ”：更改毛坯设定。

“清除切削颜色 ”：清除切削颜色。

“和产品形状比较显示 ”：产品形状和切削后的毛坯形状分颜色比较显示。

“基准值 1 ”：设定为实现产品形状分颜色显示的基准值。

“信息输出范围的开关 《 》”：开关信息输出范围。不能调整信息输出区域的大小。

**2. 轨迹编辑**

**（1）轨迹裁剪**

用曲线（称为剪刀曲线）对刀具轨迹进行裁剪，截取其中一部分轨迹。共有三个选项，裁剪边界、裁剪平面和裁剪精度，如图 1—3—30 所示。

1）裁剪边界。轨迹裁剪边界形式有三种：在曲线上、不过曲线、超过曲线。点击立即菜单可以选择任意一种。

“在曲线上”：轨迹裁剪后，临界刀位点在剪刀曲线上。

“不过曲线”：轨迹裁剪后，临界刀位点未到剪刀曲线，投影距离为一个刀具半径。

“超过曲线”：轨迹裁剪后，临界刀位点超过裁剪线，投影距离为一个刀具半径。

以上三种裁剪边界方式，如图 1—3—31 所示，图 1—3—31a 为裁剪前的刀具轨迹，图 1—3—31b、c、d 为裁剪后的刀具轨迹。

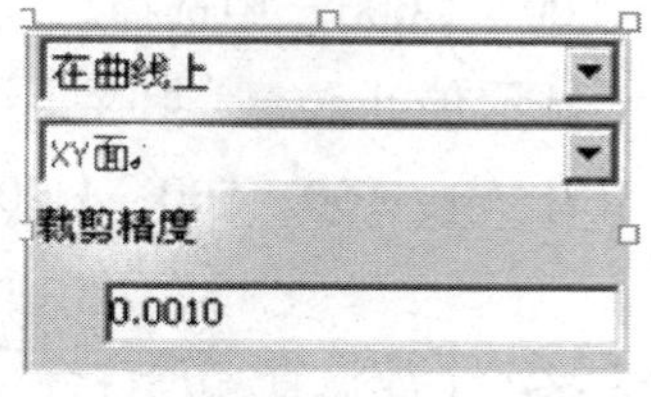


图 1—3—30　轨迹裁剪

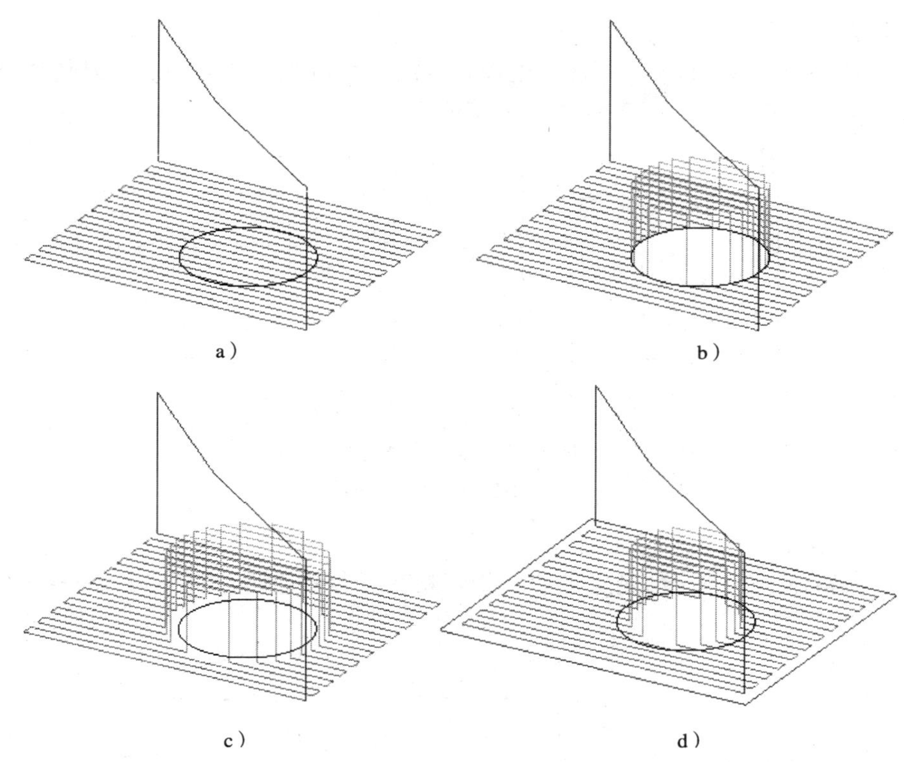


图 1—3—31　裁剪方式

a）原始刀具轨迹　b）裁剪后刀具轨迹（在曲线上）

c）裁剪后刀具轨迹（不过曲线）　d）裁剪后刀具轨迹（超过曲线）

剪刀曲线可以是封闭的，也可以是不封闭的。对于不封闭的剪刀曲线，系统自动将其卷成封闭曲线。卷动的原则是沿不封闭的曲线两端切矢各延长 100 单位，再沿裁剪方向垂直延长 1 000 单位，然后将其封闭，如图 1—3—32 所示。

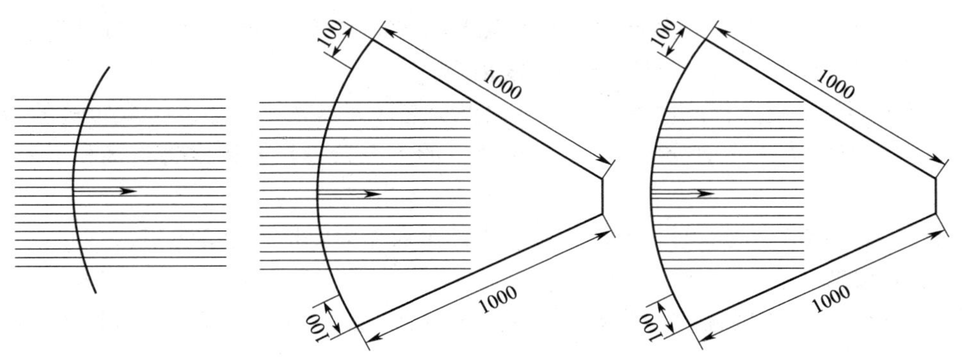


图 1—3—32　不封闭的剪刀线

2）裁剪平面。在指定坐标面内的当前坐标系的 *XY*、*YZ*、*ZX* 面。点击立即菜单可以选择在哪个面上裁剪。

3）裁剪精度。裁剪精度表示当剪刀曲线为圆弧和样条时用此剪裁精度离散该剪刀曲线。

**(2) 轨迹反向**

轨迹反向是指对刀具轨迹进行反向处理。按照提示拾取刀具轨迹后，刀具轨迹的方向为原来刀具轨迹的反方向，如图 1—3—33 所示。

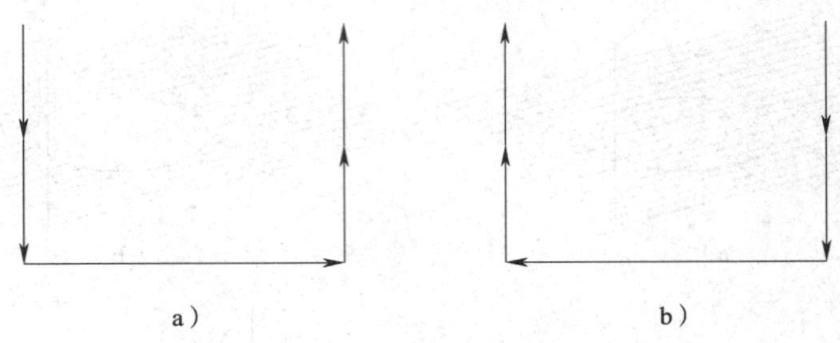


图 1—3—33 轨迹反向

a）原始轨迹 b）反向后的轨迹

**(3) 清除抬刀**

此轨迹编辑命令有“全部删除”和“指定删除”两种选择，如图 1—3—34 所示。

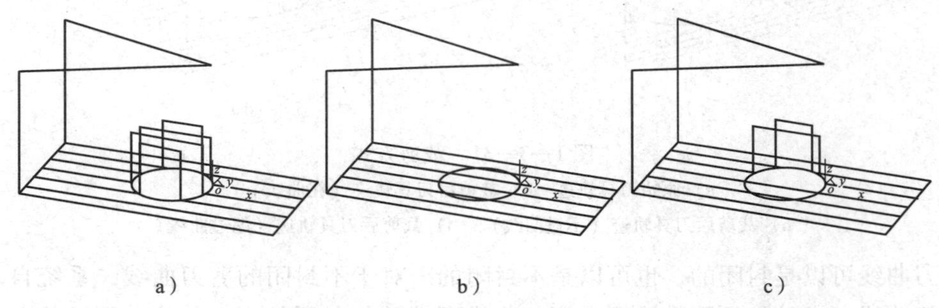


图 1—3—34 清除抬刀

a）原始轨迹 b）全部删除后的轨迹 c）指定删除后的轨迹

1）全部删除。当选择此命令时，再根据提示选择刀具轨迹，则所有的快速移动线被删除，切入起始点和上一条刀具轨迹线直接相连。

2）指定删除。当选择此命令时，再根据提示选择刀具轨迹，然后拾取轨迹的刀位点，则经过此刀位点的快速移动线被删除，经过此点的下一条刀具轨迹线将直接和下一个刀位点相连。

注意：当选择指定删除时，不能拾取切入结束点作为要抬刀的刀位点。

**3. 后置设置**

后置设置包括机床信息和后置设置两方面的功能，参数如图 1—3—35 和图 1—3—36 所示。

**(1) 机床信息**

机床信息就是针对不同的机床、不同的数控系统设置特定的数控代码、数控程序格式及参数，并生成配置文件，参数如图 1—3—35 所示。生成数控程序时，系统根据该配置文件生成用户所需要的加工程序。

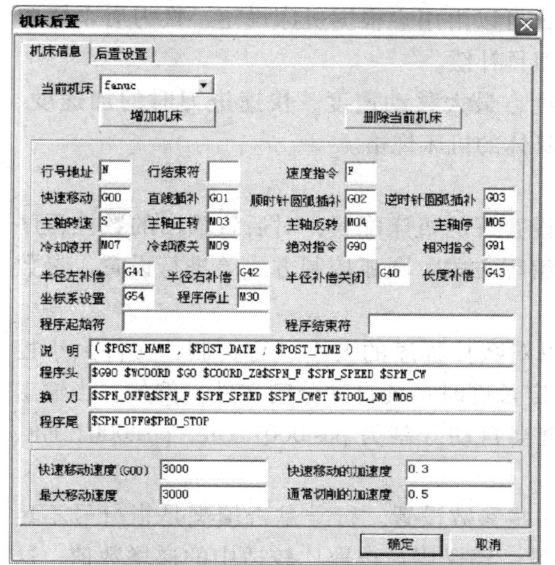


图 1—3—35 机床信息参数

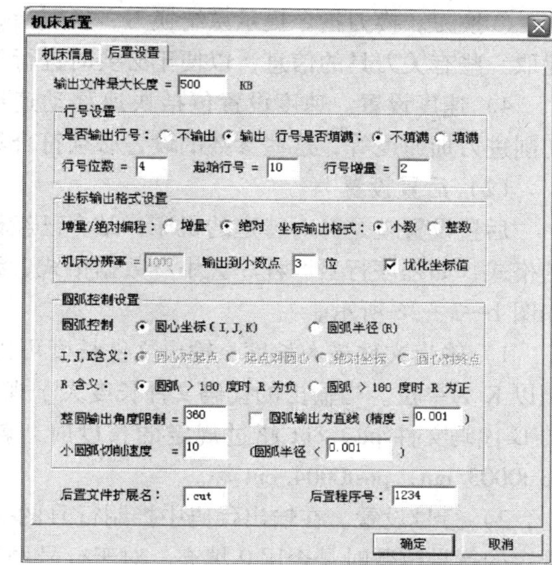


图 1—3—36 后置设置参数

1）当前机床。显示当前使用的机床信息。可通过单击“当前机床”列表框，选择系统提供的机床，后置处理将按此机床格式生成加工程序。若系统未提供所需要的机床，可通过单击“增加机床”按钮，建立相应的机床，并进行信息配置。单击“删除当前机床”按钮将删除当前使用的机床。

2）机床参数设置。设置相应机床的各种指令地址及数控程序代码的规格设置，还包括设置要生成的 G 代码程序格式。

3）程序格式设置。程序格式设置就是对 G 代码各程序段格式进行设置。用户可以对以下程序段进行格式设置：程序起始符号、程序结束符号、程序说明、程序头、程序尾、换刀等。

①程序说明。说明部分是对程序的名称，与此程序对应的零件名称编号、编制日期和时间等有关信息的记录。程序说明部分是为了管理的需要而设置的。

例如，（N126－60231， $ POST_ NAME， $ POST_ DATE， $ POST_ TIME），在生成的后置程序中的程序说明部分输出如下说明：（N126－60231，01261，1996，9，2，15：30：30）。

②程序头。针对特定的数控机床来说，其数控程序开头部分都是相对固定的，包括一些机床信息，如机床回零、工件零点设置、主轴启动以及冷却液开启等。

例如，若快速移动指令内容为 G00，那么，$ G0 的输出结果为 G00，同样 $ COOL_ ON 的输出结果为 M07， $ PRO_ STOP 为 M30，以此类推。

例如， $ G90 $ $ WCOORD $ G0 $ COORD_ Z@ G43H01@ $ SPN_ F $ SPN_ SPEED $ SPN_ CW，在后置文件中的输出内容为：

G90G54G00Z30.00。

G43H011

S500M03

③换刀。换刀指令提示系统换刀，换刀指令可以由用户根据机床设定，换刀后系统要提取一些有关刀具的信息，以便于必要时进行刀具补偿。

4）速度设置。速度设置包括快速移动速度、最大移动速度、快速进刀时的加速度、切削进刀加速度等，这些参数的设置必须符合具体的机床规格。

**（2）后置设置**

后置设置就是针对特定的机床，结合已经设置好的机床配置，对后置输出的数控程序的格式，如程序行号、程序大小、数据格式、编程方式、圆弧控制方式等进行设置。参数如图 1—3—36 所示。

1）输出文件最大长度。输出文件长度可以对数控程序的大小进行控制，文件大小控制以 K 为单位。当输出的代码文件长度大于规定长度时系统自动分割文件。例如，当输出的 G 代码文件 post. cut 超过规定的长度时，就会自动分割为 post0001. cut、post0002. cut、post0003. cut、post0004. cut 等。

2）行号设置。在输出代码中控制行号的一些参数设置。行号是否填满是指行号不足规定的行号位数时是否用 0 填充。对于行号增量，建议用户选取比较适中的递增数值，这样有利于程序的管理。

3）坐标输出格式设置。决定数控程序中数值的格式：小数输出还是整数输出；机床分辨率就是机床的加工精度，如果机床精度为 0. 001 mm，则分辨率设置为 1 000，以此类推；输出小数位数可以控制加工精度，但不能超过机床精度，否则是没有实际意义的。优化坐标值是指输出的 G 代码中，若坐标值的某分量与上一次相同，则此分量在 G 代码中不出现。

4）圆弧控制设置。主要设置控制圆弧的编程方式。即是采用圆心编程方式还是采用半径编程方式。

当采用圆心编程方式时，圆心坐标（I，J，K）有以下四种含义。

①绝对坐标：采用绝对编程方式，圆心坐标（I，J，K）的坐标值为相对于工件零点绝对坐标系的绝对值。

②圆心对起点：I、J、K 的含义为圆心坐标为相对于圆弧起点的增量值。

③起点对圆心：I、J、K 的含义为圆弧起点坐标相对于圆心坐标的增量值。

④圆心对终点：I、J、K 的含义为圆心坐标相对于圆弧终点坐标的增量值。

按圆心坐标编程时，圆心坐标的各种含义是针对不同的数控机床而言。不同机床之间其圆心坐标编程的含义不同，但对于特定的机床其含义只有其中一种。当采用半径编程时，采用半径正负区别的方法来控制圆弧是劣圆弧还是优圆弧。圆弧半径 $R$ 的含义即表现为优圆弧和劣圆弧两种。优圆弧是圆弧大于 180°，$R$ 为负值。劣圆弧是圆弧小于 180°，$R$ 为正值。

要特别注意的是：用 $R$ 来编程时，不能输出整圆，因为过一点可以做无数个圆，圆心的位置无法确定。所以在用 $R$ 编程时，一定要在整圆输出角度限制中设为小于 360°。

“整圆输出角度限制”是整圆的输出选项，有的机床对整圆不认识，此时需要将整圆打散成几段，若整圆输出角度限制为 90°，则将整圆打散为 4 段。若为 360°，则对整圆限制没有限制。绝大多数机床没有限制，所以缺省值是 360°。

“圆弧输出为直线”选项是指将圆弧按精度离散成直线段输出。有的机床不认圆弧，需要将圆弧离散成直线段。精度由用户输入。

5）扩展名控制。后置文件扩展名是控制所生成的数控程序文件名的扩展名。有些机床对数控程序要求有扩展名，有些机床没有这个要求，应视不同的机床而定。

6）后置程序号。后置程序号是记录后置设置的程序号，不同的机床其后置设置不同，所以采用程序号来记录这些设置，以便于用户日后使用。

**4. 生成G代码**

生成G代码就是按照当前机床类型的配置要求，把已经生成的刀具轨迹转化生成G代码数据文件，即CNC数控程序，有了数控程序就可以直接输入机床进行数控加工。

**5. 工艺清单**

**（1）功能说明**

生成加工工艺清单的目的有三个：一是车间加工的需要，当加工程序较多时可以使加工有条理，不会产生混乱；二是方便编程者和机床操作者的交流，口述的东西总不如纸面上的文字更清楚；三是车间生产和技术管理上的需要，加工完的工件的图形档案、G代码程序可以和加工工艺单一起保存，一年以后如需要再加工此工件，那么可以立即取出来就加工，一切都是很清楚的，不需要再做重复的劳动。

工艺清单为HTML格式，可以用IE浏览器来看，也可以用WORD来看并且可以用WORD来进行修改和添加。

**（2）参数说明**

“工艺清单”对话框如图1—3—37所示。

图1—3—37 “工艺清单”对话框

1）指定目标文件的文件夹。设定生成工艺清单文件的位置。

2）明细表参数。包括零件名称、零件图图号、零件编号、设计、工艺、校核等。

3）使用模板。系统提供了8个模板供用户选择。

①sample01：关键字一览表，提供了几乎所有生成加工轨迹相关的参数的关键字，包括明细表参数、模型、机床、刀具起始点、毛坯、加工策略参数、刀具、加工轨迹、NC数据等。

②sample02：NC数据检查表，几乎与关键字一览表相同，只是少了关键字说明。

③sample03 ~ sample08：系统缺省的用户模板区，用户可以自行制定自己的模板。

4）生成清单。单击生成清单按钮后，系统会自动计算，生成工艺清单。

5）拾取轨迹。单击拾取轨迹按钮后可以从工作区或explorer导航区选取相关的若干条加工轨迹，拾取后右键确认会重新弹出工艺清单的主对话框。

## 八、技能训练——零件的CAM设计

**1．训练项目**

已知半成品零件图及加工零件图如图1—3—38所示，要求在工作台平面 $X$、$Y$ 两轴联动的立式铣床上进行加工。

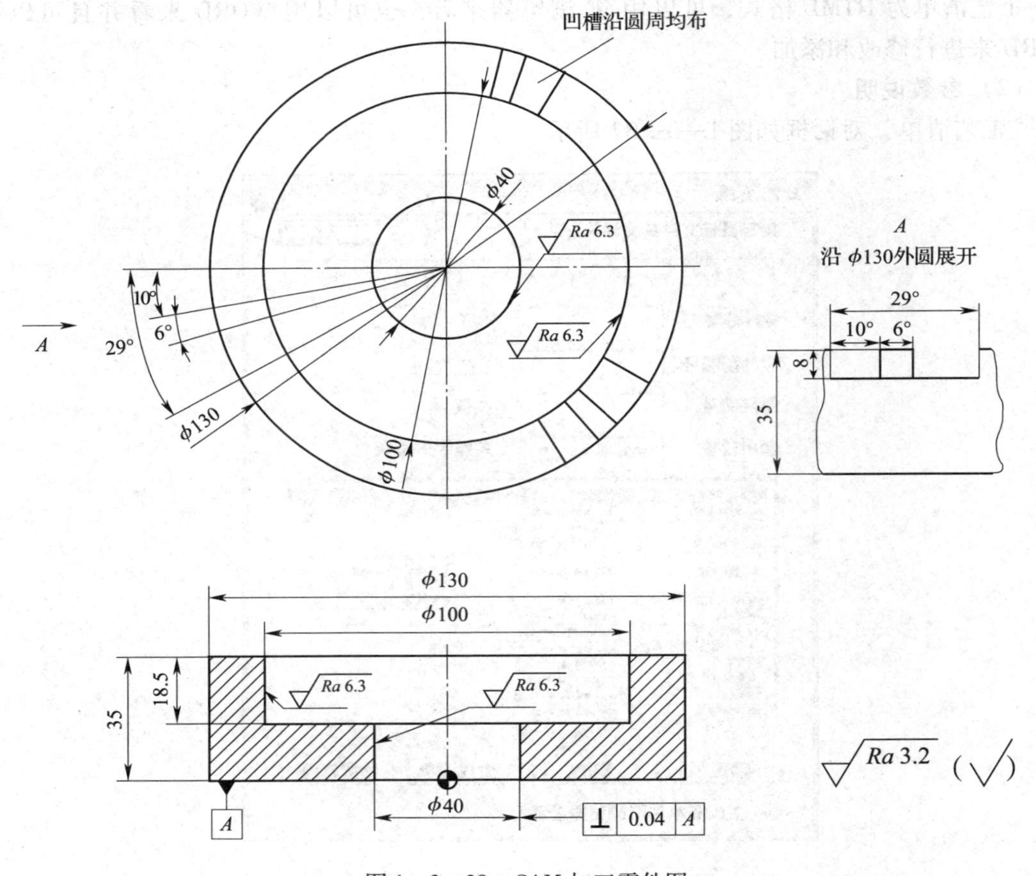


图1—3—38　CAM加工零件图

**2. 项目分析**

此加工零件为半成品，要求一次抬刀和一刀走完，考虑采用轮廓线精加工，拾取此轮廓为刀具走刀轨迹及两点之间线段最短的原理设计一个既符合条件又较为简便的加工方式。操作步骤如下。

（1）使用直径为 8 mm 的平底铣刀对环形凹槽粗加工，加工余量为 0.2 mm，主轴转速 1 500 r/min，切削速度为 400 mm/min。

（2）以基准面 $A$ 的 $\phi130$ 圆心为编程原点，按逆时针方向走刀，进刀退刀点坐标为（0，0，50），从第 3 象限开始加工，要求走一刀（中间不抬刀）完成全部凹槽粗加工。

（3）要求以最短的路径完成环形凹槽粗加工，使用刀具半径补偿（地址为 D01）和 CAM 功能写出第 3 象限凹槽的加工程序。

**3. 操作步骤**

（1）在“曲线生成”工具栏，选择“相关线”命令，在立即菜单中选择“实体边界”，绘制出如图 1—3—39 所示中的线段。

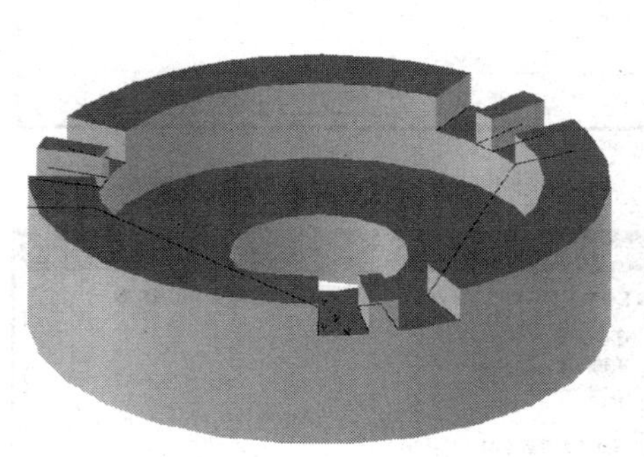

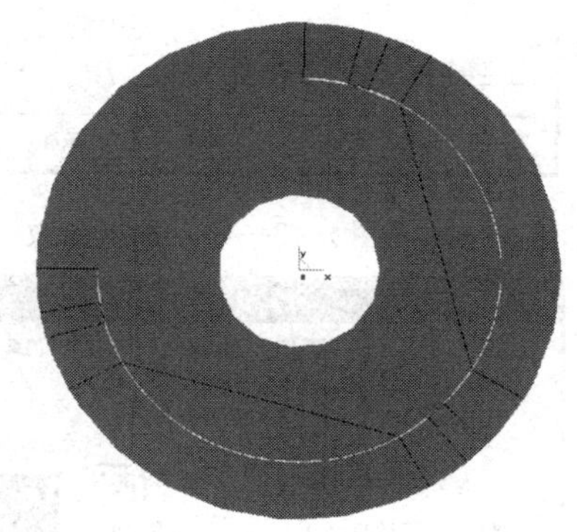

图 1—3—39 相关线的选取

**（2）轮廓线精加工**

1）选择“轮廓线精加工”命令，填写加工参数，如图 1—3—40 所示；填写切入切出参数，如图 1—3—41 所示；填写下刀方式参数，如图 1—3—42 所示；填写切削用量参数，如图 1—3—43 所示；填写加工边界参数，如图 1—3—44 所示；填写刀具参数，如图 1—3—45 所示；全部填写完毕后，点击 确定 。

2）根据“系统提示栏”的提示，“加工对象”拾取轮廓，确定搜索方向，右击，继续拾取轮廓，拾取对象及搜索方向如图 1—3—46 所示（编号为拾取顺序，箭头为搜索方向），“状态栏”显示处理曲面信息及计算轨迹进度，计算结束后，生成精加工轨迹，并显示在轨迹树中，如图 1—3—47 所示。

**（3）后置处理及生成加工代码**

1）在加工管理树窗口中，双击“机床后置”，机床信息参数设定如图 1—3—48 所示（FANUC 系统）；后置设置参数如图 1—3—49 所示，点击 确定 。

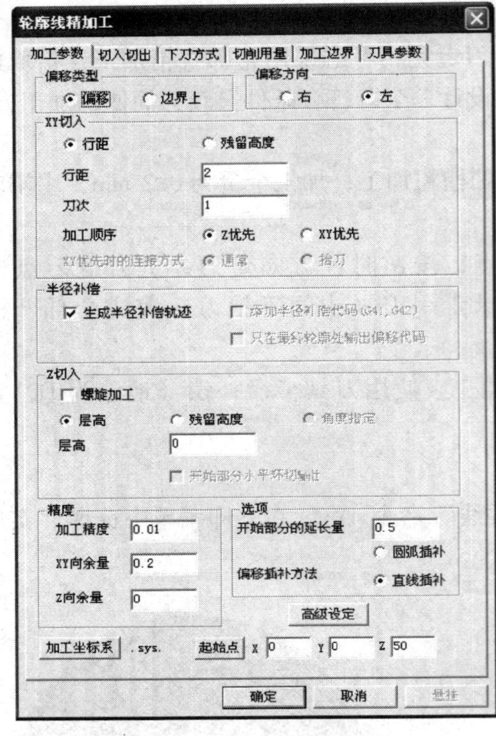


图1—3—40　加工参数

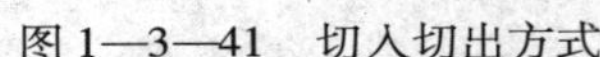

图1—3—41　切入切出方式

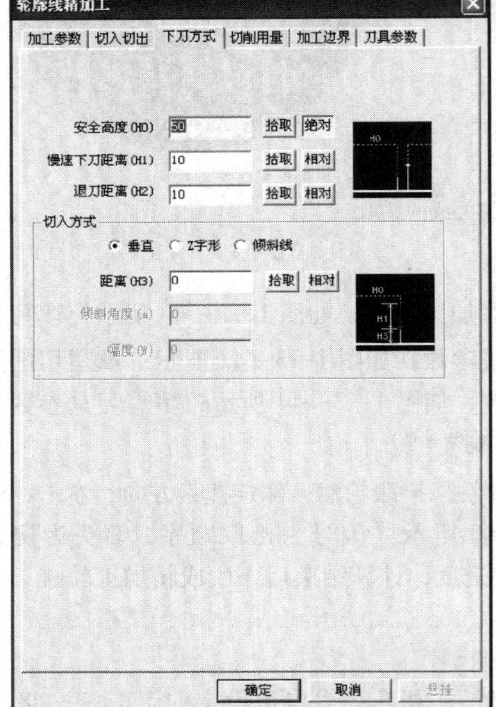


图1—3—42　下刀方式参数

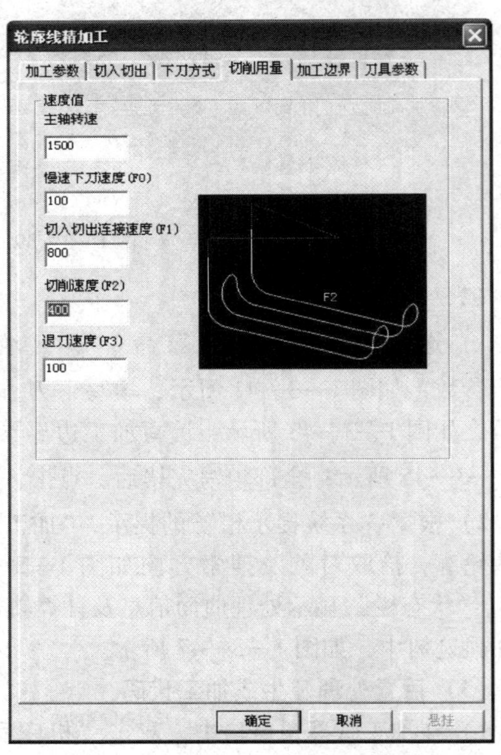


图1—3—43　切削用量参数

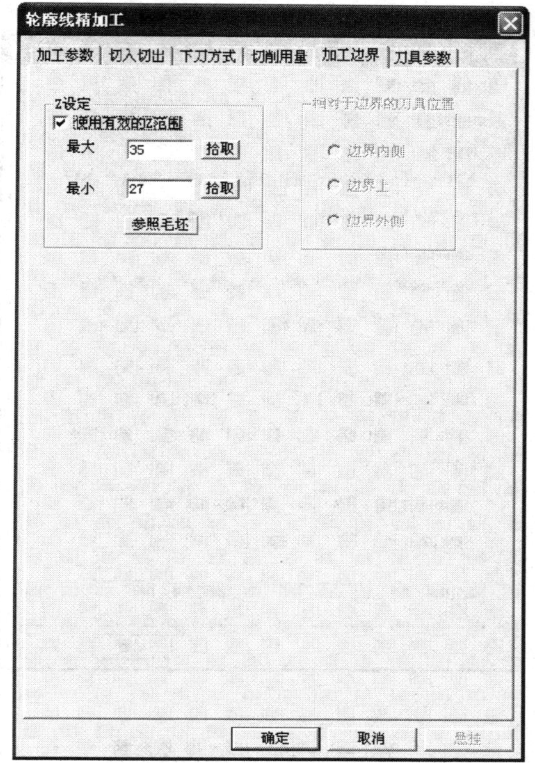


图 1—3—44　加工边界参数

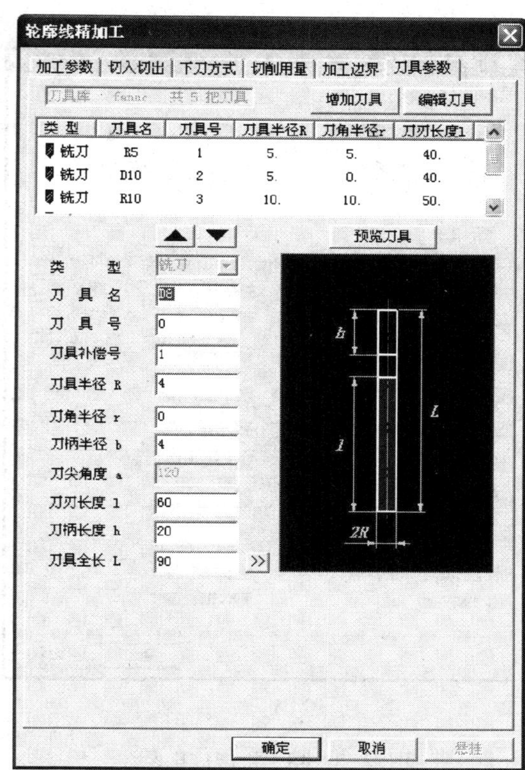


图 1—3—45　刀具参数

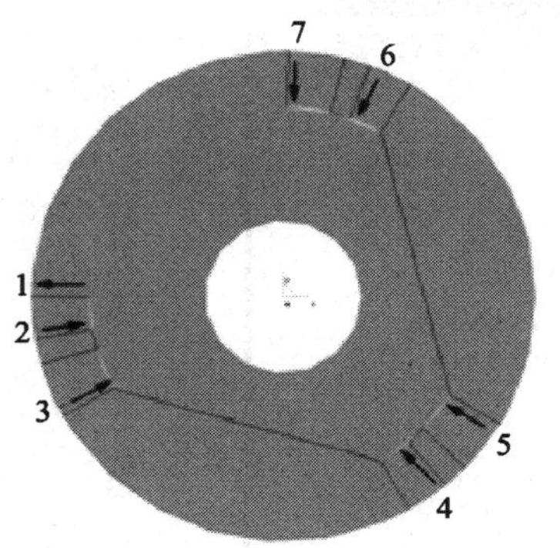


图 1—3—46　拾取对象及搜索方向

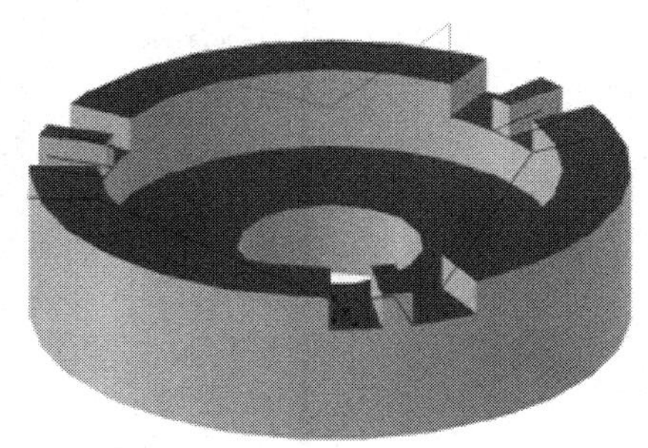

图 1—3—47　精加工轨迹

2）在轨迹树窗口中右击，选择“快捷菜单”中的“后置处理”“生成 G 代码”，弹出“选择后置文件”窗口，如图 1—3—50 所示；选择文件的保存路径，输入文件名“0123”，点击“保存”按钮。

3）在轨迹树轨迹文件夹或绘图区拾取加工轨迹，右击，生成粗加工 G 代码，如图 1—3—51 所示方框中为第 3 象限凹槽的加工程序。

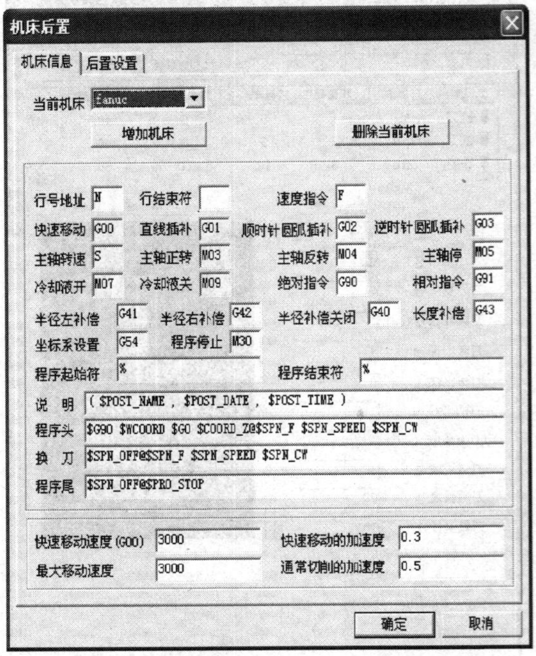

图 1—3—48　机床信息参数

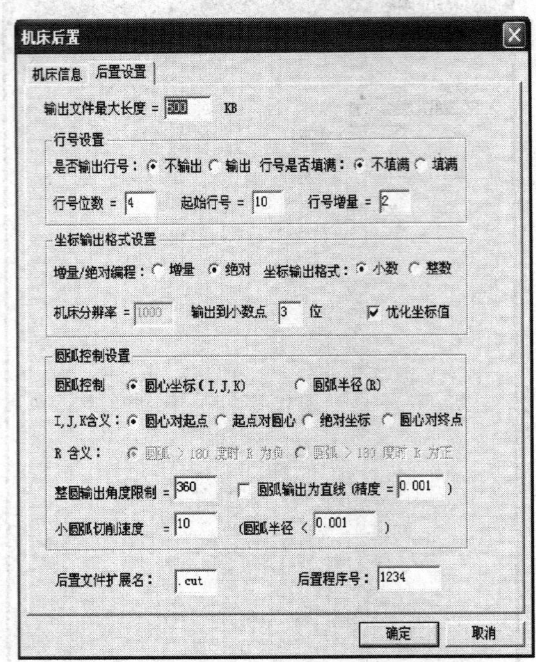


图 1—3—49　后置设置参数

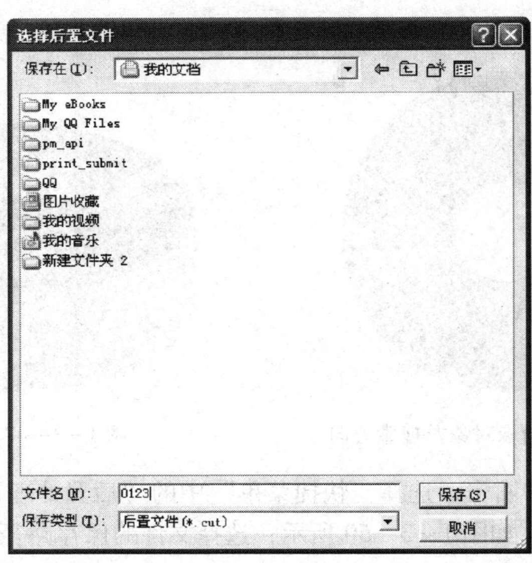


图 1—3—50　保存路径

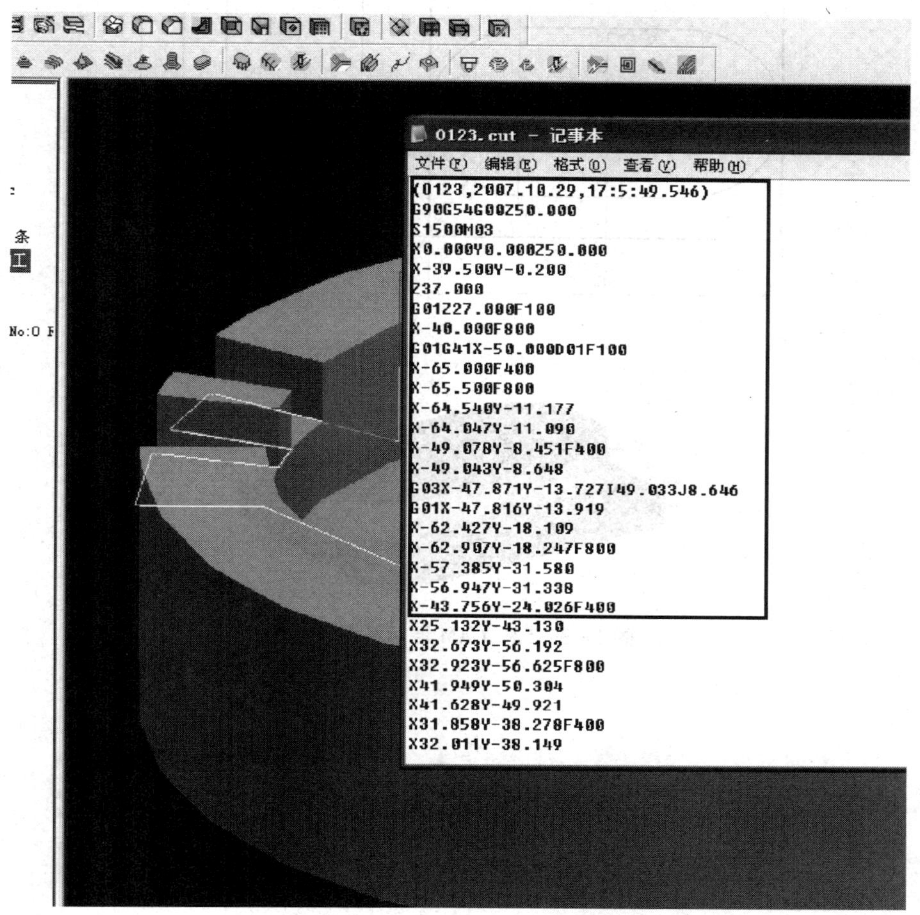


图 1—3—51 零件加工程序

## 课后练习

1. 计算机辅助编程的步骤有哪些？

2. 为了便于对刀，如何建立加工坐标系？

3. 什么是安全高度，有哪两种模式？

4. CAXA 制造工程师应用较多的、典型的加工方法有哪些？

5. 根据上述所讲的内容，试着自己分析如图 1—3—52 所示图形，运用 CAXA 制造工程师软件在三维建模的基础上，完成零件加工仿真功能，并做出刀具路径轨迹，生成后置处理程序。

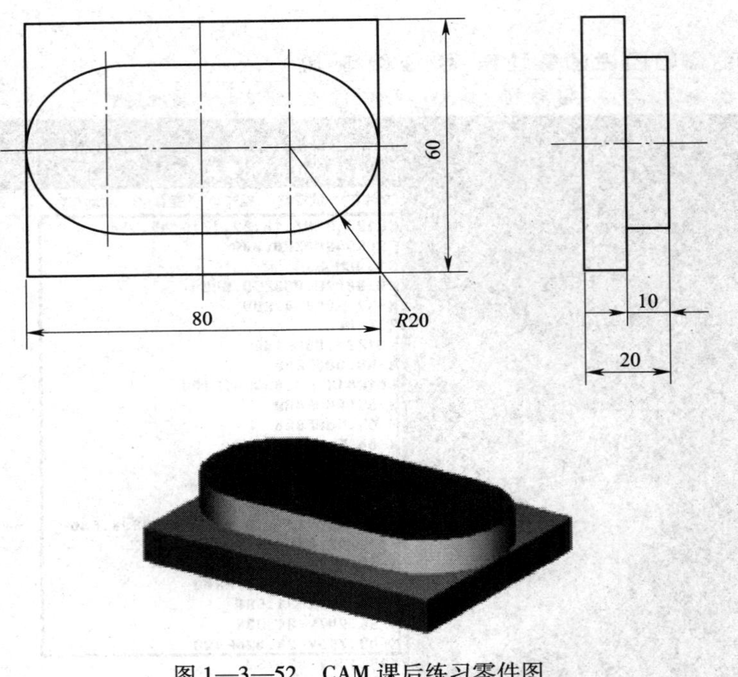


图 1—3—52　CAM 课后练习零件图

# 模块二 数控铣床操作

## 课题 1　数控铣床的面板系统

学习目标

1. 熟悉数控铣床的系统及基本操作。
2. 掌握数控铣床面板上的常用功能键操作。

### 一、数控铣床的系统及基本操作

**1. 数控铣床概述**

数控是数字控制的简称，带有数控装置的机床称为数控机床。数控铣床是数控机床的一种，它是采用数控系统控制的铣床，是将编好的加工程序输入到数控系统中，由数控系统通过 *X*、*Y*、*Z* 坐标轴的伺服电机去控制铣床进给运动部件的动作、顺序、移动量和进给量速度，再配以主轴的转速和转向，从而自动加工出各种不同形状的平面和曲面类零件。

**2. 数控铣床的组成**

数控铣床一般由输入输出装置、数控装置、伺服系统及机床主体四部分组成，如图 2—1—1 所示。

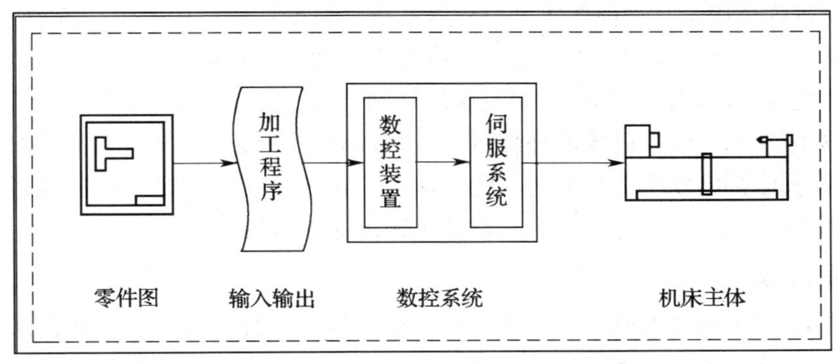


图 2—1—1　数控铣床的组成

**（1）输入输出装置**

是数控装置与外部设备的接口，外部编辑好的数控程序可以通过该接口传入数控系统，也可通过该接口直接编辑数控程序，数控系统内部的程序也可通过该接口传出，常用的输入输出装置为 RS－232C 串行通信口、USB 接口、MDI 键盘等。

**（2）数控装置**

数控装置是数控机床的核心，被喻为“中枢系统”。数控装置的功能是接受输入装置送来的电脉冲信号，通过数控装置的逻辑电路或计算机数控的系统软件进行译码和寄存，这些指令和数据将作为控制与运算的原始依据。数控装置的控制器接受相应的指令将有关数据进行运算和处理，输出各种信号和指令，经驱动电路送至伺服系统，使各坐标轴完成刀具相对工件的进给运动。

**（3）伺服系统**

伺服系统是数控系统的执行机构，包括驱动电机、各种伺服驱动元件和执行机构等。伺服系统接受来自数控装置的位置控制信息，将其转换成相应坐标轴的进给运动和精确定位运动。也就是说把来自数控装置的脉冲信号转换成机床移动部件的运动。指令信息以脉冲信号表示，每一个脉冲信号使机床移动部件产生的位移量叫作脉冲当量（也叫最小设定单位）。

由于伺服系统是数控机床的最后控制环节，它的伺服精度和动态响应特性将直接影响数控机床的生产率、加工精度和表面加工质量。目前，常用的伺服驱动器件有功率步进电动机、直流伺服电动机和交流伺服电动机等。由于交流伺服电动机具有良好的性能价格比，正成为首选的伺服驱动器件。除了三大类的电动机以外，伺服控制装置还必须包括相应的驱动电路。

伺服电动机与脉冲编码器的组合构成了较理想的半闭环伺服系统，已被广泛采用。

**（4）机床主体**

机床主体是数控机床的实体，是完成实际切削加工的机械部分，它包括支撑部件（床身、立柱等）、主运动部件（主轴箱）、进给运动部件（工作滑台、床鞍及刀架等）。它与普通机床相比较有所改进，具有以下特点。

1）数控机床采用了高性能的主轴及伺服系统，机械传递结构简化，传动链较短。

2）机械结构具有较高的刚度、阻尼精度及耐磨性，热变形小。

3）更多地采用高效传动部件，如滚珠丝杠副、直线滚动导轨等。

与普通机床相比，数控机床的外部造型、整体布局、传动系统与刀具系统的部件结构及操作机构等方面都已发生了很大的变化。这些变化的目的是满足数控机床的要求和充分发挥数控机床的特点。因此，必须建立数控机床设计的新概念。

**（5）辅助装置**

辅助装置主要包括换刀机构、工件自动交换机构、工件夹紧机构、润滑装置、冷却装置、照明装置、排屑装置、液压气动系统、过载保护与限位保护装置等，具体情况见表2—1—1。

表 2—1—1　　机床的基础结构

| | | | |
|---|---|---|---|
| 输入输出装置 | RS－232C 串行通信接口 |  | 数据线通信接口，一般有 5 针、9 针、17 针等 |
| | USB 接口 | | 与电脑上 USB 接口一样，用于拷贝程序 |
| | 操作面板 | 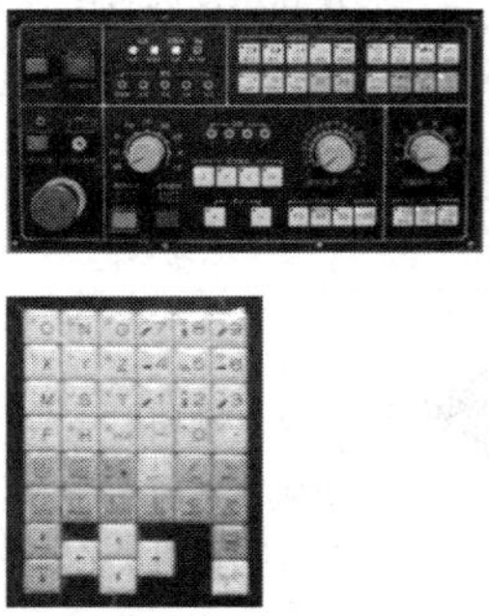 | 分为两个组成部分：机床控制面板和 MDI 键盘。机床控制面板主要是对机床机械部分与系统软件的操作控制；MDI 键盘主要用于程序的编辑、修改及参数的输入、输出 |
| 数控装置 | 数控系统 |  | 数控铣床的核心装置，是用来控制机床实现自动加工的主要装置 |
| | 显示屏 | 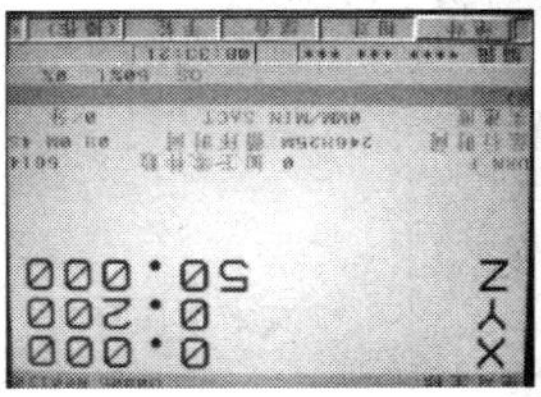 | 人机对话窗口，操作者通过显示屏可以了解机床当前运行状态、切削参数及程序的运行状况等 |
| －伺服系统 | 驱动装置 |  | 数控机床执行机构的驱动部件，包括主轴驱动单元、进给单元等 |
| | 驱动电动机 |  | 主要有步进电动机、直流伺服电动机、交流伺服电动机等 |

续表

| | | | |
|---|---|---|---|
| 机床主体 | 支撑部件 | 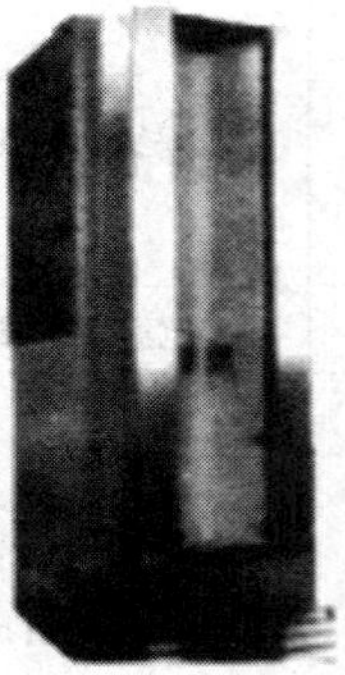 | 由床身、立柱等大件组成。它是整个机床的基础和框架，所以必须是刚度很高的部件。床身用于支撑和连接机床各部件 |
| | 主运动部件 |  | 由主轴箱、主轴电动机、主轴和主轴轴承等零件组成。其启动、停止和转动等动作均由数控系统控制，并通过装在主轴上的刀具参与切削运动，是切削加工的功率输出部件。主轴是关键部件，其结构优劣对数控铣床的性能有很大的影响 |
| | 进给运动部件 |  | 工作台面与导轨等。工作台用于安装工件或夹具。工作台可沿滑鞍上的导轨在 $X$ 向移动，滑鞍可沿床身上的导轨在 $Y$ 向移动，从而实现工件在 $X$ 和 $Y$ 向的移动 |
| 辅助装置 | 润滑装置 |  | 实现对机床导轨、丝杠、进给系统的自动润滑 |
| | 切削液装置 |  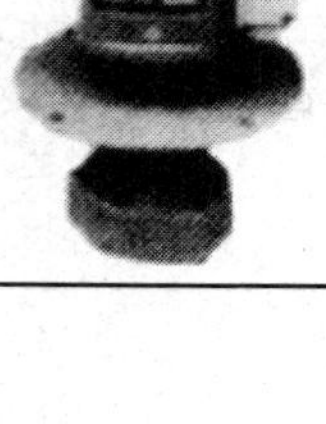 | 工件加工时，对工件和刀具进行冷却、润滑、防锈、清洗 |

续表

| | | | |
|---|---|---|---|
| 辅助装置 | 排屑装置 | 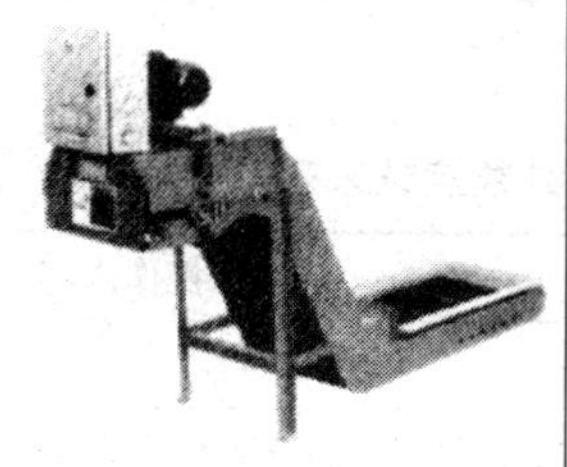 | 排屑 |

### 3. 数控铣床主要技术参数介绍（见表2—1—2）

表2—1—2　　数控铣床主要技术参数

| 规格 | 参数名称 | 含义 | 反映的加工性能 |
|---|---|---|---|
| 工件参数 | 主轴锥孔锥度 | 用于装刀具的主轴锥孔的锥度 | 参数越大，锥孔直径越大、加工能力越强 |
| | 行程 | 工作台和主轴箱沿 *X*/ *Y*/*Z* 轴移动的最大距离 | 行程越大，可加工的工件尺寸越大 |
| 精度指标 | 定位精度 | 数控机床工作台等移动部件在确定的终点所达到的实际位置的水平 | 直接影响加工零件的位置精度，定位精度越高，可加工的零件精度越高 |
| | 重复定位精度 | 同一数控机床上，应用相同加工程序加工一批零件所得连续质量的一致程度 | 影响一批零件的加工一致性、质量稳定性 |
| 坐标轴 | 联动轴数 | 机床数控装置控制的坐标轴同时到达空间某一点的坐标数目 | 影响工件的加工难易程度，联动轴数越多，可以加工越复杂的零件 |
| 运动性能指标 | 主轴转速 | 机床主轴转动的速度范围 | 最高主轴转速越高，加工工件的表面质量越高 |
| | 进给速度 | 机床进给的线速度 | 进给速度越高，机床的加工效率越高 |

图2—1—2　数控铣床

**4. 发那科系统数控铣床的开机、回零与关机操作（见表2—1—3）**

本书若未特别说明，均以发那科（FANUC 0i－MD）系统数控铣床为例。

**（1）启动发那科系统数控铣床**

表2—1—3　　**FANUC 0i－MD 系统数控铣床开机操作步骤**

| 序号 | 操作步骤 | 操作内容 |
|---|---|---|
| 1 | 打开气源 | 打开气源 |
| 2 | 检查 | 检查电箱门是否关好，润滑油油量是否充足 |
| 3 | 开启机床电源 | 将机床右后侧的电源开关旋到 ON |
| 4 | 接通系统电源 | 按下操作面板的　开机 |
| 5 | 松开急停按钮 | 顺时针旋出急停按钮 |
| 6 | 机床准备 | 按下操作面板的　，机床“准备好” |
| 7 | 打开工作灯 | 按照明灯键　，在任何方式下选择照明 |

**（2）发那科系统数控铣床的回零操作（见表2—1—4）**

对于大多数数控机床，开机第一步总是首先进行返回机床参考点操作。使机床回到机床坐标系的原点称为返回参考点或回零操作。

1）回零目的。因为在断电后失去了对各坐标位置的记忆，所以数控铣床接通电源后，需要找到一个“靠山”，让各坐标轴回到机床一固定点上，即数控铣床的原点。有了原点以后，刀具移动加工就有了依据。否则不仅编程无基准，还会发生碰撞事故。因此，数控铣床“回零”是数控铣床操作中极其重要的一个步骤，只有通过“回零”才可以建立起正确的机床坐标系，进而建立起正确的工件坐标系，从而保证数控加工的正常进行。该坐标系一经建立，只要机床不断电，将永远保持不变，并且不能通过编程对它进行修改。

机床参考点是数控机床上一个特殊位置的点，机床参考点与机床原点的距离由系统参数设定，其值可以是零。如果其值为零，则表示机床参考点和机床原点重合；如果其值不为零，则机床开机回零后显示的机床坐标系的值即是系统参数中设定的距离值。

2）参考点返回的方法。有手动参考点返回和自动参考点返回两种。用机床操作面板上的按钮，使刀具移到参考点，该操作称为手动返回参考点。

3）原理。通过将数控机床“回零”后的当前位置点（如固定原点）在机床坐标系中的坐标值告知数控系统，从而使得数控系统可以通过计算，反向推导出机床坐标系原点的准确位置，从而建立起正确的机床坐标系。

机床原点实际上是通过返回（或称寻找）机床参考点来完成确定的。机床参考点的位置在每个轴上都是通过减速行程开关粗定位，然后由编码器零位电脉冲（或称栅格零点）精定位的。数控机床通电后，必须首先使各轴均返回各自参考点，从而确定了机床坐标系，然后才能进行其他操作。机床参考点相对机床原点的值是一个可设定的参数值。它由机床厂家测量并输入到数控系统中，用户不得改变。当返回参考点的工作完成后，显示器即显示出机床参考点在机床坐标系中的坐标值，表明机床坐标系已经建立。

**表 2—1—4　　FANUC 0i－MD 系统数控铣床回零操作步骤**

| 序号 | 操作步骤 | 操作内容 |
|---|---|---|
| 1 | 显示综合位置画面，检查机械坐标 $Z$ 值，要使 $Z$ 轴的回零长度长些（－100 左右），以防短距离发生超程报警（如果符合要求，跳过步骤 2～4） | 按下操作面板上的按钮  POS 和软键“综合”，使显示屏出现综合显示画面 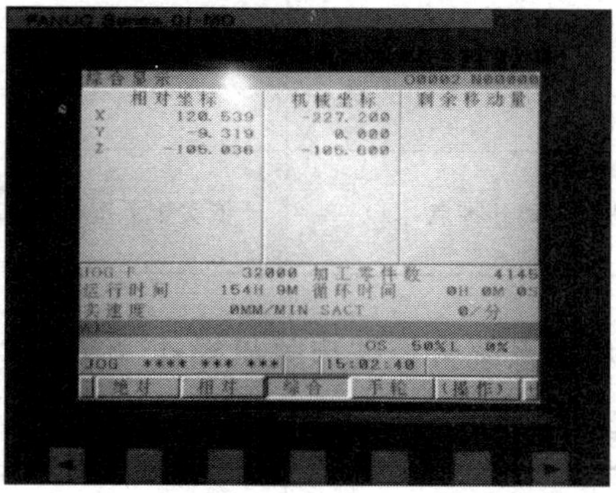 |
| 2 | 选择“手动”方式 | 转动“方式选择”到“手动”处  |
| 3 | 调整手动进给速度 | 调整进给速度倍率旋钮到 100% 处  |
| 4 | 调整 $Z$ 轴负向长度 | 按下按钮 Z －，使机械坐标 $Z$ 值在－100 左右，以防短距离发生超程报警，但不要太低，否则也会发生超程报警 |
| 5 | 选择“回零”方式 | 转动“方式选择”到“回零”处  |

续表

| 序号 | 操作步骤 | 操作内容 |
| --- | --- | --- |
| 6 | 快速倍率调至 25% | 快速倍率(%) F0 25 50 100 |
| 7 | 依次将 Z、X、Y 轴回零 | 依次按下按钮 Z + （按下 + 键自动到零点）、X +、Y +，回零完成后 回零 X Y Z IV 灯亮，综合画面里的机械坐标值归零 |
| 8 | 选择“快速”方式 | 转动“方式选择”到“快速”处 |
| 9 | 各轴及时离开零点 | 依次按下按钮 Z -、X -、Y -，使各轴依次回到适合位置 |

### （3）发那科系统数控铣床关机操作（见表 2—1—5）

**表 2—1—5　　FANUC 0i－MD 系统数控铣床关机操作步骤**

| 序号 | 操作步骤 | 操作内容 |
| --- | --- | --- |
| 1 | 选择“快速”方式 | 转动“方式选择”到“快速”处 |
| 2 | 快速倍率调至 25% | 快速倍率(%) F0 25 50 100 |
| 3 | 调整各轴至合适位置 | 手动轴选 X Y Z IV 手动 + -，使 Z 轴套筒缩进，X 轴居中，Y 轴向负方向移至工作台中心与床身支柱对齐 |

续表

| 序号 | 操作步骤 | 操作内容 |
| --- | --- | --- |
| 4 | 快速倍率调至0% | 快速倍率(%) F0 25 50 100 |
| 5 | 调整手动进给速度至0% | 调整进给速度倍率旋钮到0%处，即 进给倍率(%) |
| 6 | 选择“编辑”方式 | 转动“方式选择”到“编辑”处 |
| 7 | 按下急停按钮 | 按下急停按钮 |
| 8 | 关闭系统电源 | 按下操作面板的 控制器断电 关机 |
| 9 | 断开机床电源开关 | 将机床的电源开关旋到OFF |
| 10 | 关闭气源 | 关闭气源 |

**5. 发那科系统数控铣床显示位置界面操作**

**(1) 显示绝对坐标的位置**

按软键“绝对”可显示绝对坐标的位置，如图2—1—3所示。其参数说明见表2—1—6。

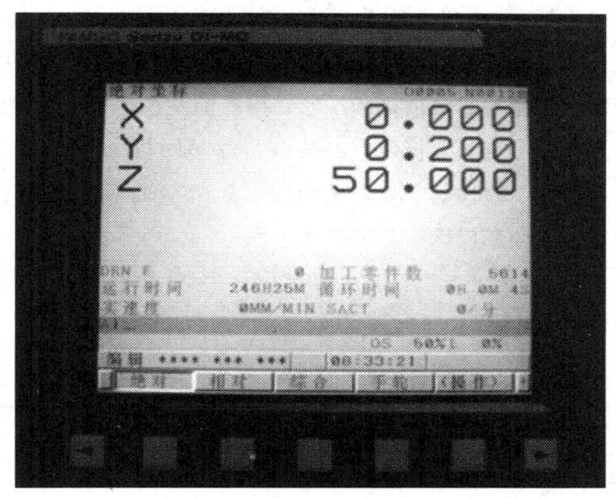


图2—1—3 FANUC 0i－MD系统绝对坐标显示

**表 2—1—6　FANUC 0i - MD 系统数控铣床显示绝对坐标位置状态图参数说明**

| 参数 | 说明 |
|---|---|
| 绝对坐标 | 屏幕第 1 行的左侧显示当前在绝对坐标位置显示画面 |
| 程序名、顺序号 | 屏幕第 1 行的右侧显示正在执行的程序名和程序段的顺序号 |
| 刀具坐标 | 屏幕第 2、3、4 行显示刀具轨迹 |
| 加工零件数 | 屏幕第 5 行右边显示已加工的零件数 |
| 运行时间 | 显示自动运行中总的运行时间，不包括停止和进给暂停的时间 |
| 循环时间 | 显示一次自动运行循环的运行时间，不包括停止和进给暂停的时间。当在复位状态中执行循环启动时，这个时间被自动的预设为 0。当切断电源时，时间预设为 0 |
| 状态显示 | 画面最下行软体键提示行的上一行为状态显示行，内容如下<br>●EMG：表示控制系统或驱动系统没有处于可运行的状态，在左边闪烁显示<br>●ALM：有报警发生，按主功能键 ，可知报警详细的内容，在左边闪烁显示<br>●在左边显示当前选择的操作方式 |

底行提示为位置画面的五个子功能，分别为“绝对”“相对”“综合”“手轮”“操作”，其说明见表 2—1—7。

**表 2—1—7　FANUC 0i - MD 系统数控铣床显示绝对坐标位置状态图软键说明**

| 软键 | 说明 |
|---|---|
| 绝对 | “绝对坐标”：该坐标里面的坐标值不能修改，它是数控程序在自动加工运行时所反映的当前点在工件坐标系下的绝对坐标值 |
| 相对 | “相对坐标”：移动坐标轴时相对于上一个点所移动的矢量（距离）。该坐标系的坐标值是用户可以随便改动的，在应用过程中也常借用该坐标系进行相关的操作 |
| 综合 | “综合坐标”：是集中显示“绝对坐标”“相对坐标”“机床坐标”的总窗口<br>其中“机床坐标”也称为机械坐标，该坐标里面的坐标值不能改变，它随 $X$、$Z$ 坐标轴移动而变化。机械零点是由机床厂家在出厂前就已经调试好的一个固定点，这个固定点就是机床的原点或零点。开机以后的第一步就是回机床零点，以建立机床坐标系。那么以后在找正对刀过程中所找到的点就是当前刀具所在机床坐标系中的坐标位置。确定好该位置后就建立好了工件在机床中的加工坐标系 |
| 手轮 | 中断手轮操作 |
| 操作 | 对“绝对坐标”“相对坐标”“综合坐标”的子菜单的扩展操作 |

**（2）显示相对坐标的位置**

按软键“相对”可显示相对坐标的位置，如图 2—1—4 所示。

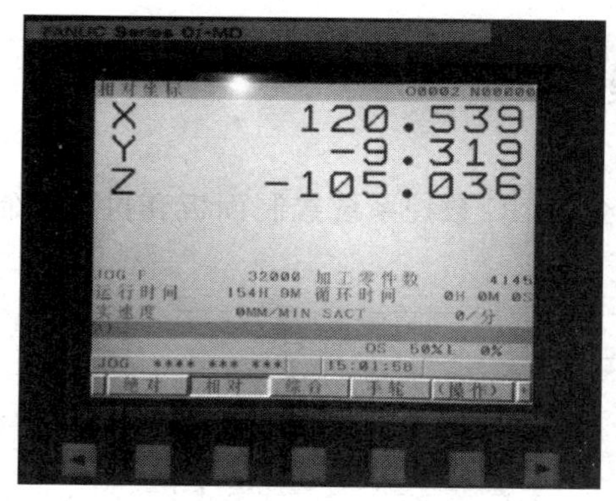


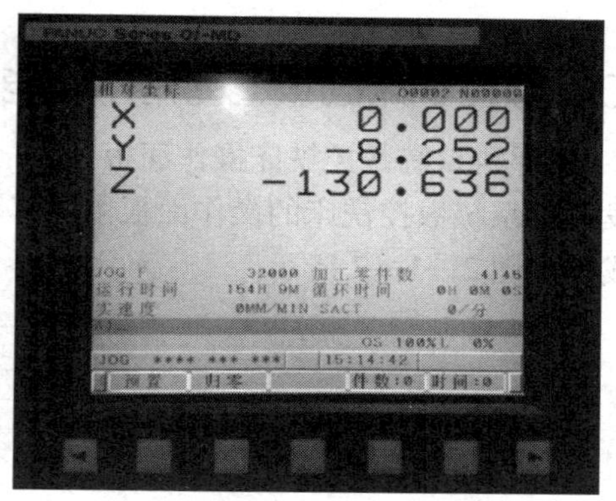


图 2—1—4　FANUC 0i－MD 系统相对坐标显示　　图 2—1—5　FANUC 0i－MD 系统相对坐标清零

按软键“操作”，底行提示为相对坐标画面的四个子功能，分别为“预置”“归零”“件数：0”“时间：0”。其说明见表 2—1—8。

**表 2—1—8　FANUC 0i－MD 系统数控铣床显示相对坐标位置状态图软键说明**

| 软键 | 说明 |
|---|---|
| 预置 | 可以对某一坐标轴设置一数值。使用如下：<br>例如，X20：→输入“X20”→按“预置”<br>Y10：→输入“Y10”→按“预置”<br>Z10：→输入“Z10”→按“预置” |
| 归零 | 将某坐标轴清零。操作如下：<br>X 轴归零：→输入“X”→按“归零”，如图 2—1—5 所示<br>Y 轴归零：→输入“Y”→按“归零”<br>Z 轴归零：→输入“Z”→按“归零” |
| 件数：0 | 加工件数清零 |
| 时间：0 | 运行时间清零 |

### （3）显示综合位置

按软键“综合”可同时显示相对坐标系、绝对坐标系、机床坐标系和剩余移动量的位置，如图 2—1—6 所示。

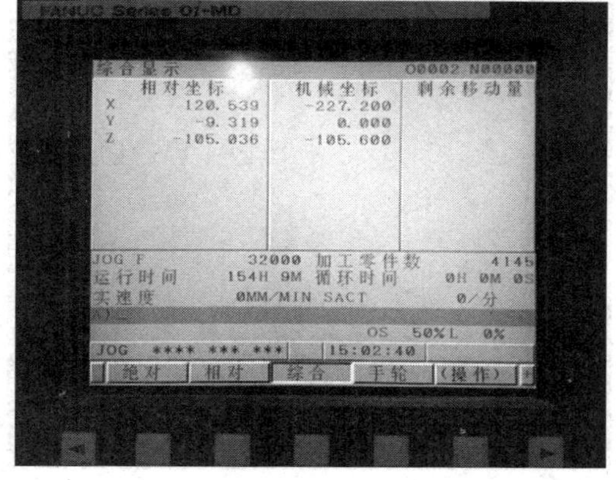


图 2—1—6　FANUC 0i－MD 系统综合位置显示

## 二、数控铣床面板上的常用功能键操作

### 1. 发那科系统数控铣床操作面板

发那科系统数控铣床的操作面板由屏幕显示区、CNC 数控系统控制面板和机床控制面板组成，如图 2—1—7 所示。

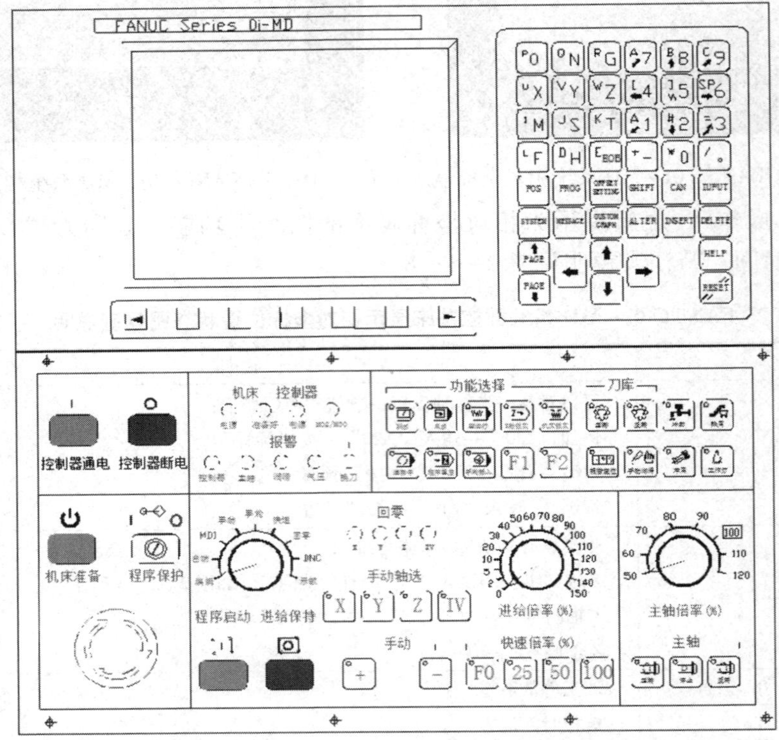


图 2—1—7　FANUC 0i－MD 系统操作面板

#### (1) 屏幕显示区

屏幕采用 CRT 8. 4″彩色显示器，提供各种系统信息，如图 2—1—8 所示。

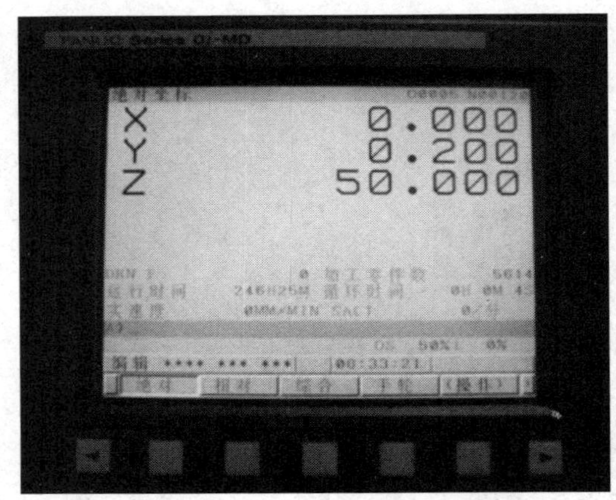


图 2—1—8　FANUC 0i－MD 系统屏幕显示区

在显示器下方有五个软键，其所代表的功能随当前用户选择的主功能不同而变化。当按下 MDI 面板上的某一主功能键后，属于所选功能的一章软键就显示出来，如图 2—1—9 所示。

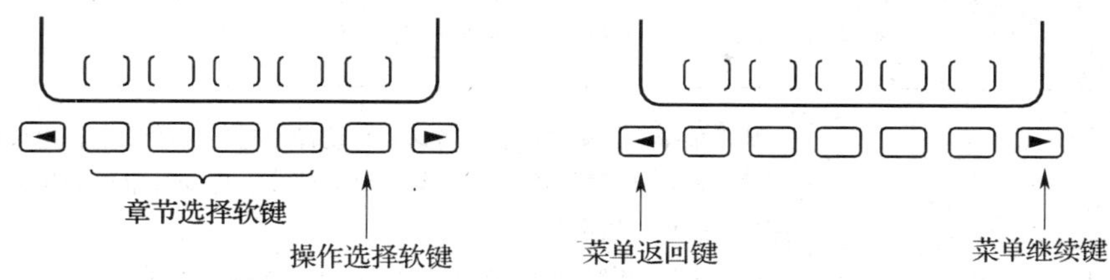


图 2—1—9　软键

按下其中一个章节选择键，则所选章节的屏幕就显示出来。如果有关一个目标章节的屏幕没有显示出来，按下菜单继续键▶。当目标章节屏幕显示后，按下操作选择键，以显示要进行操作的数据。为了重新显示章节选择软键，按下菜单返回键◀。

**（2）CNC 控制面板**

图 2—1—10　FANUC 0i－MD 系统 CNC 控制面板

FANUC 0i－MD 数控系统 CNC 控制面板如图 2—1—10 所示。其上各控制键的功能见表 2—1—9。

**表 2—1—9　FANUC 0i－MD 系统 MDI 功能键功能介绍**

| 名称 | 控制按钮图 | 功能说明 |
|---|---|---|
| 地址和数字键 | PO | O 为程序命名键<br>P 为调用子程序 |
| | QN | N 为程序段号的命名<br>Q 为孔加工循环时设定钻头每次钻孔的深度 |
| | RG | G 功能键，用来定义轨迹的几何形状的工作状态和 CNC 的工作状态<br>R 为圆弧插补时的半径编程以及孔加工循环时设定钻头每次抬刀的参考高度，即 *R* 平面 |

续表

| 名称 | 控制按钮图 | 功能说明 |
| --- | --- | --- |
| 地址和数字键 | UX VY WZ | X、Y、Z 用来指令机床上刀具运动到达的坐标位置<br>U、V、W 为相应方向的增量坐标值 |
| | IM | M 功能键，用来控制主轴转速及手动操作时转速的设定。用来使机床外部开关接通或判断的功能。如主轴启动、停止、冷却液电机的接通或断开、程序运行暂停、结束等<br>I 为整圆编程时，圆心相对于 *X* 轴的相对圆弧半径值 |
| | JS | S 功能键，用来控制主轴转速及手动操作时转速的设定<br>J 为整圆编程时，圆心相对于 *Y* 轴的相对圆弧半径值 |
| | KT | T 功能键，在加工中心上使用<br>K 为孔加工循环时指定动作的重复次数 |
| | LF | F 功能键，用来直接规定 G01、G02、G03 等指令的进给速度及手动操作 *X*、*Y*、*Z* 向移动速度的设定<br>L 为调用子程序的次数 |
| | DH | H 为长度补偿的地址<br>D 为半径补偿的地址 |
| | + — | 负号、正号键 |
| | / . | 小数点键<br>斜杠键，把“/”斜杠放在程序段的开头，当软操作面板上的跳过任选程序段开关置于 ON 时，在自动运行时，带有“/”的程序段信息无效。当跳过任选程序段开关置于 OFF 时，则带有“/”的程序段信息有效。也就是说含有“/”的程序段根据操作的选择，可以跳过 |
| | 0、1、2、3、4、5、6、7、8、9 | 数字键 |
| | [ ]，= + * | 用于宏程序的编写 |
| 程序段结束键 | DH | 在编辑时使光标下移到下一行行首，标记为“;”号 |
| 位置屏幕 | POS | 显示位置的各种坐标 |

续表

| 名称 | 控制按钮图 | 功能说明 |
| --- | --- | --- |
| 功能键（用来选择将要显示的屏幕的种类） | PROG | 显示程序屏幕 |
| | OFFSET | 显示或输入刀具偏置量和磨耗值 |
| | SETTING | 显示设置屏幕 |
| | SYSTEM | 显示对系统参数的设置选项 |
| | MESSAGE | 显示报警信息和用户提示信息 |
| | CUSTOM | 显示或输入设定 |
| | GRAPH | 显示图形 |
| 翻页键 | ↑ PAGE | 屏幕显示的页面向前翻页 |
| | PAGE ↓ | 屏幕显示的页面向后翻页 |
| 光标移动键 | → | 光标向右移动 |
| | ← | 光标向左移动 |
| | ↓ | 光标向下移动 |
| | ↑ | 光标向上移动 |
| 程序编辑键 | ALTER | 修改键 |
| | INSERT | 插入键 |
| | DELETE | 删除键 |
| 换挡键 | ⇧ SHIFT | 当地址/数字键的键面有两个字符时，按此键，可以输入左上角的字符 |

续表

| 名称 | 控制按钮图 | 功能说明 |
| --- | --- | --- |
| 取消键 | CAN | 可删除最后一个进入缓冲寄存器中的字符或符号。当键输入缓冲区后显示为：N001 X100Z ＿，按下该键时，Z 被取消并且显示如下：N001 X100 ＿ |
| 输入键 | INPUT | 将数据输入到缓冲器，并在 CRT 屏幕上显示出来 |
| 帮助键 | HELP | 用来显示如何操作机床，如 MDI 键的操作。可在 CNC 发生报警时提供报警的详细信息（帮助功能） |
| 复位键 | RESET | 可使 CNC 复位或者取消报警 |

**（3）机床控制面板**

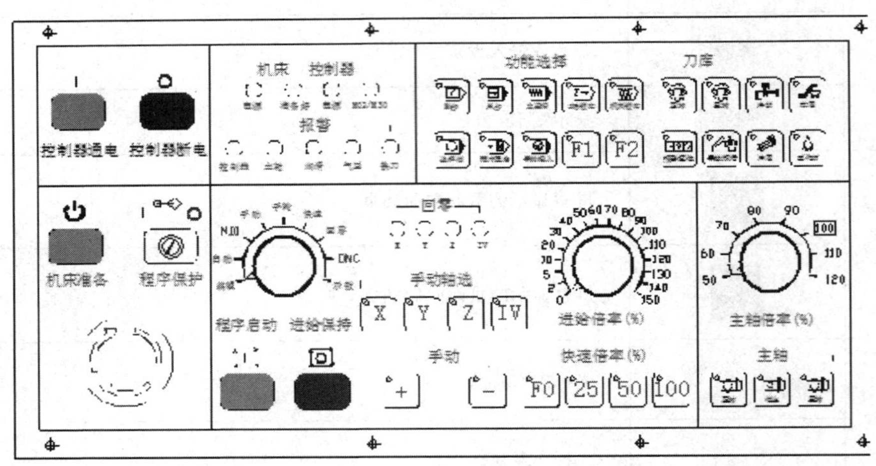


图 2—1—11　FANUC 0i－MD 系统机床控制面板

FANUC 0i－MD 系统机床控制面板如图 2—1—11 所示。其上各控制键的功能见表 2—1—10。

**表 2—1—10　　FANUC 0i－MD 系统机床控制面板功能介绍**

| 名称 | 控制按钮图 | 功能说明 |
| --- | --- | --- |
| 操作方式选择旋钮（手动、手轮、快速、MDI、回零、自动、DNC、编辑、示教） | 编辑 | 编辑方式。可以输入程序，可对储存在内存中的程序进行编辑 |
| | 自动 | 自动运行方式。可以调出存储器中的加工程序，进行自动循环加工，或对存储器中存储的程序进行检索 |

续表

| 名称 | 控制按钮图 | 功能说明 |
| --- | --- | --- |
| 操作方式选择旋钮  | MDI | 手动数据输入 MDI 方式。可以输入单一或多段命令并通过按下循环启动键使机床动作；同时也可以对系统参数进行修改 |
| | 手动 | 手动方式。可以实现手动切削连续进给和手动快速连续进给 |
| | 手轮 | 手轮方式（单步进给）。可以通过手摇脉冲发生器使机床坐标轴向相应的方向移动一个增量距离 |
| | 快速 | 快速进给方式。手动选择移动轴，刀具沿着所选轴的方向快速进给 |
| | 回零 | 回零方式。结合按下各轴方向键，完成机床回零操作 |
| | DNC | 在线加工运行方式。通过计算机与 CNC 的连接，可以实现大容量程序的在线加工 |
| | 示教 | 示教方式 |
| 手动/手轮轴选择键和手动连续进给时的进给速度倍率旋钮 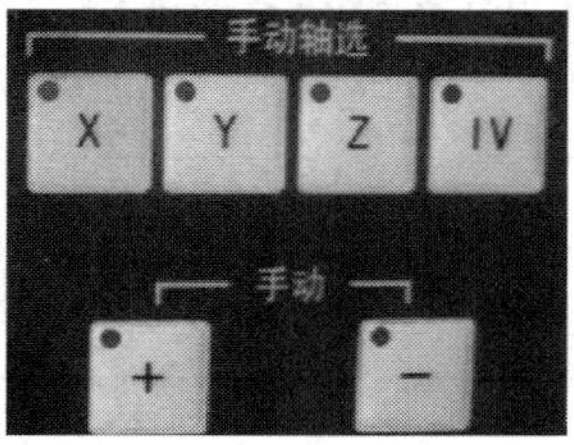 | 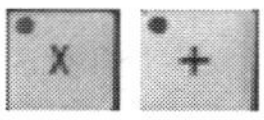 X + | $X$ 正向移动键：手动操作时按下该键可使刀具沿 $X$ 轴向右移动 |
| | 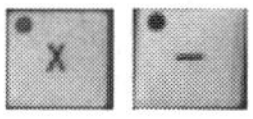 X − | $X$ 负向移动键：手动操作时按下该键可使刀具沿 $X$ 轴向左移动 |
| | 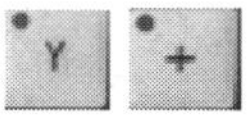 Y + | $Y$ 正向移动键：手动操作时按下该键可使刀具沿 $Y$ 轴向后移动 |
| | 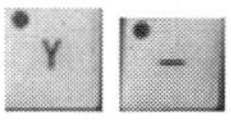 Y − | $Y$ 负向移动键：手动操作时按下该键可使刀具沿 $Y$ 轴向前移动 |
| | 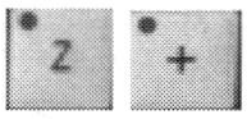 Z + | $Z$ 正向移动键：手动操作时按下该键可使刀具沿 $Z$ 轴向上移动 |
| | 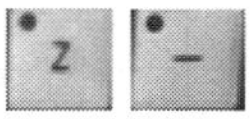 Z − | $Z$ 负向移动键：手动操作时按下该键可使刀具沿 $Z$ 轴向下移动 |
| |  进给倍率(%) | 进给速度倍率开关：选择程序指定的进给速度百分数，以改变进给速度（倍率）<br>进给速度倍率最低 0%，最高 150%<br>顺时针扳动手柄，移动的速度加快<br>逆时针扳动手柄，移动的速度放慢 |

续表

| 名称 | 控制按钮图 | 功能说明 |
| --- | --- | --- |
| 快速方式时的倍率选择键 | 快速倍率(%) F0 25 50 100 | 快速倍率最低 0%，最高 100% |
| 手动辅助功能操作键 | 主轴 正转 停止 反转 | 主轴正转、停转、反转键：在手动方式下选择 |
| | 正转 反转 | 刀库的正转反转，在加工中心上用 |
| | 冷却 | 冷却液启动键，在任何方式下选择 |
| | 排屑 | 排屑启动键 |
| | 报警复位 | 报警时的复位 |
| | 手动润滑 | 灯灭时机床油位正常，红灯亮时显示油位不足 |
| | 冲屑 | 冲屑启动键，在手动/回零/手轮/示教方式下选择 |
| | 工作灯 | 照明灯键，在任何方式下选择照明 |
| 程序校验时的选择键 | 空运行 | 在自动运行过程中刀具按参数指定的速度快速运行，该功能用于检查刀具的运行轨迹是否正确 |
| | Z轴锁定 | *Z* 轴锁住键 |
| | 机床锁定 | 全轴机床锁住键，按下此键，灯亮，各轴将禁止运动；再按下此键，灯灭，取消此功能机械锁住开关为 ON 时，机床不移动，但位置坐标的显示和机床运动时一样；此外，M、S、T 功能也可执行；刀具图形轨迹也能显示。此功能用于程序校验 |

续表

| 名称 | 控制按钮图 | 功能说明 |
|---|---|---|
| 自动方式运行的选择键和主轴倍率、进给倍率旋钮 |  跳步 | 在自动方式下，按下此键，灯亮，当程序运转时，跳过标号前带有“/”符的程序段 |
| |  选择停 | 在自动方式下，按下此键，灯亮，程序运行遇到 M01 指令时，机床处于进给保持状态 |
| |  单步 | 在自动方式下，为单段运行键，此时，程序执行一句程序，按启动键再执行一句。常以此方法仔细检查程序 |
| |  主轴倍率(%) | 主轴倍率最低 50%，最高 120% |
| |  进给倍率(%) | 进给速度倍率开关：选择程序指定的进给速度百分数，以改变进给速度（倍率）<br>进给速度倍率最低 0%，最高 150%<br>顺时针扳动手柄，移动的速度加快<br>逆时针扳动手柄，移动的速度放慢 |
| 程序的启动暂停键 |  程序启动 | 循环启动（START）键：用于自动运转的启动，以执行一个加工程序。在自动运转中，其指示灯亮 |
| |  进给保持 | 暂停键：用于自动运转时刀具减速停止 |
| 系统电源开关按钮 |  控制器通电　控制器断电 | 接通和切断机床电源按钮 |
| 急停旋钮 |  | 紧急停止旋钮（EMERGENCY STOP）：当出现异常情况时，按下此旋钮机床立即停止工作，待故障排除恢复机床工作时，需按照按钮上的箭头方向转动，旋钮即可弹起 |

续表

| 名称 | 控制按钮图 | 功能说明 |
| --- | --- | --- |
| 程序保护 |  | 钥匙旋至绿色对齐为不保护，红色对齐为保护 |
| NC 准备完成键<br>超程解除按键 |  | 开机或急停释放后，按下该键启动系统<br>当机床出现超程报警时，按下该按键不松开，同时使坐标轴反向移动，从而解除报警 |
| 机床原点灯 |  | 当机床回到机床原点时灯亮 |

## 2. 发那科系统数控铣床主轴的正转及停止操作

### (1) 开机后主轴首次运转及停止的操作步骤（见表 2—1—11）

**表 2—1—11 FANUC 0i－MD 系统数控铣床开机后主轴首次运转及停止操作步骤**

| 序号 | 操作步骤 | 操作内容 |
| --- | --- | --- |
| 1 | 选择“MDI”录入方式 | 开机后主轴首次运转，需用 MDI 方式设定主轴转速，转动“方式选择”到“录入”处 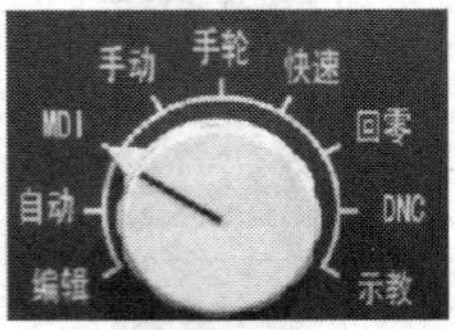 |
| 2 | 选择程序画面 | 按功能键 ，选择程序画面 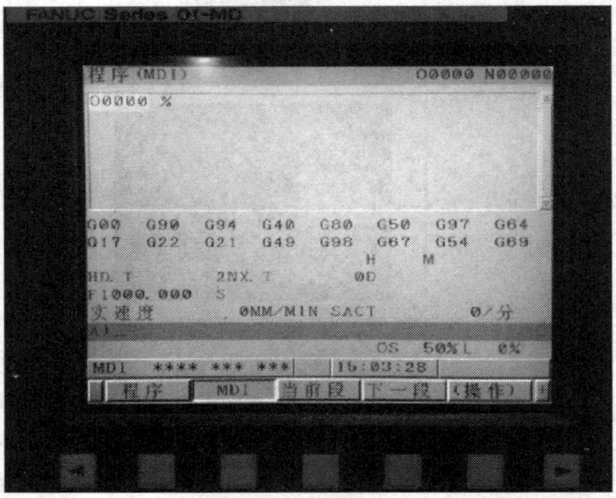 |

续表

| 序号 | 操作步骤 | 操作内容 |
| --- | --- | --- |
| 3 | 输入程序内容“M3 S600” | 按键盘上的程序段结束键 EOB 和插入键 INSERT 换行。按键盘上的键 M、3、S、6、0、0、EOB、INSERT，输入“M3 S600” |
| 4 | 执行程序 | 按循环启动键 |
| 5 | 停止 MDI 操作 | 两种方法：<br>按复位键 RESET<br>转动“方式选择”到“手动”处，按停止键，主轴即停转 |

(2) 主轴第二次运转及停止的操作步骤（见表 2—1—12）

表 2—1—12　FANUC 0i - MD 系统数控铣床开机后主轴第二次运转及停止操作步骤

| 序号 | 操作步骤 | 操作内容 |
| --- | --- | --- |
| 1 | 选择“手动”方式 | 转动“方式选择”到“手动”处 |
| 2 | 按主轴正转键 | 按主轴正转键，可调整倍率开关，主轴速度随之增减，当倍率为 100% 时，为设定转速 |
| 3 | 按主轴停转键 | 按主轴停转键，使主轴停转 |

### 3. 发那科系统数控铣床的手动连续进给和快速移动操作

#### (1) 通过进给倍率调整手动连续进给速度的操作（见表2—1—13）

**表2—1—13　　FANUC 0i－MD 系统数控铣床通过进给倍率调整手动连续进给速度的操作步骤**

| 序号 | 操作步骤 | 操作内容 |
|---|---|---|
| 1 | 选择“手动”方式 | 转动“方式选择”到“手动”处 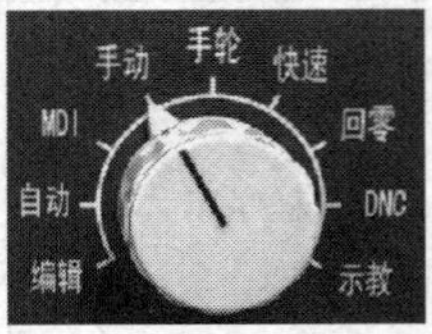 |
| 2 | 调整倍率开关，<br>选择 JOG 进给速度 | 选择 JOG 进给速度 <br>顺时针扳动手柄，移动的速度加快<br>逆时针扳动手柄，移动的速度放慢 |
| 3 | 选择移动轴，按方向键，<br>机床沿着所选择的轴方向移动 | 选择移动轴，刀具以参数（No. 1423）指定的速度移动 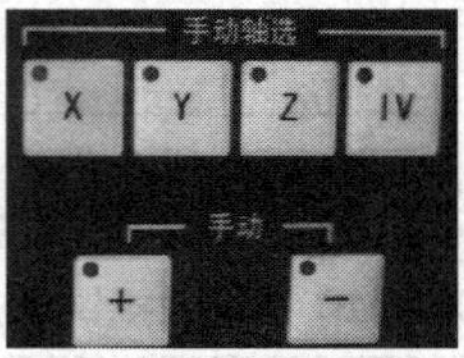 |

进给倍率对应的进给速度见表2—1—14。

**表2—1—14　　进给倍率对应的进给速度**

| 旋转开关位置 | 进给速度 | |
|---|---|---|
| | 毫米输入 | 英寸输入 |
| | mm／min | in/min |
| 0 | 0 | 0 |
| 10 | 2. 0 | 0. 08 |
| 20 | 3. 2 | 0. 12 |
| 30 | 5. 0 | 0. 2 |
| 40 | 7. 9 | 0. 3 |

续表

| 旋转开关位置 | 进给速度 | |
|---|---|---|
| | 毫米输入 | 英寸输入 |
| | mm /min | in/min |
| 50 | 12.6 | 0.5 |
| 60 | 20 | 0.8 |
| 70 | 32 | 1.2 |
| 80 | 50 | 2.0 |
| 90 | 79 | 3.0 |
| 100 | 126 | 5.0 |
| 110 | 200 | 8.0 |
| 120 | 320 | 12 |
| 130 | 500 | 20 |
| 140 | 790 | 30 |
| 150 | 1 260 | 50 |

注：此表有 ±3% 的误差。

### （2）通过快速键手动快速移动的操作（见表 2—1—15）

**表 2—1—15　FANUC 0i – MD 系统数控铣床通过快速键手动快速移动的操作步骤**

| 序号 | 操作步骤 | 操作内容 |
|---|---|---|
| 1 | 选择“快速”操作方式 | 转动“方式选择”到“快速”处  |
| 2 | 选择快速倍率 25% | 选择快速倍率  |
| 3 | 选择移动轴，刀具沿着所选轴的方向快速移动 | 选择移动轴，刀具以参数（No. 1424）指定的速度移动，而不管 JOG 倍率旋钮的位置 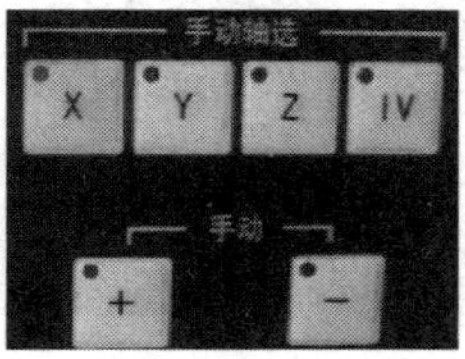 |

FANUC 0i－MD 系轴正向机械坐标超程极限值见图 2—1—12。

**4．发那科系统数控铣床的手轮进给操作**

手轮是手摇脉冲发生器的简称，又称光电编码器。如图 2—1—13 所示为发那科（FANUC 0i－MD）系统数控铣床的手持式手轮。具备×1、×10、×100 三挡倍率，可实现四轴倍率切换；具备控制开关、急停开关可选，人性化设计，便于操作。

FANUC Series 0i-MD
综合显示
O0002 N00000
相对坐标
机械坐标
剩余移动量
X 357.339 9.600
Y 0.281 9.600
Z 10.164 9.600
JOG F 32000 加工零件数 4145
运行时间 154H 9M 循环时间 0H 0M 0S
实速度 0MM/MIN SACT 0/分
OS 100%L 0%
JOG **** *** *** 15:09:57
绝对 相对 综合 手轮 （操作）

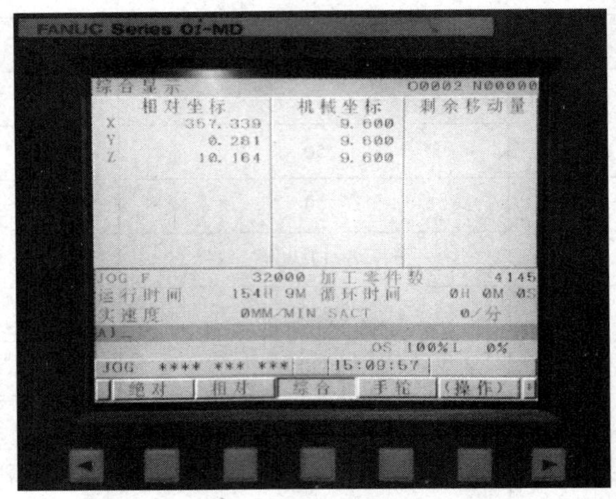

图 2—1—12　FANUC 0i－MD 系统各轴正向机械坐标超程极限值

手轮主要用于立式加工中心、卧式加工中心、龙门加工中心等数控铣床设备，造型新颖，移动方便，抗干扰，带载能力强；绝缘外壳，反应性能高，防油污密封设计。FANUC 0i－MD 系统数控铣床手轮进给操作步骤见表 2—1—16。

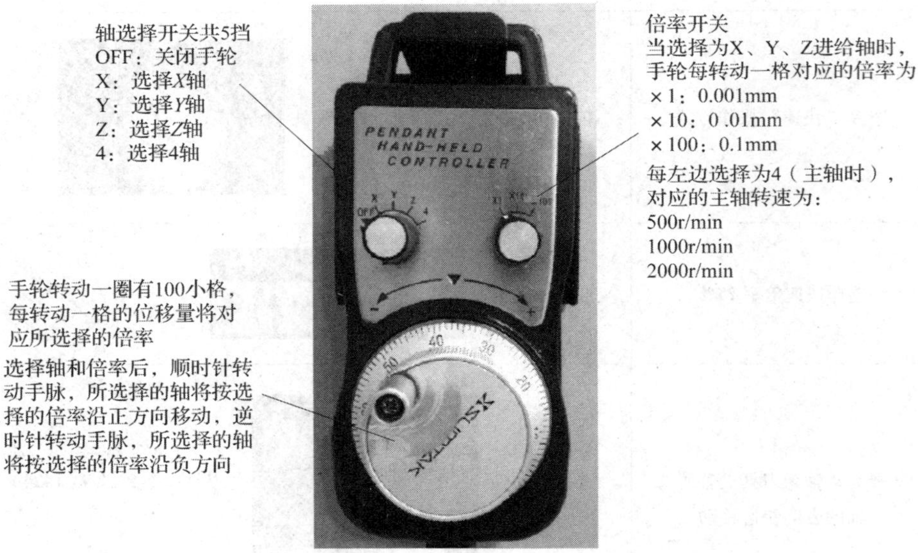

轴选择开关共5挡
OFF：关闭手轮
X：选择X轴
Y：选择Y轴
Z：选择Z轴
4：选择4轴
倍率开关
当选择为X、Y、Z进给轴时，
手轮每转动一格对应的倍率为
×1：0.001mm
×10：0.01mm
×100：0.1mm
每左边选择为4（主轴时），
对应的主轴转速为：
500r/min
1000r/min
2000r/min
手轮转动一圈有100小格，
每转动一格的位移量将对
应所选择的倍率
选择轴和倍率后，顺时针转
动手脉，所选择的轴将按选
择的倍率沿正方向移动，逆
时针转动手脉，所选择的轴
将按选择的倍率沿负方向
PENDANT
HAND-HELD
CONTROLLER

图 2—1—13　手轮

表 2—1—16　　FANUC 0i－MD 系统数控铣床手轮进给操作步骤

| 序号 | 操作步骤 | 操作内容 |
|---|---|---|
| 1 | 为了便于观察坐标变化，进入绝对坐标显示界面 | 按功能键 POS，按软键“绝对”显示绝对坐标位置画面 |
| 2 | 选择“手轮”操作方式 | 转动“方式选择”到“手轮”处 |
| 3 | 选择手轮移动轴 | 拿起手轮，选择轴 |
| 4 | 选择移动量 | 选择手轮的倍率 |
| 5 | 转动手摇脉冲发生器 | 顺时针、逆时针转动手轮，观察刀具的运动情况，观察显示界面上坐标值的变化。坐标值增大为正方向，减小为负方向，再注意手轮旋转的方向：向右转手摇脉冲发生器沿轴做正方向移动，向左转手摇脉冲发生器沿轴做负方向移动<br>再改变手轮的倍率，顺时针、逆时针转动手轮，观察显示界面坐标值的变化 |

## 三、技能训练——数控铣床的启动、停止及常用功能键的操作

1. 进行熟悉开机、回零、关机练习。要求如下。

开机时：组长开机，组员说出步骤。

回零时：每人操作。

关机时：每人说出步骤。

2. 进行熟悉系统操作面板练习。根据所学的系统操作面板，说出按钮的名称与功能。

3. 进行熟悉显示位置画面操作练习。

4. 进行熟悉设定主轴转速练习。

5. 进行熟悉主轴正转、停转操作练习。

6. 进行熟悉手动连续进给操作练习。

7. 进行熟悉手动快速移动操作练习。

8. 进行熟悉手轮进给操作练习。要求熟练使用手轮，确认铣床的 $X$、$Y$、$Z$ 向，以及它们的正负方向。

## 课后练习

1. 什么是数控铣床“回零”？它有何目的？数控铣床何时必须“回零”？
2. 数控铣床操作面板由哪几部分组成？
3. 数控铣床有哪几个加工方式选择键？每种工作方式的用途是什么？
4. 手轮操作数控铣床时，手轮逆时针方向旋转时 $X$、$Y$、$Z$ 轴分别往什么方向移动？

# 课题2　数控铣床加工程序输入和参数设置

## 学习目标

1. 熟悉数控铣床加工程序的输入与编辑。
2. 掌握数控铣床加工程序的调试与运行。
3. 掌握发那科系统数控铣床参数的设置。

## 一、数控铣床加工程序的输入与编辑

### 1. 程序的含义（见表2—2—1）

表2—2—1　　程序及其含义

| 程序 | 含义 |
|---|---|
| O0001； | 程序号 |
| N10　G17　G21　G94　G40； | 程序初始化 |
| N20　M3　S1000； | 刀具正转，定转速 |
| N30　G90　G54　G00　Z50.； | 刀具定位 |
| N40　X0　Y0； | |
| N50　X－50.　Y－50.； | |
| N60　Z5.； | |
| N70　G1　Z0　F120； | |
| N80　Z－3.； | |
| N90　G41　D1　X－30.； | 建立刀补 |
| N100　Y30.； | 零件加工 |
| N110　X30.； | |
| N120　Y－30.； | |
| N130　X－40.； | |
| N140　X－50.； | |

续表

| 程序 | 含义 |
|---|---|
| N150 G0 Z50.; | 退刀 |
| N160 G40 X0 Y0; | 取消刀补 |
| N170 M30; | 程序结束 |

**2. 程序打开、删除和编辑**

**(1) 程序的打开（见表2—2—2）**

**表2—2—2　FANUC 0i－MD 系统数控铣床打开程序的操作步骤**

| 序号 | 操作步骤 | 操作内容 |
|---|---|---|
| 1 | 选择“编辑”方式 | 转动“方式选择”开关到“编辑”处 |
| 2 | 显示程序界面 | 按功能键 |
| 3 | 按软键“列表+”，查看程序一览表中的程序名 | 按软键“列表+”，查看程序一览表中的程序名 |
| 4 | 按软键“程序” | 按软键“程序” |
| 5 | 输入O和四位数字 | 输入程序的地址和数字（若输错，按取消键 ），必须是程序一览表中有的 |
| 6 | 按检索键 | 按 CURSOR 检索键，在LCD画面上显示检索出的程序，并在画面的右上部显示已检索的程序号 |

**(2) 程序的删除**

1）删除一个程序（见表2—2—3）。

**表2—2—3　FANUC 0i－MD 系统数控铣床删除一个程序的操作步骤**

| 序号 | 操作步骤 | 操作内容 |
|---|---|---|
| 1 | 选择“编辑”方式 | 转动“方式选择”开关到“编辑”处 |

续表

| 序号 | 操作步骤 | 操作内容 |
| --- | --- | --- |
| 2 | 显示程序界面 | 按功能键 |
| 3 | 按软键“列表+”，查看程序一览表中的程序名 | 按软键“列表+”，查看程序一览表中的程序名 |
| 4 | 按软键“程序” | 按软键“程序”，一定要在子菜单程序画面中才能删除 |
| 5 | 输入O和四位数字 | 输入地址O和数字（若输错，按取消键 ），必须是程序一览表中有的 |
| 6 | 按删除键 | 按删除键 ，则存储器中的程序被删除 |

2）删除指定一个范围的多个程序（见表2—2—4）。

**表2—2—4　FANUC 0i－MD系统数控铣床删除指定一个范围的多个程序的操作步骤**

| 序号 | 操作步骤 | 操作内容 |
| --- | --- | --- |
| 1 | 选择“编辑”方式 | 转动“方式选择”开关到“编辑”处 |
| 2 | 显示程序界面 | 按功能键 |
| 3 | 按软键“列表+”，查看程序一览表中的程序名 | 按软键“列表+”，查看程序一览表中的程序名 |
| 4 | 按软键“程序” | 按软键“程序”，一定要在子菜单程序画面中才能删除 |
| 5 | 输入将要删除程序的起始程序号和终止程序号“OXXXX，OYYYY” | 输入“OXXXX，OYYYY”，其中XXXX代表将要删除程序的起始程序号，YYYY代表将要删除程序的终止程序号 |
| 6 | 按删除键 | 按删除键 ，则存储器中的程序被删除 |

3）删除全部程序（见表2—2—5）。

表2—2—5　　FANUC 0i－MD 系统数控铣床删除全部程序的操作步骤

| 序号 | 操作步骤 | 操作内容 |
| --- | --- | --- |
| 1 | 选择“编辑”方式 | 转动“方式选择”开关到“编辑”处 |
| 2 | 显示程序界面 | 按功能键 |
| 3 | 按软键“程序” | 按软键“程序”，一定要在子菜单程序画面中才能删除 |
| 4 | 输入 O9999 | 输入地址 O 和四个 9 |
| 5 | 按删除键 | 按删除键，则存储器中的程序被删除 |

**（3）创建新程序（见表2—2—6）**

表2—2—6　　FANUC 0i－MD 系统数控铣床创建新程序的操作步骤

| 序号 | 操作步骤 | 操作内容 |
| --- | --- | --- |
| 1 | 选择“编辑”方式 | 转动“方式选择”开关到“编辑”处 |
| 2 | 显示程序界面 | 按功能键 |
| 3 | 按软键“列表＋”，查看程序一览表中的程序名 | 按软键“列表＋”，查看程序一览表中的程序名，新建程序不要与已有程序名重复 |
| 4 | 按软键“程序” | 按软键“程序”，一定要在程序本体 |
| 5 | 输入 O 和数字 | 输入程序的地址和数字（若输错，按取消键），必须是程序一览表中没有的 |
| 6 | 按插入键 | 按插入键 |

续表

| 序号 | 操作步骤 | 操作内容 |
| --- | --- | --- |
| 7 | 跳行 | 按 EOB 键输入结束符“;”，程序段结束并自动分行 |
| 8 | 输入第一段程序 | 插入一个程序段的每个字如 G17、G21、G40 |
| 9 | 跳行 | 按 EOB 键跳行，跳行后字间自动隔开，下行 N20 自动被插入 |

**（4）程序的编辑**

1）程序的检索

①程序段号的检索（使光标定位在某个程序段号上）。通过顺序号检索命令找到的将要开始执行或者重新开始执行的程序段中，一定要确保含有需要的 M、S 和 T 代码及坐标值。通过顺序号检索的程序段通常是从一个过程转换到另一个过程的转移点。当必须检索加工过程中间的一个程序段，以便从该段重新启动程序时，应该用 MDI 键盘输入所需的 M、S、T、G 代码及相应的坐标值，并仔细检查机床和 CNC 后从该点（程序段）启动程序。

例如，使光标在 N60 上定位进行编辑，操作方法见表 2—2—7。

**表 2—2—7　FANUC 0i－MD 系统数控铣床检索程序顺序号的操作步骤**

| 序号 | 操作步骤 | 操作内容 |
| --- | --- | --- |
| 1 | 输入 N60 | 输入 N 6 0 |
| 2 | 检索 | 按检索键 ↓ ，此时光标定位在顺序号N60 上，并在 LCD 画面的右上部，显示出已检索的顺序号 |

②字的检索（使光标定位在某个字上）。

2）检索程序字的操作方式及操作步骤（见表 2—2—8）。

**表 2—2—8　FANUC 0i－MD 系统数控铣床检索程序字的操作方式及操作步骤**

| 序号 | 操作方式 | 操作内容 |
| --- | --- | --- |
| 1 | 光标向后逐字移动 | 按下光标键 → |
| 2 | 光标向前逐字移动 | 按下光标键 ← |
| 3 | 光标向后连续扫描 | 持续按下光标键 → |
| 4 | 光标向前连续扫描 | 持续按下光标键 ← |

续表

| 序号 | 操作方式 | 操作内容 |
|---|---|---|
| 5 | 检索下一程序段的第一个字 | 按下光标键 ↓ 或 检索↓ |
| 6 | 检索上一程序段的第一个字 | 按下光标键 ↑ 或 检索↑ |
| 7 | 连续地将光标移动到各程序段的开头 | 持续按下光标键 ↓ 或 ↑ |
| 8 | 检索下一页中的第一个字 | 按下翻页键 PAGE↓ |
| 9 | 检索上一页中的第一个字 | 按下翻页键 ↑PAGE |

3）字检索的操作步骤：从光标现在位置开始，顺方向或反方向检索指定的字。例如，检索使光标在字 M08 上定位进行编辑，操作方法如下，步骤见表 2—2—9。

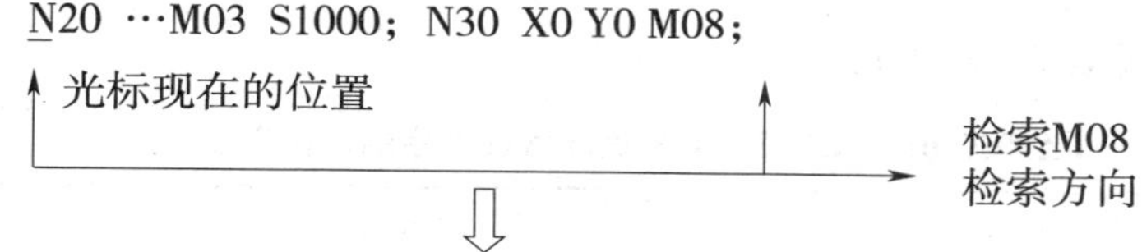


**表 2—2—9　FANUC 0i－MD 系统数控铣床检索程序字的操作步骤**

| 序号 | 操作步骤 | 操作内容 |
|---|---|---|
| 1 | 输入需要搜索的代码 M08 | 按下地址键和数字键，输入代码 |
| 2 | 检索 | 按检索键 ↓ ，此时光标定位在顺序号 M 08 上 |

4）检索一个地址的操作步骤：从光标现在位置开始，顺方向或反方向检索指定的地址。

例如，检索使光标在地址 M 上定位进行编辑，操作方法如下，步骤见表 2—2—10。

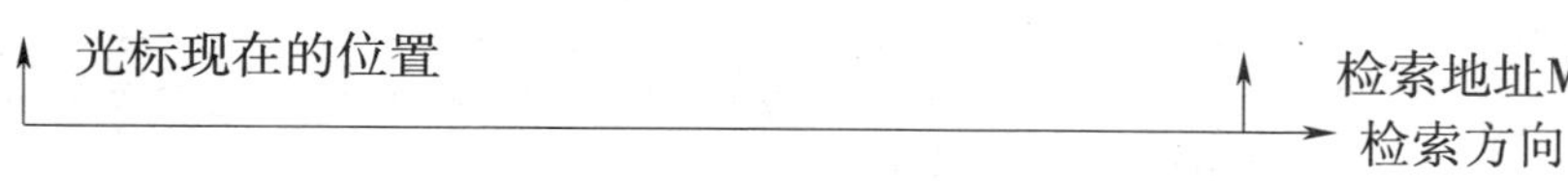

表 2—2—10　　FANUC 0i－MD 系统数控铣床检索程序地址的操作步骤

| 序号 | 操作步骤 | 操作内容 |
|---|---|---|
| 1 | 输入地址 M | 按下地址键 M |
| 2 | 检索 | 按检索键 ↓ ，此时光标定位在顺序号 M 03 上 |

5）返回到程序开头的操作步骤。

O0001；N10 G17 G40 G49 G80；N20 G54 G90 G00 Z30 M03 S1000；

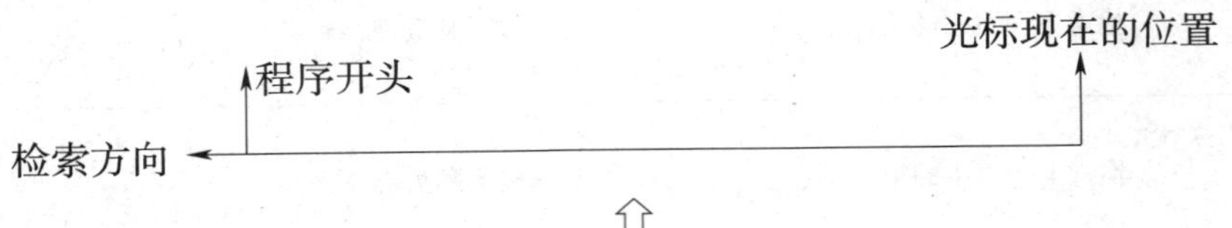


方法一：按复位键 RESET 。

方法二：在 EDIT 方式下，当处于程序画面时，按下地址 O，再按 ↓ 键。

方法三：检索程序号。

6）编辑程序（见表 2—2—11）。

表 2—2—11　　FANUC 0i－MD 系统数控铣床编辑程序的操作步骤

| 序号 | 操作步骤 | 操作内容 | |
|---|---|---|---|
| 1 | 选择“编辑”方式 | 转动“方式选择”开关到“编辑”处（手动　手轮　快速　MDI　回零　自动　DNC　编辑　示教） | |
| 2 | 显示程序界面 | 按功能键 PROG | |
| 3 | 打开需修改的程序 | 如果需修改的程序已被选择，那么直接执行第 4 步操作如果需修改的程序未显示在 CRT 屏幕上，执行程序检索步骤 | |
| 4 | 编辑程序 | 插入 | 检索到要插入位置的前一个字→键入要插入的地址和数字→按插入键 INSERT |
| | | 修改 | 检索将要修改的字→键入要修改的地址和数字→按修改键 ALTER ，则新键入的字替换了当前光标所指的字 |

续表

| 序号 | 操作步骤 | 操作内容 | |
|---|---|---|---|
| 4 | 编辑程序 | 删除一个字 | 检索将要删除的字→按删除键 DELETE，则当前光标所指的字被删除 |
| | | 删除一个程序段 | 检索到要删除该程序段的字首，即光标移到该程序段 N 上→按结束键 EOB →按删除键 DELETE，则程序段被删除。光标移到下一个程序段地址 N 上 |
| | | 删除多个程序段 | 例如，从 N110 开始删除到 N130 程序段<br>检索到要删除多个程序段的字首，即光标移到 N110 上→输入要删除多个程序段的最后的顺序号 N130→按删除键 DELETE，至 N130 的程序段被删除。光标移到下一个程序段地址 N 上 |

## 二、数控铣床加工程序的调试与运行

发那科系统数控铣床显示刀具轨迹图形的操作步骤见表 2—2—12。

**表 2—2—12　FANUC 0i－MD 系统数控铣床显示刀具轨迹图形的操作步骤**

| 序号 | 操作步骤 | 操作内容 |
|---|---|---|
| 1 | 选择“编辑”方式 | 转动“方式选择”开关到“编辑”处 |
| 2 | 按软键“程序” | 按软键“程序”，一定要在程序本体 |
| 3 | 按复位键 | 按复位键 RESET，使程序回到开头 |
| 4 | 按图形显示功能键 | 按图形显示功能键 |
| 5 | 进给倍率调至 100%，与此同时手一定要放在急停按钮上 | 进给倍率调至 100%，与此同时手一定要放在急停按钮上 |

续表

| 序号 | 操作步骤 | 操作内容 |
|---|---|---|
| 6 | 单步检查刀补是否起作用；<br>空运行以便模拟速度加快；<br>机械锁住将全轴锁住 | 单步、空运行、机械锁住 |
| 7 | 按循环启动键，发现有问题按暂停键，修改完毕后重复步骤 1—4 和 7 | 按[循环启动]键，发现有问题按[进给保持]键，修改完毕后重复步骤 1—4 和 7 |
| 8 | 模拟正确后关闭空运行和机械锁住 | 模拟正确后关闭空运行 空运行 和机械锁住 机械锁住 |
| 9 | 选择“手动”方式 | 转动“方式选择”开关到“手动”处 （手动 手轮 快速 MDI 回零 自动 DNC 编辑 示教） |

## 三、发那科系统数控铣床参数的设置

### 1. 发那科系统数控铣床程序功能各画面显示

#### （1）显示程序容量画面

按主功能键 PROG，再按子功能软键“列表 +”，可显示程序存储器的使用量画面，如图 2—2—1 所示。其参数说明见表 2—2—13。

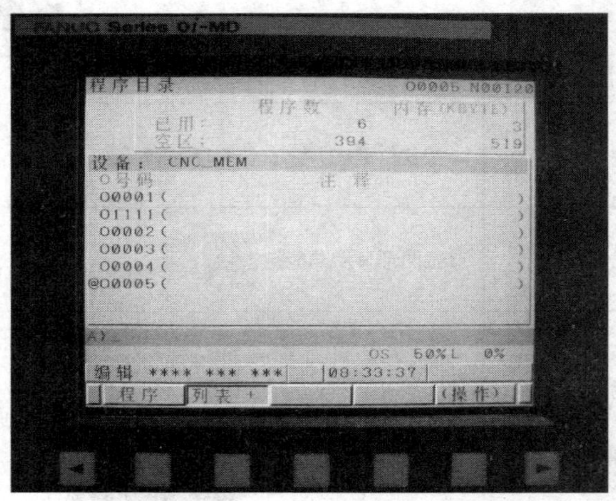


图 2—2—1 FANUC 0i – MD 系统显示程序容量画面

表 2—2—13　　FANUC 0i－MD 系统数控铣床程序容量显示画面参数说明

| 软键 | 说明 |
|---|---|
| 已用程序数 | 已注册的程序数量（包括子程序） |
| 空区程序数 | 尚可注册的程序数量 |
| 已用存储器（字符） | 已经使用的程序内存容量（用字符数标明） |
| 空区存储器（字符） | 尚可使用的程序内存容量（用字符数标明） |
| 程序目录表 | 依次显示已存储的程序名，系统标准配置可存储 400 个程序 |

### （2）显示程序内容

按软键“程序”，可显示程序内容，如图 2—2—2 所示。

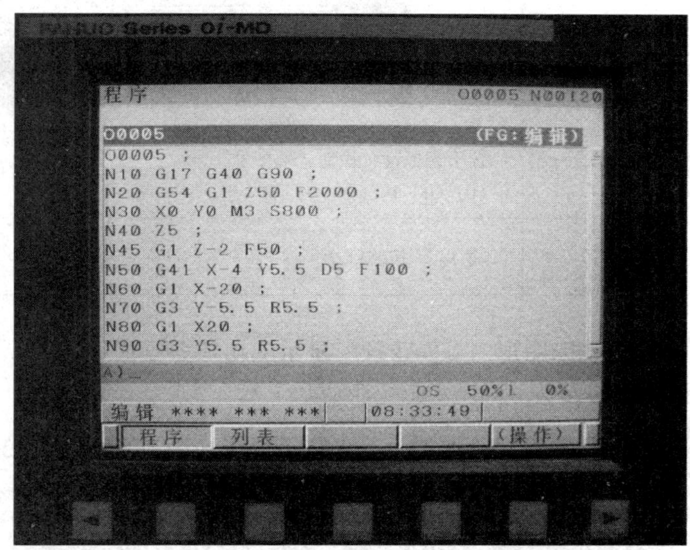


图 2—2—2　FANUC 0i－MD 系统显示存储器内正在执行的程序段所在页的一页程序

## 2. 发那科系统数控铣床设置自动插入程序段号（见表 2—2—14）

表 2—2—14　FANUC 0i－MD 系统数控铣床设置自动插入程序段号的操作步骤

| 序号 | 操作步骤 | 操作内容 |
|---|---|---|
| 1 | 选择“MDI”录入方式 | 转动“方式选择”开关到“MDI”处 |
| 2 | 显示偏置/设置屏幕 | 按功能键 |

续表

| 序号 | 操作步骤 | 操作内容 |
| --- | --- | --- |
| 3 | 显示设置数据屏幕 | 按软键“设定”，显示设置数据屏幕 |
| 4 | 将光标移动到“顺序号” = 0 的“0”上 | 按下光标键，移到“顺序号” = 0（0：OFF 1：ON）的“0”上 |
| 5 | 将“0”修改为“1” | 输入 1，按软键 |

**3. 发那科系统数控铣床图形（GRAPH）显示主功能各画面**

**（1）显示图形参数画面**

按主功能键，再按软键“参数”，可显示图形参数画面，如图 2—2—3 所示。其参数说明见表 2—2—15。

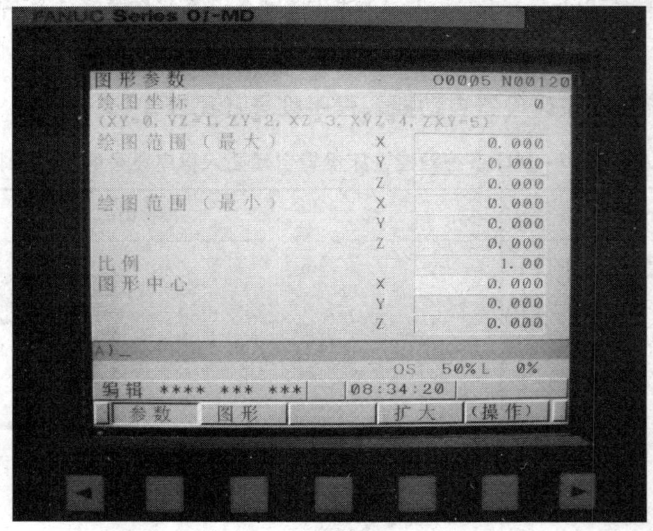


图 2—2—3 FANUC 0i－MD 系统显示、设置图形参数

表 2—2—15　　FANUC 0i－MD 系统图形参数显示参数说明

| 参数 | 说明 |
| --- | --- |
| 绘图坐标 | 指定绘图平面。使用者可以选择以下六种坐标系<br>=0：选择0<br>=1：选择1<br>=2：选择2<br>=3：选择3<br>=4：选择4<br>=5：选择5<br>立体图（4）和（5）的旋转角度（水平，垂直），固定为45° |
| 绘图范围 | 对每一轴指定最大值、最小值，可以设定屏幕上的图形范围。有效范围：0 到 ±9999999<br>图中的缩放比例是指图形缩放，*X*、*Y*、*Z* 轴的最大值、最小值是指尺寸 1∶1 缩放 |
| 比例 | 设定绘图的放大率。值的范围：0 到 10000（单位：0.01 倍）<br>图中的缩放比例是指图形缩放，*X*、*Y*、*Z* 轴的最大值、最小值是指尺寸 1∶1 缩放 |
| 图形中心 | 将工件坐标系上的坐标值设在绘图中心<br>当范围的最大值和最小值设定后，一旦执行绘图，绘图点的值将被自动计算 |

**（2）显示刀具轨迹画面**

按软键“图形”可显示刀具轨迹画面，如图 2—2—4 所示。

擦除画面的操作：按软键“操作”→按软键“擦除”，如图 2—2—5 所示。

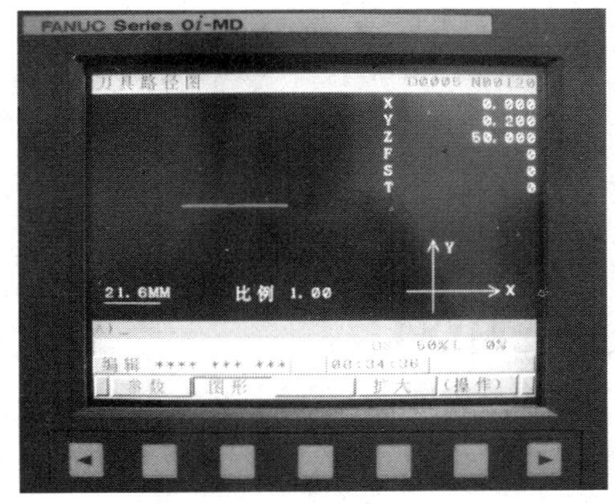


图 2—2—4　FANUC 0i－MD 系统显示刀具轨迹

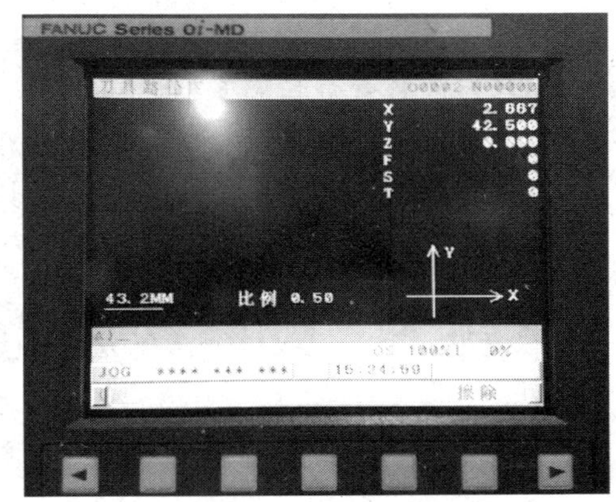


图 2—2—5　FANUC 0i－MD 系统刀具轨迹擦除

**（3）设定绘图区、缩放比例的操作步骤（见表2—2—16）**

**表2—2—16　FANUC 0i－MD系统数控铣床设定绘图区、缩放比例的操作步骤**

| 序号 | 操作步骤 | 操作内容 |
|---|---|---|
| 1 | 选择“MDI”手动数据录入方式 | 转动“方式选择”开关到“MDI”处 |
| 2 | 将光标移动至参数选项 | |
| 3 | 键入数字 | 键入数字 |
| 4 | 按输入键 | 按输入键 |

## 四、技能训练——数控铣床加工程序输入练习

进行熟悉程序的输入、编辑与校对练习。创建表2—2—1新程序O0001，并输入程序内容。

## 课后练习

1. 面板上的“空运行”“机械锁住”按键有什么用途？使用时应注意什么？
2. 简述程序调试的步骤及注意事项。
3. 程序的检索包括哪两个部分？
4. 简单叙述数控铣床显示刀具轨迹图形的操作步骤。
5. 设定屏幕上的图形有效范围是多少？

# 课题3　数控铣床的坐标系和对刀

## 学习目标

1. 了解数控铣床坐标系的基本知识。
2. 掌握发那科系统数控铣床刀具参数的设置和对刀方法。

## 一、数控铣床坐标系的基本知识

### 1. 数控铣床的坐标和运动方向的规定

要实现刀具在数控机床中的移动，首先要知道刀具向哪个方向移动。这些刀具的移动方向即为数控机床的坐标系方向。因此，每一个数控编程员和数控机床的操作者都必须对数控机床的坐标系有一个完整、正确的理解，否则，程序编制将发生混乱，操作时更容易发生事故。为了便于编程时描述机床的运动，简化程序的编制方法及保证记录数据的互换性，使数控系统开放化，数控机床的坐标和运动的方向均已标准化，其基本规定如下。

**（1）刀具相对于静止的工件而运动的原则**

机床上实际的进给运动部件相对于地面来说，可以是刀具运动，也可以是工件运动。为了编程方便，一律规定数控机床的坐标系是刀具运动，工件静止（固定）。即刀具相对工件的运动，由于工件是静止的，数控程序中，记录的走刀路线是刀具运动的路线，只要依据零件图样就可以进行编制记录刀具运动的数控程序。

**（2）标准坐标（机床坐标）系的确定**

在 ISO 标准中统一规定采用右手笛卡儿直角坐标系对机床的坐标系进行命名，在这个坐标系下定义刀具位置及其运动的轨迹，如图 2—3—1 所示。

1）想象着你站在机床的前面，伸出右手的大拇指、食指和中指，并互为 90°。用右手中指指向机床主轴的切入方向。

2）大拇指的指向为 $X$ 坐标轴的正方向（$+X$），食指的指向为 $Y$ 坐标轴的正方向（$+Y$），中指的指向为 $Z$ 坐标轴的正方向（$+Z$）。

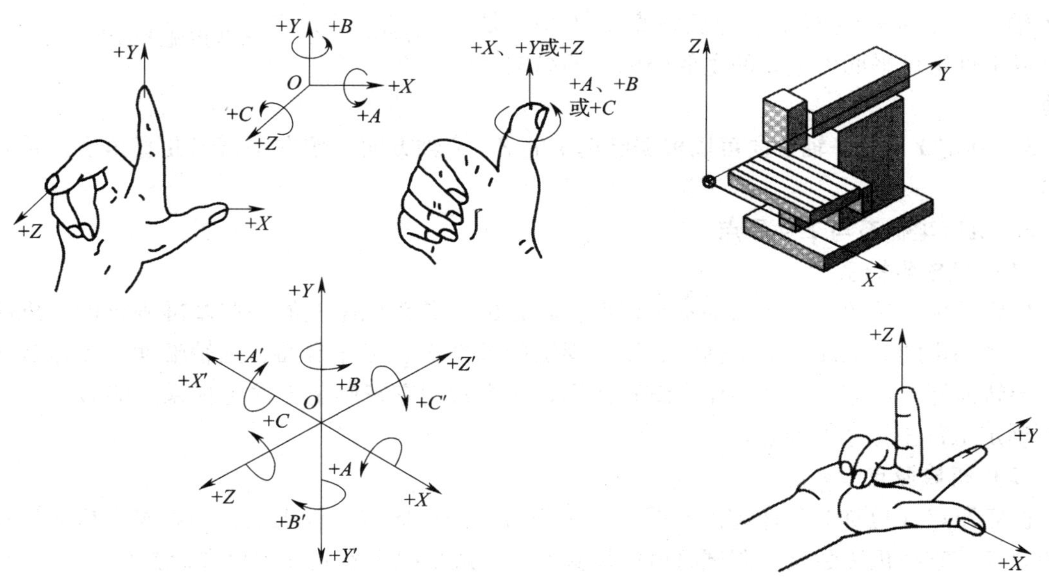


图 2—3—1　机床坐标系和右手定则

3）围绕坐标轴并平行于 X、Y、Z 轴旋转的运动，分别用 A、B、C 表示。根据右手螺旋定则，大拇指的指向为 X、Y、Z 轴坐标中任意轴的正方向，则其余四指的旋转方向即为旋转坐标 A、B、C 轴的正方向（+A、+B、+C），如图 2—3—1 所示。

4）附加坐标系。指定平行于或不平行于 X、Y、Z 的坐标轴，可以采用附加坐标系：第二组 U、V、W 坐标，第三组 P、Q、R 坐标。

通常在坐标轴命名或编程时，不论在加工中是刀具移动还是被加工工件移动，都一律假定工件相对静止不动而刀具在移动。并同时规定刀具远离工件的方向作为坐标轴的正方向。

在坐标轴命名时，如果把刀具看作相对静止不动而工件移动，那么，在坐标轴的符号上应加注标记（′），如 X′、Y′、Z′等。

**（3）铣床坐标轴的确定**

加工工件的图样大多数使用直角坐标系来表示工件的形状和尺寸。与其相对应，数控铣床也使用直角坐标来标定轴向。

在确定铣床坐标轴时，一般先确定 Z 轴，然后确定 X 轴和 Y 轴，最后再确定其他的轴，如图 2—3—2 所示。

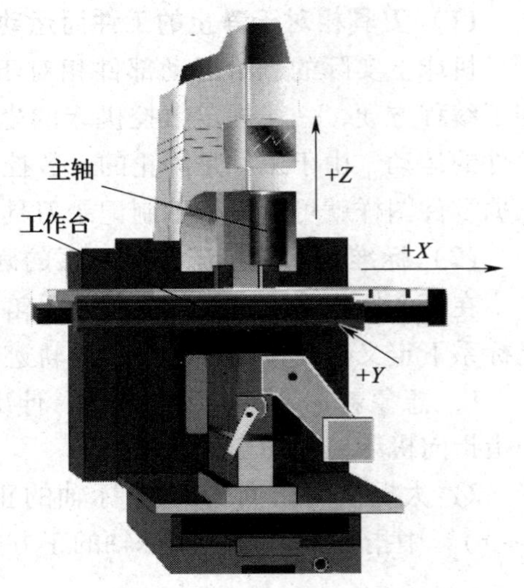

图 2—3—2　立式数控铣床的坐标系

1）确定 Z 轴。Z 轴的运动方向是由传递切削动力的主轴所决定的，即平行于主轴的坐标轴为 Z 轴坐标。规定刀具远离工件的方向作为 Z 轴的正方向。例如，在钻镗加工中，钻入和镗入工件的方向为 Z 坐标轴的负方向，而退出为正方向。

2）确定 X 轴。面对机床立柱的左右移动方向为 X 轴，与工件安装面相平行且垂直于 Z 轴，是刀具或工件定位平面内运动的主要坐标，即纵向为 X 轴。

3）确定 Y 轴。Y 轴方向可以根据已选定的 Z、X 轴方向，按右手笛卡儿直角坐标系来确定。

**2．机床坐标系与工件原点**

**（1）机床坐标系**

机床坐标系是数控铣床的基本坐标系。其方位是参考机床上的一些基准确定的。机床上有一些固定的基准线，如主轴中心线、固定的基准面、工作台面、主轴端面、工作台侧面、导轨面等。机床坐标系不作为编程使用，而常常用它来确定工件坐标系，即通过“对刀”确定工件坐标系的原点。

**（2）机床原点**

机床原点（也称为机床零点）是机床上设置的一个固定的极限点，用以确定机床坐标系的原点。它在机床装配、调试时就已设置好，一般情况下不允许用户进行更改。

机床原点又是数控机床加工运动的基准参考点，原点一般设置在刀具远离工件的极限点处，即 X、Y、Z 三个直线坐标轴正方向的极限点处，用 M 表示，如图 2—3—3 所示。

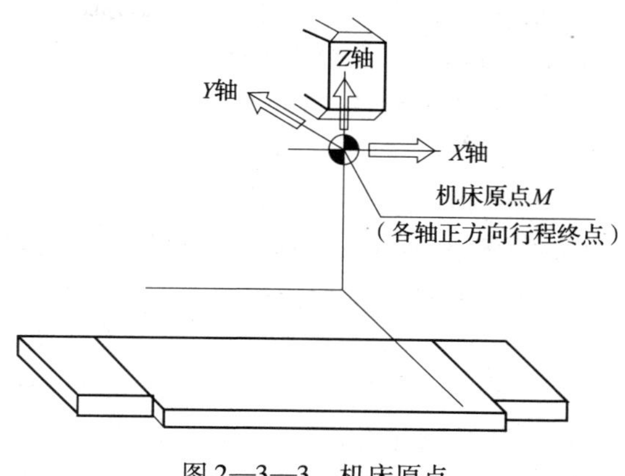


图 2—3—3　机床原点

**3. 工件坐标系与工件原点**

对于数控编程和数控加工来说，还有一个重要的原点就是工件原点，用 *W* 表示，它是数控加工程序中所用的坐标系的原点。数控程序是依据零件图样编制的，通常程序原点设定在零件图样的设计基准上，这样既便于尺寸计算，又有利于保证加工精度。

**（1）工件坐标系**

在编程中，一般是选择工件或夹具上的某一点作为编程零点，并以这一点作为零点，建立一个坐标系，这个坐标系就是通常所讲的工件坐标系。

**（2）工件原点**

在工件坐标系上，确定工件轮廓的编程和计算原点，称为工件坐标系原点，简称工件原点，也称编程零点。

在加工中，因其工件的装夹位置相对于机床是固定的，所以工件坐标系在机床坐标系中的位置也就确定了。

**（3）选择编程零点的位置时应注意的事项**

1）应选在零件图的尺寸基准上，这样便于坐标值的计算，减少错误。

2）尽量选在精度较高的加工表面，以提高被加工零件的加工精度。

3）对于对称的零件，应设在对称中心上。

4）对于一般零点，通常设在工件轮廓的某一角上。

5）*Z* 轴方向上的零点，一般设在工件表面。

**4. 工件坐标系的设定**

当加工某个零件时，只要选择相应的工件坐标系编制加工程序。因此，在每个程序的开头都要设定工件坐标系。G92 指令与 G54 ~ G59 指令都是用于设定工件加工坐标系的，但它们在使用中是有区别的。

**（1）设定工件坐标系**

1）设定指令：G92（EIA 代码中用 G50）。该指令设定起刀点即程序开始运动的起点，从而建立工件坐标系。工件坐标系原点又称为程序零点，执行 G92 指令后，也就确定了起刀点与工件坐标系坐标原点的相对距离。

2）设定方式。执行 G92 指令程序段只是设定坐标系，建立在工件坐标系中刀具起点相对于程序原点的位置，机床（刀具或工作台）并不产生任何运动。但是它可改变显示屏幕中的绝对坐标系（工件坐标系）的坐标值，即建立了工件坐标系。该坐标系在机床重新开机时消失。

3）设定前的注意事项。G92 指令执行前的刀具位置，须放在程序所要求的位置上，如果刀具在不同的位置，所设定出的工件坐标系的坐标原点位置也会不同。

4）编程格式 G92　X＿　Y　＿　Z＿。X、Y、Z 为刀位点在工件坐标系中的初始位置，程序内绝对指令中的坐标数据，就是在工件坐标系中的坐标值，如图 2—3—4 所示。

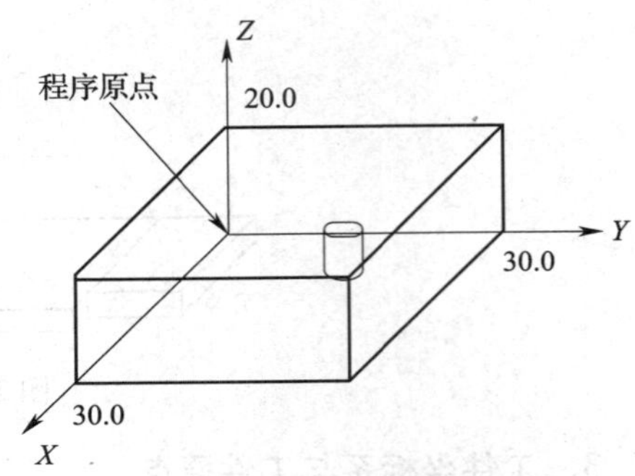

图 2—3—4　工件坐标系的建立

格式：G92　X30. 0　Y30. 0　Z20. 0；

表示的是“当前刀具的位置在工件坐标系中的 X30.  Y30.  Z20.  处。执行该指令后，显示屏上的绝对坐标为：X30.  Y30.  Z20. 。从而确定了刀具在工件坐标系中的坐标，也就是确定了工件坐标系的原点。

**（2）选择工件加工坐标系**

1）设定指令 G54 ~ G59。机床上具有机械原点，它是不可改变的，但在机床工作台上还可任意设定六个工件坐标系（G54 ~ G59），如图 2—3—5 所示。

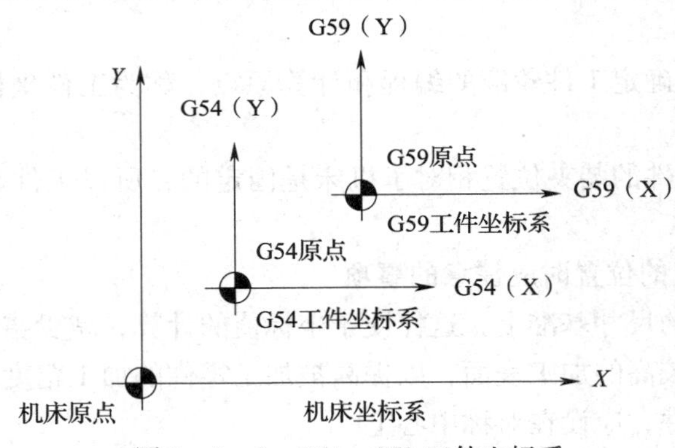

图 2—3—5　G54 ~ G59 工件坐标系

若在工作台上同时加工多个相同零件或不同的零件，它们都有各自的尺寸基准，在编程过程中，为了避免尺寸换算，可以建立六个工件坐标系，其坐标原点设在便于编程的某一固定点上，如图 2—3—6 所示。它与机床坐标系的原点（机床零点）之间的距离用 G54 ~ G59指令进行设定。并把这个设定值存于程序存储器中，作为零件加工尺寸的基准点。这个将工件坐标原点平移至工件基准处，称为程序原点的偏移。

2）设定方式。这些坐标系的坐标原点与机床原点的偏移值，需预存到数控系统中。可采用 MDI（手动数据输入）方式输入每个坐标系距机械原点的 *X*、*Y*、*Z* 轴的距离（x，y，z）来实现。存储在机床存储器内，在机床重开机时仍然存在，在程序中可以分别选取其中之一使用。例如，分别设定 G54 和 G59 时可采用下列方法：

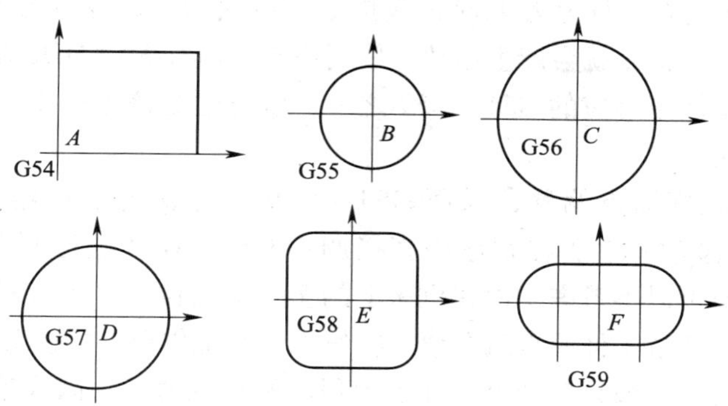


图 2—3—6　建立 G54 ~ G59 六个工件坐标系

G54 时　　　　G59 时
X（x1）　　　　X（x2）
Y（y1）　　　　Y（y2）
Z（z1）　　　　Z（z2）

一旦指定了 G54 ~ G59 之一，则该工件坐标系原点即为当前程序原点，后续程序段中工件绝对坐标均为相对此程序原点的值，例如以下程序：

```
N10　G54　G90　G0　X30.0　Y40.0;
N20　G59;
N30　G0　X30.0　Y30.0;
…
```

执行 N10 句时，系统会选定 G54 坐标系作为当前工件坐标系，然后再执行 G0 移动到该坐标中的 *A* 点，执行 N20 句时，系统又会选择 G59 坐标系作为当前工件坐标系，执行 N30 句时，机床就会移到刚指定的 G59 坐标系中的 *B* 点，如图 2—3—7 所示。

请注意比较 G92 与 G54 ~ G59 指令之间的差别和不同的使用方法。

G92 指令需后续坐标值指定当前工件坐标值，因此须单独一个程序段指定，该程序段中尽管有位置指令值，但并不产生运动。另外，在使用 G92 指令前，必须保证机床处于加工起始点，该点称为对刀点。

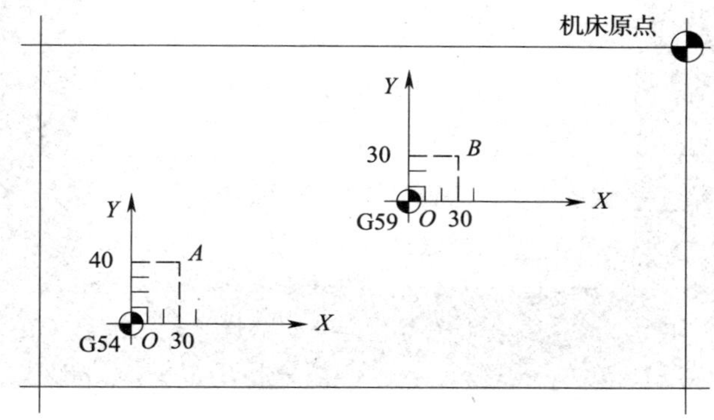


图 2—3—7　工件坐标系的使用

使用 G54 ~ G59 建立工件坐标系时，该指令可单独指定，也可与其他程序同段指定，如果该段程序中有位置指令就会产生运动。使用该指令前，先用 MDI 方式输入该坐标系的坐标原点，在程序中使用对应的 G54 ~ G59 之一，就可建立该坐标系，并可使用定位指令自动定位到加工起始点。

显然，对于多程序原点偏移，采用 G54 ~ G59 原点偏置寄存器存储所有程序原点与机床参考点的偏移量，然后在程序中直接调用 G54 ~ G59 进行原点偏移是很方便的。

因此，编程人员可以不考虑工件在机床上的实际安装位置和安装精度，而利用数控系统的原点偏置功能，通过工件原点偏置值，补偿工件在工作台上的位置误差。

对于编程员而言，一般只要知道工件上的程序原点就够了，因为编程与机床原点、机床参考点及装夹原点无关，也与所选用的数控机床型号无关（注意与数控机床的类型有关）。但对于操作者而言，必须十分清楚所选用的数控机床的上述各原点及其之间的偏移关系（不同的数控系统，程序原点设置和偏移的方法不完全相同，必须参考机床用户手册和编程手册）。数控机床的原点偏移实质上是机床参考点对编程员所定义在工件上的程序原点的偏移。

## 二、发那科系统数控铣床刀具参数的设置

### 1. 发那科系统数控铣床显示刀具补偿量的设定画面

在录入方式，按主功能键  ，按软键“刀偏”可显示刀具补偿量的设定画面，画面中有 1 ~ 8 补偿号，如图 2—3—8 所示。

按 PAGE 右页键  ，还可以选择 9 ~ 16 补偿号。

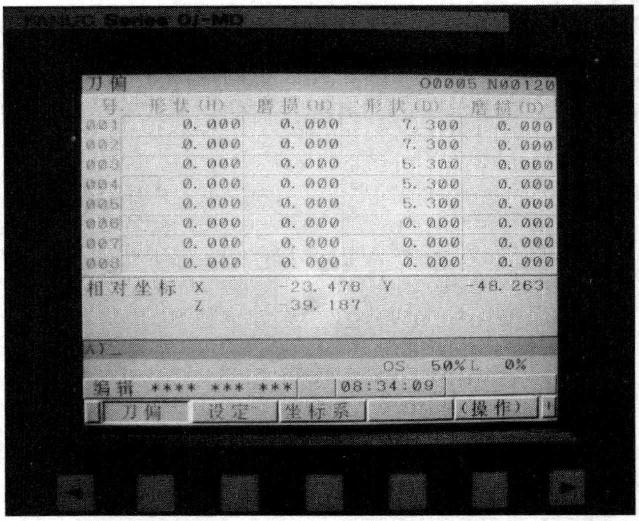

图 2—3—8　FANUC 0i – MD 系统显示设定刀具的补偿量（1 ~ 8 补偿号）

**2. 发那科系统数控铣床设定刀具补偿量的操作步骤（见表2—3—1）**

**表2—3—1　　FANUC 0i－MD 系统数控铣床设定刀具补偿量的操作步骤**

| 序号 | 操作步骤 | 操作内容 |
| --- | --- | --- |
| 1 | 显示出要设定的补偿号所在的页 | 按主功能键 OFS/SET，按软键“刀偏”，可显示刀具补偿量的设定画面 |
| 2 | 把光标移到要设定的补偿号的位置 | 通过页面键和光标键将光标移到要设定和改变补偿值的位置 |
| 3 | 用数据输入键，输入补偿量（可以输入小数点） | 如输入数字4，补偿量为0.004 输入数字4.，补偿量为4.000 |
| 4 | 输入键 | 按输入键 INPUT 后，补偿量被输入并在LCD上显示出来 |

## 三、发那科系统数控铣床的对刀方法

**1. 对刀的概念、作用和原理**

**（1）对刀的概念**

数控机床在编好程序，将工件或夹具及刀具装夹到机床后，一般还有两件重要工作必须完成，才能启动机床进行加工。其一是要设定工件原点，即确定工件原点在机床坐标系中的位置；其二是要确定并输入刀具参数，一般有刀具长度和半径。

对于在立式数控铣床上加工的具体工件来说，必须通过一定的方法把工件坐标系原点（实际上是工件坐标系原点所在的机床坐标值）体现出来，这个过程称为“对刀”。

**（2）对刀的作用**

为了计算和编程方便，通常将编程零点设定在工件中心上，尽量使编程基准与设计、装配基准重合。机床坐标系是铣床唯一的基准，所以必须要弄清楚程序原点在机械坐标系中的位置。这通常在接下来的对刀过程中完成。

**（3）对刀的原理**

编程员按工件坐标系中的坐标数据编制刀具中心的运行轨迹。由于程序原点与机床原点存在 *X*、*Y*、*Z* 向偏移距离，如图2—3—9所示，因此，需将该距离测量出来并设置进数控系统，使系统据此调整刀尖的运动轨迹。所谓对刀，其实质就是测量程序原点与机床原点之间的偏移距离，并设置程序原点在以刀尖为参照的机床坐标系里的坐标。

**（4）确定对刀点**

对刀点是工件在机床上找正、装夹后，用于确定工件坐标系在机床坐标系中位置的基准点。对刀点通常为程序原点，或与程序原点有稳定精确关系的点。对刀点可以设在被加工零件上，也可以设在与零件定位基准有固定尺寸联系的夹具上的某一位置。选择对刀点时，要考虑到找正容易、编程方便、对刀误差小、加工时检查方便可靠。具体选择原则如下。

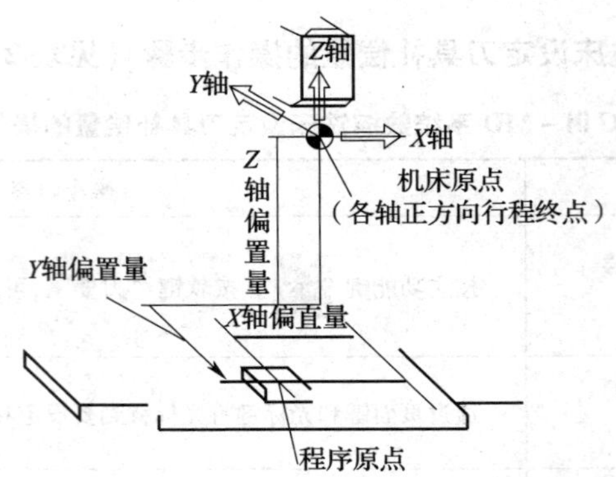


图 2—3—9　工件坐标系（程序原点）与机床坐标系（机床原点）

1）对刀点应尽量选在零件的设计基准或工艺基准上，如以孔定位的零件，应将孔的中心作为对刀点，以提高零件的加工精度。

2）对刀点应选在便于观察和检测、对刀方便的位置上。

3）对刀点尽量选在工件坐标系的原点上，或者选在已知坐标值的点上，以便于坐标值的计算。

由于具体的技术手段问题，对刀也不可避免存在误差。对刀误差属于常值系统性误差，可以通过试切加工结果进行调整，以消除对加工精度的影响。

**（5）刀位点**

在对刀时，应使刀位点与对刀点一致。所谓刀位点，对立铣刀来说，即刀具轴线与刀具底面的交点；对球头铣刀来说，即球头刀的球心。

**（6）对刀方法的种类**

对刀方法有试切法“对刀”和工具“对刀”两种。

1）采用试切法进行 $X$、$Y$、$Z$ 向对刀，着重学习。

试切法“对刀”是利用铣刀与工件相接触产生切削或摩擦声来找到工件坐标系原点的机床坐标值。由于每个操作者对微量切削的感觉程度不同，所以试切法对刀精度不高，这种方法主要应用在要求不高的场合。

2）采用工具进行 $X$、$Y$、$Z$ 向对刀

①采用机外对刀仪进行 $X$、$Y$、$Z$ 向对刀，方法略。

②当以孔定位的零件，对刀点选在孔的中心时，采用杠杆百分表进行 $X$、$Y$ 向对刀，方法略。

③采用寻边器进行 $X$、$Y$ 向对刀，寻边器如图 2—3—10 所示，方法略。

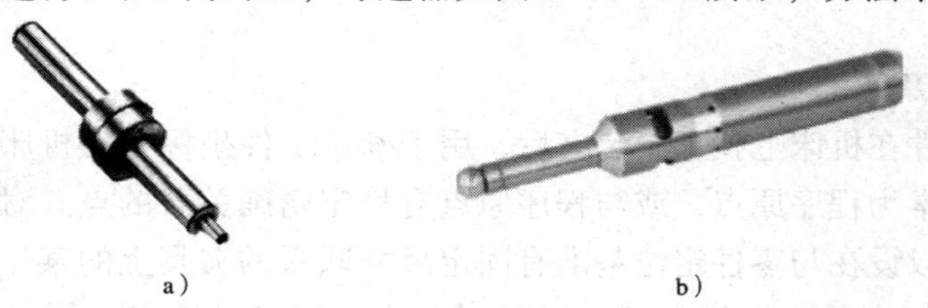


图 2—3—10　寻边器

a）机械式寻边器　b）光电式寻边器

④采用 $Z$ 向设定器进行 $Z$ 向对刀，$Z$ 向设定器如图 2—3—11 所示，方法略。

图 2—3—11　$Z$ 向设定器

## 2. 在发那科系统数控铣床上用试切法对刀

对刀步骤见表 2—3—2。

**表 2—3—2　　FANUC 0i－MD 系统数控铣床试切法对刀的操作步骤**

| 序号 | 操作步骤 | 操作内容 |
|---|---|---|
| 1 | 准备 | 启动铣床→回零→输入程序→输入刀补值→图形模拟正确后→取消 空运行 、 机械锁住 |
| 2 | 用游标卡尺量取工件长宽值，并将数据除以 2 | |
| 3 | 安装工件、铣刀、刀柄 | 用平口钳安装工件、用锁刀座在刀柄内安装 $\phi$16 铣刀、在铣床上安装刀柄 |
| 4 | 手动操作，使工件左侧靠近刀具 | 手动操作 +X -X ，使工件左侧靠近刀具 |
| 5 | “手轮”方式调整主轴高度，使工件表面距离铣刀切削刃 5～10 mm | “手轮”方式→$Z$ 轴选择键→X100→逆时针转动<br>手轮调整主轴高度 |
| 6 | 按主轴正转键，使主轴旋转（主轴转速不能过高，设为 500 r/min） | 主轴正转 |

续表

| 序号 | 操作步骤 | | 操作内容 |
|---|---|---|---|
| 7 | 对 $X$ 轴工件原点 | （1）手轮方式→$X$ 轴选择键→X100→顺时针转动手轮使工件左侧靠近铣刀 |  |
| | | （2）$Z$ 轴选择键→逆时针转动手轮下刀→不超过工件深度要求 |  |
| | | （3）$X$ 轴选择键→顺时针转动手轮使工件向 $+X$ 移动，使工件左侧再接近铣刀 |  |
| | | （4）手轮方式→$X$ 轴选择键→×10 调小单步进给量→操作者调整好观看位置→慢慢顺时针一格一格旋转手轮，要耐心，保证轻接触工件左侧（切记对刀一定要浅，若对刀深，需移开位置再重新对刀） |  |
| | | （5）手动方式→$+Z$ 抬刀，禁止用手轮 |  |

续表

| 序号 | 操作步骤 | | 操作内容 |
|---|---|---|---|
| 7 | 对 $X$ 轴工件原点 | （6）按功能键  POS →按软键 相对 →按 X→按软键“归零”，将 $X$ 相对坐标清零 | 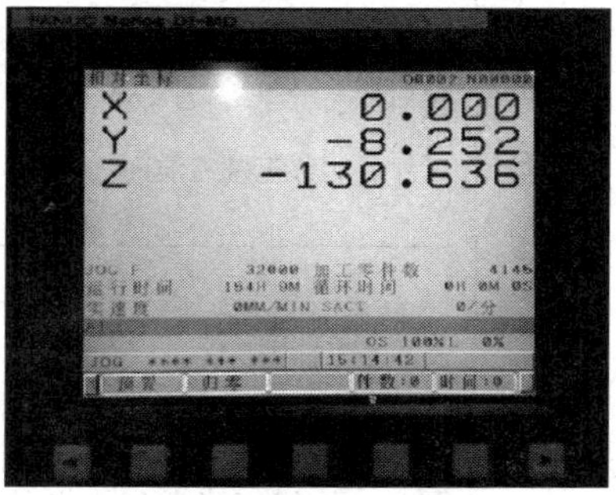 |
| | | （7）手轮方式，将 $X$ 坐标移到一半值的地方 | 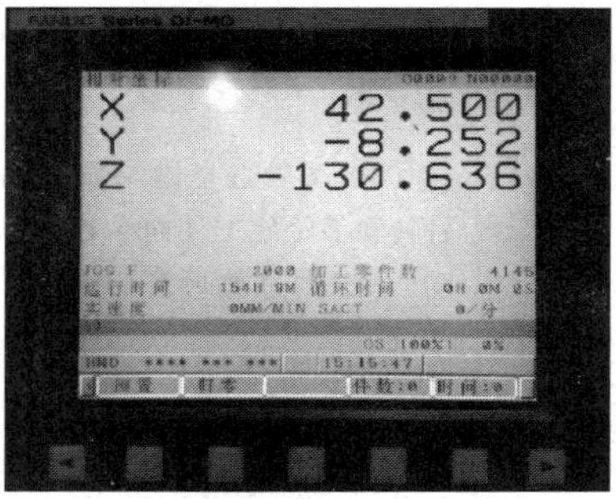 |
| | | （8）此时检查铣刀是否大致在工件的中心 |  |
| | | （9）按刀补功能键  OFS/SET ，按软键“坐标系”进入工件坐标系设定画面，将光标移到 G54 中，键入 X0，按软键“测量” | 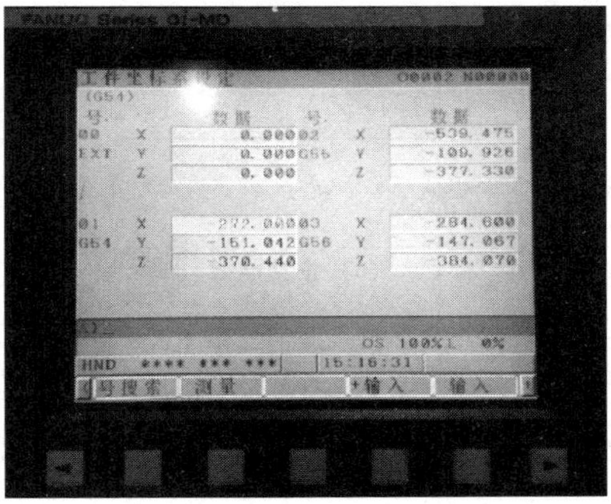 |

续表

| 序号 | 操作步骤 | | 操作内容 |
|---|---|---|---|
| 8 | 对 $Y$ 轴工件原点 | （1）操作者视线对齐左侧→手动方式→按 －Y ，使工件后侧移至铣刀前面 |  |
| | | （2）手轮方式→选择 $Z$ 轴→×100→逆时针转动手轮下刀→不超过工件深度要求 |  |
| | | （3）$Y$ 轴选择键→顺时针转动手轮使工件向 $+Y$ 移动，使工件后侧再接近铣刀些 |  |
| | | （4）选×10 调小单步进给量→操作者调整好观看位置→慢慢顺时针一格一格旋转手轮，要耐心，保证轻接触工件左侧（切记对刀一定要浅，若对刀深，需移开位置再重新对刀） |  |
| | | （5）手动方式→$+Z$ 抬刀，禁止用手轮 |  |
| | | （6）按功能键  POS →按软键 相对 →按 Y→按软键“归零”，将 $Y$ 相对坐标清零 | 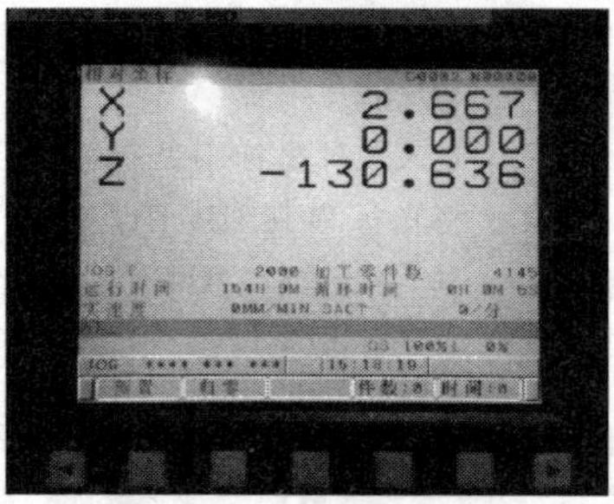 |

续表

| 序号 | 操作步骤 | | 操作内容 |
| --- | --- | --- | --- |
| 8 | 对 *Y* 轴工件原点 | （7）手轮方式，将 *Y* 坐标移到一半值的地方 | 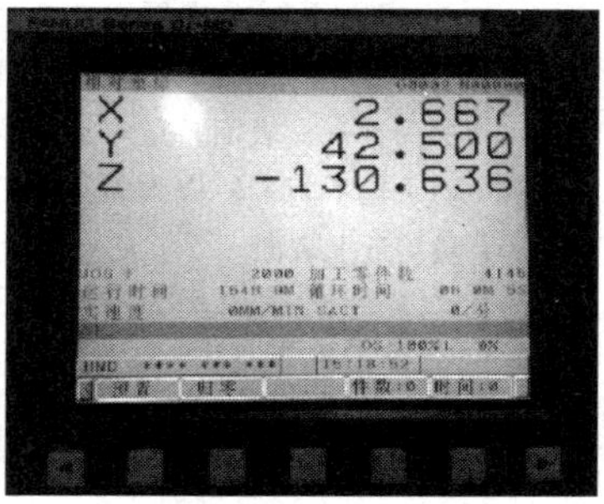 |
| | | （8）此时检查铣刀是否大致在工件的中心 |  |
| | | （9）按刀补功能键 ，在工件坐标系设定画面 G54 中，键入 Y0，按软键“测量” | 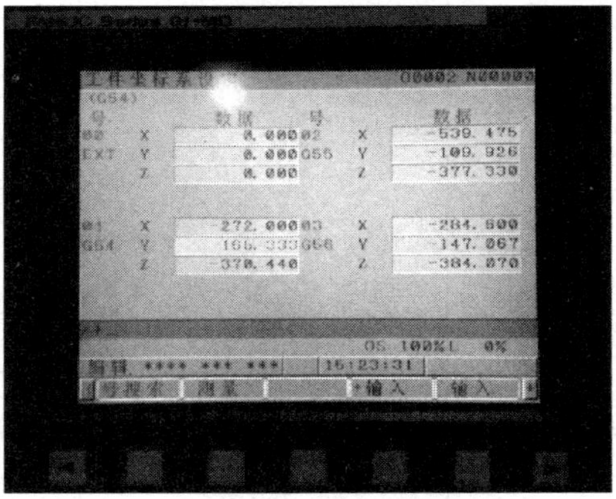 |
| 9 | 对 *Z* 轴工件原点 | （1）手动方式下，选择合适对刀位置：若只加工外轮廓，应在工件外围对刀；若加工内轮廓，应在中心处对刀 | 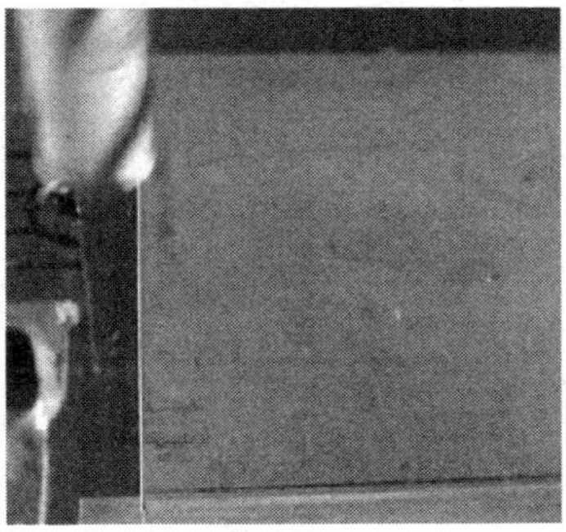 |

续表

<table>
<tr><th>序号</th><th colspan="2">操作步骤</th><th>操作内容</th></tr>
<tr><td rowspan="5">9</td><td rowspan="5">对 Z 轴工件原点</td><td>（2）手轮方式下→选择 Z 轴→×100，操作者弯腰，视线看齐上表面，逆时针转动手轮下刀，使铣刀刀刃尽量接近上表面</td><td></td></tr>
<tr><td>（3）选×10 调小单步进给量，慢慢逆时针一格一格旋转手轮，要耐心，保证轻接触工件</td><td></td></tr>
<tr><td>（4）在工件坐标系设定画面 G54 中，键入 Z0，按软键“测量”</td><td></td></tr>
<tr><td>（5）手动方式下，+Z 抬刀</td><td></td></tr>
<tr><td>（6）使主轴停转</td><td>按主轴停转键  停止，使主轴停转</td></tr>
</table>

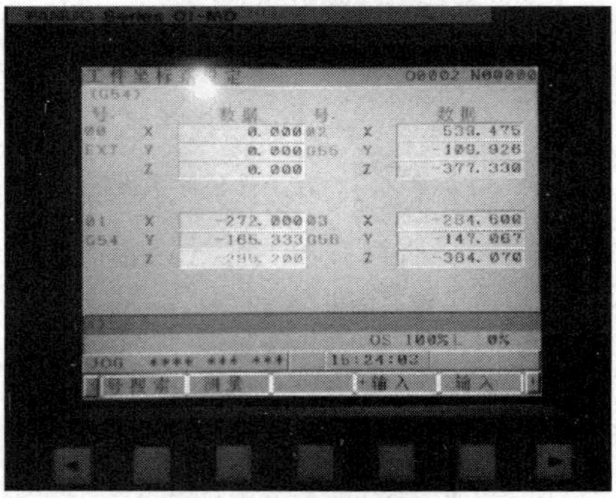

### 3. 在发那科系统数控铣床上检查对刀的操作步骤（见表2—3—3）

表2—3—3　　FANUC 0i – MD 系统数控铣床检查对刀的操作步骤

| 序号 | 操作步骤 | 操作内容 |
|---|---|---|
| 1 | 选择“自动”方式 | 将“方式选择”开关旋到“自动”方式 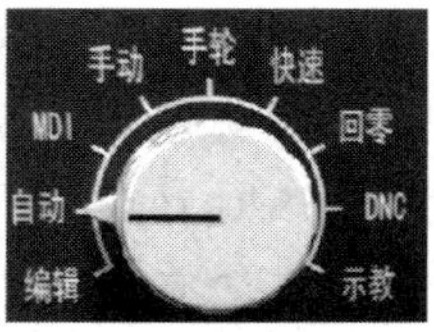 |
| 2 | 单段 |  单步 |
| 3 | 左手放置在“急停”键上，右手按启动键，做好检查对刀的准备 | 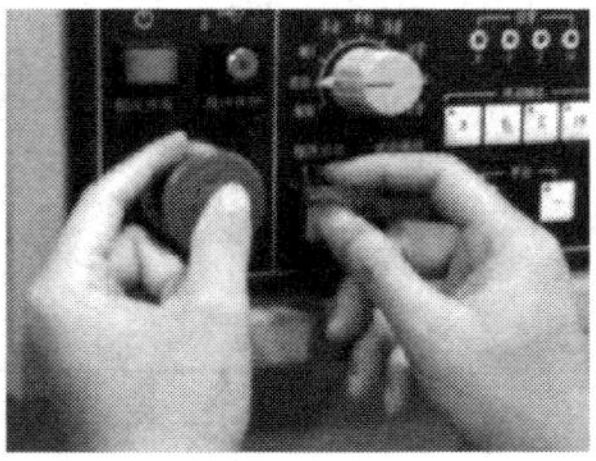 |
| 4 | 当程序运行到 X0 Y0 时，正看侧看检查刀具是否在工件中心 | 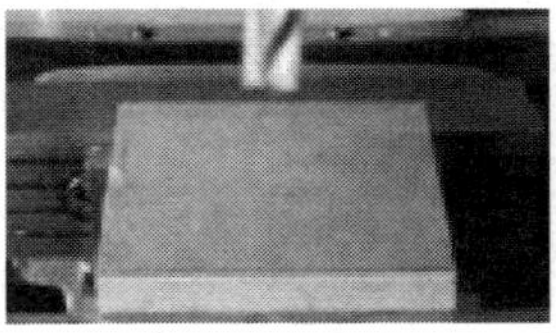  |
| 5 | 当程序运行到 Z100 时，操作者弯腰将上表面看平，检查刀具底刃是否与工件表面齐平 |  |
| 6 | 正确后按暂停键，选择手动方式，+Z 键将刀抬起，选择编辑方式，按复位键使光标回到程序头 | 正确后按暂停键，选择手动方式，+Z 键将刀抬起，选择编辑方式，按复位键使光标回到程序头 |

## 课后练习

1. 数控铣床坐标系确定的原则是什么？

2. 怎样确定数控铣床的坐标轴？怎样判定刀具的运动方向？

3. 为什么要对刀？对刀的目的是什么？

4. 数控铣床对刀点是不是就是工件坐标系的原点？

5. 对刀的方法有哪些？一般采用哪一种方法对刀？

6. 如图 2—3—12 所示，以 *A* 点为编程原点建立编程坐标系，计算各点的坐标及相对位移量。

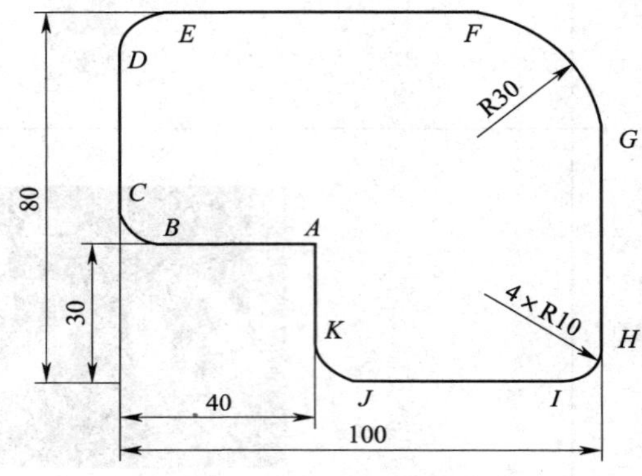


图 2—3—12　课后练习

（1）计算各节点坐标

*A*　（　，　）　*B*　（　，　）　*C*　（　，　）　*D*　（　，　）

*E*　（　，　）　*F*　（　，　）　*G*　（　，　）　*H*　（　，　）

*I*　（　，　）　*J*　（　，　）　*K*　（　，　）

（2）按顺时针计算相对位移量

*A*→*B*　（　，　）　*B*→*C*　（　，　）　*C*→*D*　（　，　）　*D*→*E*　（　，　）

*E*→*F*　（　，　）　*F*→*G*　（　，　）　*G*→*H*　（　，　）　*H*→*I*　（　，　）

*I*→*J*　（　，　）　*J*→K　（　，　）　*K*→*A*　（　，　）

（3）按逆时针计算相对位移量

*A*→*K*　（　，　）　*K*→*J*　（　，　）　*J*→*I*　（　，　）　*I*→*H*　（　，　）

*H*→*G*　（　，　）　*G*→*F*　（　，　）　*F*→*E*　（　，　）　*E*→*D*　（　，　）

*D*→*C*　（　，　）　*C*→*B*　（　，　）　*B*→*A*　（　，　）

# 模块三
# 数控铣床零件加工

## 课题1　平面加工

1. 熟悉简单平面铣削的加工方法、刀具及切削参数。
2. 掌握平面铣削常用编程指令。
3. 掌握斜面的铣削方法及其检测。
4. 能确定平面零件铣削的加工方案，掌握台阶面铣削的常用方法。
5. 掌握平面零件的加工过程及操作要点。

### 一、简单平面铣削的加工方法

简单平面铣削的加工方法主要有周铣和端铣两种，如图3—1—1所示。

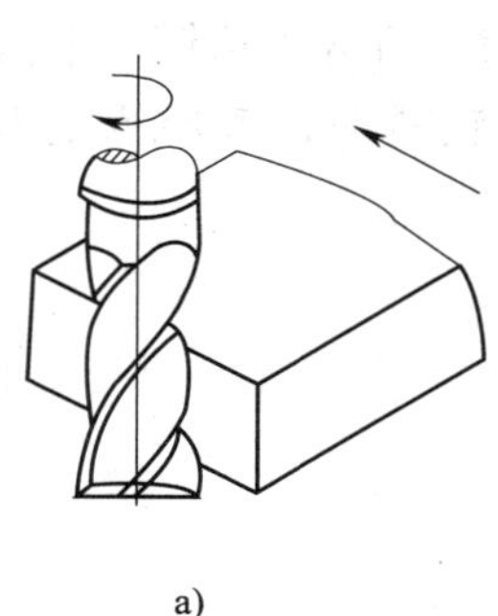

a)

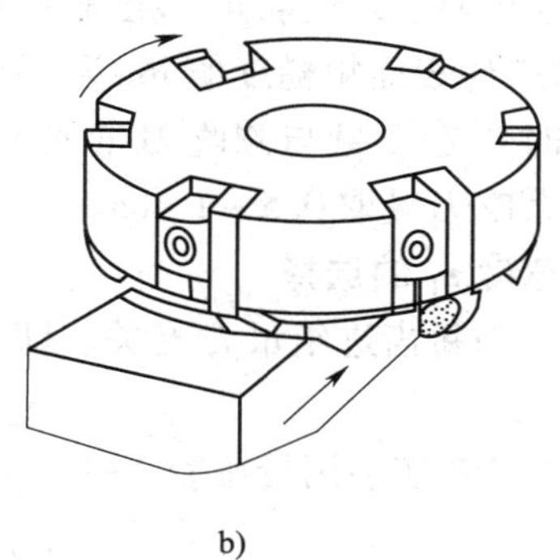

b)

图3—1—1　周铣和端铣

用刀齿分布在圆周表面的铣刀而进行铣削的方式叫作周铣；用刀齿分布在圆柱端面上的铣刀而进行铣削的方式叫作端铣。

与周铣相比，端铣铣平面时较为有利，原因有以下几点。

1. 端铣刀的副切削刃对已加工表面有修光作用，能使粗糙度降低。周铣的工件表面则有波纹状残留面积。

2. 同时参加切削的端铣刀齿数较多，切削力的变化程度较小，因此工作时振动较周铣小。

3．端铣刀的主切削刃刚接触工件时，切屑厚度不等于零，使刀刃不易磨损。

4．端铣刀的刀杆伸出较短，刚性好，刀杆不易变形，可用较大的切削用量。

由此可见，端铣法的加工质量较好，生产效率较高。所以铣削平面大多采用端铣。但是，周铣对加工各种形面的适应性较广，而有些形面（如成形面等）则不能用端铣。

## 二、平面铣削的刀具及切削参数

**1．平面铣削的刀具**

**（1）立铣刀**

立铣刀的圆周表面和端面上都有切削刃，圆周切削刃为主切削刃，主要用来铣削平面。一般 $\phi 20 \sim \phi 40$ mm 的立铣刀铣削平面的质量较好。

**（2）面铣刀**

面铣刀的圆周表面和端面上都有切削刃，端部切削刃为主切削刃，主要用来铣削大平面，以提高加工效率。

**2．平面铣削的切削参数**

**（1）背吃刀量（端铣）或侧吃刀量（圆周铣）的选择**

背吃刀量和侧吃刀量的选取主要由加工余量和对表面质量的要求决定。

1）在要求工件表面粗糙度值 $Ra$ 为 12.5 ~ 25 μm 时，如果圆周铣削的加工余量小于 5 mm，端铣的加工余量小于 6 mm，粗铣一次进给就可以达到要求。但余量较大、数控铣床刚性较差或功率较小时，可分两次进给完成。

2）在要求工件表面粗糙度值 $Ra$ 为 3.2 ~ 12.5 μm 时，可分粗铣和半精铣两步进行，粗铣的背吃刀量与侧吃刀量取同。粗铣后留 0.5 ~ 1 mm 的余量，在半精铣时完成。

3）在要求工件表面粗糙度值 $Ra$ 为 0.8 ~ 3.2 μm 时，可分为粗铣、半精铣和精铣三步进行。半精铣时背吃刀量与侧吃刀量取 1.5 ~ 2 mm，精铣时，圆周侧吃刀量可取 0.3 ~ 0.5 mm，端铣背吃刀量取 0.5 ~ 1 mm。

**（2）进给速度 $v_f$ 的选择**

进给速度 $v_f$ 与每齿进给量 $f_z$ 有关。即

$$v_f = nZf_z$$

每齿进给量参考切削用量按表 3—1—1 选取。

**表 3—1—1　　切削用量参考表**

| 工件材料 | 每齿进给量/（mm/z） | | | |
|---|---|---|---|---|
| | 粗铣 | | 精铣 | |
| | 高速钢铣刀 | 硬质合金铣刀 | 高速钢铣刀 | 硬质合金铣刀 |
| 钢 | 0.1 ~ 0.15 | 0.10 ~ 0.25 | 0.02 ~ 0.05 | 0.10 ~ 0.15 |
| 铸铁 | 0.12 ~ 0.20 | 0.15 ~ 0.30 | | |

**(3) 切削速度的选择**

表 3—1—2 为铣削速度 $v_c$ 的推荐范围。

**表 3—1—2　　铣削速度推荐表**

| 工件材料 | 硬度 HBS | 切削速度 $v_c$/（mm/min） | |
|---|---|---|---|
| | | 高速钢铣刀 | 硬质合金铣刀 |
| 钢 | <225 | 18 ~ 42 | 66 ~ 150 |
| | 225 ~ 325 | 12 ~ 36 | 54 ~ 120 |
| | 325 ~ 425 | 6 ~ 21 | 36 ~ 75 |
| 铸铁 | <190 | 21 ~ 36 | 66 ~ 150 |
| | 190 ~ 260 | 9 ~ 18 | 45 ~ 90 |
| | 260 ~ 320 | 4.5 ~ 10 | 21 ~ 30 |

实际编程中，切削速度确定后，还要计算出主轴转速，其计算公式为：

$$n = 1\,000\, v_c / (\pi D)$$

式中　$v_c$——切削速度，mm/min；

$n$——主轴转速，r/min；

$D$——刀具直径，mm。

计算的主轴转速最后要参考机床说明书，查看机床最高转速是否能满足需要。

## 三、平面铣削常用编程指令

### 1. 常用辅助功能 M 代码

辅助功能由地址字 M 和其后的一位或两位数字组成，主要用于控制零件程序的走向以及机床各种辅助功能的开关动作。M 功能有非模态和模态功能两种形式。

FANUC 数控系统的数控铣床上常用的 M 功能代码见表 3—1—3。

**表 3—1—3　　M 功能代码表**

| 代码 | 功能开始时间 | | 功能 | 附注 |
|---|---|---|---|---|
| | 在程序段指令运行之前执行 | 在程序段指令运行之后执行 | | |
| M00 | | √ | 程序停止 | 非模态 |
| M01 | | √ | 程序选择停止 | 非模态 |
| M02 | | √ | 程序结束 | 非模态 |
| M03 | √ | | 主轴顺时针旋转 | 模态 |
| M04 | √ | | 主轴逆时针旋转 | 模态 |
| M05 | | √ | 主轴停止 | 模态 |
| M07 | √ | | 2 号冷却液打开 | 模态 |
| M08 | √ | | 1 号冷却液打开 | 模态 |
| M09 | | √ | 冷却液关闭 | 模态 |
| M30 | | √ | 程序结束并返回 | 非模态 |
| M98 | √ | | 子程序调用 | 模态 |
| M99 | | √ | 子程序调用返回 | 模态 |

**2. 主轴转速功能S代码**

主轴转速功能S控制主轴转速，其后的数值表示主轴速度，单位为转/每分钟（r/min）。

S是模态指令，S功能只有在主轴速度可调节时有效。

**3. 进给速度功能F代码**

F指令表示工件被加工时刀具相对于工件的合成进给速度。F的单位取决于G94或G95指令。具体如下：

G94 F __；每分钟进给量，尺寸为米制或英制时，单位分别为mm/min、in/min。

G95 F __；每转进给量，尺寸为米制或英制时，单位分别为mm/r、in/r。

**4. 刀具功能T代码**

T代码用于选刀，其后的数值表示选择的刀具号。T代码与刀具的关系是由机床制造厂规定的。T指令同时调入刀补寄存器中的刀补值（刀具长度和刀具半径）。T指令为非模态指令，但被调用的刀补值一直有效，直到再次换刀调入新的刀补值。

**5. 常用准备功能G代码**

准备功能G指令是由G后加一或两位数值组成。它是用于建立机床或控制系统工作方式的一种指令。

G功能有非模态和模态之分。非模态G功能只在所规定的程序段中有效，程序段结束时被注销。模态G功能是一组可相互注销的G功能，这些功能一旦被执行则一直有效直到被同一组的G功能注销为止。

模态G功能组中包含一个缺省G功能，上电时将被初始化为该功能。没有共同参数的不同组G代码可以放在同一程序段中，而且与顺序无关。例如，G90、G17可与G01放在同一程序段，但G00、G02、G03等不能与G01放在同一程序段。

**6. 圆弧的加工指令**

**（1）指令格式（以G17平面为例）**

半径方式：G02X __Y __R __F __；

G03X __Y __R __F __；

圆心方式：G02X __Y __I __J __F __；

G03X __Y __I __J __F __；

G02：表示顺时针圆弧插补。

G03：表示逆时针圆弧插补。

X __Y __：表示圆弧的终点坐标值，其值可以是绝对坐标，也可以是增量坐标。在增量方式下，其值为圆弧终点坐标相对于圆弧起点的增量值。

R __：表示圆弧半径。

I __J __：表示圆弧的圆心相对于其起点并分别在$X$、$Y$和$Z$坐标轴上的增量值。

**（2）指令说明**

1）G02/G03判断方法（见图3—1—2）。

沿圆弧所在平面（如$XOY$平面）的另一根轴（$Z$轴）的正方向向负方向看，顺时针方向为顺时针圆弧，逆时针方向为逆时针圆弧。

2）圆弧半径 R

①当圆弧圆心角小于或等于 180°时，程序中的 R 用正值表示。

②当圆弧圆心角大于180°并小于360°时，R 用负值表示。

③R 指令格式不能用于整圆插补的编程，整圆插补需用 I、J、K 方式编程。

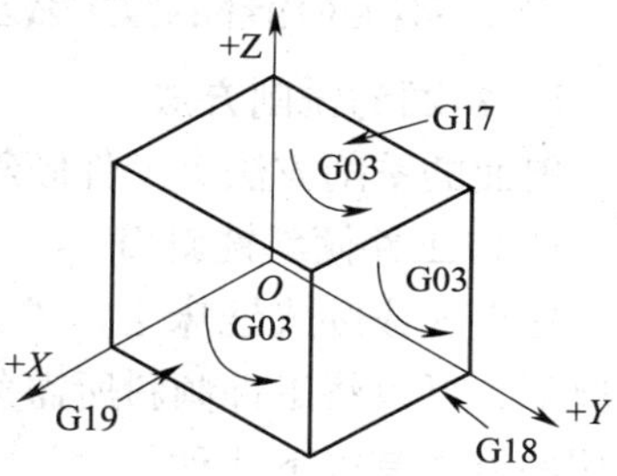

3）I、J、K 值的判断

图 3—1—2　圆弧的顺逆判断

①I 的值为圆弧圆心的 $X$ 坐标值减圆弧起点的 $X$ 坐标值，J 的值为圆弧圆心的 $Y$ 坐标值减圆弧起点的 $Y$ 坐标值，K 的值为圆弧圆心的 $Z$ 坐标值减圆弧起点的 $Z$ 坐标值。

②I、J、K 的值为矢量值。

## 四、斜面及其在图样上的表示方法

斜面是指工件上相对基准平面倾斜的平面，即与基准平面相交成所需角度的平面。斜面相对基准面倾斜的程度用斜度来衡量，在图样上有以下两种表示方法。

### 1. 倾斜角度的度数表示法

倾斜程度大的斜面（斜度大）用倾斜角度 $\alpha$ 的方法表示，如图 3—1—3a 所示，其斜面和基准面的夹角为 20°。

### 2. 斜度 $S$ 的比值表示法

倾斜程度小的斜面用斜度 $S$ 的比值方法表示，如图 3—1—3b 所示，在 70 mm 的长度上，斜面两端至基准面的距离相差 10 mm，斜度用“∠1∶7”表示。斜度的符号“∠”的下横线与基准面平行，上斜线的倾斜方向应与斜面的倾斜方向一致（即斜度符号“∠”的尖端必须与图样上倾斜角的尖端相对应），不能画反。

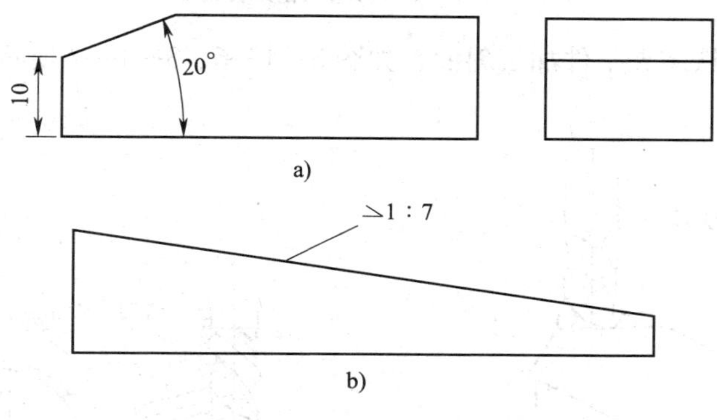


图 3—1—3　斜度表示方法

与 $S$ 之间的换算关系为

$$S = \tan\alpha$$

式中　$S$——斜度，用符号“∠”和比值表示；

$\alpha$——斜面与基准面间的夹角，°。

## 五、斜面的铣削方法及其检测

### 1. 斜面的铣削方法

斜面的铣削方法有工件倾斜铣斜面、铣刀倾斜铣斜面和角度铣刀铣斜面三种。

**(1) 工件倾斜铣斜面**

在立式或卧式铣床上，铣刀无法实现转动角度的情况下，可以将工件倾斜所需角度安装进行铣削斜面。常用的方法有以下几种。

1）在单件生产中，常采用划线校正工件的装夹方法来实现斜面的铣削，如图 3—1—4 所示。

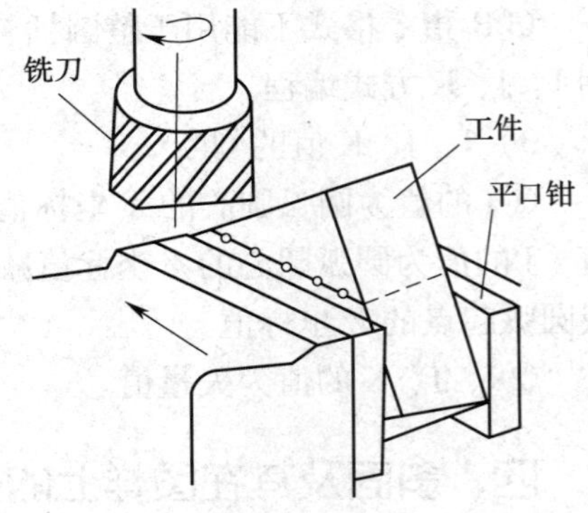


图 3—1—4　按划线加工斜面

2）利用机用钳钳体调转所夹工件的角度也可实现斜面的铣削。安装机用虎钳时必须要校正固定钳口与主轴轴线的垂直度与平行度（卧式铣床），或与工作台纵向进给方向的垂直度与平行度，然后再按角度要求将钳体转到刻度盘上的相应位置，就可以铣削所要的斜面了，如图 3—1—5 所示。

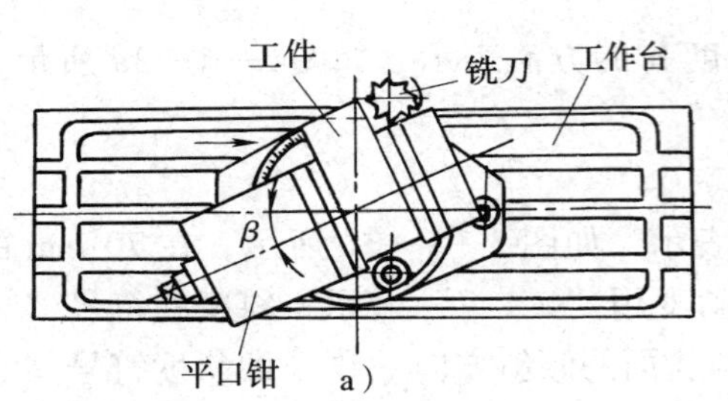


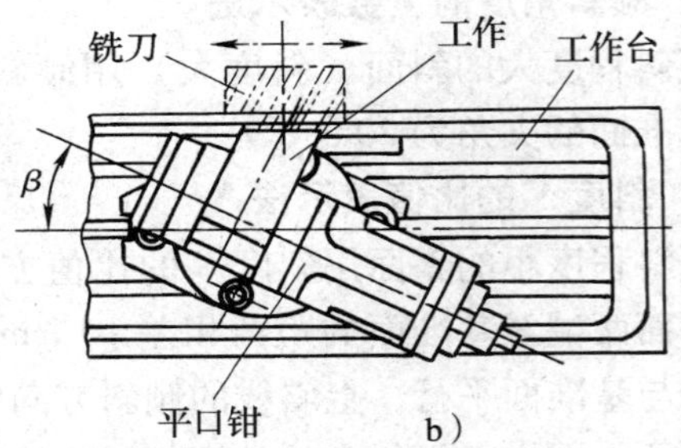


图 3—1—5　调转钳体角度装夹工件

3）利用倾斜垫铁装夹工件加工斜面，如图 3—1—6、3—1—7 所示。

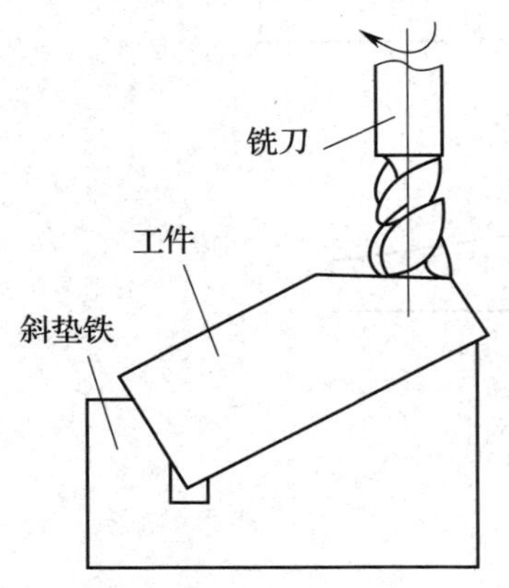


图 3—1—6　用倾斜垫铁装夹工件

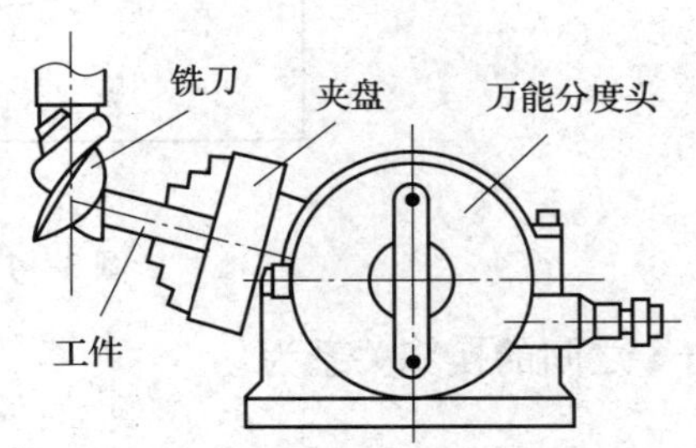


图 3—1—7　用万能分度头装夹工件

**（2）铣刀倾斜铣斜面**

在立铣头可偏转的立式铣床、装有立铣头的卧式铣床、万能工具铣床上均可将端铣刀、立铣刀按要求偏转一定角度进行斜面的铣削，分别如图 3—1—8、3—1—9、3—1—10 及 3—1—11 所示，其中各图 a）为铣床生产实例图，图 b）为简图，图中 $\alpha$ 角为工件斜面的倾斜角。

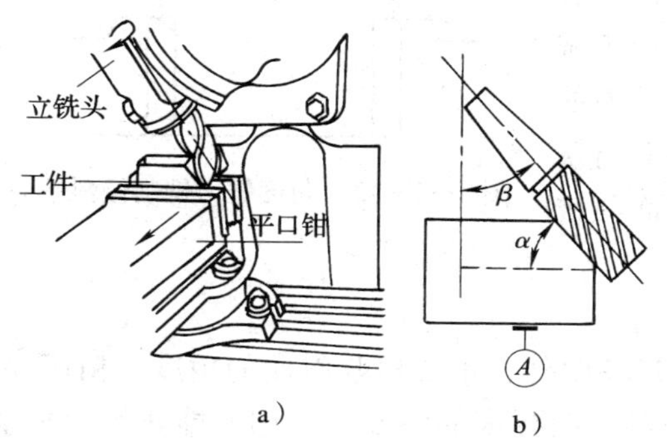


图 3—1—8　工件基准面与工作台台面平行用圆周刃铣削

（立铣头扳转角度 $\beta=90°-\alpha$）

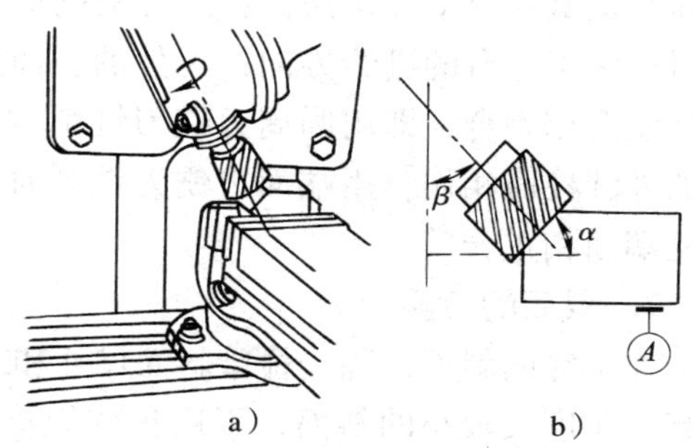


图 3—1—9　工件基准面与工作台台面平行用端面刃铣削

（立铣头扳转角度 $\beta=\alpha$）

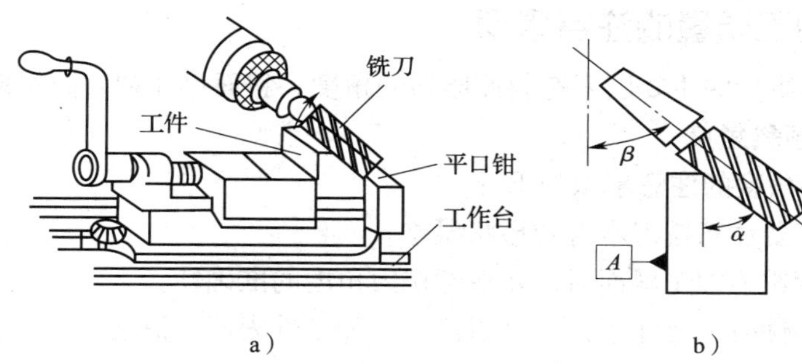


图 3—1—10　工件基准面与工作台台面垂直用圆周刃铣削

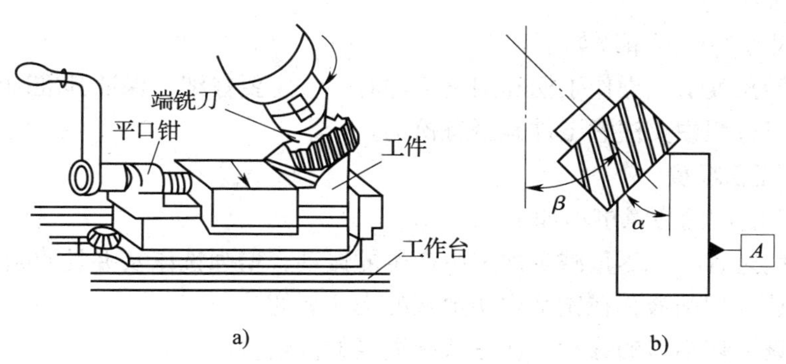


图 3—1—11　工件基准面与工作台台面垂直用端面刃铣削

**（3）角度铣刀铣斜面**

切削刃与轴线倾斜成某一角度的铣刀称为角度铣刀，斜面的倾斜角度由角度铣刀保证。受铣刀刀刃宽度的限制，用角度铣刀铣削斜面只适用于宽度不大的斜面，如图 3—1—12 所示。

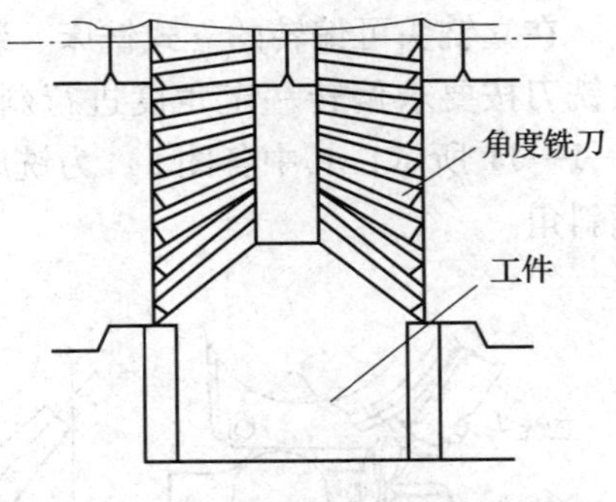


图 3—1—12　角度铣刀铣削倾斜平面

综上所述，铣削斜面时，工件、铣床及铣刀三者之间必须满足以下几个条件：工件的斜面应平行于铣削时铣床工作台的进给方向；工件的斜面应与铣刀的切削位置相吻合，即用圆周刃铣刀铣削时，斜面与铣刀的外圆柱面相切；用端面刃铣刀铣削时，斜面与铣刀的端面相重合。

**2．斜面的检测**

加工完的斜面，除去检验斜面尺寸和表面粗糙度外，主要检验斜面的角度。精度要求很高，角度又较小的斜面，可用正弦规检验。对一般要求的斜面，可用万能角度尺检验。万能角度尺检验工件斜面时，通过调整角度尺、直尺、扇形板，可用来检测大小不同的角度。检测时，将万能角度尺基尺紧贴工件的基准面，然后调整角度尺，使直尺、角度尺或扇形板的测量面贴紧工件的斜面，锁紧紧块，读出角度值。

## 六、斜面加工质量的注意事项

影响斜面铣削质量的主要因素有斜面倾斜的角度、斜面尺寸和表面粗糙度。

**1．保证斜面倾斜角度**

保证斜面倾斜角度的注意事项如下。

（1）周铣时，要注意铣刀本身的形状误差。

（2）采用角度铣刀加工斜面时，要注意铣刀角度的准确性。

（3）在装夹工件时，要注意钳口、钳体导轨和工件表面的清洁。

（4）扳转立铣头时，要注意扳转角度的准确。

（5）采用划线装夹工件铣斜面时，要注意划线的准确性或在加工过程中工件是否发生位移。

**2．保证斜面尺寸。**

保证斜面尺寸的注意事项如下。

（1）在扳转角度值、操作手柄和测量工件时，一定要仔细，保证其准确性。

（2）在加工过程中要注意工件是否有松动。

**3．保证表面粗糙度**

保证表面粗糙度的注意事项如下。

（1）在铣削过程中，尽量减少加工中产生的振动，增强铣床及夹具的刚度。

（2）合理选择切削液，在铣削中切削液的浇注要充分。

（3）保证铣刀切削刃的锋利，注意选择适当的进给量。

（4）铣削过程中，工作台进给或主轴回转时，不能突然停止，否则会啃伤工件表面，影响表面粗糙度。

## 七、台阶面铣削的常用方法

### 1. 一次铣削台阶面

当台阶面深度不大时，在刀具及机床功率允许的前提下，可以一次完成台阶面铣削，刀具进给路线如图3—1—13所示。当台阶底面及侧面加工精度要求高时，可在粗铣后留0.3~1 mm余量进行精铣。

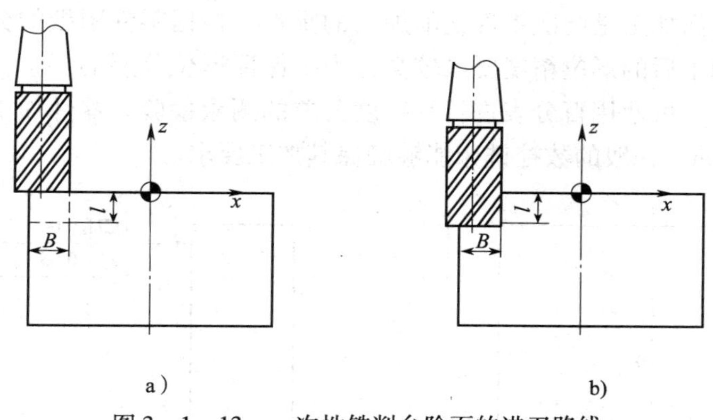


图3—1—13　一次性铣削台阶面的进刀路线

### 2. 在宽度方向分层铣削台阶面

当深度较大，不能一次完成台阶面铣削时，可采取如图3—1—14所示的进刀路线，在宽度方向分层铣削台阶面。但这种铣削方式存在“让刀”现象，将影响台阶侧面相对于底面的垂直度。

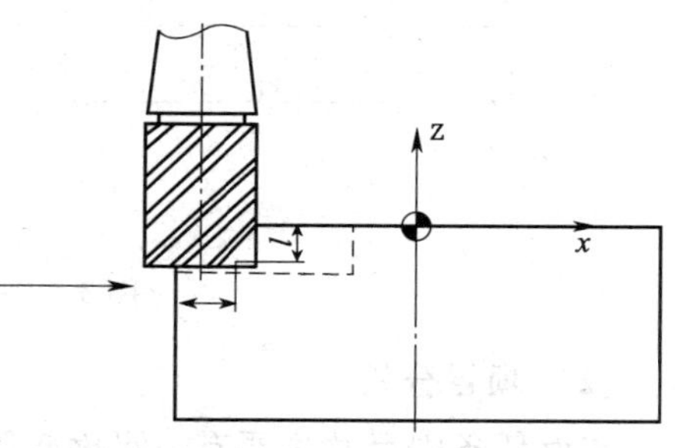


图3—1—14　在宽度方向分层铣削台阶面的进刀路线

### 3. 在深度方向分层铣削台阶面

当台阶面深度很大时，也可采取如图3—1—15所示的进刀路线，在深度方向分层铣削台阶面。这种铣削方式会使台阶侧面产生“接刀痕”。在生产中，通常采用高精度且耐磨性能好的刀片来消除侧面“接刀痕”或台阶的侧面留0.2~0.5 mm余量做一次精铣。

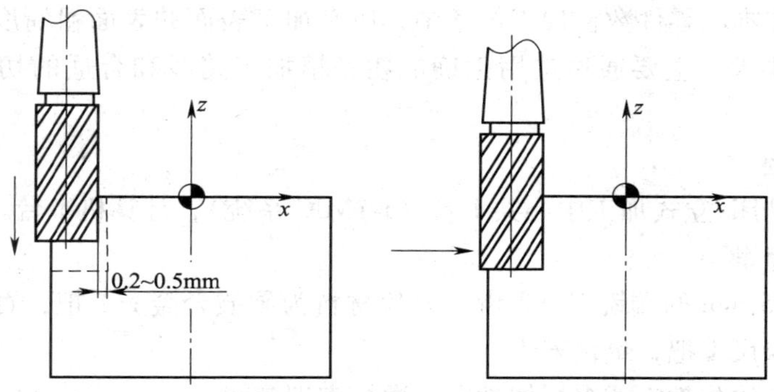


图3—1—15　在深度方向分层铣削台阶面的进刀路线

## 八、技能训练——各种平面的铣削加工

### 1. 简单平面的铣削加工

**(1) 训练项目**

本次零件的铣削加工主要是零件的表面，如图 3—1—16 所示，其中有平行度和平面度公差要求的零件表面加工是此次零件铣削加工的重点。根据零件图纸的分析，尺寸精度要求不高，但零件加工后的形位精度要求较高，为了保证形位公差的要求，需要对零件进行精确的装夹与校正，可使用百分表进行平行度公差的测量检验。零件加工表面的表面粗糙度要求为 *Ra*3.2 μm，一般的数控铣床能够确保其加工要求。

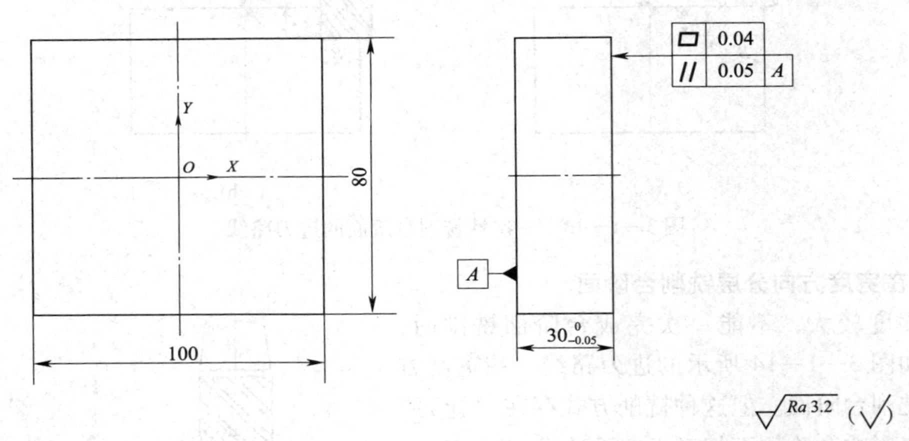


图 3—1—16　平面铣削加工零件图

**(2) 项目分析**

本例任务中尺寸主要有：平面轮廓长 100 mm、宽 80 mm、高 $30^{\ 0}_{-0.05}$ mm。对于尺寸要求，主要通过加工过程中的精确对刀、正确选用刀具的磨损量和正确选用合适的加工工艺等措施来保证。主要的形位精度有：铣削加工的表面相对于底部的平行度要求和平面度要求。对于形位精度要求，在对刀精确的情况下，主要通过工件在夹具中的正确安装与校正等措施来保证。在本次零件数控加工任务中，所有加工表面的表面粗糙度均为 *Ra*3.2 μm。对于表面粗糙度要求，主要通过选用正确的粗、精加工路线和合适的切削用量等措施来保证。

**(3) 训练准备**

设备：数控铣床/立式加工中心共 1 台（FANUC 系统），计算机 1 台。

加工材料：45 钢。

工量具：$\phi$125 mm 的端铣刀（8 齿，刀片材料为硬质合金）1 把，百分表 1 个，磁性表头 1 个，游标卡尺 1 把，垫铁若干。

实习场地：一体化教室或多媒体教室，数控实训车间。

其他：训练记录手册、纸、笔、教学课件及相关教学资料等。

**（4）操作步骤**

1）确定数控加工方案。本例任务所加工零件如图 3—1—16 所示，加工轮廓为平面，该零件可用数控铣床或加工中心加工，上表面的加工采用端铣刀粗铣→精铣完成，其中 $30_{-0.05}^{\ 0}$ 和 $Ra3.2$ 为重点保证的尺寸和表面粗糙度。根据零件的轮廓尺寸、加工要求和实训车间的设备状况，决定选择 VDL－100 数控铣床完成本次加工任务。由于加工零件毛坯为方钢，所以决定选择平口虎钳、垫铁等配合装夹工件，同时零件的上表面高出平口虎钳 10 mm 左右。考虑到加工效率，并根据实训车间的刀具配备情况，决定选用 $\phi$125 mm 的端面铣刀铣削待加工轮廓，其刀路设计如图 3—1—17 所示。

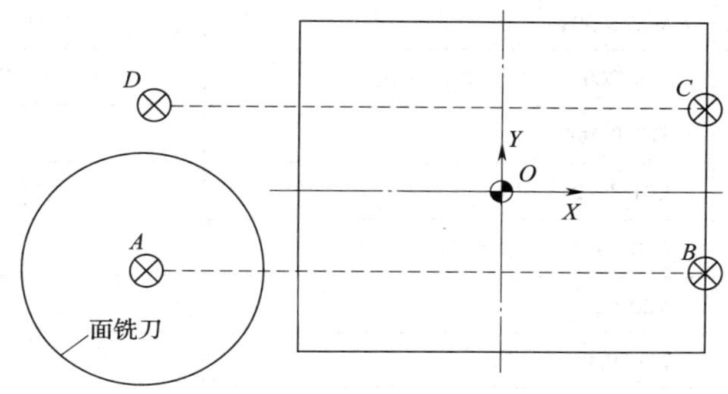


图 3—1—17　加工零件的刀路轨迹

2）确定加工步骤。启动数控铣床前检查；启动数控铣床后检查；回机床参考点；零件装夹及找正；装夹刀具及找正；对刀，以零件中心为工件坐标系原点建立工件坐标系；将零件加工程序输入机床，模拟仿真；加工零件；零件去毛倒棱。

3）工件原点的选择。本次铣削加工零件表面，选取零件上表面中心处 $O$（即工件表面的对称中心）作为零件的编程原点，如图 3—1—17 所示。

4）基点坐标的计算。根据零件图纸的尺寸及加工要求，需要确定 4 个基点的坐标，如图 3—1—17 所示，其坐标数值见表 3—1—4。

**表 3—1—4　　加工零件重要基点的坐标**

| $A$ 点 | （－90，－20） | $B$ 点 | （－50，－20） |
|---|---|---|---|
| $C$ 点 | （50，20） | $D$ 点 | （－90，20） |

5）制定加工工艺文件

①加工工序卡。本次零件加工任务的工序卡内容见表 3—1—5。

**表 3—1—5　　零件铣削加工工序卡**

| 工步 | 加工内容 | 刀具规格/mm | 刀号 | 主轴转速/（r/min） | 进给速度/（mm/min） | 背吃刀量/mm |
|---|---|---|---|---|---|---|
| 1 | 粗铣上表面 | $\phi$125 | T1 | 250 | 300 | 2.5 |
| 2 | 精铣上表面 | $\phi$125 | T1 | 400 | 160 | 0.5 |

②NC 程序单。本次零件加工任务的 NC 程序单内容见表 3—1—6。

**表 3—1—6　　零件铣削加工 NC 程序单**

| 刀具 | $\phi$125 mm 端铣刀 | |
|---|---|---|
| 程序段号 | FANUC 系统程序 | 程序说明 |
| | O0010； | 表面的粗铣加工 |
| N10 | G90 G94 G21 G40 G17 G54； | 程序初始化 |
| N20 | G91 G28 Z0； | Z 向回参考点 |
| N30 | M03 S250； | 主轴正转，切削液开 |
| N40 | G90 G00 X－90.0 Y－20.0； | 刀具在 XY 平面中快速定位 |
| N50 | Z20.0 M08； | 刀具 Z 向快速定位 |
| N60 | G01 Z－2.5 F100； | 一次切削至深度 2.5 mm |
| N70 | X50.0； | A→B |
| N80 | Y20.0； | B→C |
| N90 | X－90.0； | C→D |
| N100 | G00 Z100.0 M09； | 刀具 Z 向快速抬刀 |
| N110 | M05； | 主轴停转 |
| N120 | M30； | 程序结束 |
| 刀具 | $\phi$125 mm 端铣刀 | |
| 程序段号 | FANUC 系统程序 | 程序说明 |
| | O0020； | 表面的精铣削加工 |
| N10 | G90 G94 G21 G40 G17 G54； | 程序初始化 |
| N20 | G91 G28 Z0； | Z 向回参考点 |
| N30 | M03 S250； | 主轴正转，切削液开 |
| N40 | G90 G00 X－90.0 Y－20.0； | 刀具在 XY 平面中快速定位 |
| N50 | Z20.0 M08； | 刀具 Z 向快速定位 |
| N60 | G01 Z－3 F100； | 一次切削至深度 3 mm |
| N70 | X50.0； | A→B |
| N80 | Y20.0； | B→C |
| N90 | X－90.0； | C→D |
| N100 | G00 Z100.0 M09； | 刀具 Z 向快速抬刀 |
| N110 | M05； | 主轴停转 |
| N120 | M30； | 程序结束 |

③检测评价。加工完零件后，根据表 3—1—7 内容填入相关数据，与图纸要求进行对比，对误差进行原因分析。

**表 3—1—7　　零件检测表**

<table>
<tr><th>序号</th><th>考核项目</th><th>序号</th><th>技术要求</th><th>评分标准</th><th>配分</th><th>检测结果</th><th>得分</th><th>失分原因</th></tr>
<tr><td rowspan="5">1</td><td rowspan="5">平面轮廓</td><td>1</td><td>长度 100 mm</td><td>超差 0.1 mm 扣 2 分</td><td>6</td><td></td><td></td><td></td></tr>
<tr><td>2</td><td>宽度 80 mm</td><td>超差 0.1 mm 扣 2 分</td><td>6</td><td></td><td></td><td></td></tr>
<tr><td>3</td><td>高度 $30_{-0.05}^{0}$ mm</td><td>超差 0.01 mm 扣 1 分</td><td>8</td><td></td><td></td><td></td></tr>
<tr><td>4</td><td>平行度 0.05 mm</td><td>超差 0.01 mm 扣 2 分</td><td>10</td><td></td><td></td><td></td></tr>
<tr><td>5</td><td>平面度 0.04 mm</td><td>超差 0.01 mm 扣 1 分</td><td>10</td><td></td><td></td><td></td></tr>
<tr><td>2</td><td>其他项目</td><td colspan="2">表面粗糙度要求 Ra3.2 μm</td><td>每错一处扣 1 分</td><td>10</td><td></td><td></td><td></td></tr>
<tr><td>3</td><td>工艺合理</td><td colspan="3">填写工序卡。工艺不合理，视情况酌情扣分（详见工序卡）<br>①工件定位和夹紧不合理<br>②加工顺序不合理<br>③刀具选择不合理</td><td>总分 15 分，每违反一条酌情扣 5 分</td><td></td><td></td><td></td></tr>
<tr><td>4</td><td>程序编制</td><td colspan="3">①指令正确，程序完整<br>②运用刀具半径和长度补偿功能<br>③数值计算正确，程序编写表现出一定的技巧，简化计算和加工程序</td><td>总分 15 分，每违反一条酌情扣 5 分</td><td></td><td></td><td></td></tr>
<tr><td>5</td><td>安全文明生产</td><td colspan="3">①着装规范，未受伤<br>②刀具、工具、量具的放置<br>③工件装夹、刀具安装规范<br>④正确使用量具<br>⑤卫生、设备保养<br>⑥关机后机床停放位置不合理<br>⑦发生重大安全事故、严重违反操作规程</td><td>总分 20 分，每违反一条酌情扣 3 分</td><td></td><td></td><td></td></tr>
<tr><td colspan="2">检测人员</td><td colspan="3"></td><td>复核</td><td colspan="3"></td></tr>
</table>

## 2. 斜面的铣削加工

**（1）训练项目**

本次零件的加工轮廓主要是零件的一个斜面，如图 3—1—18 所示，斜面的铣削加工在刀具、切削用量选择等方面与平面铣削加工基本相同，但由于零件斜面的位置关系，在加工斜面时要考虑零件的装夹方式。根据零件图纸分析，尺寸精度要求不高，零件表面粗糙度要求为 *Ra*3.2 μm，一般的数控铣床能够确保其加工要求。

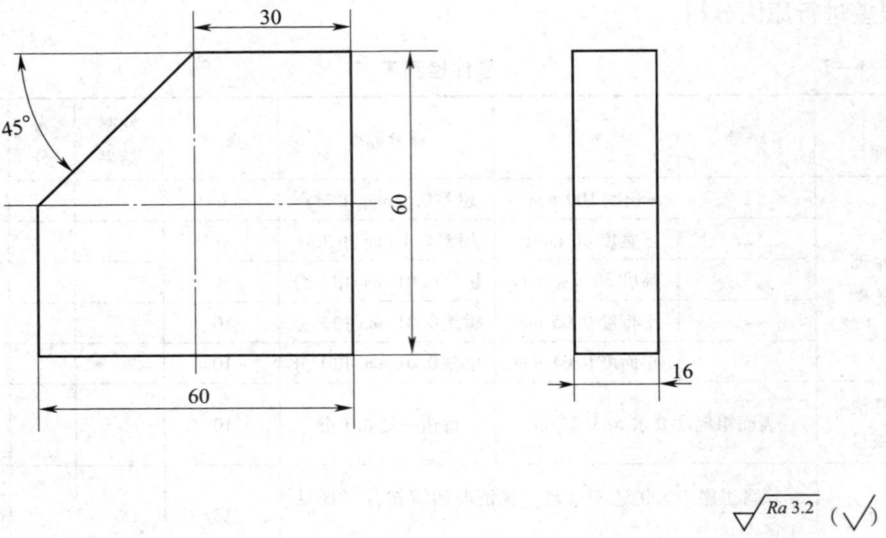


图 3—1—18　斜面零件图

**（2）项目分析**

本例任务中尺寸主要有：斜面的角度 45°，铣削加工的厚度 16 mm。对于尺寸要求，主要通过加工过程中的精确对刀、正确选用刀具的磨损量和正确选用合适的加工工艺等措施来保证。在此次零件数控加工任务中，所有加工表面的表面粗糙度均为 *Ra*3. 2 μm。对于表面粗糙度要求，主要通过选用正确的粗、精加工路线和合适的切削用量等措施来保证。

**（3）训练准备**

设备：数控铣床/立式加工中心共 1 台（FANUC 系统），计算机 1 台。

加工材料：45 钢。

工量具：$\phi$16 mm 立铣刀（材料为高速钢）1 把，百分表 1 个，磁性表头 1 个，游标卡尺 1 把，垫铁若干。

实习场地：一体化教室或多媒体教室，数控实训车间。

其他：训练记录手册、纸、笔、教学课件及相关教学资料等。

**（4）操作步骤**

1）确定数控加工方案。本例任务零件的铣削加工为斜面，其在铣削加工过程中，最重要的是斜面角度的保证，因此要求零件在加工之前要考虑装夹的方式，斜面加工的装夹方式有多种，这里考虑零件加工的便利，采用零件加工斜面露出台虎钳的装夹方式，根据零件的加工特点，对刀也以方便为原则，其走刀路线如图3—1—19所示。

2）确定加工步骤。启动数控铣床前检查；启动数控铣床后检查；回机床参考点；零件装夹及找正；装夹刀具及找正；对刀，以零件中心为工件坐标系原点建立工件坐标系；将零件加工程序输入机床，模拟仿真；加工零件；零件去毛倒棱，进行零件自检。

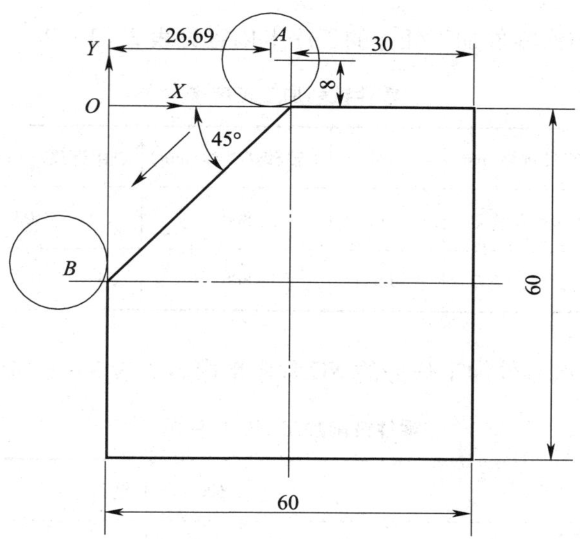


图 3—1—19　加工零件的走刀路线

3）工件原点的选择。本次零件加工斜面，选取零件边角处 *O* 作为零件的编程原点，如图 3—1—20 所示。

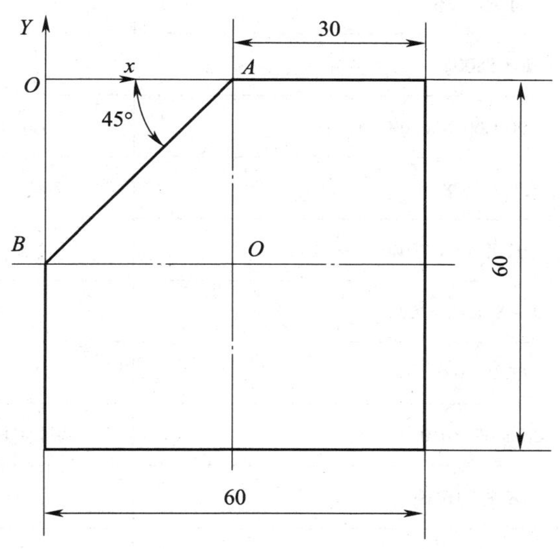


图 3—1—20　加工零件的编程原点

4）基点坐标的计算。根据零件图样的尺寸及加工要求，需要确定基点的坐标，如图 3—1—20 所示，其坐标数值见表 3—1—8。

**表 3—1—8　　　加工零件重要节基点的坐标**

| *A* 点 | (26.69，8) | *B* 点 | (−8，−26.69) |
|---|---|---|---|

5）制定加工工艺文件

①加工工序卡。本次零件加工任务的工序卡内容见表3—1—9。

**表3—1—9　零件铣削加工工序卡**

| 工步 | 加工内容 | 刀具规格/mm | 刀号 | 主轴转速/（r/min） | 进给速度/（mm/min） | 背吃刀量/mm |
|---|---|---|---|---|---|---|
| 1 | 粗加工斜面 | ϕ16 立铣刀 | T1 | 800 | 100 | 8 |
| 2 | 精加工斜面 | ϕ16 立铣刀 | T1 | 800 | 100 | 8 |

②NC程序单。本次零件加工任务的NC程序单内容见表3—1—10。

**表3—1—10　零件铣削加工NC程序单**

| 刀具 | ϕ20 mm 立铣刀 | |
|---|---|---|
| 程序段号 | FANUC 系统程序 | 程序说明 |
| | O0001； | 斜面加工 |
| N10 | G90 G94 G21 G40 G17 G54； | 程序初始化 |
| N20 | G91 G28 Z0； | *Z*向回参考点 |
| N30 | M03 S800； | 主轴正转 |
| N40 | G90 G00 X26.69 Y8.0； | 刀具在*XY*平面中快速定位 |
| N50 | Z20.0 M08； | 刀具*Z*向快速定位，切削液开 |
| N60 | G01 Z-8.0 F100； | 斜面第一个铣削深度位置 |
| N70 | X-8 Y-26.69； | *A*→*B*，延长线上切出 |
| N80 | G00 Z3.0； | 刀具抬起 |
| N90 | X26.69 Y8.0； | 快速定位至*A*点，延长线上切入 |
| N100 | G01 Z-16.0； | 斜面第二个铣削深度位置 |
| N110 | X-8 Y-26.69； | *A*→*B*，延长线上切出 |
| N120 | G00 Z3.0； | 刀具抬起 |
| N130 | G00 Z100.0 M09； | 刀具*Z*向快速抬刀 |
| N140 | M05； | 主轴停转 |
| N150 | M30； | 程序结束 |

③检测评价。加工完零件后，根据表3—1—11内容填入相关数据，与图纸要求进行对比，对误差进行原因分析。

**表3—1—11　　零件检测表**

<table>
<tr><th>序号</th><th>考核项目</th><th>序号</th><th>技术要求</th><th>评分标准</th><th>配分</th><th>检测结果</th><th>得分</th><th>失分原因</th></tr>
<tr><td rowspan="2">1</td><td rowspan="2">斜面轮廓</td><td>1</td><td>斜面角度45°</td><td>超差0.1°扣4分</td><td>20</td><td></td><td></td><td></td></tr>
<tr><td>2</td><td>铣削深度16 mm</td><td>超差0.1 mm扣5分</td><td>20</td><td></td><td></td><td></td></tr>
<tr><td>2</td><td>其他项目</td><td colspan="2">表面粗糙度要求 $Ra3.2\ \mu m$</td><td>每错一处扣1分</td><td>10</td><td></td><td></td><td></td></tr>
<tr><td>3</td><td>工艺合理</td><td colspan="3">填写工序卡。工艺不合理，视情况酌情扣分（详见工序卡）<br>①工件定位和夹紧不合理<br>②加工顺序不合理<br>③刀具选择不合理</td><td>总分15分，每违反一条酌情扣5分</td><td></td><td></td><td></td></tr>
<tr><td>4</td><td>程序编制</td><td colspan="3">①指令正确，程序完整<br>②运用刀具半径和长度补偿功能<br>③数值计算正确，程序编写表现出一定的技巧，简化计算和加工程序</td><td>总分15分，每违反一条酌情扣5分</td><td></td><td></td><td></td></tr>
<tr><td>5</td><td>安全文明生产</td><td colspan="3">①着装规范，未受伤<br>②刀具、工具、量具的放置<br>③工件装夹、刀具安装规范<br>④正确使用量具<br>⑤卫生、设备保养<br>⑥关机后机床停放位置不合理<br>⑦发生重大安全事故、严重违反操作规程</td><td>总分20分，每违反一条酌情扣3分</td><td></td><td></td><td></td></tr>
<tr><td colspan="2">检测人员</td><td colspan="3"></td><td>复核</td><td colspan="3"></td></tr>
</table>

## 3. 台阶零件的铣削加工

### （1）训练项目

本次零件的加工轮廓主要是圆弧轮廓和两个台阶面，如图3—1—21所示，其中两个有平行度公差要求的台阶面加工是此次零件加工的重点，台阶面铣削在刀具、切削用量选择等方面与平面铣削基本相同，但由于台阶面铣削除要保证其底面精度之外，还应控制侧面精度，因此，在铣削台阶面时，刀具的进给路线设计要与平面铣削有所不同。根据图纸的分析，此零件台阶面的深度不大，在刀具及机床功率允许的前提下，可以一次完成台阶面的铣削，由于图纸台阶面有形位公差要求，零件加工后要进行检测，以保证零件的技术要求。

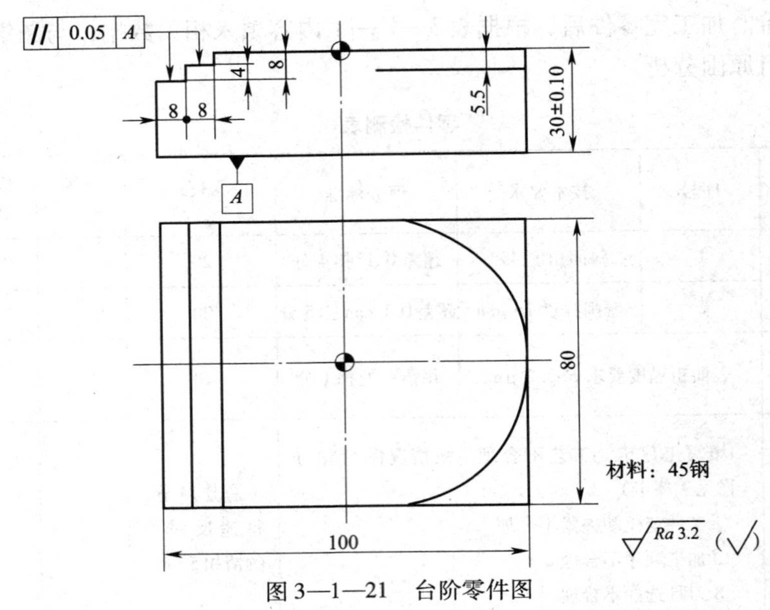


图 3—1—21 台阶零件图

**（2）项目分析**

根据零件图纸分析，尺寸精度要求不高，但零件加工后的形位精度要求较高，为了保证形位公差的要求，需要对零件进行精确的装夹与校正，可使用百分表进行平行度公差的测量检验。零件加工表面的表面粗糙度要求为 *Ra*3. 2 μm，一般的数控铣床能够确保其加工要求。

**（3）训练准备**

设备：数控铣床/立式加工中心共 1 台（FANUC 系统），计算机 1 台。

加工材料：45 钢。

工量具：ϕ20 mm 立铣刀（材料为高速钢）1 把，百分表 1 个，磁性表头 1 个，游标卡尺 1 把，垫铁若干。

实习场地：一体化教室或多媒体教室，数控实训车间。

其他：训练记录手册、纸、笔、教学课件及相关教学资料等。

**（4）操作步骤**

1）确定数控加工方案。本例任务零件的毛坯为精加工平面后的零件，因此只需加工零件的直台阶和圆弧台阶即可。在此任务零件的加工过程中，两台阶面的宽度均为 8 mm，深度分别为 4 mm 和 8 mm，圆弧的半径为 50 mm，其尺寸精度要求不高，均为自由公差，因此可采用一次加工台阶面和圆弧的方法。其刀具刀位点的轨迹如图 3—1—22 所示。铣削台阶：刀具从 *A* 点→*B* 点，然后 *Z* 向抬刀并返回 *C* 点，再 *Z* 向落刀至加工高度后，从 *C* 点→*D* 点。加工圆弧面：为防止刀具法向进刀造成加

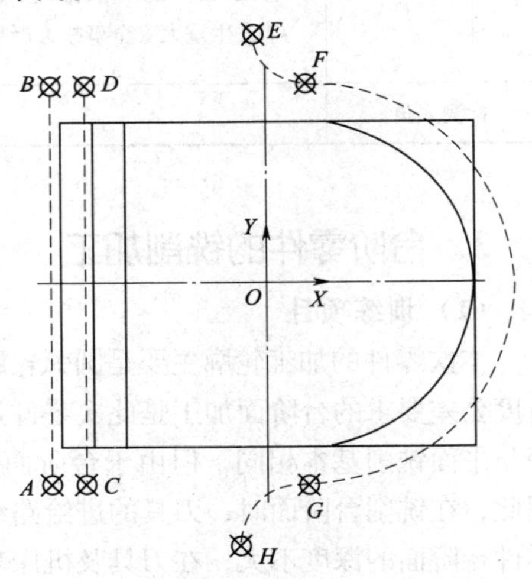


图 3—1—22 加工零件的刀路轨迹

工刀痕，采用圆弧过渡方式切入，圆弧过渡方式切出或法线方式切出。

2）确定加工步骤。启动数控铣床前检查；启动数控铣床后检查；回机床参考点；零件装夹及找正；装夹刀具及找正；对刀，以零件中心为工件坐标系原点建立工件坐标系；将零件加工程序输入机床，模拟仿真；加工零件；零件去毛倒棱，进行零件自检。

3）工件原点的选择。本次零件加工两直台阶及圆弧台阶，选取零件上表面中心处 *O*（即工件表面的对称中心）作为零件的编程原点，如图 3—1—22 所示。

4）基点坐标的计算。根据零件图纸的尺寸及加工要求，需要确定 8 个基点的坐标，如图 3—1—22 所示，其坐标数值见表 3—1—12。

**表 3—1—12　　加工零件重要基点的坐标**

| | | | |
|---|---|---|---|
| *A* 点 | (－52.0，－52.0) | *B* 点 | (－52.0，52.0) |
| *C* 点 | (－44.0，－52.0) | *D* 点 | (－44.0，52.0) |
| *E* 点 | (－5.0.0，65.0) | *F* 点 | (10.0，50.0) |
| *G* 点 | (10.0，－50.0) | *H* 点 | (－5.0，－65.0) |

5）制定加工工艺文件

①加工工序卡。本次零件加工任务的工序卡内容见表 3—1—13。

**表 3—1—13　　零件铣削加工工序卡**

| 工步 | 加工内容 | 刀具规格/mm | 刀号 | 主轴转速/（r/min） | 进给速度/（mm/min） | 背吃刀量/mm |
|---|---|---|---|---|---|---|
| 1 | 加工深 4 mm 的台阶平面 | $\phi$20 立铣刀 | T1 | 600 | 100 | 4 |
| 2 | 加工深 8 mm 的台阶平面 | $\phi$20 立铣刀 | T1 | 600 | 100 | 8 |
| 3 | 加工 *R*50 mm 的圆弧 | $\phi$20 立铣刀 | T1 | 600 | 100 | 5.5 |

②NC 程序单。本次零件加工任务的 NC 程序单内容见表 3—1—14。

**表 3—1—14　　零件铣削加工 NC 程序单**

| 刀具 | $\phi$20 mm 立铣刀 | |
|---|---|---|
| 程序段号 | FANUC 系统程序 | 程序说明 |
| | O0001； | 程序号 |
| N10 | G90 G94 G21 G40 G17 G54； | 程序初始化 |
| N20 | G91 G28 Z0； | *Z* 向回参考点 |
| N30 | M03 S600； | 主轴正转 |
| N40 | G90 G00 X－52.0 Y－52.0； | 刀具在 *XY* 平面中快速定位 |
| N50 | Z20.0 M08； | 刀具 *Z* 向快速定位，切削液开 |
| N60 | G01 Z－8.0 F100； | 第一个台阶的铣削深度位置 |
| N70 | Y52.0； | *A*→*B*，延长线上切出 |
| N80 | G00 Z3.0； | 刀具抬起 |
| N90 | X－44.0 Y－52.0； | 快速定位至 *C* 点，延长线上切入 |
| N100 | G01 Z－4.0； | 第二个台阶的铣削深度位置 |
| N110 | Y52.0； | *D*→*C* |

续表

| 刀具 | $\phi$20 mm 立铣刀 | |
|---|---|---|
| N120 | G00 Z3.0； | 刀具抬起 |
| N130 | X-5.0 Y65.0； | 快速定位至 $E$ 点 |
| N140 | G01 Z-5.5； | 圆弧台阶的铣削深度位置 |
| N150 | G03 X10.0 Y50.0 R15.0； | 圆弧切入 |
| N160 | G02 Y-50.0 R50.0； | 加工圆弧台阶 |
| N170 | G03 X-5.0 Y-65.0 R15.0； | 圆弧切出 |
| N180 | G00 Z100.0 M09； | 刀具 $Z$ 向快速抬刀 |
| N190 | M05； | 主轴停转 |
| N200 | M30； | 程序结束 |

③检测评价。加工完零件后，根据表3—1—15内容填入相关数据，与图纸要求进行对比，对误差进行原因分析。

**表3—1—15　　　　零件检测表**

| 序号 | 考核项目 | 序号 | 技术要求 | 评分标准 | 配分 | 检测结果 | 得分 | 失分原因 |
|---|---|---|---|---|---|---|---|---|
| 1 | 直台阶轮廓 | 1 | 宽度 8 mm | 超差 0.01 mm 扣 1 分 | 4×2 | | | |
| | | 2 | 深度 4 mm | 超差 0.01 mm 扣 1 分 | 5 | | | |
| | | 3 | 深度 8 mm | 超差 0.01 mm 扣 1 分 | 5 | | | |
| | | 4 | 平行度 0.05 mm | 超差 0.01 mm 扣 2 分 | 6 | | | |
| 2 | 圆弧台阶轮廓 | 5 | $R$50 mm | 超差 0.01 mm 扣 1 分 | 8 | | | |
| | | 6 | 深度 5.5 mm | 超差 0.01 mm 扣 1 分 | 8 | | | |
| 3 | 其他项目 | 表面粗糙度要求 $Ra$3.2 μm | | 每错一处扣 1 分 | 10 | | | |
| 4 | 工艺合理 | 填写工序卡。工艺不合理，视情况酌情扣分（详见工序卡）<br>①工件定位和夹紧不合理<br>②加工顺序不合理<br>③刀具选择不合理 | | | 总分15分，每违反一条酌情扣5分 | | | |
| 5 | 程序编制 | ①指令正确，程序完整<br>②运用刀具半径和长度补偿功能<br>③数值计算正确，程序编写表现出一定的技巧，简化计算和加工程序 | | | 总分15分，每违反一条酌情扣5分 | | | |
| 6 | 安全文明生产 | ①着装规范，未受伤<br>②刀具、工具、量具的放置<br>③工件装夹、刀具安装规范<br>④正确使用量具<br>⑤卫生、设备保养<br>⑥关机后机床停放位置不合理<br>⑦发生重大安全事故、严重违反操作规程 | | | 总分20分，每违反一条酌情扣3分 | | | |
| 检测人员 | | | | | 复核 | | | |

## 课后练习

1. 简单平面铣削的方法有哪几种？

2. 根据简单平面铣削的加工方法及步骤，运用数控铣床完成如图 3—1—23 所示的零件加工，材料为 45 钢。

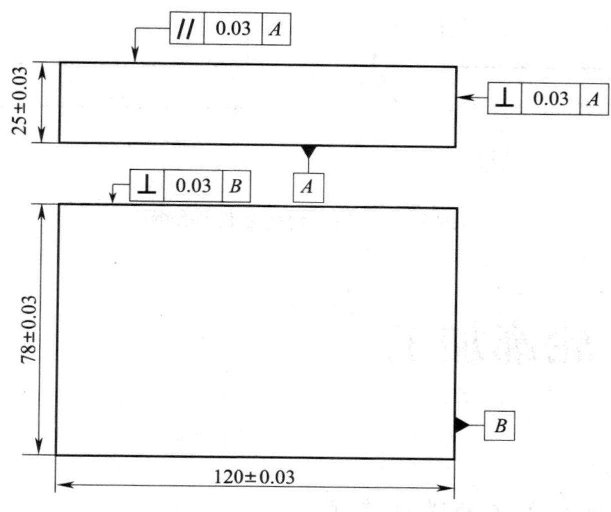


图 3—1—23 平面零件训练图

3. 铣削斜面的常用加工方法有哪几种？

4. 根据斜面零件铣削的加工方法及步骤，运用数控铣床完成如图 3—1—24 所示的零件加工，材料为 45 钢。

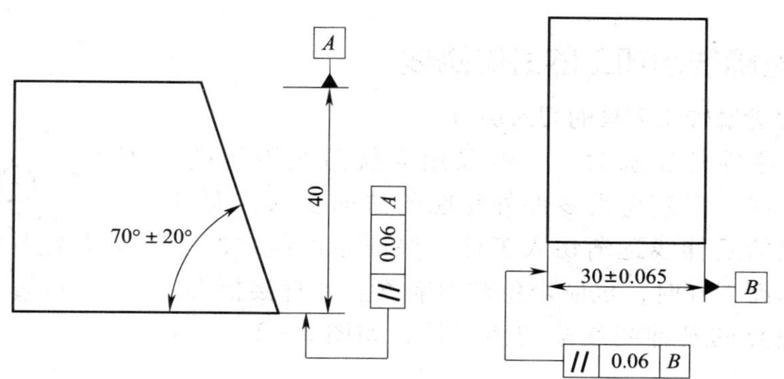


图 3—1—24 斜面零件训练图

5. 在本次任务中，台阶面的形位公差是如何控制的，请说明控制方法及操作步骤。

6. 此次加工规模为单件，如果在成批或大量生产时，采用什么加工方法？

7. 根据斜面零件铣削的加工方法及步骤，运用数控铣床完成如图3—1—25所示的零件加工，材料为45钢。

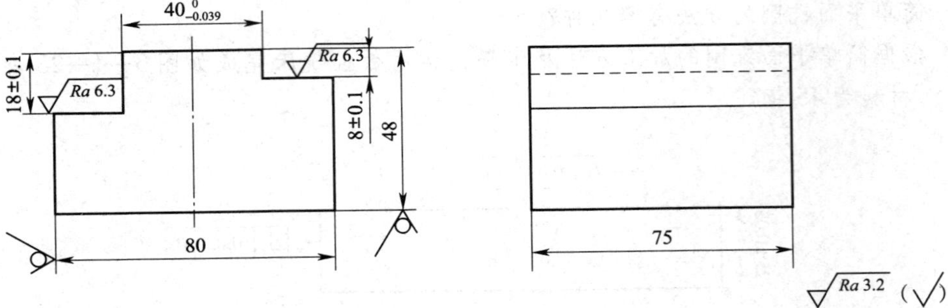


图3—1—25 台阶零件训练图

# 课题2 轮廓加工

## 学习目标

1. 熟悉轮廓铣削加工的进给路线。
2. 熟悉刀具半径补偿。
3. 掌握内轮廓的走刀路线选择和 *Z* 向进刀方式。
4. 能确定轮廓零件铣削的加工方案。
5. 掌握轮廓零件的加工过程及操作要点。

## 一、外轮廓铣削加工的进给路线

### 1. 一般外轮廓加工刀具的切入切出

铣削平面零件外轮廓时，一般采用立铣刀侧刃切削。刀具切入工件时，应避免沿零件外轮廓的法向切入，而应沿切削起始点的延伸线逐渐切入工件，保证零件曲线的平滑过渡。在切离工件时，也应避免在切削终点处直接抬刀，要沿着切削终点的延伸线逐渐切离工件，如图3—2—1所示。

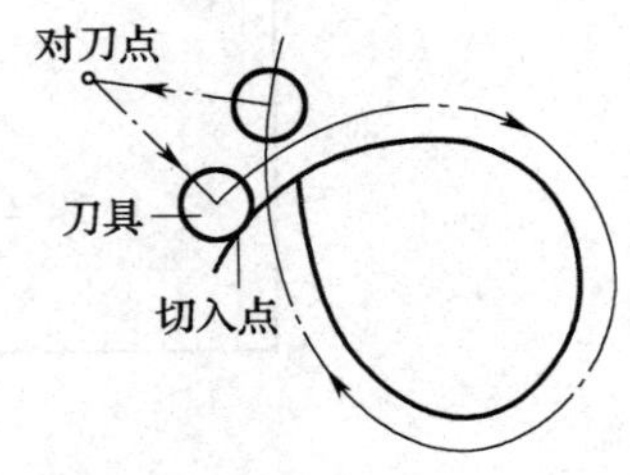


图3—2—1 一般外轮廓加工刀具的切入和切出

### 2. 外圆加工刀具的切入切出

当用圆弧插补方式铣削加工外整圆时，要安排刀具从切向进入圆周铣削加工，当整圆加工完毕后，不要在切点处直接退刀，而应让刀具沿着切线方向多运动一段距离，以免取消刀补时，刀具与工件表面相碰撞，造成工件的报废，如图3—2—2所示。

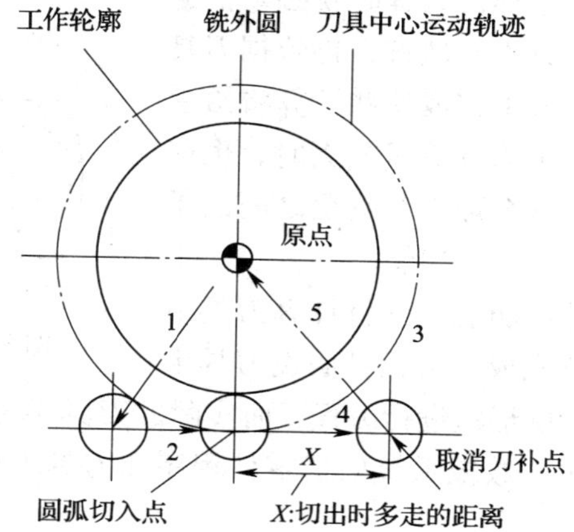


图 3—2—2　外圆轮廓加工刀具的切入和切出

## 二、内轮廓铣削加工的进给路线

### 1. 一般内轮廓加工刀具的切入切出

铣削封闭的内轮廓表面，若内轮廓曲线不允许外延，刀具只能沿着轮廓曲线的法向切入、切出，此时刀具的切入、切出点应尽量选在内轮廓曲线两几何元素的交点处。当内部几何元素相切无交点时，为防止刀补取消时在轮廓拐角处留下凹口，刀具切入、切出点应远离拐角，如图 3—2—3 所示。

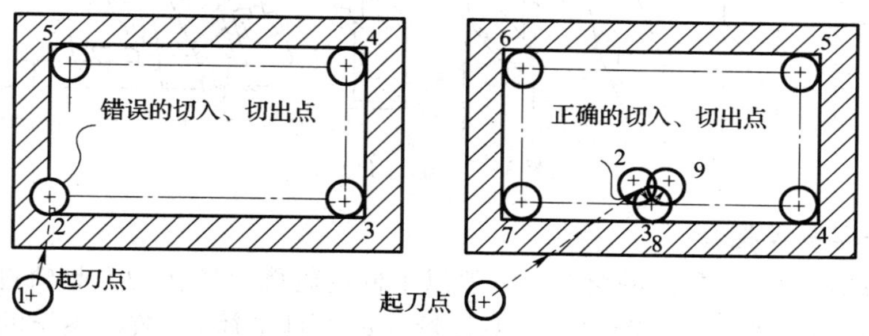


图 3—2—3　一般内轮廓加工刀具的切入和切出

### 2. 内圆加工刀具的切入切出

当用圆弧插补铣削内圆弧时，也要遵循从切向切入、切出的原则，最好安排从圆弧过渡到圆弧的加工路线，提高内孔表面的加工精度和质量，如图 3—2—4 所示。

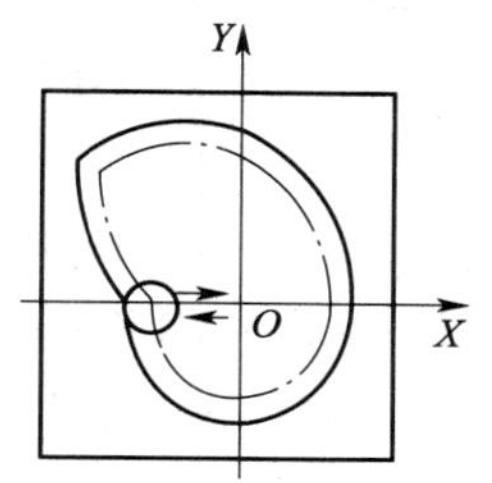


图 3—2—4　内圆轮廓加工刀具的切入和切出

## 三、刀具半径补偿

### 1. 刀具半径补偿功能

在编制数控铣床轮廓铣削加工程序时，为了编程方便，通常将数控刀具假想成一个点（刀位点），认为刀位点与编程轨迹重合。但实际上由于刀具存在一定的直径，使刀具中心轨迹与零件轮廓不重合，如图 3—2—5 所示。这样，编程时就必须依据刀具半径和零件轮廓计算刀具中心轨迹，再依据刀具中心轨迹完成编程，但如果人工完成这些计算将给手工编程带来很多的不便，甚至当计算量较大时，也容易产生计算错误。为了解决这个加工与编程之间的矛盾，数控系统提供了刀具半径补偿功能。

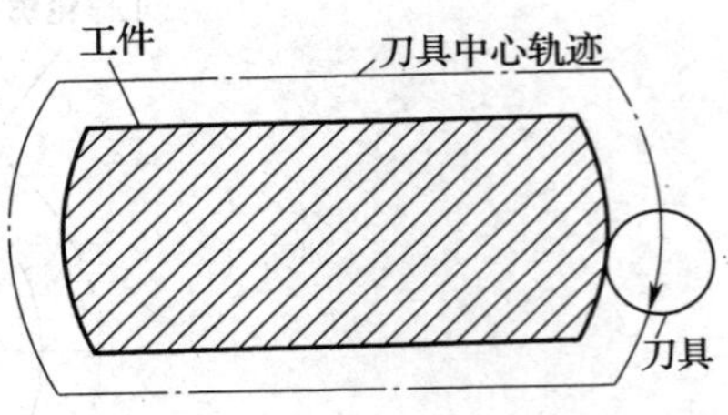

图 3—2—5　刀具半径补偿

数控系统的刀具半径补偿功能就是将计算刀具中心轨迹的过程交由数控系统完成，编程员假设刀具半径为零，直接根据零件的轮廓形状进行编程，而实际的刀具半径则存放在一个刀具半径偏置寄存器中。在加工过程中，数控系统根据零件程序和刀具半径自动计算刀具中心轨迹，完成对零件的加工。

**2．刀位点**

在数控编程过程中，为了编程人员编程方便，通常将数控刀具假想成一个点，该点称为刀位点或刀尖点。因此，刀位点既是用于表示刀具特征的点，也是对刀和加工的基准点。数控铣床常用刀具的刀位点如图 3—2—6 所示。车刀与镗刀的刀位点通常指刀具的刀尖；钻头的刀位点通常指钻尖；立铣刀、端面铣刀和铰刀的刀位点指刀具底面的中心；而球头铣刀的刀位点指球头中心。

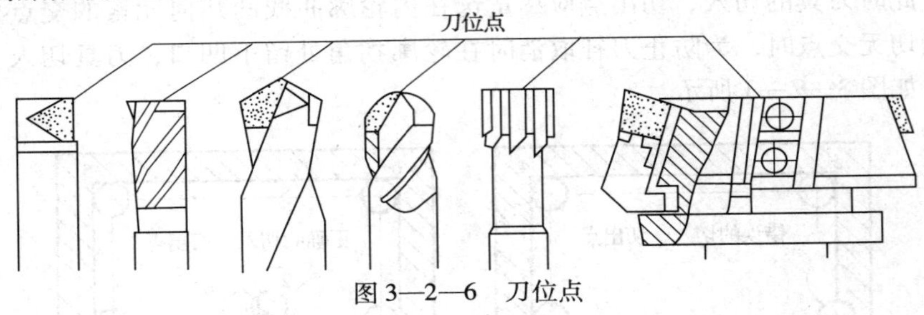

图 3—2—6　刀位点

**3．刀具半径补偿指令**

在编制轮廓切削加工程序的场合，一般以工件的轮廓尺寸作为刀具轨迹进行编程，而实际的刀具运动轨迹则与工件轮廓有一偏移量（即刀具半径）。数控系统的这种编程功能称为刀具半径补偿功能。

**（1）刀具半径补偿指令格式**

1）建立刀具半径补偿指令格式：

$$\begin{Bmatrix} G17 \\ G18 \\ G19 \end{Bmatrix} \quad \begin{Bmatrix} G41 \\ G42 \end{Bmatrix} \quad \begin{Bmatrix} G00 \\ G01 \end{Bmatrix} \quad X\_\ Y\_\ Z\_\ D\_;$$

式中　G17 ~ G19——坐标平面选择指令；

G41——左刀补，如图 3—2—7a 所示；

G42——右刀补，如图 3—2—7b 所示；

X、Y、Z——建立刀具半径补偿时目标点的坐标；

D——刀具半径补偿号。

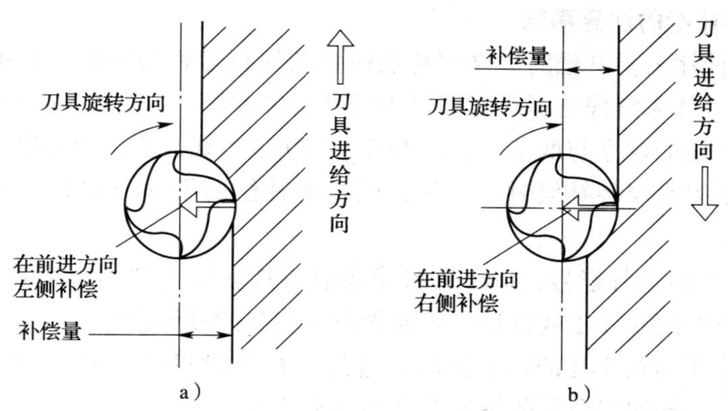


图 3—2—7　刀具补偿方向
a）左刀补　b）右刀补

2）取消刀具半径补偿指令格式：

$$\left\{\begin{matrix} G17 \\ G18 \\ G19 \end{matrix}\right\} G40 \left\{\begin{matrix} G00 \\ G01 \end{matrix}\right\} \quad X\_\_Y\_\_Z\_\_;$$

式中　G17 ~ G19——坐标平面选择指令；

G40——取消刀具半径补偿功能。

**（2）刀具半径补偿的过程**

如图 3—2—8 所示，刀具半径补偿的过程分为三步。

1）刀补的建立：刀心轨迹从与编程轨迹重合过渡到与编程轨迹偏离一个偏置量的过程。

2）刀补进行：刀具中心始终与编程轨迹相距一个偏置量直到刀补取消。

3）刀补取消：刀具离开工件，刀心轨迹要过渡到与编程轨迹重合的过程。

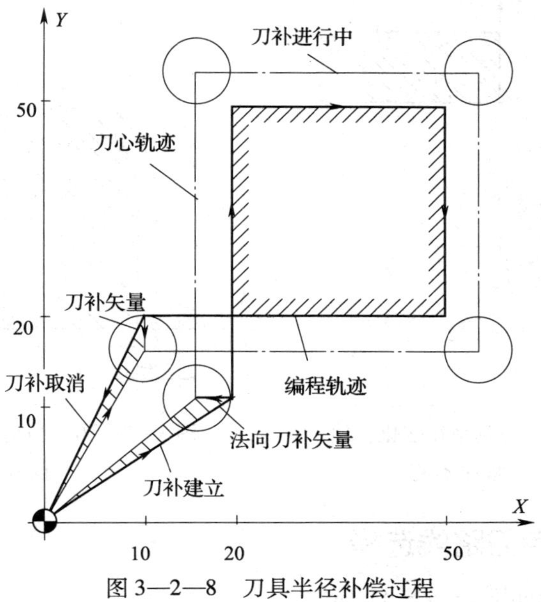


图 3—2—8　刀具半径补偿过程

**（3）使用刀具补偿的注意事项**

在数控铣床上使用刀具补偿时，必须特别注意其执行过程的原则，否则往往容易引起加工失误甚至报警，使系统停止运行或刀具半径补偿失效等。

1）刀具半径补偿的建立与取消只能用 G01、G00 来实现，不得用 G02 和 G03。

2）建立和取消刀具半径补偿时，刀具必须在所补偿的平面内移动，且移动距离应大于刀具补偿值。

3）D00 ~ D99 为刀具补偿号，D00 意味着取消刀具补偿（即 G41/G42 X_ Y_ D00 等价于 G40）。刀具补偿值在加工或试运行之前须设定在补偿存储器中。

4）加工半径小于刀具半径的内圆弧时，进行半径补偿将产生刀具干涉，只有在过渡圆角 $R \geqslant$ 刀具半径 $r$ + 精加工余量的情况下才能正常切削。

5）在刀具半径补偿模式下，如果存在有连续两段以上非移动指令（如 G90、M03 等）或非指定平面轴的移动指令，则有可能产生过切现象。

**（4）刀具半径补偿的应用**

刀具半径补偿除方便编程外，还可利用改变刀具半径补偿值的大小的方法，实现利用同一程序进行粗、精加工。即：

粗加工刀具半径补偿 = 刀具半径 + 精加工余量

精加工刀具半径补偿 = 刀具半径 + 修正量

1）因磨损、重磨或换新刀而引起刀具半径改变后，不必修改程序，只需在刀具参数设置中输入变化后的刀具半径。如图 3—2—9 所示，1 为未磨损刀具，2 为磨损后刀具，只需将刀具参数表中的刀具半径 $r_1$ 改为 $r_2$，即可适用同一程序。

2）同一程序中，同一尺寸的刀具，利用半径补偿，可进行粗、精加工。如图 3—2—10 所示，刀具半径为 $r$，精加工余量为 $\Delta$。粗加工时，输入刀具半径 $D = r + \Delta$，则加工出点划线轮廓；精加工时，用同一程序，同一刀具，但输入刀具半径 $D = r$，加工出实线轮廓。

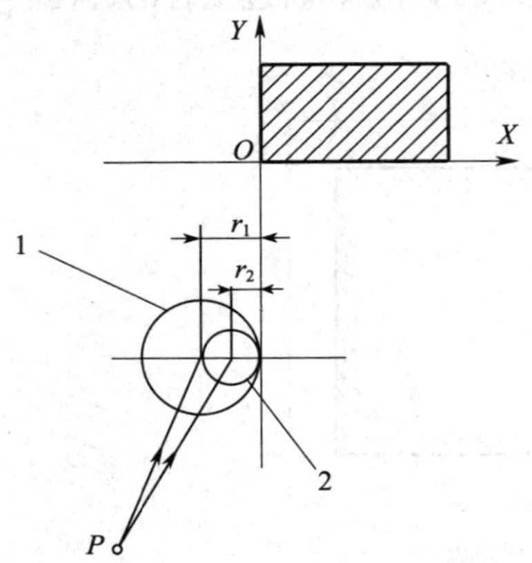


图 3—2—9　刀具半径变化，加工程序不变

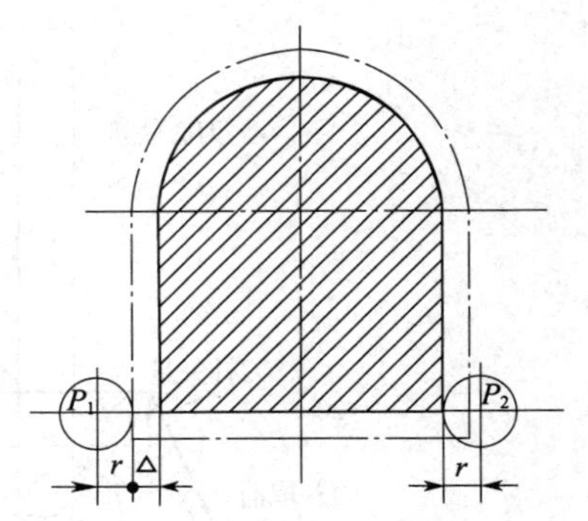


图 3—2—10　利用刀具半径补偿进行粗精加工

## 四、内轮廓的走刀路线选择

内轮廓的走刀路线如图 3—2—11 所示。

1. 环切主要用于精加工，行切主要用于粗加工。

2. 行切法走刀路线短，但在相邻两行的转接处会产生滞留刀痕；环切法走刀路线长，但获得的表面质量高。

3. 混切法综合了两者的优点，先用行切去除中间的大多数余量，最后环切一刀，使总的刀具路径较短，又获得较好的表面质量。

4. 精加工中，零件的最终轮廓应由最后一刀连续加工而成，要避免在连续的轮廓中安排切入、切出、换刀及停顿，以免因切削力突然变化而造成弹性变形，致使光滑连接轮廓上产生表面划伤、形状突变或滞留刀痕等弊病。

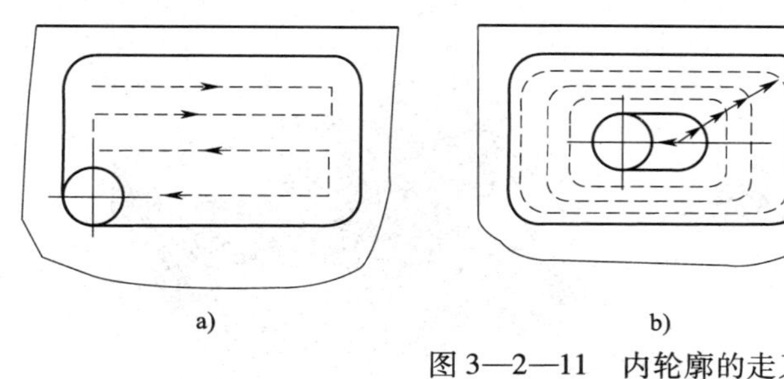
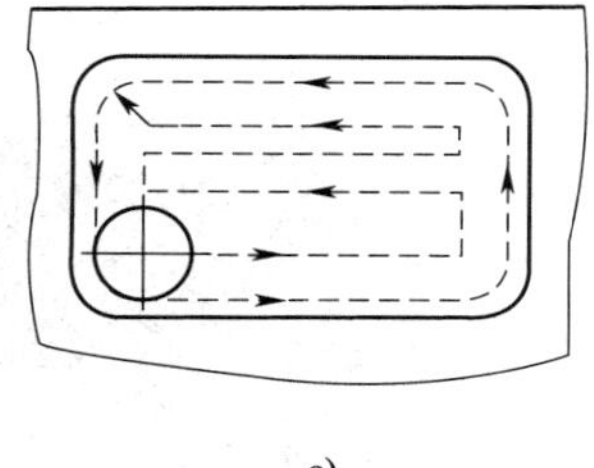

a) b) c)

图 3—2—11 内轮廓的走刀路线

a）行切 b）环切 c）混切

## 五、加工内轮廓时的 Z 向进刀方式

与加工外轮廓相比，内轮廓加工过程中的主要问题是如何进行 Z 向切深进刀。通常，选择的刀具种类不同，其进刀方式也各不相同。在数控加工中，常用的内轮廓加工 Z 向进刀方式主要有以下几种。

**1. 垂直切深进刀**

如图 3—2—12a 所示，采用垂直切深进刀时，须选择切削刃过中心的键槽铣刀或钻铣刀进行加工，而不能采用立铣刀进行加工（中心处没有切削刃）。另外，由于采用这种进刀方式切削时，刀具中心的切削线速度为零。因此，即使选用键槽铣刀进行加工，也应选择较低的切削进给速度（通常为 XY 平面内切削进给速度的一半）。

**2. 在工艺孔中进刀**

在内轮廓加工过程中，有时需用立铣刀来加工内型腔，以保证刀具的强度。由于立铣刀无法进行 Z 向垂直切深，此时可选用直径稍小的钻头先加工出工艺孔（见图 3—2—12b），再以立铣刀进行 Z 向垂直切深进给。

**3. 三轴联动斜线进刀**

采用立铣刀加工内轮廓时，也可直接用立铣刀采用三轴联动斜直线方式（见图 3—2—12c）进刀，从而避免刀具中心部分参加切削。但这种进刀方式无法实现 Z 向进给与轮廓加工的平滑过渡，容易产生加工痕迹。这种进刀方式的指令如下：

G01 X20. 0 Y25. 0 Z0； （定位至起刀点）

X－20. 0Z－8. 0； （斜直线进刀）

**4. 三轴联动螺旋线进刀**

采用三轴联动的另一种进刀方式是螺旋线进刀（见图 3—2—12d）方式。这种进刀方式容易实现 Z 向进刀与轮廓加工的自然平滑过渡，不会产生加工过程中的刀具接痕。因此，在手工编程和自动编程的内轮廓铣削中广泛使用这种进刀方式。这种进刀方式的刀具轨迹如图 3—2—13 所示，其指令格式如下：

G02/G03X _Y _Z _R _；（非整圆加工的螺旋线指令）

G02/G03X _Y _Z _I _J _K _；（整圆加工的螺旋线指令）

式中 X _Y _Z _——螺旋线的终点坐标；

R——螺旋线的半径；

I _J _K _——螺旋线起点到圆心矢量值。

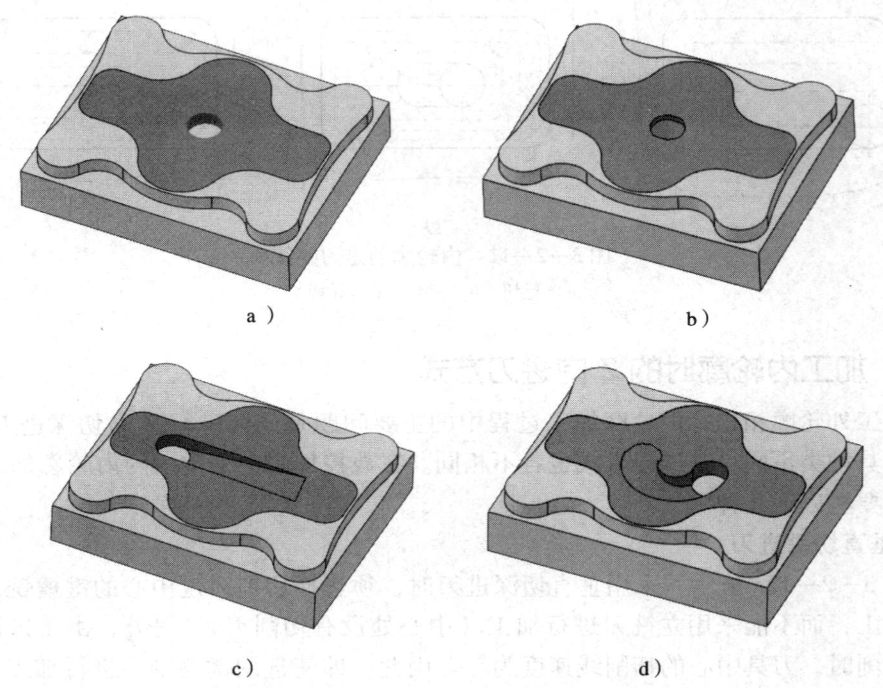


图 3—2—12 内型腔的 Z 向进刀方式

a）垂直切深进刀 b）钻工艺孔进刀 c）斜直线进刀 d）螺旋线进刀

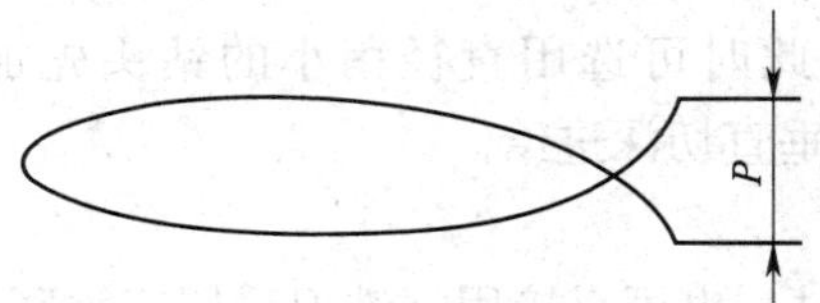


图 3—2—13 螺旋进刀的刀具轨迹

## 六、技能训练——轮廓零件的铣削加工

### 1. 外轮廓零件铣削加工

#### （1）训练项目

本次任务是数控加工如图 3—2—14 所示零件（毛坯尺寸为 100 mm × 80 mm × 25 mm），

在零件的数控加工过程中，由于外轮廓较为复杂，如果直接计算刀具刀位点的轨迹进行编程，计算复杂，容易出错，编程效率低，而采用刀具半径补偿方式进行编程，则较为简便。通过分析零件外轮廓加工工艺、安排加工步骤并编写其数控加工程序等任务，将会提高操作者对外轮廓零件铣削加工分析问题和解决问题的能力。

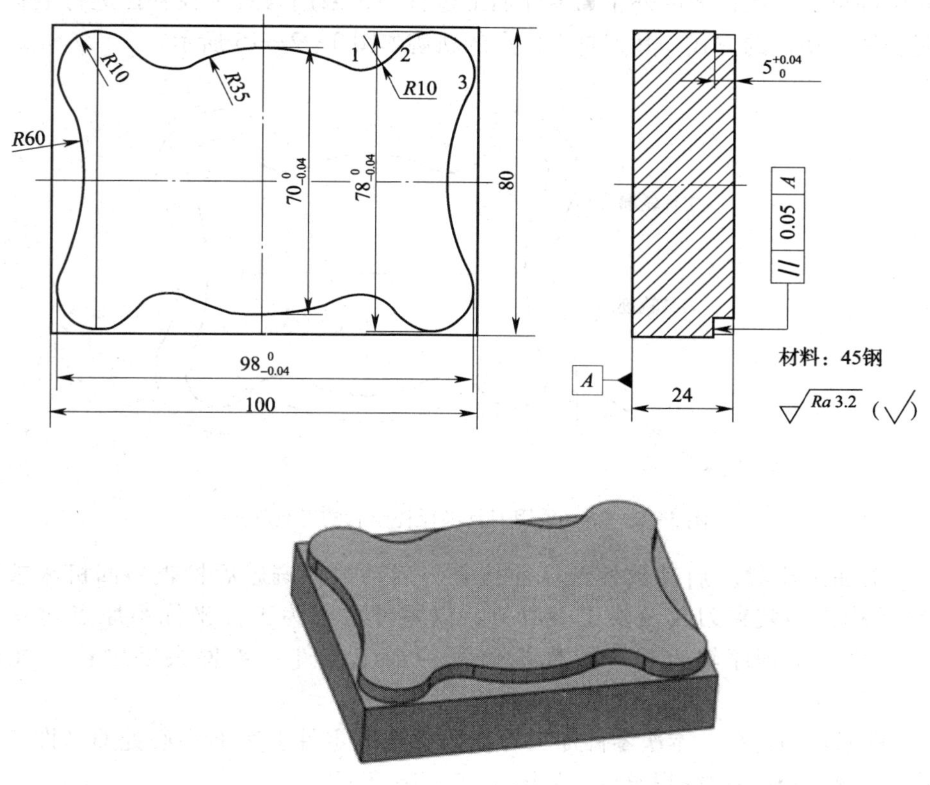


图 3—2—14　外轮廓零件图

**（2）项目分析**

本例任务中尺寸主要有：外轮廓的各连接圆弧 *R*10 mm、*R*35 mm、*R*60 mm，外轮廓的尺寸 $98_{-0.04}^{0}$ mm，$70_{-0.04}^{0}$ mm，$78_{-0.04}^{0}$ mm，外轮廓深 5 mm。对于尺寸要求，主要通过加工过程中的精确对刀、正确选用刀具的磨损量和正确选用合适的加工工艺等措施来保证。主要的形位精度有：外轮廓加工表面相对于底部的平行度要求。对于形位精度要求，在对刀精确的情况下，主要通过工件在夹具中的正确安装与校正等措施来保证。所有加工表面的表面粗糙度均为 *Ra*3.2 μm。对于表面粗糙度要求，主要通过选用正确的粗、精加工路线和合适的切削用量等措施来保证。

**（3）训练准备**

设备：数控铣床/立式加工中心 1 台（FANUC 系统），计算机 1 台。

加工材料：45 钢。

工量具：立铣刀 $\phi$16 mm 一把，百分表一个，磁性表头一个，游标卡尺一把，垫铁若干。

实习场地：一体化教室或多媒体教室，数控实训车间。

其他：训练记录手册、纸、笔、教学课件及相关教学资料等。

**（4）操作步骤**

1）确定数控加工方案。本例任务零件的毛坯为精加工平面后的零件，因此只需加工零件外轮廓即可，在此任务的外轮廓零件加工过程中，采用刀具半径补偿进行编程。编程时采用延长线上切入的方式，其刀具刀位点的轨迹如图 3—2—15 所示。

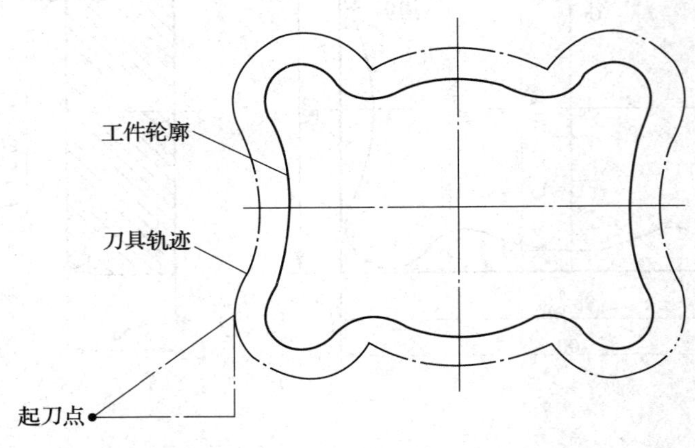


图 3—2—15　采用刀具半径补偿后的刀具轨迹

2）确定加工步骤。启动数控铣床前检查→启动数控铣床后检查→回机床参考点→零件装夹及找正→装夹刀具及找正→对刀，以零件中心为工件坐标系原点建立工件坐标系→将零件加工程序输入机床，模拟仿真→加工零件→零件去毛倒棱，进行零件自检。

3）工件原点的选择。本次零件加工外轮廓，选取零件上表面中心处 O（即工件表面的对称中心）作为零件的编程原点，如图 3—2—16 所示。

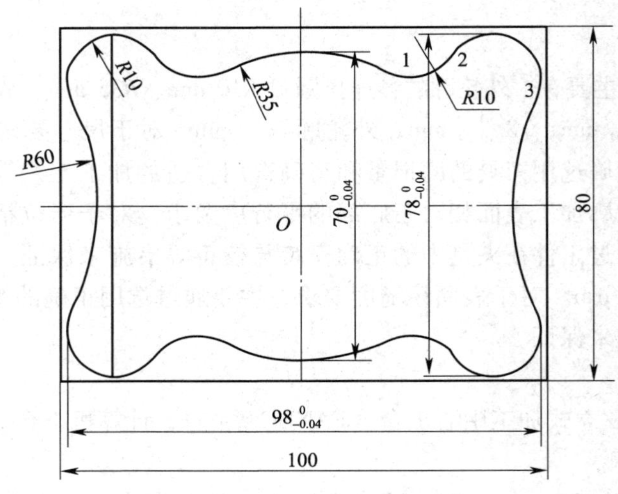


图 3—2—16　零件原点及基点坐标

4）基点坐标的计算。选择 MasterCAM 软件或 CAXA 制造工程师软件进行基点坐标的分析计算，根据图 3—2—16，得出相应各基点的坐标数值，见表 3—2—1。

**表 3—2—1　　基点的坐标数值**

| 1 点 | （17.01，30.59） | 2 点 | （30.44，34.16） |
|---|---|---|---|
| 3 点 | （48.10，24.86） | | |

5）制定加工工艺文件

①加工工序卡。本次零件加工任务的工序卡内容见表 3—2—2。

**表 3—2—2　　零件铣削加工工序卡**

| 工步 | 加工内容 | 刀具规格/mm | 刀号 | 主轴转速/（r/min） | 进给速度/（mm/min） | 背吃刀量/mm |
|---|---|---|---|---|---|---|
| 1 | 粗加工外轮廓 | $\phi$16 立铣刀 | T1 | 600 | 80 | 5 |
| 2 | 精加工外轮廓 | $\phi$16 立铣刀 | T1 | 800 | 50 | 5 |

②NC 程序单。本次零件加工任务的 NC 程序单内容见表 3—2—3。

**表 3—2—3　　零件铣削加工 NC 程序单**

| 刀具 | $\phi$16 mm 键槽铣刀 | |
|---|---|---|
| 程序段号 | FANUC 系统程序 | 程序说明 |
| | O0010； | 外轮廓加工程序 |
| N10 | G90 G94 G21 G40 G17 G54； | 程序初始化 |
| N20 | G91 G28 Z0； | *Z* 向回参考点 |
| N30 | M03 S600 M08； | 主轴正转，切削液开 |
| N40 | G90 G00 X-60.0 Y-50.0； | 刀具在 *XY* 平面中快速定位 |
| N50 | Z20.0； | 刀具 *Z* 向快速定位 |
| N60 | G01 Z-5.0 F100； | *Z* 向下刀至加工高度 |
| N70 | G41 G01 X49.0 D01； | 轮廓延长线上建立刀补 |
| N80 | Y-29.0； | 加工外形轮廓 |
| N90 | G02 X-48.10 Y-24.86 R10.0； | |
| N100 | G03 Y24.86 R60.0； | |
| N110 | G02X-30.44 Y34.16 R10.0； | |
| N120 | G03 X-17.01 Y30.59 R10.0； | |
| N130 | G02 X17.01 R30.0； | |
| N140 | G03X30.44 Y34.16 R10.0； | |
| N150 | G02X48.10 Y24.86 R10.0； | |
| N160 | G03 Y-24.86 R60.0； | |
| N170 | G02X30.44 Y-34.16 R10.0； | |
| N180 | G03 X17.01 Y-30.59 R10.0； | |
| N190 | G02X-17.01 R30.0； | |
| N200 | G03X-48.10 Y-24.86 R10.0； | |
| N210 | G02X-49.0 Y-29.0 R10.0； | |

续表

| 刀具 | $\phi$16 mm 键槽铣刀 | |
|---|---|---|
| N220 | G40 G01 X-50.0 Y-50.0; | 取消刀补 |
| N230 | G00 Z100.0 M09; | 退刀 |
| N240 | M05; | 程序结束部分 |
| N250 | M30; | |

③检测评价。加工完零件后，根据表3—2—4内容填入相关数据，与图纸要求进行对比，对误差进行原因分析。

**表3—2—4　　　　零件检测表**

| 序号 | 考核项目 | 序号 | 技术要求 | 评分标准 | 配分 | 检测结果 | 得分 | 失分原因 |
|---|---|---|---|---|---|---|---|---|
| 1 | 外形轮廓 | 1 | $90_{-0.04}^{0}$ mm | 超差0.01 mm扣1分 | 4 | | | |
| | | 2 | $78_{-0.04}^{0}$ mm | 超差0.01 mm扣1分 | 4 | | | |
| | | 3 | $70_{-0.04}^{0}$ mm | 超差0.01 mm扣1分 | 4 | | | |
| | | 4 | 5 mm | 超差0.01 mm扣2分 | 4 | | | |
| | | 5 | $R$10 mm | 超差0.01 mm扣1分 | 2×6 | | | |
| | | 6 | $R$35 mm | 超差0.01 mm扣1分 | 2×2 | | | |
| | | 7 | $R$60 mm | 超差0.01 mm扣1分 | 2×2 | | | |
| | | 8 | 平行度0.05 mm | 超差0.01 mm扣1分 | 4 | | | |
| 2 | 其他项目 | 表面粗糙度要求 $Ra$3.2 μm | | 每错一处扣1分 | 10 | | | |
| 3 | 工艺合理 | 填写工序卡。工艺不合理，视情况酌情扣分（详见工序卡）<br>①工件定位和夹紧不合理<br>②加工顺序不合理<br>③刀具选择不合理 | | | 总分15分，每违反一条酌情扣5分 | | | |
| 4 | 程序编制 | ①指令正确，程序完整<br>②运用刀具半径和长度补偿功能<br>③数值计算正确，程序编写表现出一定的技巧，简化计算和加工程序 | | | 总分15分，每违反一条酌情扣5分 | | | |
| 5 | 安全文明生产 | ①着装规范，未受伤<br>②刀具、工具、量具的放置<br>③工件装夹、刀具安装规范<br>④正确使用量具<br>⑤卫生、设备保养<br>⑥关机后机床停放位置不合理<br>⑦发生重大安全事故、严重违反操作规程 | | | 总分20分，每违反一条酌情扣3分 | | | |
| 检测人员 | | | | | 复核 | | | |

## 2. 内轮廓零件的铣削加工

### (1) 训练项目

本次任务是如图3—2—17所示零件（毛坯尺寸为100 mm×80 mm×16 mm）内轮廓的铣削加工。在此次零件的数控加工过程中，由于内轮廓较为复杂，如果直接计算刀具刀位点的轨迹进行编程，计算复杂，容易出错，编程效率低，而采用刀具半径补偿方式进行编程，较为简便。通过分析零件内轮廓的加工工艺、安排加工步骤并编写数控加工程序等任务，将会提高操作者对内轮廓零件铣削加工分析问题和解决问题的能力。

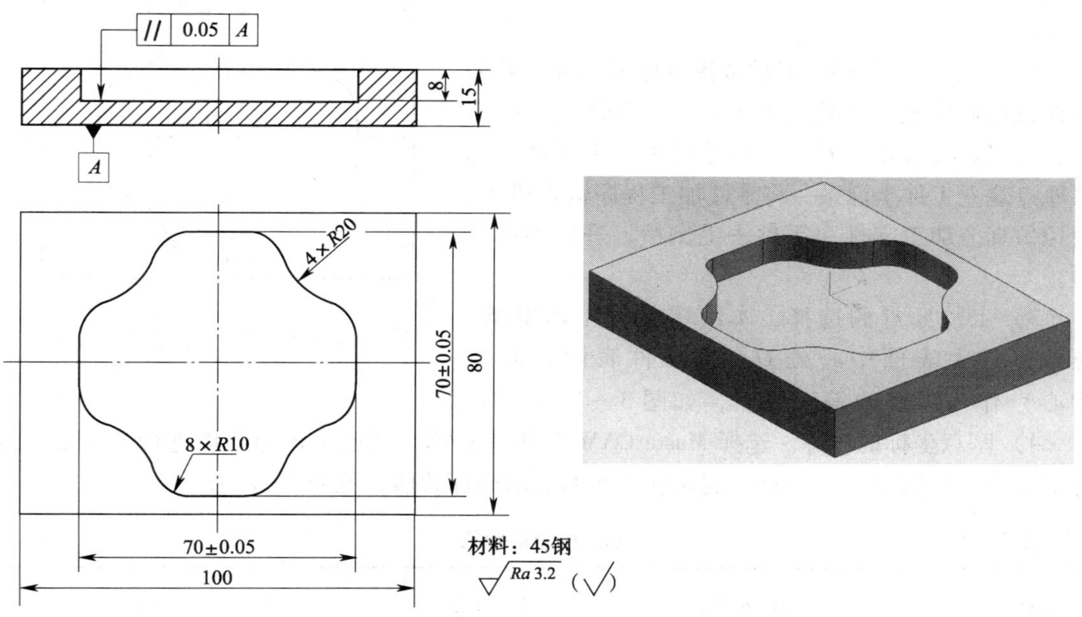


图3—2—17 内轮廓铣削加工零件图

### (2) 项目分析

本例任务中尺寸主要有：内轮廓的各连接圆弧 *R*10 mm、*R*20 mm，内轮廓的尺寸长宽均为（70±0.05），内轮廓深8 mm。对于尺寸要求，主要通过加工过程中的精确对刀、正确选用刀具的磨损量和正确选用合适的加工工艺等措施来保证。主要的形位精度有：内轮廓加工底面相对于底部的平行度要求。对于形位精度要求，在对刀精确的情况下，主要通过工件在夹具中的正确安装与校正等措施来保证。所有加工表面的表面粗糙度均为 *Ra*3.2 μm。对于表面粗糙度要求，主要通过选用正确的粗、精加工路线和合适的切削用量等措施来保证

### (3) 训练准备

设备：数控铣床/立式加工中心1台（FANUC 系统），计算机1台。

加工材料：45 钢。

工量具：立铣刀 $\phi$16 mm 一把，百分表一个，磁性表头一个，游标卡尺一把，垫铁若干。

实习场地：一体化教室或多媒体教室，数控实训车间。

其他：训练记录手册、纸、笔、教学课件及相关教学资料等。

**(4) 操作步骤**

1）确定数控加工方案。本例任务零件的毛坯为精加工平面后的零件，因此只需加工零件的内轮廓即可，在此任务的内轮廓零件加工过程中，除了零件的内侧面需要加工外，中间所残留的余量也是要被切除的，同时采用刀具半径补偿进行编程。

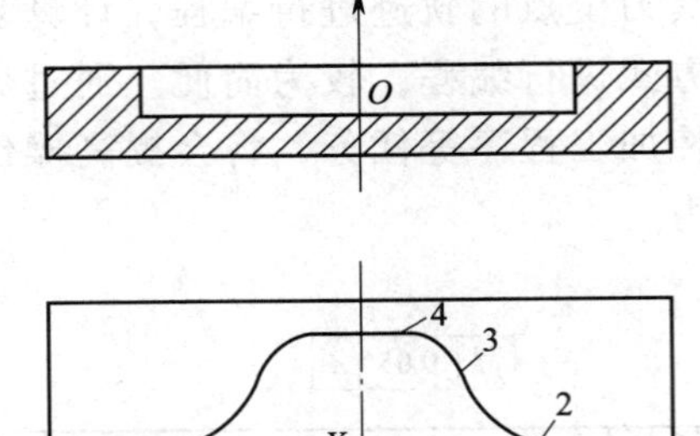


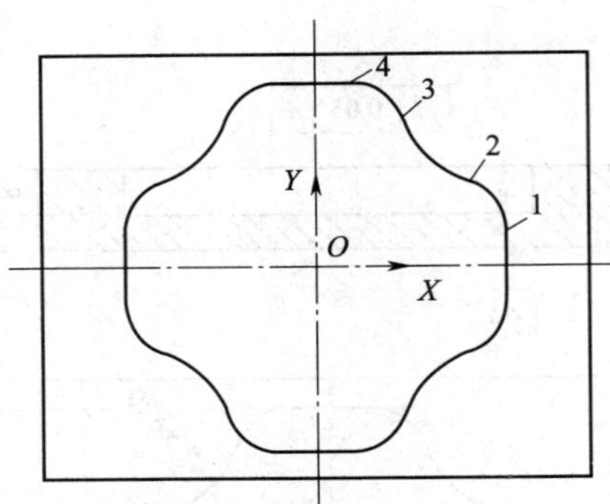


图 3—2—18　零件原点及基点坐标

2）确定加工步骤。启动数控铣床前检查→启动数控铣床后检查→回机床参考点→零件装夹及找正→装夹刀具及找正→对刀，以零件中心为工件坐标系原点建立工件坐标系→将零件加工程序输入机床，模拟仿真→加工零件→零件去毛倒棱，进行零件自检。

3）工件原点的选择。本次零件加工两键槽，选取零件上表面中心处 $O$（即工件表面的对称中心）作为零件的编程原点，如图 3—2—18 所示。

4）基点坐标的计算。选择 MasterCAM 软件或 CAXA 制造工程师软件进行基点坐标的分析计算，根据图 3—2—18，得出相应各基点的坐标数值，见表 3—2—5。

**表 3—2—5　基点的坐标数值**

| 1 点 | （35，6.72） | 2 点 | （28.33，16.14） |
|---|---|---|---|
| 3 点 | （16.14，28.33） | 4 点 | （6.72，35） |

5）制定加工工艺文件

①加工工序卡。本次零件加工任务的工序卡内容见表 3—2—6。

**表 3—2—6　零件铣削加工工序卡**

| 工步 | 加工内容 | 刀具规格/mm | 刀号 | 主轴转速/（r/min） | 进给速度/（mm/min） | 背吃刀量/mm |
|---|---|---|---|---|---|---|
| 1 | 粗加工外轮廓 | $\phi$16 立铣刀 | T1 | 600 | 80 | 5 |
| 2 | 精加工外轮廓 | $\phi$16 立铣刀 | T1 | 800 | 50 | 5 |

②NC 程序单。本次零件加工任务的 NC 程序单内容见表 3—2—7。

表 3—2—7　　**零件铣削加工 NC 程序单**

| 刀具 | $\phi$16 mm 键槽铣刀 | |
|---|---|---|
| 程序段号 | FANUC 系统程序 | 程序说明 |
| | O0010； | 内轮廓粗加工程序 |
| N10 | G90 G40 G21 G94 G17； | 程序初始化 |
| N20 | G91 G28 Z0； | *Z* 向回参考点 |
| N30 | G90 G54 M3 S600 M08； | 主轴正转，切削液开 |
| N40 | G00 X0 Y0； | 刀具在 *XY* 平面中快速定位 |
| N50 | Z5.0； | 刀具 *Z* 向快速定位 |
| N60 | G01 Z0 F80； | *Z* 向下刀至加工高度 |
| N70 | M98 P0020 L02； | 粗加工内轮廓 |
| N80 | G00 Z20.0 M09； | 程序结束部分 |
| N90 | G91 G28 Z0； | |
| N100 | M30； | |
| 程序段号 | FANUC 系统程序 | 程序说明 |
| | O0020； | 内轮廓粗加工子程序 |
| N10 | G91 G01 Z-4.0 F40； | 每次 *Z* 向切深 4 mm |
| N20 | G90 G01 X7.0 Y0 F48； | 粗加工内轮廓 |
| N30 | G03 I-7.0 J0； | |
| N40 | G01 X19.0 Y0； | |
| N50 | G03 I-19.0 J0； | |
| N60 | G01 X0 Y0 F100； | |
| N70 | M99； | 返回主程序 |
| 刀具 | $\phi$16 mm 键槽铣刀 | |
| 程序段号 | FANUC 系统程序 | 程序说明 |
| | O0030； | 内轮廓精加工程序 |
| N10 | G90 G40 G21 G94 G17； | 程序初始化 |
| N20 | G91 G28 Z0； | *Z* 向回参考点 |
| N30 | G90 G54 M3 S600 M08； | 主轴正转，切削液开 |
| N40 | G00 X5.0 Y0； | 刀具在 *XY* 平面中快速定位 |

续表

| 刀具 | $\phi$16 mm 键槽铣刀 | |
|---|---|---|
| N50 | Z5.0 | 刀具 $Z$ 向快速定位 |
| N60 | G01 Z0 F50 | $Z$ 向下刀至加工高度 |
| N70 | M98 P0040 L02； | 精加工内轮廓 |
| N80 | G00 Z20.0 M09； | 程序结束部分 |
| N90 | G91 G28 Z0； | |
| N100 | M30； | |
| 程序段号 | FANUC 系统程序 | 程序说明 |
| | O0040； | 内轮廓精加工子程序 |
| N10 | G91 G01 Z－4.0 F50； | 每次 $Z$ 向切深 4 mm |
| N20 | G90 G41 D01 G01 X20.0 Y－15.0； | 精加工内轮廓 |
| N30 | G03 X35.0 Y0 R15.0； | |
| N40 | G01 Y6.7157； | |
| N50 | G03 X28.3333 Y16.1438 R10.0； | |
| N60 | G02 X16.1438 Y28.3333 R20.0； | |
| N70 | G03 X6.7157 Y35.0 R10.0； | |
| N80 | G01 X－6.7157； | |
| N90 | G03 X－16.1438 Y28.3333 R10.0； | |
| N100 | GO2 X－28.3333 Y16.1438 R20.0； | |
| N110 | G03 X－35.0 Y6.7157 R10.0； | |
| N120 | G01 Y－6.7157； | |
| N130 | G03 X－28.3333 Y－16.1438 R10.0； | |
| N140 | G02 X－16.1438 Y－28.3333 R20.0； | |
| N150 | G03 X－6.7157 Y－35.0 R10.0； | |
| N160 | G01 X6.7157； | |
| N170 | G03 X16.1438 Y－28.3333 R10.0； | |
| N180 | G02 X28.3333 Y－16.1438 R20.0； | |
| N190 | G03 X35.0 Y－6.7157 R10.0； | |
| N200 | G01 Y0； | |
| N210 | G03 X20.0 Y15.0 R15.0； | |
| N220 | G40 G01 X5.0 Y0； | |
| N230 | M99； | 返回主程序 |

③检测评价。加工完零件后，根据表3—2—8内容填入相关数据，与图纸要求进行对比，对误差进行原因分析。

表3—2—8　　零件检测表

| 序号 | 考核项目 | 序号 | 技术要求 | 评分标准 | 配分 | 检测结果 | 得分 | 失分原因 |
|---|---|---|---|---|---|---|---|---|
| 1 | 内轮廓 | 1 | (70 ±0.05) mm | 超差0.01 mm扣1分 | 4×2 | | | |
| | | 2 | *R*10 mm | 超差0.01 mm扣2分 | 2×8 | | | |
| | | 3 | *R*20 mm | 超差0.01 mm扣1分 | 2×4 | | | |
| | | 4 | 8 mm | 超差0.01 mm扣1分 | 4 | | | |
| | | 5 | 平行度0.05 mm | 超差0.01 mm扣1分 | 4 | | | |
| 2 | 其他项目 | 表面粗糙度要求 *Ra*3.2 μm | | 每错一处扣1分 | 10 | | | |
| 3 | 工艺合理 | 填写工序卡。工艺不合理，视情况酌情扣分（详见工序卡）<br>①工件定位和夹紧不合理<br>②加工顺序不合理<br>③刀具选择不合理 | | | 总分15分，每违反一条酌情扣5分 | | | |
| 4 | 程序编制 | ①指令正确，程序完整<br>②运用刀具半径和长度补偿功能<br>③数值计算正确，程序编写表现出一定的技巧，简化计算和加工程序 | | | 总分15分，每违反一条酌情扣5分 | | | |
| 5 | 安全文明生产 | ①着装规范，未受伤<br>②刀具、工具、量具的放置<br>③工件装夹、刀具安装规范<br>④正确使用量具<br>⑤卫生、设备保养<br>⑥关机后机床停放位置不合理<br>⑦发生重大安全事故、严重违反操作规程 | | | 总分20分，每违反一条酌情扣3分 | | | |
| 检测人员 | | | | | 复核 | | | |

## 课后练习

1. 内外轮廓铣圆时，加工进给路线要注意什么？
2. 简单叙述刀具半径补偿的过程。
3. 内轮廓有哪几种走刀路线？
4. 常用的内轮廓加工 *Z* 向进刀方式有哪几种？
5. 根据3－2－19所示零件图，分析其加工工艺，拟定加工路线，合理选择刀具和切削参数，编写外轮廓数控加工程序并进行加工。毛坯为80 mm×60 mm×20 mm的长方块（其表面已加工），材料为45钢。

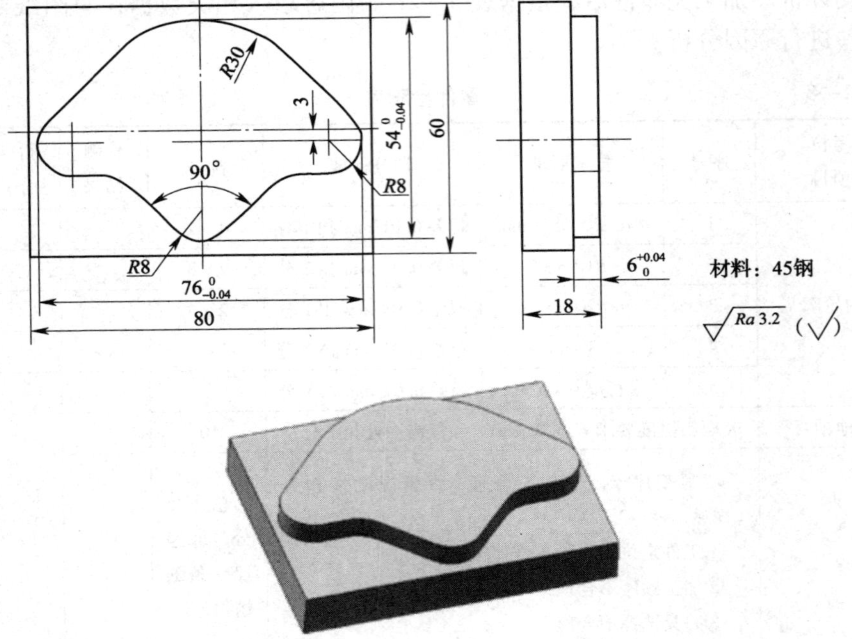


图 3—2—19 外轮廓零件训练图

6. 根据3—2—20所示的零件图，分析其加工工艺，拟定加工路线，合理选择刀具和切削参数，编写外轮廓数控加工程序并进行加工。毛坯为90 mm×80 mm×15 mm的长方块（其表面已加工），材料为45钢。

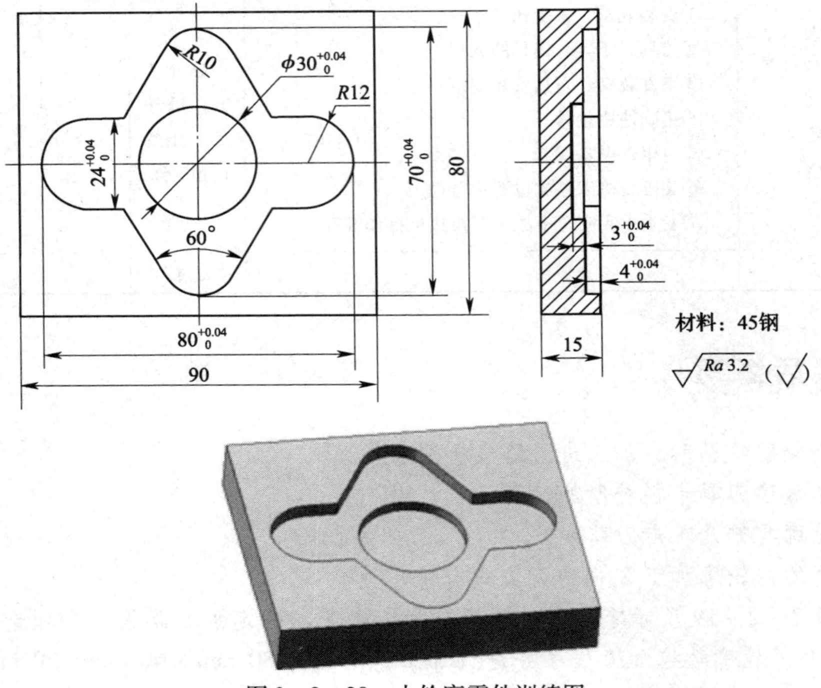


图 3—2—20　内轮廓零件训练图

# 课题3 曲面加工

## 学习目标

1. 熟悉铣削曲面的加工方法和检验方法。
2. 熟悉曲面的铣削原理。
3. 掌握行切和环切两种走刀路线。
4. 掌握圆柱曲面和球面零件的加工过程及操作要点。

## 一、铣削曲面的加工方法

**1. 手动进给铣削曲面**

单件、小批量生产，且精度要求不高的曲线回转面，通常采用按划线由双手配合手动进给的方法，在立式铣床上用立铣刀的圆周刃铣削。

**（1）工件装夹**

工件装夹前，先在工件上划出加工部位的轮廓线并打上样冲眼。用压板将工件压紧在工作台台面上，工件下面应垫以平行垫铁，以防止铣伤工作台。工件在工作台上的装夹位置要便于操作，如图3—3—1所示。

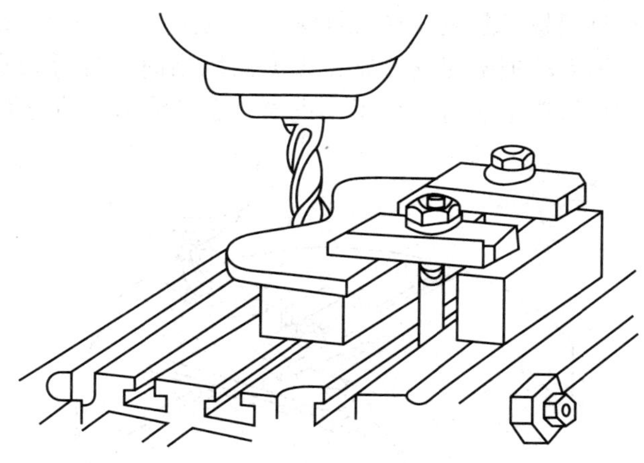

图3—3—1 手动进给铣曲线回转面

**（2）铣刀的选择**

铣削只有凸圆弧的曲线回转面时，立铣刀直径不受限制；铣削有凹圆弧的曲线回转面时，立铣刀的半径必须等于或小于凹圆弧曲率半径，否则无法加工。为了保证铣刀的刚性，在条件允许的情况下，尽可能选用直径较大的立铣刀。

**（3）铣削方法**

1）由于曲线外形各处余量不均匀，因此应先粗铣，把大部分余量分几次切除，使划线轮廓周围的余量大致相等。

2）精铣时，与进给方向平行的直线部分可以用一个方向进给，其他部分应双手分别操作纵、横两个方向进给手柄，协调配合进给。操作时要精神集中，密切注视铣刀切削刃与划线相切的部位，用逐渐趋近法分几次铣至要求，即铣去样冲眼的一半。

3）铣削时应始终保持逆铣，尤其是在两个方向同时进给时更应注意，以免因顺铣折断铣刀和铣废工件。

4）铣削外形较长又较平坦的部分时，可以一个方向采用机动进给，另一个方向采用手动进给配合。

按划线手动进给铣削曲线回转面，不仅生产效率低，劳动强度大，且加工质量不稳定，因此要求操作者有较高的技能。该方法仅适用于单件、小批生产。

**2. 用回转工作台铣削曲面**

**（1）铣削前的工作**

铣削由圆弧或由圆弧和直线组成的曲线回转面工件时，在数量不多的情况下，大多采用回转工作台在立式铣床上加工，如图3—3—2所示。

**（2）铣削方法**

用回转工作台铣削曲面时，应先找正回转工作台中心与铣床主轴的同轴度，再找正工件圆弧面中心与回转工作台的同轴度，然后调整铣刀与回转工作台中心的距离，调整好后方可铣削。

**3. 仿形法铣削曲面**

**（1）仿形法**

仿形法是将工件和靠模板一起装夹在夹具体上（见图3—3—3），或直接装夹在工作台中（见图3—3—3b），用手动进给使铣刀靠在靠模曲线型面上进行铣削的一种方法。仿形铣削可在立式铣床或仿形铣床上进行，可手动进给，也可采用机动进给。

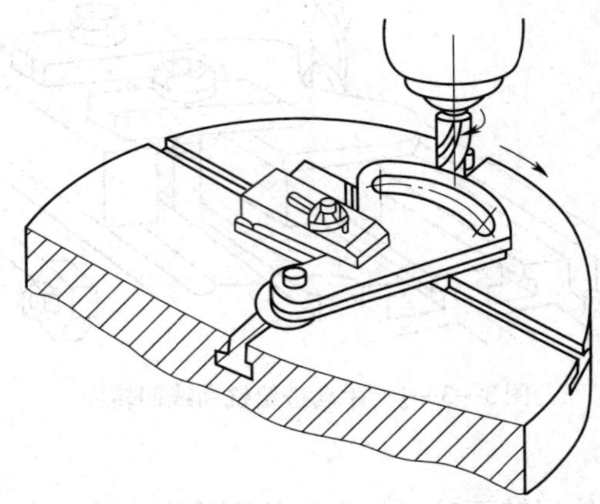

图3—3—2　用回转工作台铣削圆弧面

**（2）铣削方法**

铣削时，用双手分别操纵横向和纵向进给手轮，使靠模铣刀的柄部外圆始终沿着靠模板的型面做进给运动，即可将工件的曲面铣出。粗铣时，铣刀的柄部外圆不与靠模板直接

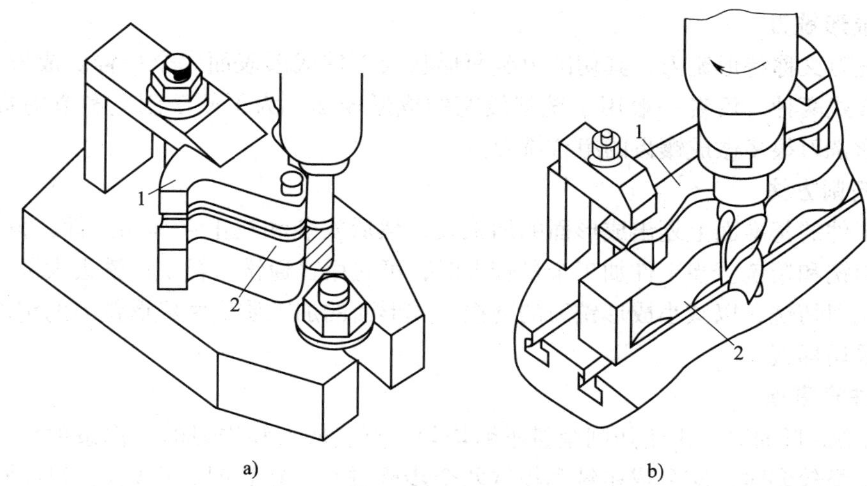


图 3—3—3　仿形法手动进给铣削曲线回转面

a）铣削凸圆弧面　b）铣削凹圆弧面

1—靠模　2—工件

接触，而是保持一定距离，以使精铣余量均匀；精铣时，双手配合均匀进给，铣刀与靠模之间接触压力适当、稳定，以保证获得圆滑、平整的加工表面。

**（3）注意事项**

1）精铣时，铣刀的直径及铣刀、滚轮和靠模之间的相对位置和中心距，都必须和靠模设计时的预定数据相符（一般应将铣刀、滚轮和模型的中心找正在同一直线上），否则无法加工出正确的成形面。

2）刀柄（或滚轮）与靠模之间的压力要适当，只要能保证它们之间能互相接触即可（一般为 200 N 左右），压力过大会增加靠模磨损，引起铣刀折断或损伤滚轮和销轴；压力过小会使铣削过程发生振动。

3）铣削时，要防止切屑嵌入靠模与刀杆之间，以免靠模和刀杆过早磨损，影响加工精度。

**4. 用成形法铣削曲面**

一般成形面是直素线较长的简单成形面，由于直素线较长，不能用立铣刀的圆周刃进行加工，而要使用成形铣刀在卧式铣床上进行加工，如图 3—3—4 所示。

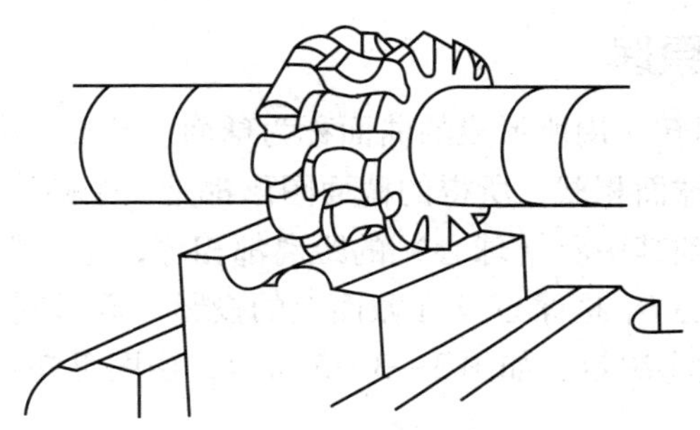

图 3—3—4　用成形铣刀铣削成形面

**(1) 成形铣刀**

成形铣刀又称特形铣刀，其切削刃截面形状与工件成形表面完全一样。成形铣刀分整体式和组合式两种，后者一般用于铣削较宽的成形表面。为了便于制造和节约贵重材料，大型的成形铣刀很多做成镶齿的组合铣刀。

**(2) 铣削方法**

先在工件的基准面上划出成形面的加工线，然后安装和找正夹具和工件，再按划线对刀，进行粗铣和精铣。当工件加工余量较大时，可先用普通铣刀粗铣，铣去大部分余量后，再用成形铣刀精铣，以减小成形铣刀的磨损。成形面的加工质量由成形铣刀的精度来保证，检验一般采用样板。

**(3) 注意事项**

1）铣削成形面时，由于切削余量不够均匀、宽度较大和铣刀的工作条件较差。因此，当工件的余量较多时，应分成粗铣和精铣两个步骤进行。粗铣时，可以用形状精度不高的并磨成具有正前角的粗成形铣刀加工，也可先用普通铣刀来切去较多的余量；精铣时再用精确的成形铣刀铣削。

2）成形铣刀制造比较困难、刃磨比较费时，故价格较昂贵。为了提高刀具的使用寿命，使用时应采用较低的铣削速度。

3）成形铣刀要及时刃磨，否则会增加刃磨铣刀的困难，甚至失去成形刀的精度。

4）开始铣削时，应使铣刀慢慢地切入，以免刀齿由于突然撞击工件而损坏铣刀。

5）粗铣时，可在铣刀齿背刃口处交错地磨出一条或几条分屑槽。这样能有效地改善切削和排屑状况。

## 二、曲面的检验方法

**1. 圆弧半径的检验**

圆弧半径的检测可以用游标卡尺和圆弧样板配合检测。

**2. 曲面素线的检验**

形面素线应垂直于两基准平面，检测时可用90°角尺检查素线是否垂直于端平面。

**3. 表面粗糙度的检验**

表面质量要求低的成形面，可以用表面粗糙度样块比较检测；表面质量要求高的成形面只检查形状误差（切痕的大小），可用样板目测间隙是否合格。

## 三、球面的铣削原理

半圆曲线绕其直径回转一周所形成的曲面称为球面。球面具有以下特点。

1. 任意一个平面与球面相截，所得的截面图形都是一个圆。

2. 球面上任意一点到其中心（球心）的距离都相等，这个距离就是球的半径 $R$。

3. 任意截形圆的圆心 $O_1$ 是球心 $O$ 在截面上的投影，截形圆的半径 $r$ 由球的半径 $R$ 和球心到截面的距离 $e$ 的大小决定，如图 3—3—5 所示，由图可知：

$$r = \sqrt{R^2 - e^2}$$

由上式可知：到球心距离相等的不同平面截同一个球时，截得的各截形圆半径都相等，球面铣削就是基于这一原理的一种加工方法。铣削时，只要铣刀回转时刀尖运动的轨迹圆与被加工球面的截形圆重合，同时使工件绕与铣刀回转轴线相交的自身轴线回转，就能加工出所需的球面。铣刀回转轴线与工作轴线的交点即球心。

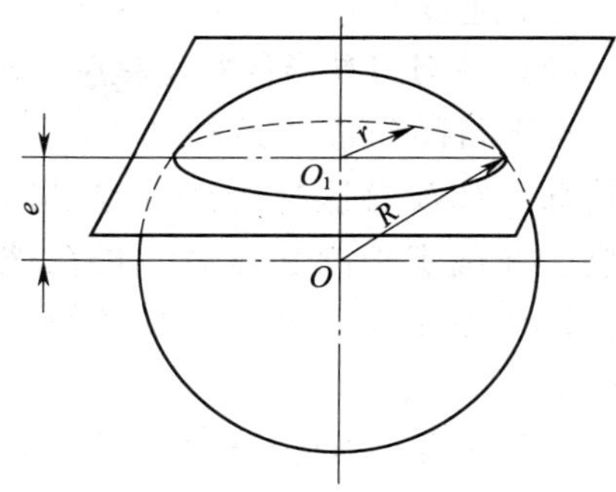

图 3—3—5　平面截球的截形圆

根据上述加工原理，球面铣削的三个基本原则是：铣刀回转轴线必须通过球心，以使刀尖的回转运动轨迹与球面的某一截形圆重合；以铣刀刀尖的回转半径及截形圆所在截平面到球心的距离确定球面的半径尺寸；以铣刀回转轴线与球面工作轴线的交角确定球面的加工位置。

## 四、行切和环切

在数控加工中，行切和环切是典型的两种走刀路线。

**1. 环切**

环切主要用于轮廓的半精加工、精加工及粗加工，用于粗加工时，其效率比行切低，但可方便地用刀补功能实现。

环切加工是利用已有精加工刀补程序，通过修改刀具半径补偿值的方式，控制刀具从内向外或从外向内，一层一层去除工件余量，直至完成零件加工。编写环切加工程序，需解决三个问题：环切刀具半径补偿值的计算；环切刀补程序工步起点（下刀点）的确定；如何在程序中修改刀具半径补偿值。

**（1）环切刀具半径补偿值的计算**

确定环切刀具半径补偿值可按如下步骤进行。

1）确定刀具直径、走刀步距和精加工余量。

2）确定半精加工和精加工刀补值。

3）确定环切第一刀的刀具中心相对零件轮廓的位置（第一刀刀补值）。

4）根据步距确定中间各刀刀补值。

示例：用环切方案加工如图 3—3—6 所示零件内槽，环切路线为从内向外。

环切刀补值确定过程如下。

1）根据内槽圆角半径 $R6$ mm，选取 $\phi12$ mm 键槽铣刀，精加工余量为 0.5 mm，走刀步距取 10 mm。

2）由刀具半径 6 mm，可知精加工和半精加工的刀补半径分别为 6 mm 和 6.5 mm。

3）如图 3—3—8 所示，为保证第一刀的左右两条轨迹按步距要求重叠，两轨迹间距离等于步距，则该刀刀补值 $=30-10/2=25$ mm。

4）根据步距确定中间各刀刀补值：

第二刀刀补值 $=25-10=15$ mm

第三刀刀补值 $=15-10=5$ mm，该值小于半精加工刀补值，说明此刀不需要。

由上述过程可知，环切共需 4 刀，刀补值分别为 25 mm、15 mm、6.5 mm、6 mm。

**（2）环切刀具半径补偿程序工步起点（下刀点）的确定**

对于封闭轮廓的刀补加工程序来说，一般选择轮廓上凸出的角作为切削起点，对内轮廓，如没有这样的点，也可以选取圆弧与直线的相切点，以避免在轮廓上留下接刀痕。在确定切削起点后，再在该点附近确定一个合适的点，来完成刀补的建立与撤销，这个专用于刀补建立与撤销的点就是刀补程序的工步起点，一般情况下也是刀补程序的下刀点。

一般而言，当选择轮廓上凸出的角作为切削起点时，刀补程序的下刀点应在该角的角平分线上（45°方向），当选取圆弧与直线的相切点或某水平/垂直直线上的点作为切削起点时，刀补程序的下刀点与切削起点的连线应与直线部分垂直。在一般的刀补程序中，为缩短空刀距离，下刀点与切削起点的距离比刀具半径略大一点，下刀时刀具与工件不发生干涉即可。但在环切刀补程序中，下刀点与切削起点的距离应大于在上一步骤中确定的最大刀具半径补偿值，以避免产生刀具干涉报警。如对图 3—3—6 所示零件，取 *R*30 mm 圆弧圆心为编程零点，取 *R*30 mm 圆弧右侧端点作为切削起点，如刀补程序仅用于精加工，下刀点取在（22，0）即可，该点至切削起点距离为 8 mm。但在环切时，由于前两刀的刀具半径补偿值大于 8 mm，建立刀补时，刀具实际运动方向是向左，而程序中指定的运动方向是向右，撤销刀补时与此类似，此时数控系统就会产生刀具干涉报警。因此，合理的下刀点应在编程零点（0，0）。

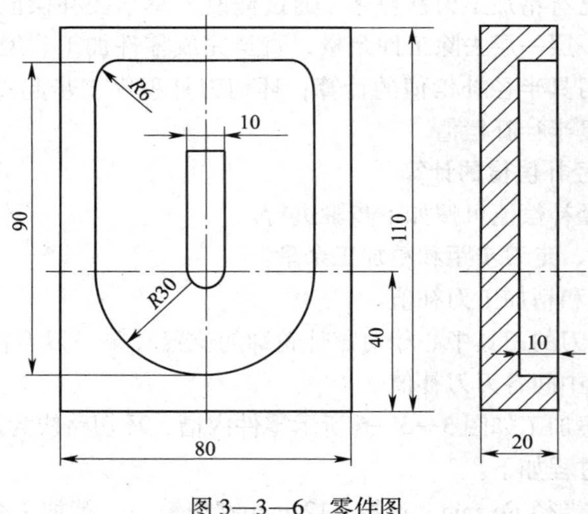


图 3—3—6　零件图

**2. 行切**

一般来说，行切主要用于粗加工，在手工编程时多用于规则矩形平面、台阶面和矩形下陷加工，对非矩形区域的行切一般用自动编程实现。

**（1）矩形区域的行切计算**

1）矩形平面的行切区域计算。如图 3—3—7 所示，矩形平面一般采用图示走刀路线加工，在主切削方向，刀具中心需切削至零件轮廓边；在进刀方向，在起始和终止位置，刀具边沿需伸出工件一距离，以避免欠切。

假定工件尺寸如图3—3—7所示，采用$\phi$60 mm面铣刀加工，步距50 mm，上、下边界刀具各伸出10 mm。则行切区域尺寸为800 mm×560（600+10×2-60）mm。

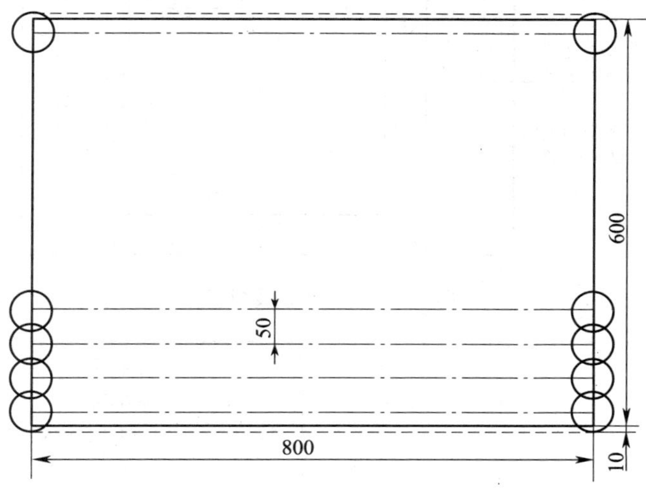


图3—3—7　矩形平面走刀路线

2）矩形下陷的行切区域计算。对矩形下陷而言，由于行切只用于去除中间部分余量，下陷的轮廓是采用环切获得的，因此其行切区域为半精加工形成的矩形区域，计算方法与矩形平面类似。

假定下陷尺寸100 mm×80 mm，由圆角$R$6 mm选$\phi$12 mm铣刀，精加工余量0.5 mm，步距10 mm，则半精加工形成的矩形为（100-12×2-0.5×2）×（80-12×2-0.5×2）=75 mm×55 mm。如行切上、下边界刀具各伸出1 mm，则实际切削区域尺寸为75×（55+2-12）=75mm×45mm。

**（2）行切的子程序实现**

对于行切走刀路线而言，每来回切削一次，其切削动作形成一种重复，如果将来回切削一次做成增量子程序，则利用子程序的重复可完成行切加工。

1）切削次数与子程序重复次数计算

①进刀次数$n$=总进刀距离/步距=47/10=4.5，实际需切削6刀，进刀5次。

②子程序重复次数$m=n/2$=5/2=2.5，剩余一刀进行补刀。

③步距的调整：步距=总进刀距离/切削次数。

说明：

➢ 当实际切削次数约为偶数刀时，应对步距进行调整，以方便程序编写。

➢ 当实际切削次数约为奇数刀时，可加1成偶数刀，再对步距进行调整，或直接将剩下的一刀放在行切后的补刀中，此时不需调整步距。

➢ 由于行切最后一刀总是进刀动作，故行切后一般需补刀。

2）示例。如图3—3—8所示零件，编程零点设在工件中央，下刀点选在左下角点，加工程序如下：

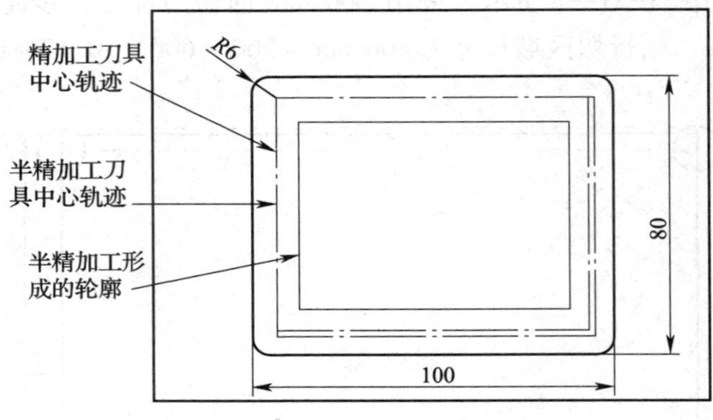


图 3—3—8　示例零件图

| 主程序 | | 子程序 |
|---|---|---|
| %0010； | | %0020； |
| G54 G90 G0 G17 G40； | | G91 G1 X75 F150； |
| Z50 M03 S800； | | Y10； |
| G0 X-43.5 Y-33.5； | 定位到下刀点 Z5； | X-75； |
| G1 Z-10 F100； | | Y10； |
| M98 P0010； | 环切加工，该程序省略 | G90 M99； |
| G1 X-37.5 Y-22.5； | 行切起点 | |
| M98 P0020 L2； | 行切加工 | |
| G1 X37.5； | 补刀 | |
| Y22.5 | | |
| X-37.5 | | |
| G0 Z50； | | |
| M30； | | |

## 五、技能训练——曲面轮廓零件的铣削加工

### 1. 圆柱曲面零件的铣削加工

#### (1) 训练项目

本次零件的铣削加工主要是零件的圆柱曲面，如图 3—3—9 所示，零件圆柱曲面表面加工是此次零件铣削加工的重点。根据零件图纸的分析，尺寸精度要求不高，但零件加工后的圆柱曲面外形要较好。为加工此类外形的零件，可在三坐标数控铣床（如数控铣床或加工中心等）上用球头铣刀或立铣刀采用“行切法”加工，即刀具沿平面运动一周，在零件轮廓上加工出一平面曲线，然后在 $Z$ 方向上移动一个行距 $\triangle Z$，再加工出一个新的平面曲线，直至整个曲面形状加工结束。

#### (2) 项目分析

本例任务中尺寸主要有：圆柱面 $R40$ mm。对于尺寸要求，主要通过加工过程中的精确对刀、正确选用刀具的磨损量和合适的加工工艺等措施来保证。主要的形位精度有：零件铣削加工的表面圆柱度要求。对于形位精度要求，在对刀精确的情况下，主要通过工件在夹具中的正确安装与校正等措施来保证。

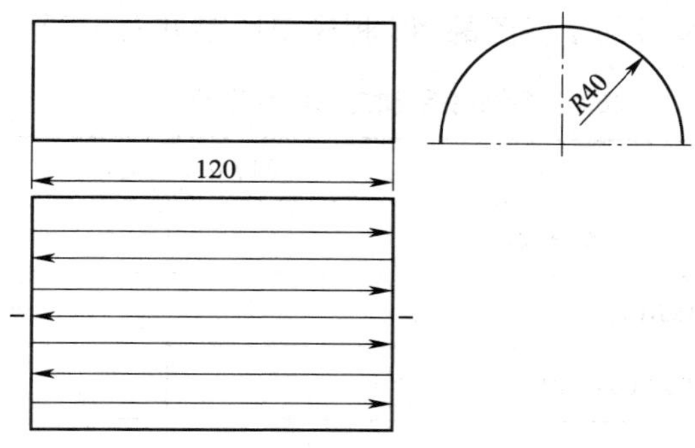


图 3—3—9　圆柱曲面铣削加工零件

**(3) 训练准备**

设备：数控铣床/立式加工中心共 1 台（FANUC 系统），计算机 1 台。

加工材料：45 钢。

工量具：ϕ10 mm 的立铣刀 1 把，ϕ10 mm 的球头铣刀 1 把，百分表 1 个，磁性表头 1 个，游标卡尺 1 把，垫铁若干。

实习场地：一体化教室或多媒体教室，数控实训车间。

其他：训练记录手册、纸、笔、教学课件及相关教学资料等。

**(4) 操作步骤**

1）确定数控加工方案。本例任务所加工零件如图 3—3—9 所示，加工轮廓为圆柱面，其中零件的圆柱曲面外形是其加工中的重点。根据零件的轮廓尺寸、加工要求和实训车间的设备状况，决定选择 VDL－100 数控铣床完成本次加工任务。由于加工零件毛坯为方钢，所以决定选择平口虎钳、垫铁等配合装夹工件。加工此类工件一般有两种方案：一是沿圆柱面母线铣削，圆弧周期进给；二是沿圆弧铣削，母线方向周期进给。从保证表面质量来看，最佳方案为沿圆柱面母线铣削，圆弧周期进给，如图 3—3—9 所示。

2）确定加工步骤。启动数控铣床前检查→启动数控铣床后检查→回机床参考点→零件装夹及找正→装夹刀具及找正→对刀，建立工件坐标系→将零件加工程序输入机床，模拟仿真→加工零件→零件去毛倒棱，进行零件自检。

3）工件原点的选择。本次铣削加工零件圆柱表面，选取零件左侧最高点作为编程原点。

4）制定加工工艺文件

①加工工序卡。本次零件加工任务的工序卡内容见表 3—3—1。

**表 3—3—1　　零件铣削加工工序卡**

| 工步 | 加工内容 | 刀具规格 /mm | 刀号 | 主轴转速 /（r/min） | 进给速度 /（mm/min） | 背吃刀量 /mm |
|---|---|---|---|---|---|---|
| 1 | 粗铣圆柱表面 | ϕ10 立铣刀 | T1 | 3 000 | 800 | 3 |
| 2 | 精铣圆柱表面 | ϕ10 球铣头刀 | T2 | 4 000 | 1 000 | 0. 5 |

②NC 程序单。本次零件加工任务的 NC 程序单内容见表 3—3—2。

**表 3—3—2　　　　零件铣削加工 NC 程序单**

| 刀具 | $\phi$10 mm 立铣刀 | |
|---|---|---|
| 程序段号 | FANUC 系统程序 | 程序说明 |
| | O0010； | 圆柱表面的粗铣削加工 |
| N10 | G90 G94 G21 G40 G17 G54； | 程序初始化 |
| N20 | G91 G28 Z0； | *Z* 向回参考点 |
| N30 | G0 Z50 H1 M03 S3000； | 主轴正转 |
| N40 | G65 P0100 X－6 Y0 A126 D6 I40.5 Q3 F800； | 调用子程序 |
| N50 | G00 Z100.0 M09； | 刀具 *Z* 向快速抬刀 |
| N60 | M05； | 主轴停转 |
| N70 | M30； | 程序结束 |
| 程序段号 | FANUC 系统程序 | 程序说明 |
| | O0100； | 子程序 |
| N10 | G90 G0 X［#24－2］Y［#25＋#4＋#7］； | |
| N20 | Z5； | |
| N30 | G1 Z－#4 F200； | |
| N40 | #8＝1； | |
| N50 | #10＝0； | |
| N60 | #11＝#24＋#1/2； | |
| N70 | #12＝#1/2； | |
| N80 | WHILE［#10 LE 180］DO1； | 圆柱曲面加工 |
| N90 | #13＝#4＊［SIN#10－1］； | |
| N3100 | #14＝#4＊COS#10； | |
| N110 | G1 Z#13 F#9； | |
| N120 | Y［#25＋#14＋#7＊#8］； | |
| N130 | G1 X［#11＋#12］； | |
| N140 | #10＝#10＋#17； | |
| N150 | IF #10 LE 90 GOTO 10； | |

续表

| 刀具 | φ10 mm 立铣刀 | |
|---|---|---|
| N160 | #8 = -1; | 圆柱曲面加工 |
| N170 | N10 #12 = -#12; | |
| N180 | END1; | |
| N190 | G0 Z5; | |
| N200 | M99; | 返回主程序 |
| 刀具 | φ10 mm 球头铣刀 | |
| 程序段号 | FANUC 系统程序 | 程序说明 |
| | O0020; | 圆柱表面的精铣削加工 |
| N10 | G90 G94 G21 G40 G17 G54; | 程序初始化 |
| N20 | G91 G28 Z0; | Z 向回参考点 |
| N30 | G0 Z50 H2M03 S4000; | 主轴正转 |
| N40 | G65 P0200 X0 Y0 A120 D6 I40 Q0.5 F1000; | 调用子程序 |
| N50 | G00 Z100.0 M09; | 刀具 Z 向快速抬刀 |
| N60 | M05; | 主轴停转 |
| N70 | M30; | 程序结束 |
| 程序段号 | FANUC 系统程序 | 程序说明 |
| | O0200 | 子程序 |
| N10 | #4 = #4 + #7; | 圆柱曲面加工 |
| N20 | G90 G0 X [#24 -2] Y [#25 + #4]; | |
| N30 | Z5; | |
| N40 | G1 Z - #4 F200; | |
| N50 | #10 = 0; | |
| N60 | #10 = 0; | |
| N70 | #11 = #24 + #1/2; | |
| N80 | #12 = #1/2; | |
| N90 | WHILE [#10 LE 180] DO1; | |
| N3100 | #13 = #4 * [SIN#10 - 1]; | |
| N110 | #14 = #4 * COS#10; | |
| N120 | G1 Z#13 F#9; | |
| N130 | Y [#25 + #14]; | |
| N140 | G1 X [#11 + #12]; | |
| N150 | #10 = #10 + #17; | |
| N160 | #12 = -#12; | |
| N170 | END1; | |
| N180 | G0 Z5; | |
| N190 | M99; | 返回主程序 |

注意：宏程序调用参数说明

X（#24）/Y（#25）——圆柱轴线左端点坐标；

A（#1）——圆柱长；

D（#7）——刀具半径；

Q（#17）——角度增量，度；

I（#4）——圆柱半径；

F（#9）——走刀速度。

③检测评价。加工完零件后，根据表3—3—3内容填入相关数据，与图纸要求进行对比，对误差进行原因分析。

**表3—3—3　　零件检测表**

<table>
<tr><th>序号</th><th>考核项目</th><th>序号</th><th>技术要求</th><th>评分标准</th><th>配分</th><th>检测结果</th><th>得分</th><th>失分原因</th></tr>
<tr><td rowspan="2">1</td><td rowspan="2">圆柱表面轮廓</td><td>1</td><td>圆柱表面外形形状</td><td>与圆柱面形状不符全扣</td><td>20</td><td></td><td></td><td></td></tr>
<tr><td>2</td><td>圆柱半径 40 mm</td><td>超差 0.1 mm 扣 2 分</td><td>20</td><td></td><td></td><td></td></tr>
<tr><td>2</td><td>其他项目</td><td colspan="2">表面粗糙度要求 $Ra3.2\ \mu m$</td><td>每错一处扣 1 分</td><td>10</td><td></td><td></td><td></td></tr>
<tr><td>3</td><td>工艺合理</td><td colspan="3">填写工序卡。工艺不合理，视情况酌情扣分（详见工序卡）<br>①工件定位和夹紧不合理<br>②加工顺序不合理<br>③刀具选择不合理</td><td>总分 15 分，每违反一条酌情扣 5 分</td><td></td><td></td><td></td></tr>
<tr><td>4</td><td>程序编制</td><td colspan="3">①指令正确，程序完整<br>②运用刀具半径和长度补偿功能<br>③数值计算正确，程序编写表现出一定的技巧，简化计算和加工程序</td><td>总分 15 分，每违反一条酌情扣 5 分</td><td></td><td></td><td></td></tr>
<tr><td>5</td><td>安全文明生产</td><td colspan="3">①着装规范，未受伤<br>②刀具、工具、量具的放置<br>③工件装夹、刀具安装规范<br>④正确使用量具<br>⑤卫生、设备保养<br>⑥关机后机床停放位置不合理<br>⑦发生重大安全事故、严重违反操作规程</td><td>总分 20 分，每违反一条酌情扣 3 分</td><td></td><td></td><td></td></tr>
<tr><td colspan="2">检测人员</td><td colspan="3"></td><td>复核</td><td colspan="3"></td></tr>
</table>

## 2. 球面零件的铣削加工

**（1）训练项目**

本次零件的铣削加工主要是零件的球曲面，如图3—3—10所示。零件球曲面表面加工是此次零件铣削加工的重点。根据零件图纸的分析，尺寸精度要求不高，但零件加工后的球曲面外形要较好。为加工此类外形的零件，可在三坐标数控铣床（如数控铣床或加工中心等）上用球头铣刀或立铣刀采用“行切法”加工，即刀具沿平面运动一周，在零件轮廓上加工出一平面曲线，然后在 $Z$ 方向上移动一个行距 $\triangle Z$，再加工出一个新的平面曲线，直至整个曲面形状加工结束。

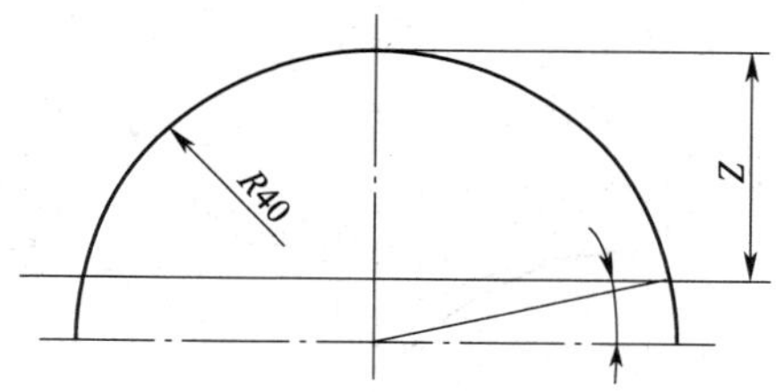


图3—3—10 球面铣削加工零件

**（2）项目分析**

本例任务中尺寸主要有：球面 $R40$ mm。对于尺寸要求，主要通过加工过程中的精确对刀、正确选用刀具的磨损量和合适的加工工艺等措施来保证。对于球曲面的外形要求，在对刀精确的情况下，主要通过工件在夹具中的正确安装与校正等措施来保证。

**（3）训练准备**

设备：数控铣床/立式加工中心共1台（FANUC系统），计算机1台。

加工材料：45钢。

工量具：$\phi$10 mm的立铣刀1把，$\phi$10 mm的球头铣刀1把，百分表1个，磁性表头1个，游标卡尺1把，垫铁若干。

实习场地：一体化教室或多媒体教室，数控实训车间。

其他：训练记录手册、纸、笔、教学课件及相关教学资料等。

**（4）操作步骤**

1）确定数控加工方案。本例任务所加工零件如图3—3—10所示，加工轮廓为球曲面，其中零件的球曲面外形是加工中的重点。根据零件的轮廓尺寸、加工要求和实训车间的设备状况，决定选择VDL－100数控铣床完成本次加工任务。由于加工零件毛坯为方钢，所以决定选择平口虎钳、垫铁等配合装夹工件。一般使用一系列水平面截球面所形成的同心圆来完成走刀。在进刀控制上有从上向下进刀和从下向上进刀两种，一般应使用从下向上进刀来完成加工，此时主要利用铣刀侧刃切削，得到的表面质量较好，端刃磨损较小，同时切削力将刀具向欠切方向推，有利于控制加工尺寸，如图3—3—11所示。粗加工可以使用键槽铣刀或立铣刀，也可以使用球头铣刀；精加工应使用球头铣刀。

2）确定加工步骤。启动数控铣床前检查→启动数控铣床后检查→回机床参考点→零件装夹及找正→装夹刀具及找正→对刀，建立工件坐标系→将零件加工程序输入机床，模拟仿真→加工零件→零件去毛倒棱，进行零件自检。

3）工件原点的选择。本次铣削加工零件球曲面，选取零件在球面最高点处作为编程原点，采用从下向上进刀方式。

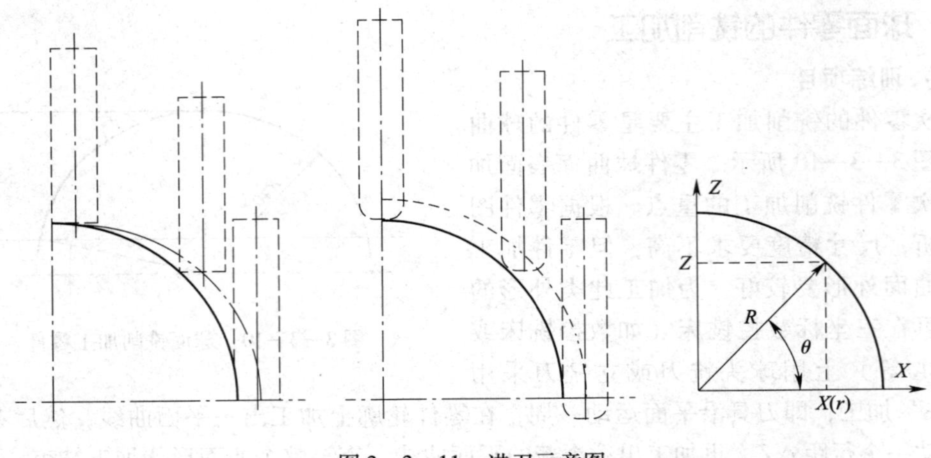


图 3—3—11 进刀示意图

4）进刀点的计算。先根据允许的加工误差和表面粗糙度，确定合理的 $Z$ 向进刀量，再根据给定加工深度 $Z$，计算加工圆的半径，即 $r=\mathrm{sqrt}\left[R^2-Z^2\right]$。此算法走刀次数较多。

先根据允许的加工误差和表面粗糙度，确定两相邻进刀点相对球心的角度增量，再根据角度计算进刀点的 $r$ 和 $Z$ 值，即 $Z=R\times\sin\theta$，$r=R\times\cos\theta$。

对立铣刀加工，曲面加工是刀尖完成的，当刀尖沿圆弧运动时，其刀具中心运动轨迹也是一行径的圆弧，只是位置相差一个刀具半径。

对球头铣刀加工，曲面加工是球刃完成的，其刀具中心是球面的同心球面，半径相差一个刀具半径。

5）制定加工工艺文件

①加工工序卡。本次零件加工任务的工序卡内容见表 3—3—4。

**表 3—3—4　零件铣削加工工序卡**

| 工步 | 加工内容 | 刀具规格 /mm | 刀号 | 主轴转速 /（r/min） | 进给速度 /（mm/min） | 背吃刀量 /mm |
|---|---|---|---|---|---|---|
| 1 | 粗铣球曲面 | $\phi$10 立铣刀 | T1 | 3000 | 800 | 3 |
| 2 | 精铣球曲面 | $\phi$10 球头铣刀 | T2 | 4000 | 1000 | 0.5 |

②NC 程序单。本次零件加工任务的 NC 程序单内容见表 3—3—5。

**表 3—3—5　零件铣削加工 NC 程序单**

| 刀具 | $\phi$10 mm 立铣刀 | |
|---|---|---|
| 程序段号 | FANUC 系统程序 | 程序说明 |
| | O0010； | 球曲面的粗铣削加工 |
| N10 | G90 G94 G21 G40 G17 G54； | 程序初始化 |
| N20 | G91 G28 Z0； | Z 向回参考点 |

续表

| 刀具 | ϕ10 mm 立铣刀 | |
|---|---|---|
| N30 | G0 Z50 H1M03 S3000; | 主轴正转 |
| N40 | G65 P0100 X0 Y0 Z－30 D6 I40.5 Q3 F800; | 调用子程序 |
| N50 | G00 Z100.0 M09; | 刀具 *Z* 向快速抬刀 |
| N60 | M05; | 主轴停转 |
| N70 | M30; | 程序结束 |
| 程序段号 | FANUC 系统程序 | 程序说明 |
| | O0100; | 子程序 |
| N10 | #1＝#4＋#26; | 球曲面加工 |
| N20 | #2＝SQRT［#4＊#4－#1＊#1］; | |
| N30 | #3＝ATAN#1/#2; | |
| N40 | #2＝#2＋#7; | |
| N50 | G90 G0 X［#24＋#2＋#7＋2］Y#25; | |
| N60 | Z5; | |
| N70 | G1 Z#26 F300; | |
| N80 | WHILE［#3 LT 90］DO1; | |
| N90 | G1 Z#1 F#9; | |
| N3100 | X［#24＋#2］; | |
| N110 | G2 I－#2; | |
| N120 | #3＝#3＋#17; | |
| N130 | #1＝#4＊［SIN［#3］－1］; | |
| N140 | #2＝#4＊COS［#3］＋#7; | |
| N150 | END1; | |
| N160 | G0 Z5; | |
| N170 | M99; | 返回主程序 |
| 刀具 | ϕ10 mm 球头铣刀 | |
| 程序段号 | FANUC 系统程序 | 程序说明 |
| | O0020; | 圆柱表面的精铣削加工 |
| N10 | G90 G94 G21 G40 G17 G54; | 程序初始化 |

续表

| 刀具 | φ10 mm 立铣刀 | |
|---|---|---|
| N20 | G91 G28 Z0; | Z 向回参考点 |
| N30 | G0 Z50 H2M03 S4000; | 主轴正转 |
| N40 | G65 P0300 X0 Y0 Z - 30 D6 I40 Q0.5 F1000; | 调用子程序 |
| N50 | G00 Z100.0 M09; | 刀具 Z 向快速抬刀 |
| N60 | M05; | 主轴停转 |
| N70 | M30; | 程序结束 |
| 程序段号 | FANUC 系统程序 | 程序说明 |
| | O0300; | 子程序 |
| N10 | #4 = #4 + #7; | 圆柱曲面加工 |
| N20 | #2 = SQRT [#4 * #4 - #1 * #1]; | |
| N30 | #3 = ATAN#1/#2; | |
| N40 | #4 = #4 + #7; | |
| N50 | #1 = #4 * [SIN [#3] - 1]; | |
| N60 | #2 = #4 * COS [#3]; | |
| N70 | G90 G0 X [#24 + #2 + 2] Y [#25]; | |
| N80 | Z5; | |
| N90 | G1 Z#26 F300; | |
| N3100 | WHILE [ #3 LT 90] DO1; | |
| N110 | G1 Z#1 F#9; | |
| N120 | X [#24 + #2]; | |
| N130 | G2 I - #2; | |
| N140 | #3 = #3 + #17; | |
| N150 | #1 = #4 * [SIN [#3] - 1]; | |
| N160 | #2 = #4 * COS [#3]; | |
| N170 | END1; | |
| N180 | G0 Z5; | |
| N190 | M99; | 返回主程序 |

注意：宏程序调用参数说明

X（#24）/Y（#25）——球心坐标；

Z（#26）——球高；

D（#7）——刀具半径；

Q（#17）——角度增量，度；

I（#4）——球径；

F（#9）——走刀速度。

③检测评价。加工完零件后，根据表 3—3—6 内容填入相关数据，与图纸要求进行对比，对误差进行原因分析。

**表 3—3—6** **零件检测表**

| 序号 | 考核项目 | 序号 | 技术要求 | 评分标准 | 配分 | 检测结果 | 得分 | 失分原因 |
|---|---|---|---|---|---|---|---|---|
| 1 | 球曲面轮廓 | 1 | 球曲面外形形状 | 与圆柱面形状不符全扣 | 20 | | | |
| | | 2 | 圆柱半径 40 mm | 超差 0.1 mm 扣 2 分 | 20 | | | |
| 2 | 其他项目 | 表面粗糙度要求 *Ra*3.2 μm | | 每错一处扣 1 分 | 10 | | | |
| 3 | 工艺合理 | 填写工序卡。工艺不合理，视情况酌情扣分（详见工序卡）<br>①工件定位和夹紧不合理<br>②加工顺序不合理<br>③刀具选择不合理 | | | 总分 15 分，每违反一条酌情扣 5 分 | | | |
| 4 | 程序编制 | ①指令正确，程序完整<br>②运用刀具半径和长度补偿功能<br>③数值计算正确，程序编写表现出一定的技巧，简化计算和加工程序 | | | 总分 15 分，每违反一条酌情扣 5 分 | | | |
| 5 | 安全文明生产 | ①着装规范，未受伤<br>②刀具、工具、量具的放置<br>③工件装夹、刀具安装规范<br>④正确使用量具<br>⑤卫生、设备保养<br>⑥关机后机床停放位置不合理<br>⑦发生重大安全事故、严重违反操作规程 | | | 总分 20 分，每违反一条酌情扣 3 分 | | | |
| 检测人员 | | | | | 复核 | | | |

## 课后练习

1. 铣削加工曲面的方法有哪些?

2. 曲面检验方法有哪几种?

3. 简单叙述行切和环切的基本原理。

4. 在图3—3—9的圆柱曲面铣削加工中，采用的是圆柱面轴向走刀加工，试采用如图3—3—12所示的圆柱面周向走刀加工来编写圆柱曲面的加工程序。

5. 根据图3—3—13所示的内球曲面零件图，分析其加工工艺，拟定加工路线，合理选择刀具和切削参数，编写其数控加工程序。材料为45钢。

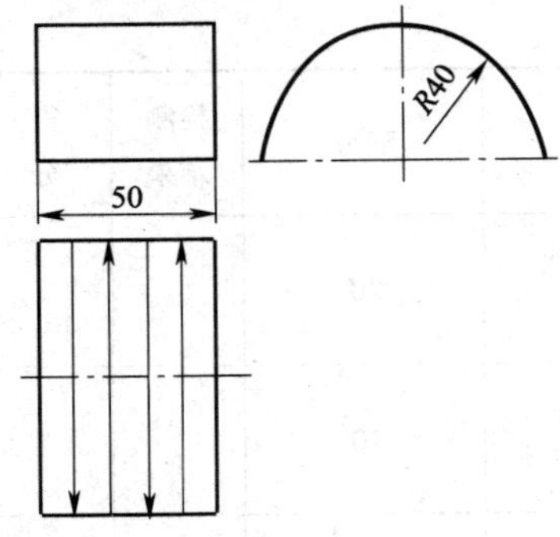


图3—3—12　圆柱曲面零件训练图

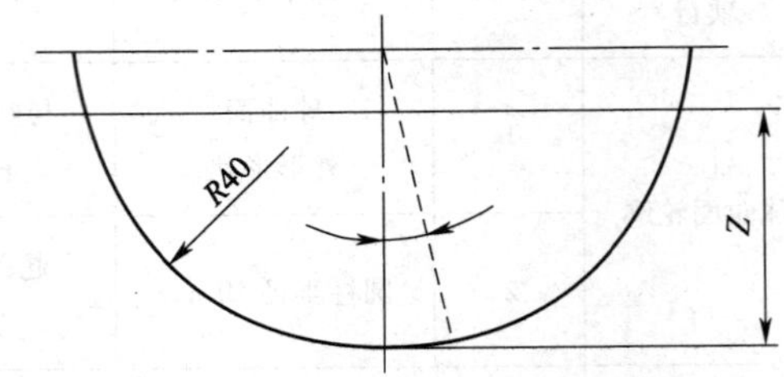


图3—3—13　内球曲面零件训练图

# 课题4　孔加工

## 学习目标

1. 熟悉孔加工刀具。
2. 掌握孔加工、铰孔和攻螺纹循环。
3. 能合理选择孔加工方法和加工路线。
4. 能确定钻孔、扩孔、锪孔零件铣削的加工方案。
5. 掌握孔零件的加工过程及操作要点。

## 一、孔加工刀具

### 1. 麻花钻

麻花钻是最常用的孔加工刀具，一般用于实体材料上孔的粗加工。钻孔的尺寸精度为IT13 ~ IT11，表面粗糙度 $Ra$ 值为50 ~ 12.5 μm。它的结构由柄部、颈部和工作部分组成，如图3—4—1所示。柄部是钻头的夹持部分，有锥柄和直柄两种形式，钻头直径大于12 mm时常做成锥柄，小于12 mm时做成直柄。锥柄后端的扁尾可插入钻床主轴的长方孔中，以传递较大的扭矩。颈部位于工作部分和柄部的过渡部分，是磨削柄部时砂轮的退刀槽，当柄部和工作部分采用不同材料制造时，颈部就是两部分的对焊处，钻头的标记也常注于此。

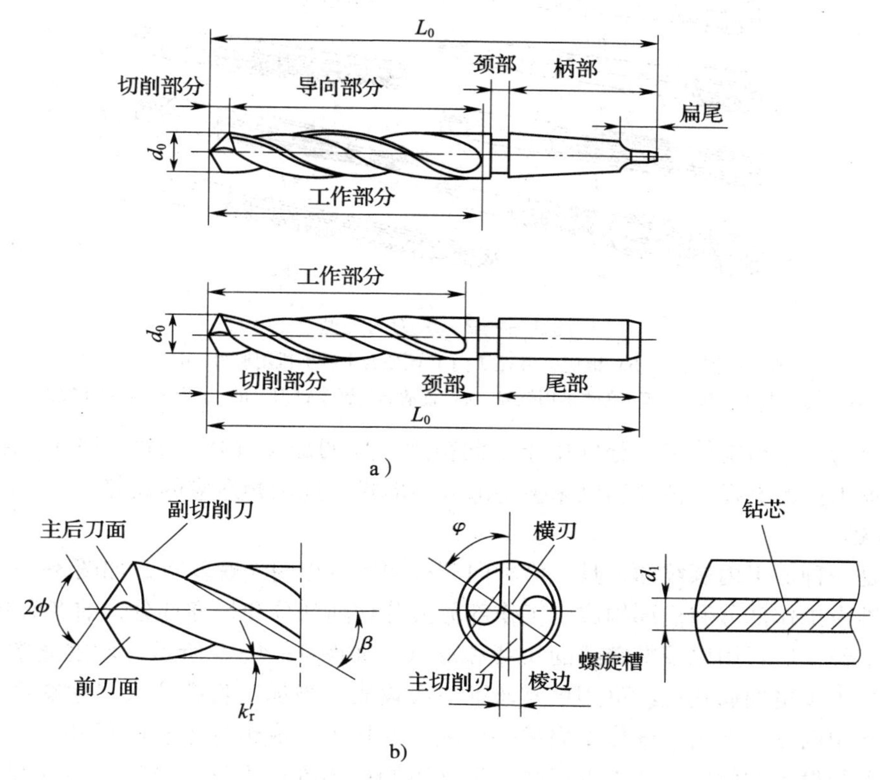


图 3—4—1　麻花钻的结构

**2. 铰刀**

铰刀是一种半精加工或精加工孔的常用刀具，铰刀的刀齿数多（4～12 个齿），加工余量小，导向性好，刚性大。铰孔后孔的精度可达 IT9～IT7，表面粗糙度 $Ra$ 值达 1.6～0.4 μm，常见的铰刀结构如图 3—4—2 所示。

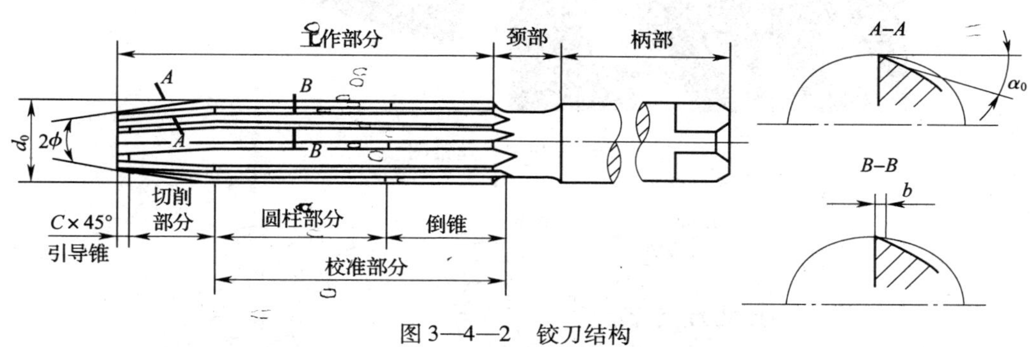


图 3—4—2　铰刀结构

铰刀可分为手用铰刀与机用铰刀两大类，手用铰刀又分为整体式和可调整式；机用铰刀分带柄的和套式；加工锥孔用的铰刀称为锥度铰刀，如图 3—4—3 所示。

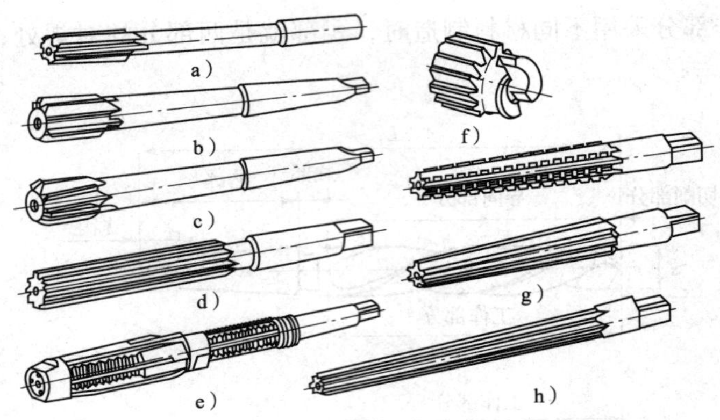

图 3—4—3　铰刀的类型

a）直柄机用铰刀　b）锥柄机用铰刀　c）硬质合金锥柄机用铰刀　d）手用铰刀
e）可调节手用铰刀　f）套式机用铰刀　g）直柄莫氏圆锥铰刀　h）手用 1∶50 锥度铰刀

铰刀分为三个精度等级，分别用于不同精度的孔的加工（H7、H8、H9）。在选用时，应根据被加工孔的直径、精度和机床夹持部分的形式来选用相适应的铰刀。

**3. 丝锥**

丝锥是一种加工内螺纹的刀具，沿轴向开有沟槽，也叫作螺丝攻，如图 3—4—4 所示。通常，丝锥由工作部分和柄部构成。工作部分又分切削部分和校准部分，前者磨有切削锥，担负切削工作，后者用以校准螺纹的尺寸和形状，如图 3—4—5 所示。丝锥通常分单支或成组的。中小规格的通孔螺纹可用单支丝锥一次攻成。当加工盲孔或大尺寸螺孔时常用成组丝锥，即用两支以上的丝锥依次完成一个螺孔的加工。成组丝锥有等径和不等径丝锥两种设计。等径设计的丝锥，各支仅切削锥长度不同；不等径设计的丝锥，各支螺纹尺寸均不相同，只有最后一支才具有完整的齿形。不等径设计的丝锥切削负荷分配合理，加工质量高，但制造成本也高。

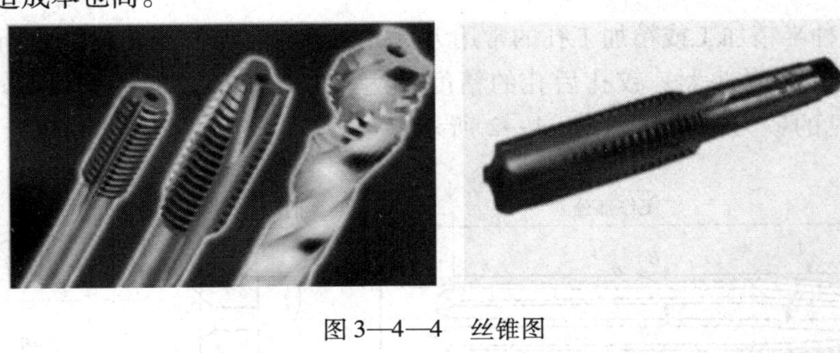
图 3—4—4　丝锥图

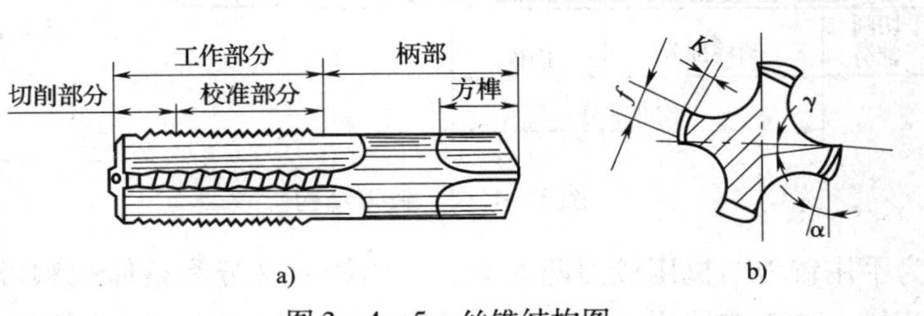

图 3—4—5　丝锥结构图

丝锥根据其形状分为直槽丝锥、螺旋槽丝锥和螺尖丝锥（先端丝锥）。直槽丝锥加工容易，精度略低，产量较大，一般用于普通车床、钻床及攻螺纹机的螺纹加工用，切削速度较慢，如图3—4—6所示。螺旋槽丝锥多用于数控加工中心钻盲孔用，加工速度较快，精度高，排屑较好，对中性好，如图3—4—7所示。螺尖丝锥前部有容屑槽，用于通孔的加工，如图3—4—8所示。

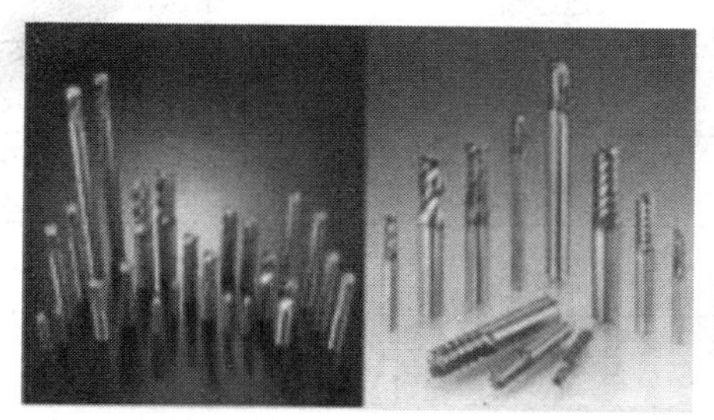

图3—4—6　直槽丝锥

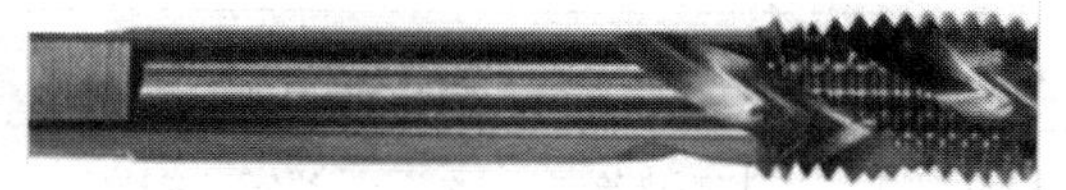

图3—4—7　螺旋槽丝锥

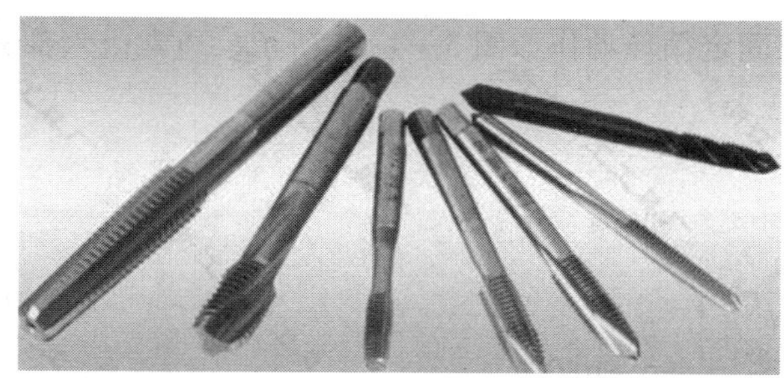

图3—4—8　螺尖丝锥

## 二、孔加工、铰孔和攻螺纹循环

### 1．孔加工固定循环

#### （1）基本概念

在数控铣床与加工中心上进行孔加工时，通常采用系统配备的固定循环功能进行编程。通过对这些固定循环指令的使用，可以在一个程序段内完成某个孔加工的全部动作（孔加工进给、退刀、孔底暂停等），从而大大减少编程的工作量。FANUC 0i 系统加工中心的固定循环指令见表 3—4—1。

表 3—4—1　孔加工固定循环及其动作一览表

| G 代码 | 加工动作 | 孔底部动作 | 退刀动作 | 用途 |
|---|---|---|---|---|
| G73 | 间歇进给 | — | 快速进给 | 钻深孔 |
| G74 | 切削进给 | 暂停、主轴正转 | 切削进给 | 左螺纹攻螺纹 |
| G76 | 切削进给 | 主轴准停 | 快速进给 | 精镗孔 |
| G80 | — | — | — | 取消固定循环 |
| G81 | 切削进给 | — | 快速进给 | 钻孔 |
| G82 | 切削进给 | 暂停 | 快速进给 | 钻孔与锪孔 |
| G83 | 间歇进给 | — | 快速进给 | 钻深孔 |
| G84 | 切削进给 | 暂停、主轴反转 | 切削进给 | 右螺纹攻螺纹 |
| G85 | 切削进给 | — | 切削进给 | 铰孔 |
| G86 | 切削进给 | 主轴停 | 快速进给 | 镗孔 |
| G87 | 切削进给 | 主轴正转 | 快速进给 | 反镗孔 |
| G88 | 切削进给 | 暂停、主轴停 | 手动 | 镗孔 |
| G89 | 切削进给 | 暂停 | 切削进给 | 镗孔 |

1）孔加工固定循环动作。孔加工固定循环动作如图 3—4—9 所示，通常由六部分组成。

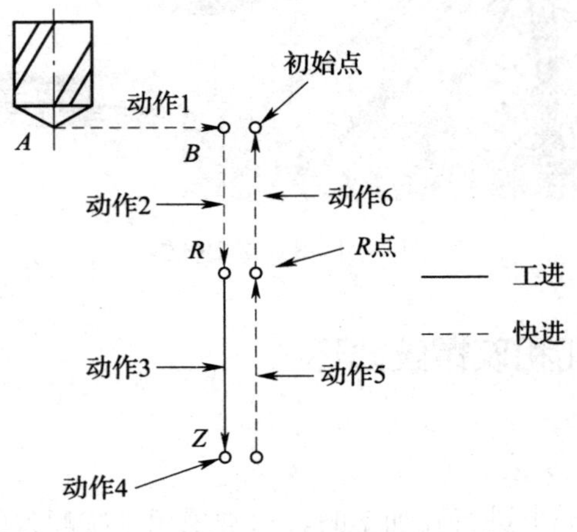


图 3—4—9　固定循环动作

①动作 1（见图 3—4—9 中 *AB* 段）：*XY*（G17）平面快速定位。

②动作 2（见图 3—4—9*BR* 段）：*Z* 向快速进给到 *R* 点。

③动作 3（见图 3—4—9*RZ* 段）：*Z* 轴切削进给，进行孔加工。

④动作 4（见图 3—4—9*Z* 点）：孔底部的动作。

⑤动作 5（见图 3—4—9*ZR* 段）：*Z* 轴退刀。

⑥动作 6（见图 3—4—9*RB* 段）：*Z* 轴快速回到起始位置。

2）固定循环编程格式。孔加工循环的通用编程格式如下。

G73 ~ G89 X __Y __Z __R __Q __P __F __K __;

X __Y __：孔在 *XY* 平面内的位置；

Z __：孔底平面的位置；

R __：*R* 点平面所在位置；

Q __：G73 和 G83 深孔加工指令中刀具每次加工深度或 G76 和 G87 精镗孔指令中主轴准停后刀具沿准停反方向的让刀量；

P __：指定刀具在孔底的暂停时间，数字不加小数点，以毫秒作为时间单位；

F __：孔加工切削进给时的进给速度；

K __：孔加工循环的次数，该参数仅在增量编程中使用。

在实际编程时，并不是每一种孔加工循环的编程都要用到以上格式的所有代码。如下例的钻孔固定循环指令格式：

G81 X30. 0 Y20. 0 Z－32. 0 R5. 0 F50 ；

以上格式中，除 K 代码外，其他所有代码都是模态代码，只有在循环取消时才被清除，因此这些指令一经指定，在后面的重复加工中不必重新指定。如下例所示：

G82 X30. 0 Y20. 0 Z－32. 0 R5. 0 P1000 F50 ；

X50. 0；

G80；

执行以上指令时，将在两个不同位置加工出两个相同深度的孔。

孔加工循环用指令 G80 取消。另外，如在孔加工循环中出现 01 组的 G 代码，则孔加工方式也会自动取消。

3）固定循环的平面

①初始平面。初始平面（见图 3—4—10）是为安全下刀而规定的一个平面。初始平面可以设定在任意一个安全高度上。当使用同一把刀具加工多个孔时，刀具在初始平面内的任意移动将不会与夹具、工件凸台等发生干涉。

②*R* 点平面。*R* 点平面又叫作 *R* 参考平面。这个平面是刀具下刀时，自快进转为工进的高度平面，距工件表面的距离主要考虑工件表面的尺寸变化，一般情况下取 2 ~ 5 mm。

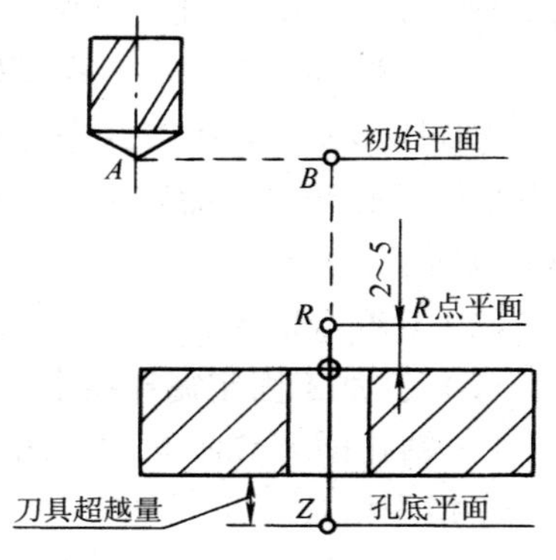

图 3—4—10　固定循环平面

③孔底平面。加工不通孔时，孔底平面就是孔底的

Z 轴高度。而加工通孔时，除要考虑孔底平面的位置外，还要考虑刀具的超越量（见图 3—4—10 中 Z 点），以保证所有孔深都加工到尺寸。

4）G98 与 G99 方式。当刀具加工到孔底平面后，刀具从孔底平面以两种方式返回（见图 3—4—9 中动作 5），即返回到初始平面和返回到 R 点平面，分别用指令 G98 与 G99 来决定。

①G98 方式。G98 为系统默认返回方式，表示返回到初始平面（见图 3—4—11）。当采用固定循环进行孔系加工时，通常不必返回到初始平面。当全部孔加工完成后或孔之间存在凸台或夹具等干涉件时，则需返回初始平面。G98 指令格式如下：

G98 G81 X _Y _Z _R _F _;

②G99 方式。G99 表示返回 R 点平面（见图 3—4—11）。在没有凸台等干涉情况下，加工孔系时，为了节省加工时间，刀具一般返回到 R 点平面。G99 指令格式如下：

G99 G82 X _Y _Z _R _P _F _;

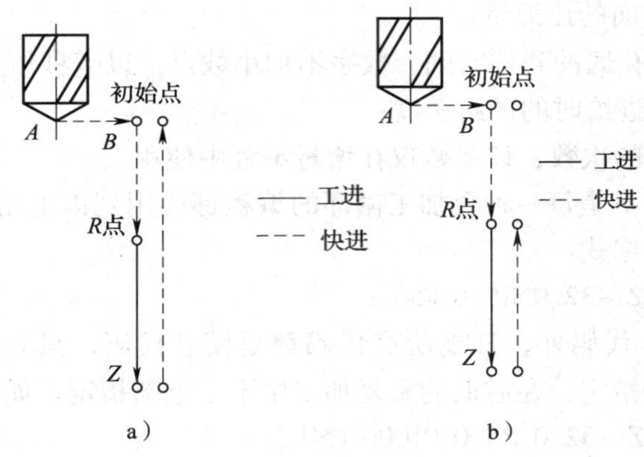


图 3—4—11　G98 与 G99 方式
a）G98 方式　b）G99 方式

5）G90 与 G91 方式。固定循环中 R 值与 Z 值数据的指定与 G90 和 G91 的方式选择有关，而 Q 值与 G90 和 G91 方式无关。

①G90 方式。G90 方式中，X、Y、Z 和 R 的取值均指工件坐标系中的绝对坐标值（见图 3—4—12 所示）。此时，R 一般为正值，而 Z 一般为负值。如下例所示：

G90 G99 G83 X _Y _Z -20.0 R5.0 Q5.0 F _;

②G91 方式。G91 方式中，R 值是指从初始平面到 R 点平面的增量值，而 Z 值是指从 R 点平面到孔底平面的增量值。如图 3—4—12 所示，R 值与 Z 值（G87 例外）均为负值。如下例所示：

G91 G99 G83 X _Y _Z -25.0 R -30.0 Q5.0 F _K _;

**（2）孔加工固定循环指令**

1）钻孔循环 G81 与锪孔循环 G82

①指令格式。

G81 X _Y _Z _R _F _;

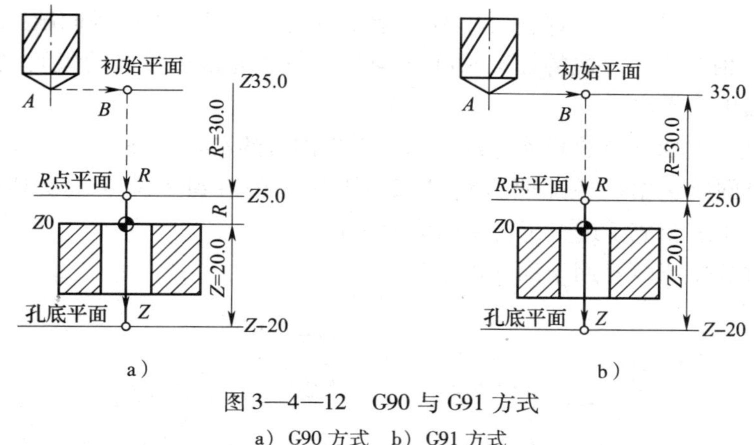


图 3—4—12 G90 与 G91 方式

a）G90 方式 b）G91 方式

G82 X __Y __Z __R __P __F __;

②指令动作。G81 指令常用于普通钻孔，其加工动作如图 3—4—13a 所示，刀具在初始平面快速（G00 方式）定位到指令中指定的 X、Y 坐标位置，再 *Z* 向快速定位到 *R* 点平面，然后执行切削进给到孔底平面，刀具从孔底平面快速 *Z* 向退回到 *R* 点平面或初始平面。

G82 指令在孔底增加了进给后的暂停动作（见图 3—4—13b)，以提高孔底表面质量。该指令常用于锪孔或台阶孔的加工。

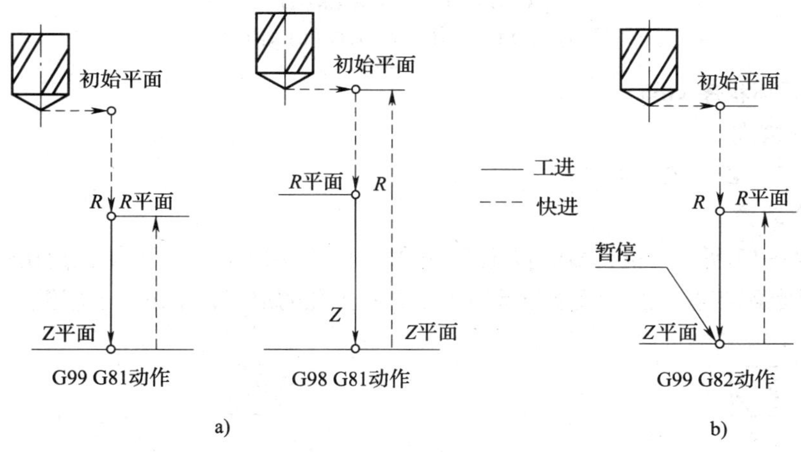


图 3—4—13 G81 与 G82 指令动作

2）高速深孔钻循环 G73 与深孔钻循环 G83。加工深孔时，加工中散热差，排屑困难，钻杆刚度差，易使刀具损坏和引起孔的轴线偏斜，从而影响加工精度和生产效率。为此，在加工这类孔时，刀具应及时进行断屑和排屑，在数控铣加工中，用专用深孔指令来实现这些动作。

①指令格式。

G73 X __ Y __ Z __ R __Q __F __;

G83 X __Y Z R __Q __F __;

②指令动作。如图 3—4—14 所示，G73 指令通过刀具 $Z$ 轴方向的间歇进给实现断屑动作。指令中的 Q 值是指每一次的加工深度（均为正值且为带小数点的值）。图中的 $d$ 值由系统指定，无须用户指定。

G83 指令通过 $Z$ 轴方向的间歇进给实现断屑与排屑的动作。该指令与 G73 指令的不同之处在于：刀具间歇进给后快速回退到 $R$ 点，再快速进给到 $Z$ 向距上次切削孔底平面 $d$ 处，从该点处，快进变成工进，工进距离为 $Q+d$。

G73 指令与 G83 指令多用于深孔加工的编程。

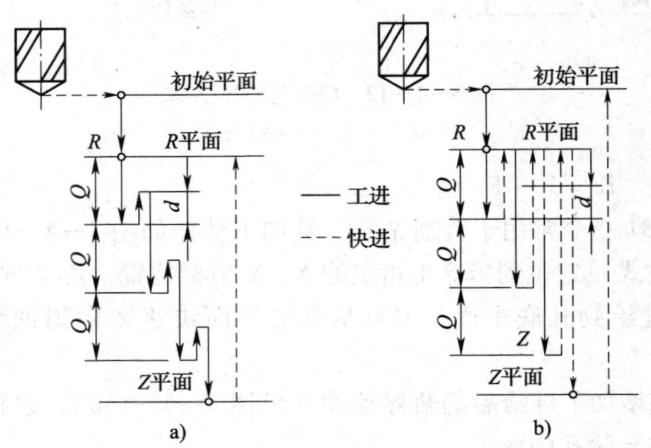


图 3—4—14　G73 与 G83 动作

a）G99 G73 动作　b）G98 G83 动作

**2．铰孔循环程序 G85**

**（1）指令格式**

G85 X __ Y __ Z __ R __ F __;

**（2）指令动作**

如图 3—4—15 所示，执行 G85 固定循环时，刀具以切削进给方式加工到孔底，然后以切削进给方式返回到 $R$ 点平面。该指令常用于铰孔和扩孔的加工，也可用于粗镗孔加工。

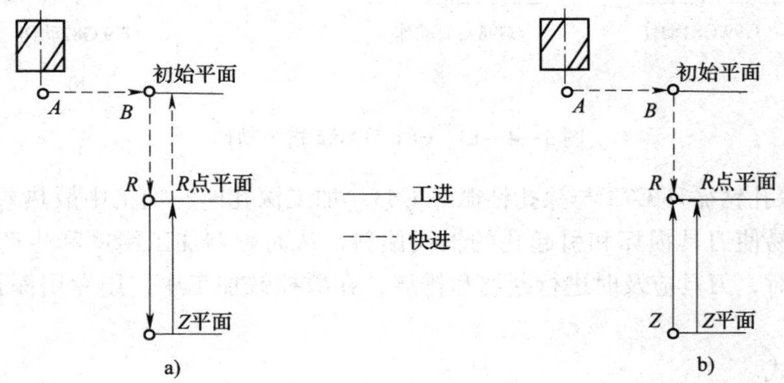


图 3—4—15　G85 指令动作

a）G85 G98 动作　b）G85 G99 动作

**3. 左旋螺纹攻螺纹与右旋螺纹攻螺纹循环**

**（1）指令格式**

G84 X __Y __Z __R __P __F __;　　（右旋螺纹攻螺纹）

G74 X __Y __Z __R __P __F __;　　（左旋螺纹攻螺纹）

**（2）指令动作（见图 3—4—16）**

G74 循环为左旋螺纹攻螺纹循环，用于加工左旋螺纹。执行该循环时，主轴反转，在 G17 平面快速定位后快速移动到 *R* 点，执行攻螺纹到达底孔后，主轴正转退回到 *R* 点，完成攻螺纹动作。

G84 循环动作与 G74 基本相似，只是 G84 用于加工右旋螺纹。执行该循环时，主轴正转，在 G17 平面快速定位后快速移动到 *R* 点，执行攻螺纹到达孔底后，主轴反转退回到 *R* 点，完成攻螺纹动作。

攻螺纹时进给量 *f* 根据不同的进给模式指定。当采用 G94 模式时，进给量 *f* = 导程 × 转速。当采用 G95 模式时，进给量 *f* = 导程。

在指定 G74 前，应先使主轴反转。另外，在采用 G74 和 G84 指令攻螺纹期间，进给倍率、进给保持均被忽略。

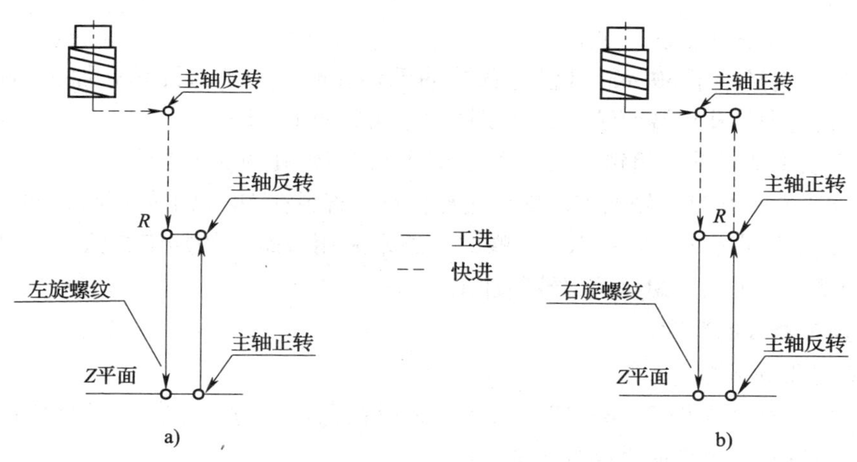


图 3—4—16　攻螺纹指令动作

a）G74 G99 动作　b）G84 G98 动作

## 三、孔加工方法的选择及加工路线的确定

**1. 孔加工方法的选择**

**（1）孔加工方法的选用原则**

孔加工方法的选择原则是保证加工表面的加工精度和表面粗糙度要求。由于获得同一级精度及表面粗糙度的加工方法有多种，因而在实际选择时，要结合零件的形状、尺寸、批量、毛坯材料及毛坯热处理等情况合理选用。此外，还应考虑生产效率和经济性的要求以及工厂的生产设备等实际情况。常用加工方法的经济加工精度及表面粗糙度可查阅相关工艺手册。

**（2）孔加工方法的选择**

在数控铣床及加工中心上，常用于加工孔的方法有钻孔、扩孔、铰孔、粗/精镗孔及攻螺纹等。通常情况下，在数控铣床及加工中心上能较方便地加工出 IT9～IT7 级精度的孔，对于这些孔的推荐加工方法见表 3—4—2。

**表 3—4—2　　孔的加工方法推荐选择表**

<table>
<tr><th rowspan="2">孔的精度</th><th rowspan="2">有无预孔</th><th colspan="5">孔尺寸/mm</th></tr>
<tr><th>0～12</th><th>12～20</th><th>20～30</th><th>30～60</th><th>60～80</th></tr>
<tr><td rowspan="2">IT9～IT11</td><td>无</td><td>钻—铰</td><td colspan="2">钻—扩</td><td colspan="2">钻—扩—镗（或铰）</td></tr>
<tr><td>有</td><td colspan="5">粗扩—精扩；或粗镗—精镗（余量少可一次性扩孔或镗孔）</td></tr>
<tr><td rowspan="2">IT8</td><td>无</td><td>钻—扩—铰</td><td colspan="2">钻—扩—精镗（或铰）</td><td colspan="2">钻—扩—粗镗—精镗</td></tr>
<tr><td>有</td><td colspan="5">粗镗—半精镗—精镗（或精铰）</td></tr>
<tr><td rowspan="2">IT7</td><td>无</td><td>钻—粗铰—精铰</td><td colspan="4">钻—扩—粗铰—精铰；或钻—扩—粗镗—半精镗—精镗</td></tr>
<tr><td>有</td><td colspan="5">粗镗—半精镗—精镗（如仍达不到精度还可进一步采用精细镗）</td></tr>
</table>

关于上表的说明如下。

1）在加工直径小于 30 mm 且没有预孔的毛坯孔时，为了保证钻孔加工的定位精度，可选择在钻孔前先将孔口端面铣平或采用钻中心孔的加工方法。

2）对于表中的扩孔及粗镗加工，也可采用立铣刀铣孔的加工方法。

3）在加工螺纹孔时，先加工出螺纹底孔，对于直径在 M6 以下的螺纹，通常不在加工中心上加工；对于直径在 M6～M20 的螺纹，通常采用攻螺纹的加工方法；而对于直径在 M20 以上的螺纹，可采用螺纹镗刀镗削加工。

**2. 孔加工路线的确定**

**（1）孔加工导入量**

孔加工导入量（见图 3—4—17 中 $\Delta Z$）是指在孔加工过程中，刀具自快进转为工进时，刀尖点位置与孔上表面之间的距离。

孔加工导入量的具体值由工件表面的尺寸变化量确定，一般情况下取 2～10 mm。当孔上表面为已加工表面时，导入量取较小值（2～5 mm）。

**（2）孔加工超越量**

加工不通孔时，超越量（见图 3—4—17 中 $\Delta Z'$）大于等于钻尖高度 $Zp = (D/2)\cos\alpha \approx 0.3D$；通孔镗孔时，刀具超越量取 1～3 mm；通孔铰孔时，刀具超越量取 3～5 mm；钻加工通孔时，超越量等于 $Zp+(1\sim3)$ mm。

**（3）相互位置精度高的孔系的加工路线**

对于位置精度要求较高的孔系加工，特别要注意孔的加工顺序的安排，避免将坐标轴的反向间隙带入，影响位置精度。

如图 3—4—18 所示的孔系加工，如按 $A-1-2-3-4-5-6-P$ 安排加工走刀路线时，在加工 5、6 孔时，$X$ 方向的反向间隙会使定位误差增加，而影响 5、6 孔与其他孔的位置精度。而采用 $A-1-2-3-P-6-5-4$ 的走刀路线时，可避免反向间隙的引入，提高 5、6 孔与其他孔的位置精度。

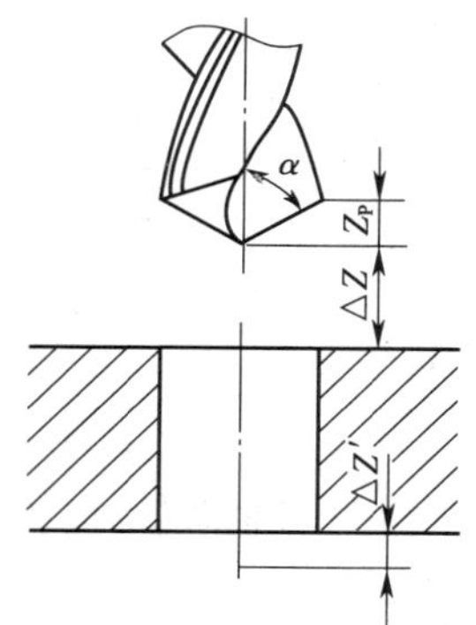


图 3—4—17　孔加工导入量与超越量

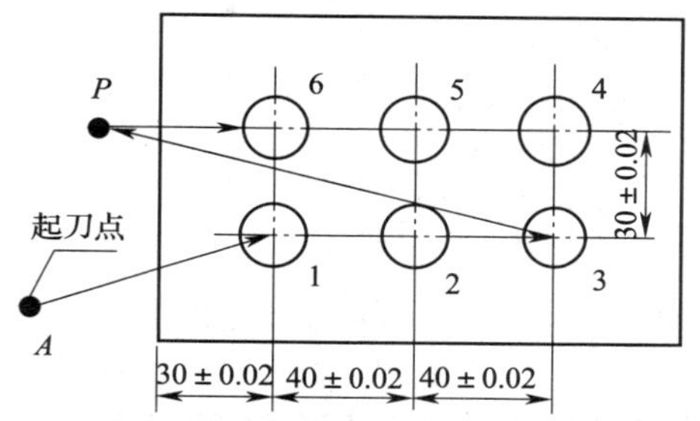


图 3—4—18　孔系加工路线

## 四、攻螺纹的加工路线

### 1. 攻螺纹底孔直径的确定

攻螺纹时，螺纹的底孔直径应稍大于螺纹的小径，以防止攻螺纹时因挤压而损坏丝锥。底孔直径通常根据经验公式决定，其公式如下：

$D_{底}=D-P$　　（加工钢件等塑性金属）

$D_{底}=D-1.05P$　　（加工铸铁等脆性金属）

式中　$D_{底}$——攻螺纹钻螺纹底孔用钻头直径，mm；

$D$——螺纹大径，mm；

$P$——螺距，mm。

对于细牙螺纹，其螺距已在螺纹代号中做了标记；而对于粗牙螺纹，每一种尺寸规格螺纹的螺距也是固定的，如 M8 的螺距为 1.25 mm，M10 的螺距为 1.5 mm，M12 的螺距为 1.75 mm，具体可以查阅相关的参数表。

### 2. 不通孔螺纹底孔长度的确定

攻不通孔螺纹时，由于丝锥切削部分有锥角，端部不能切出完整的牙齿，所以钻孔深度要大于螺纹的有效深度，如图 3—4—19 所示。取值如下：

$$H_{钻}=h_{有效}+0.7D$$

式中　$H_{钻}$——底孔深度，mm；

$h_{有效}$——螺纹有效深度，mm；

$D$——螺纹大径，mm。

### 3. 螺纹轴向起点和终点尺寸的确定

在数控机床上攻螺纹时，沿螺距方向应选择合理的导入距离 $\delta_1$ 和导出距离 $\delta_2$，如图 3—4—20 所示。通常情况下，根据数控机床拖动系统的动态特性及螺纹的螺距和螺纹的精度来选择 $\delta_1$ 和 $\delta_2$ 的数值。一般 $\delta_1$ 取（2～3）$P$，对大螺距和高精度的螺纹则取较大值；$\delta_2$ 一般取（1～2）$P$。此外，在加工通孔螺纹时，导出量还要考虑丝锥前端切削锥角的长度。

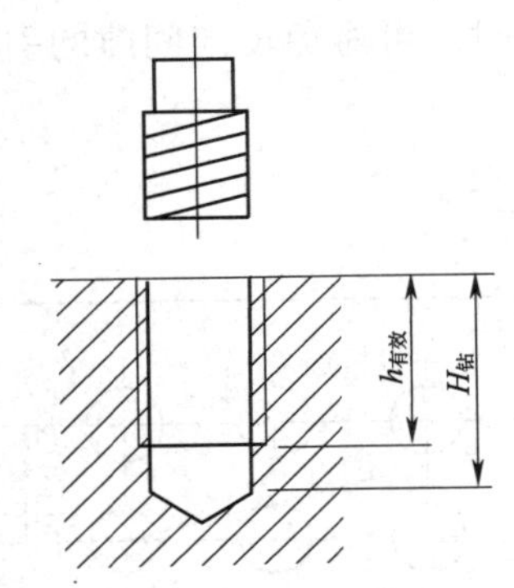


图 3—4—19 不通孔螺纹底孔长度

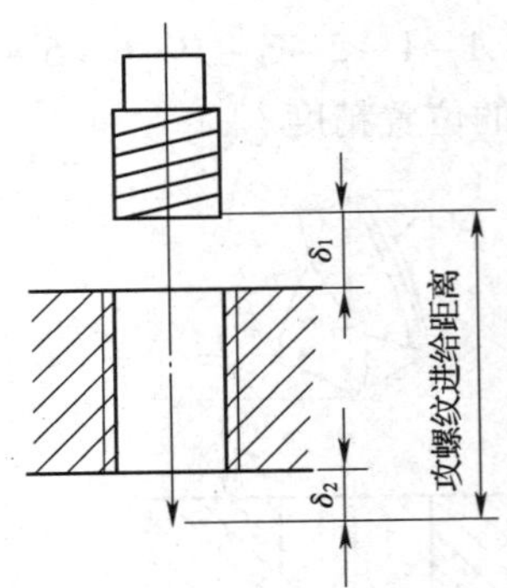


图 3—4—20 攻螺纹轴向起点与终点

## 五、孔的测量及其加工精度误差分析

### 1. 孔径的测量

孔径尺寸精度要求较低时，可采用直尺、内卡钳或游标卡尺测量。当孔径的精度要求较高时，可以用塞规、内径百分表、内径千分尺等量具测量。

**(1) 内卡钳测量**

当孔口试切削或位置狭小时，使用内卡钳测量方便灵活。当前使用的内卡钳已采用量表或数显来显示测量数据，如图 3—4—21 所示。采用这种内卡钳可以测出 IT8 ~ IT7 级别精度的内孔。

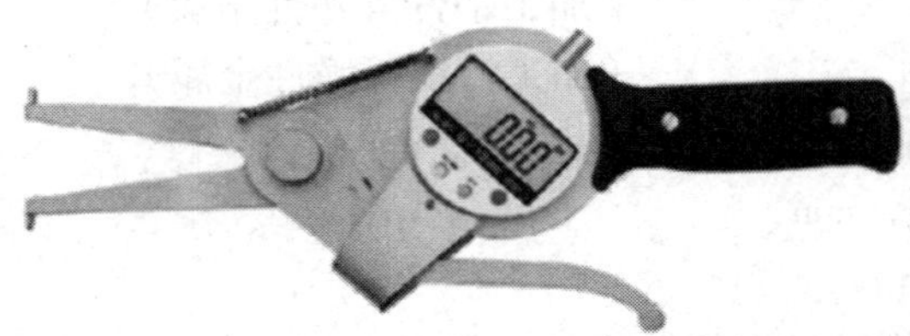

图 3—4—21 数显内卡钳

**(2) 塞规测量**

塞规（见图 3—4—22a）是一种专用量具，一端为通端，另一端为止端。使用塞规检测孔径时，当通端能进入孔内，而止端不能进入孔内时，说明孔径合格，否则为不合格。与此相类似，轴类零件也可采用光环规（见图 3—4—22b）测量。

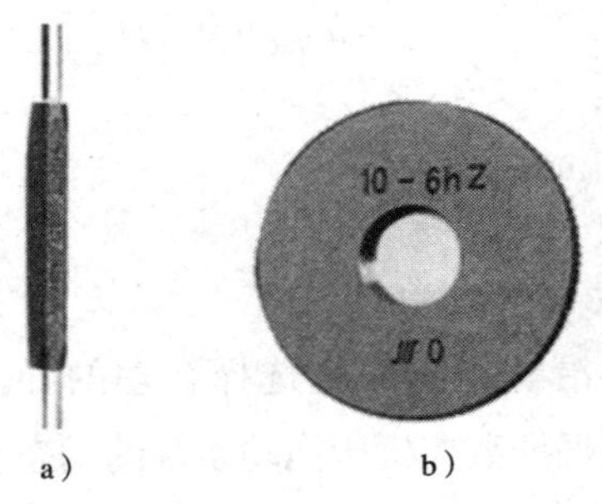


a） b）

图 3—4—22 塞规和光环规
a）塞规 b）光环规

**(3) 内径百分表测量**

用内径百分表（见图3—4—23）测量内孔时，其测量头在孔内摆动，读出直径方向的最大尺寸即为内径尺寸。内径百分表适用于深度较大内孔的测量。

图3—4—23　内径百分表

**(4) 内径千分尺测量**

内径千分尺（见图3—4—24）的测量方法和外径千分尺的测量方法相同，但其刻线方向与外径千分尺相反，相应地其测量时的旋转方向也相反。内径千分尺不适合深度较大孔的测量。

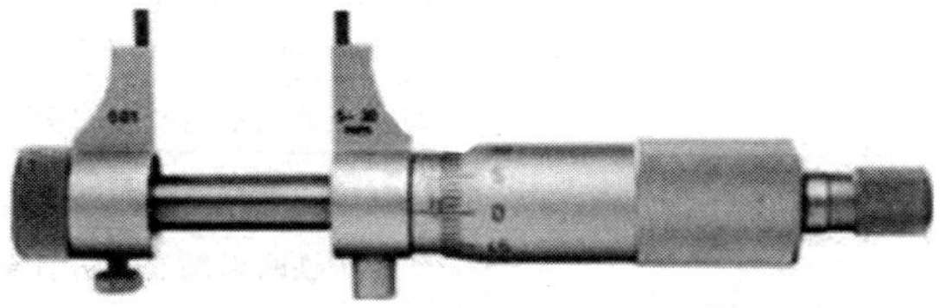

图3—4—24　内径千分尺

**2. 孔距的测量**

测量孔距通常使用游标卡尺。精度较高的孔距也可采用内、外径千分尺配合圆柱测量心棒测量。

**3. 孔的其他误差测量**

孔除了要进行孔径和孔距测量外，有时还要进行圆度、圆柱度等形状误差的测量以及径向跳动、断面圆跳动、端面与孔轴线的垂直度等位置误差的测量。

**4. 钻孔加工误差及其原因分析（见表3—4—3）**

**表3—4—3　　钻孔加工误差及其原因分析**

| 项目 | 出现问题 | 产生原因 |
| --- | --- | --- |
| 钻孔 | 孔大于规定尺寸 | 钻头两切削刃不对称，长度不一致 |
| | | 钻头本身存在质量问题 |
| | | 工件装夹不牢固，加工过程中工件松动或振动 |
| | 孔壁粗糙 | 钻头不锋利 |
| | | 进给量过大 |
| | | 切削液选用不当或供应不足 |
| | | 加工过程中排屑不通畅 |

续表

| 项目 | 出现问题 | 产生原因 |
| --- | --- | --- |
| 钻孔 | 孔歪斜 | 工件装夹后校正不正确，基准面与主轴不垂直 |
| | | 进给量过大使钻头弯曲变形 |
| | 钻孔呈多边形或孔位偏移 | 对刀不正确 |
| | | 钻头角度不对 |
| | | 钻头两切削刃不对称，长度不一致 |

**5．铰孔加工误差及其原因分析（见表 3—4—4）**

表 3—4—4　　铰孔加工误差及其原因分析

| 项目 | 出现问题 | 产生原因 |
| --- | --- | --- |
| 铰孔 | 孔径扩大 | 铰孔中心与底孔中心不一致 |
| | | 进给量或铰削余量过大 |
| | | 切削速度太高，铰刀热膨胀 |
| | | 切削液选用不当或没加切削液 |
| | 孔径缩小 | 铰刀磨损或铰刀已钝 |
| | | 铰铸铁时以煤油作切削液 |
| | 孔呈多边形 | 铰削余量太大，铰刀振动 |
| | | 铰孔前钻孔不圆 |
| | 表面质量差 | 铰孔余量太大或太小 |
| | | 铰刀切削刃不锋利 |
| | | 切削液选用不当或没加切削液 |
| | | 切削速度过大，产生积屑瘤 |
| | | 孔加工固定循环选择不合理，进、退刀方式不合理 |
| | | 容屑槽内切屑堵塞 |

## 六、螺纹的测量与攻螺纹误差分析

**1．大、小径的测量**

外螺纹大径和内螺纹小径的公差一般较大，可用游标卡尺或千分尺测量。

**2．螺距的测量**

螺距一般可用钢直尺或螺距规测量。由于普通螺纹一般较小，所以，采用钢直尺测量时，最好测量 10 个螺距的长度，然后除以 10，就得出一个较正确的螺距尺寸。

**3．中径的测量**

对精度要求较高的普通螺纹，可用螺纹千分尺（见图 3—4—25）直接测量，所测得的读数就是该螺纹中径的实际尺寸；也可用“三针测量法”间接测量（三针测量法仅适用于外螺纹的测量），但需通过计算后，才能得到其中径尺寸。

#### 4. 综合测量

综合测量是指用螺纹塞规和螺纹环规（见图 3—4—26）的通、止规综合检查内、外普通螺纹是否合格。使用螺纹塞规或螺纹环规时，应按其对应的公差等级选择。

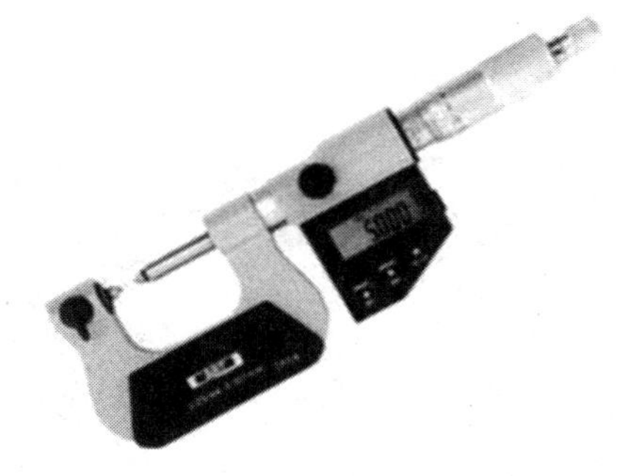

图 3—4—25　外螺纹千分尺

图 3—4—26　螺纹塞规与螺纹环规

#### 5. 攻螺纹误差分析（见表 3—4—5）

表 3—4—5　　攻螺纹误差分析

| 出现问题 | 产生原因 |
|---|---|
| 螺纹乱牙或滑牙 | 丝锥夹紧不牢固，造成乱牙 |
| | 攻不通孔螺纹时，固定循环中的孔底平面选择过深 |
| | 切屑堵塞，没有及时清理 |
| | 固定循环程序选择不合理 |
| 丝锥折断 | 底孔直径太小 |
| | 底孔中心与攻螺纹主轴中心不重合 |
| | 攻螺纹夹头选择不合理，没有选择浮动夹头 |
| 尺寸不正确或螺纹不完整 | 丝锥磨损 |
| | 底孔直径太大，造成螺纹不完整 |
| 表面质量差 | 转速太快，导致进给速度太快 |
| | 切削液选择不当或使用不合理 |
| | 切屑堵塞，没有及时清理 |
| | 丝锥磨损 |

## 七、技能训练——孔的零件加工

### 1. 钻孔、扩孔、锪孔的铣削加工

#### （1）训练项目

本次任务是数控加工如图 3—4—27 所示零件的孔（毛坯尺寸为 80 mm×80 mm×15 mm），在零件的数控加工过程中，分析孔加工工艺、安排加工步骤并编写其数控加工程序，通过本次零件编程与加工任务，可提高操作者对有孔零件铣削加工分析问题和解决问题的能力。

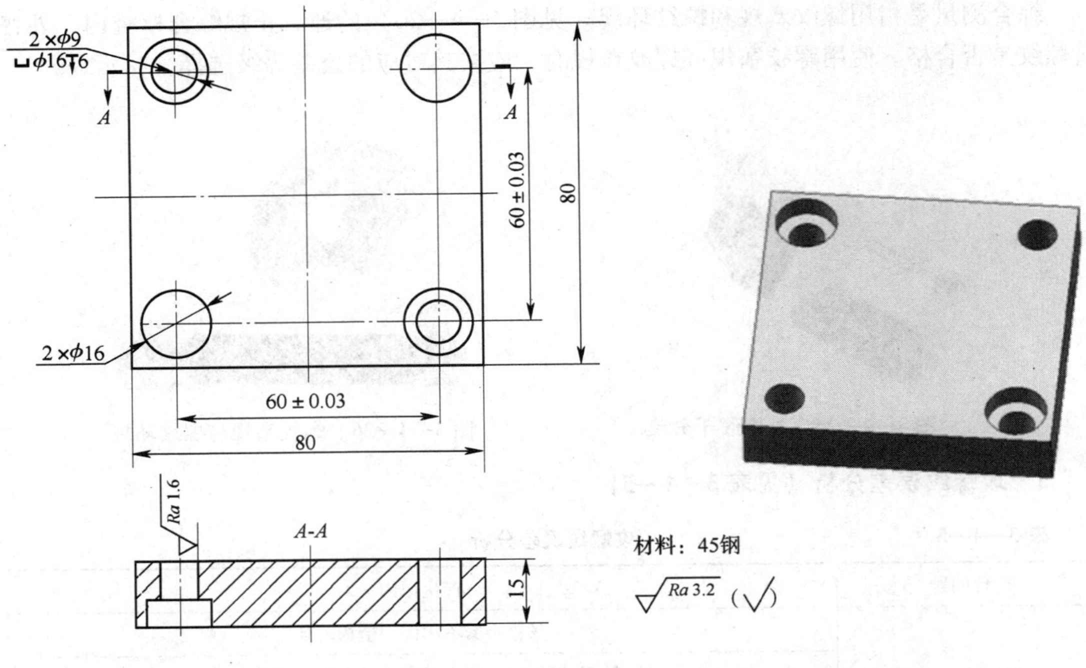


图 3—4—27　孔铣削加工零件图

**（2）项目分析**

本例任务中尺寸主要有：4 个孔的直径 ϕ9 mm，两个沉头孔直径 ϕ16 mm，深度 6 mm，两孔的定位尺寸（60 ±0. 03）mm，外形尺寸长 80 mm、宽 80 mm。对于尺寸要求，主要通过加工过程中的精确对刀、正确选用刀具的磨损量和合适的加工工艺等措施来保证。零件数控加工任务中，所有加工表面的表面粗糙度均为 *Ra*3. 2 μm。对于表面粗糙度要求，主要通过选用正确的粗、精加工路线和合适的切削用量等措施来保证。

**（3）训练准备**

设备：数控铣床/立式加工中心 1 台（FANUC 系统），计算机 1 台。

加工材料：45 钢。

工量具：A2. 5 mm 中心钻一把，ϕ9 mm 钻头，ϕ16 mm 的扩孔钻，ϕ16 mm 的立铣刀锪孔，百分表一个，磁性表头一个，游标卡尺一把，垫铁若干。

实习场地：一体化教室或多媒体教室，数控实训车间。

其他：训练记录手册、纸、笔、教学课件及相关教学资料等。

**（4）操作步骤**

1）确定数控加工方案。本例零件的毛坯为精加工平面后的零件，因此只需加工零件上的孔轮廓即可，在此任务的孔零件加工过程中，精度要求较高的孔采用钻孔和铰孔的方式进行加工；精度要求低的孔，则采用钻孔和扩孔（或锪孔）的方式进行加工。另外，为了保证孔与孔之间的位置精度，钻孔加工前须用中心钻进行孔定位。

2）确定加工步骤。启动数控铣床前检查→启动数控铣床后检查→回机床参考点→零件装夹及找正→装夹刀具及找正→对刀，以零件中心为工件坐标系原点建立工件坐标系→将零件加工程序输入机床，模拟仿真 $\phi$16 mm 的立铣刀锪孔加工零件（见图 3—4—28）→零件去毛倒棱，进行零件自检。

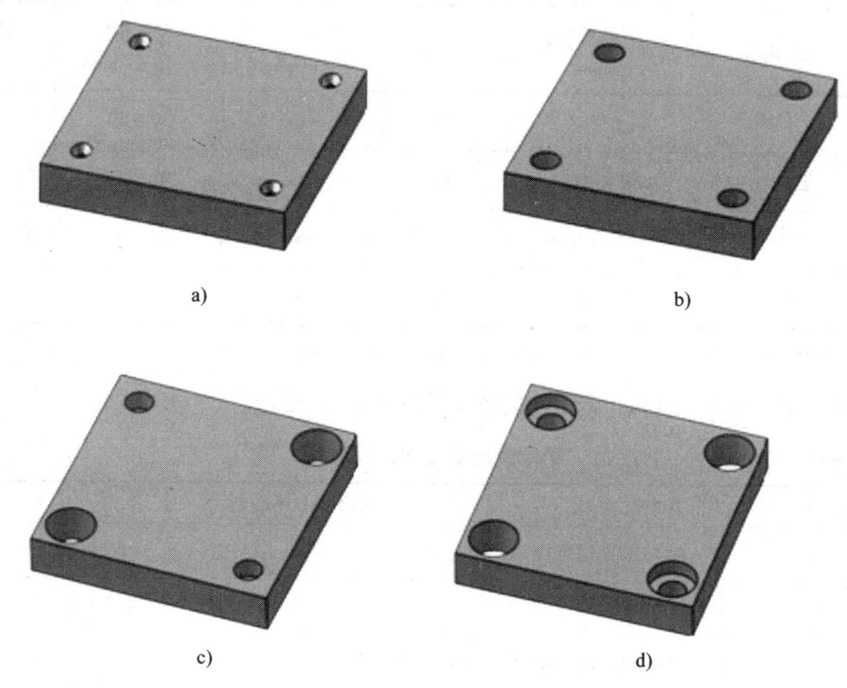


图 3—4—28　零件孔加工次序

a）A2. 5 mm 中心钻定位　b）$\phi$9 mm 的麻花钻钻孔

c）$\phi$9 mm 的麻花钻扩孔　d）$\phi$16 mm 的立铣刀锪孔

3）工件原点的选择。本次零件加工孔，选取零件上表面中心处 $O$（即工件表面的对称中心）作为零件的编程原点，如图 3—4—29 所示。

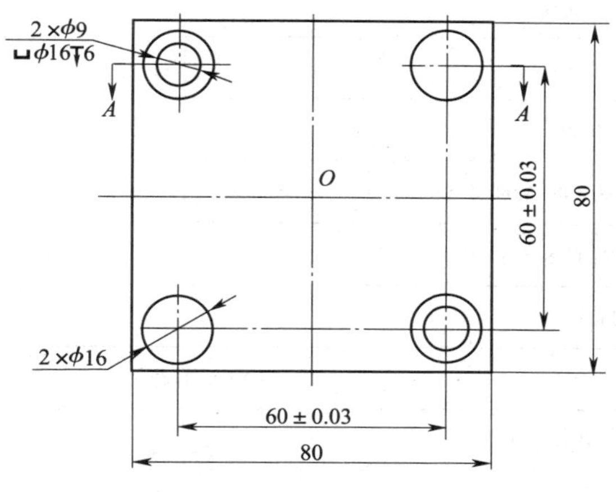


图 3—4—29　零件原点选择

4）制定加工工艺文件

①加工工序卡。本次零件加工任务的工序卡内容见表3—4—6。

**表3—4—6　　零件铣削加工工序卡**

| 工步 | 加工内容 | 刀具规格/mm | 刀号 | 主轴转速/（r/min） | 进给速度/（mm/min） | 铣削深度/mm |
|---|---|---|---|---|---|---|
| 1 | 四孔定位 | A2.5中心钻 | T1 | 1 800 | 30～50 | $D/2$ |
| 2 | 钻四孔 | $\phi$9麻花钻 | T2 | 800 | 50～100 | $D/2$ |
| 3 | 扩孔 | $\phi$16麻花钻 | T3 | 600 | 100～200 | $(D_2-D_1)/2$ |
| 4 | 锪孔 | $\phi$16立铣刀 | T4 | 600 | 50～100 | $(D_2-D_1)/2$ |

注：表中的$D$是刀具（钻头）直径，$D_1$是钻孔（扩孔前的底孔）直径，$D_2$是扩孔直径。

②NC程序单。本次零件加工任务的NC程序单内容见表3—4—7。

**表3—4—7　　零件铣削加工NC程序单**

| 刀具 | A2.5 mm中心钻 | |
|---|---|---|
| 程序段号 | FANUC系统程序 | 程序说明 |
| | O0010； | 中心钻定位 |
| N10 | G90 G94 G80 G21 G17 G54； | 程序开始 |
| N20 | G91 G28 Z0； | |
| N30 | G90 G43 G00 Z30.0 H01； | 刀具定位至初始平面 |
| N40 | S1800 M03 M08； | 采用较高的转速 |
| N50 | G99 G81 X30.0 Y30.0 Z-7.5 R5.0 F50； | 中心孔定位 |
| N60 | X-30.0； | |
| N70 | Y-30.0； | |
| N80 | X 30.0； | |
| N90 | G80 G49 M09 M05； | 取消固定循环 |
| N100 | G91 G28 Z0； | 程序结束部分 |
| N110 | M30； | |
| 刀具 | $\phi$9 mm麻花钻 | |
| 程序段号 | FANUC系统程序 | 程序说明 |
| | O0020； | 钻四个孔 |

续表

| 刀具 | A2.5 mm 中心钻 | |
|---|---|---|
| N10 | G90 G94 G80 G21 G17 G54; | 程序开始 |
| N20 | G91 G28 Z0; | |
| N30 | G90 G43 G00 Z30.0 H02; | 刀具定位 |
| N40 | S800 M03 M08; | 换转速 |
| N50 | G99 G81 X30.0 Y30.0 Z-20.0 R5.0 F80; | 钻四个孔 |
| N60 | X-30.0; | |
| N70 | Y-30.0; | |
| N80 | X 30.0; | |
| N90 | G80 G49 M09 M05; | 取消固定循环 |
| N100 | G91 G28 Z0; | 程序结束部分 |
| N110 | M30; | |
| 刀具 | $\phi$16 mm 麻花钻 | |
| 程序段号 | FANUC 系统程序 | 程序说明 |
| | O0030; | 扩孔 |
| N10 | G90 G94 G80 G21 G17 G54; | 程序开始 |
| N20 | G91 G28 Z0; | |
| N30 | G90 G43 G00 Z30.0 H03; | 刀具定位 |
| N40 | S600 M03 M08; | 换转速 |
| N50 | G81 X30.0 Y30.0 Z-20.0 R5.0 F200; | 扩孔加工 |
| N60 | X-30.0 -Y30.0; | |
| N70 | G80 G49 M09 M05; | 取消固定循环 |
| N80 | G91 G28 Z0; | 程序结束部分 |
| N90 | M30; | |

③检测评价。加工完零件后，根据表 3—4—8 内容填入相关数据，与图纸要求进行对比，对误差进行原因分析。

表 3—4—8　　零件检测表

| 序号 | 考核项目 | | 技术要求 | 评分标准 | 配分 | 检测结果 | 得分 | 失分原因 |
|---|---|---|---|---|---|---|---|---|
| 1 | $\phi$9 mm 孔 | | 孔径 $\phi$9 mm | 超差 0.01 mm 扣 2 分 | 4×2 | | | |
| 2 | $\phi$16 mm 孔 | | 孔径 $\phi$16 mm | 超差 0.01 mm 扣 2 分 | 4×4 | | | |
| 3 | $\phi$16 mm 孔深度 | | 深度 6 mm | 超差 0.02 mm 扣 2 分 | 4×2 | | | |
| 4 | 两孔定位 | | (60±0.03) mm | 超差 0.01 mm 扣 2 分 | 4×2 | | | |
| 5 | 其他项目 | 表面粗糙度要求 $Ra$3.2 μm | | 每错一处扣 1 分 | 10 | | | |
| 6 | 工艺合理 | 填写工序卡。工艺不合理，视情况酌情扣分（详见工序卡）<br>①工件定位和夹紧不合理<br>②加工顺序不合理<br>③刀具选择不合理 | | | 总分 15 分，每违反一条酌情扣 5 分 | | | |
| 7 | 程序编制 | ①指令正确，程序完整<br>②运用刀具半径和长度补偿功能<br>③数值计算正确，程序编写表现出一定的技巧，简化计算和加工程序 | | | 总分 15 分，每违反一条酌情扣 5 分 | | | |
| 8 | 安全文明生产 | ①着装规范，未受伤<br>②刀具、工具、量具的放置<br>③工件装夹、刀具安装规范<br>④正确使用量具<br>⑤卫生、设备保养<br>⑥关机后机床停放位置不合理<br>⑦发生重大安全事故、严重违反操作规程 | | | 总分 20 分，每违反一条酌情扣 3 分 | | | |
| 检测人员 | | | | | 复核 | | | |

**2. 铰孔和攻螺纹**

**(1) 训练项目**

本次任务是数控加工如图 3—4—30 所示零件的铰孔和攻螺纹，该零件轮廓表面皆已加工成形。在零件的数控加工过程中，分析铰孔和攻螺纹的加工工艺、安排加工步骤并编写其数控加工程序，通过本次零件编程与加工任务，可提高操作者对零件的铰孔和攻螺纹铣削加工分析问题和解决问题的能力。

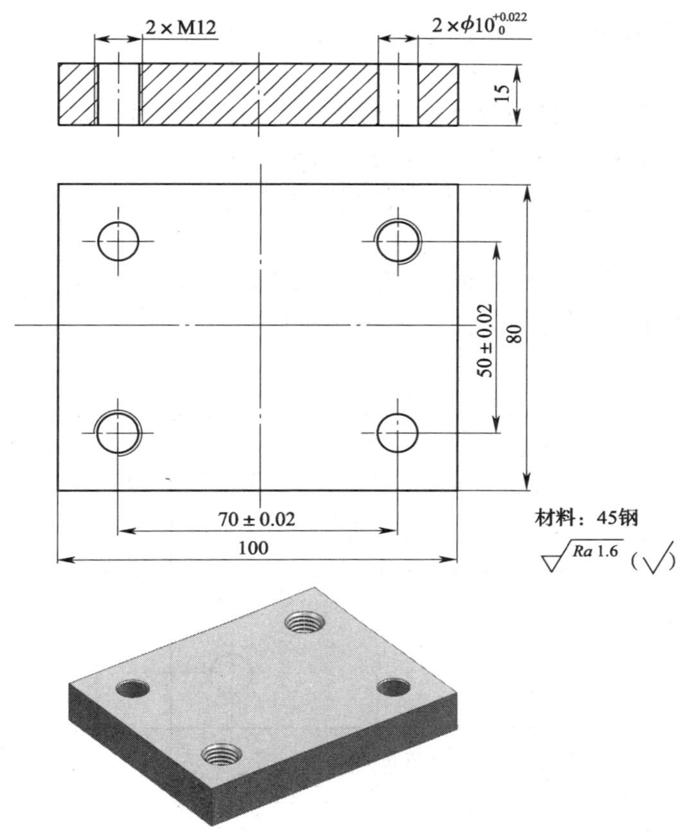


图 3—4—30　铰孔和攻螺纹零件图

**（2）项目分析**

本例任务中加工尺寸主要有：两个通孔的直径$\phi12_{0}^{+0.022}$，两个螺纹孔 M12。对于尺寸要求，主要通过加工过程中的精确对刀、正确选用刀具的磨损量和合适的加工工艺等措施来保证。

**（3）训练准备**

设备：数控铣床/立式加工中心 1 台（FANUC 系统），计算机 1 台。

加工材料：45 钢。

工量具：A2.5 mm 中心钻一把，$\phi$9.8 mm 钻头，$\phi$11.8 mm 钻头，$\phi$10 mm 的铰刀，M12 mm 的丝锥，百分表一个，磁性表头一个，游标卡尺一把，垫铁若干。

实习场地：一体化教室或多媒体教室，数控实训车间。

其他：训练记录手册、纸、笔、教学课件及相关教学资料等。

**（4）操作步骤**

1）确定数控加工方案。本例任务零件的毛坯为精加工外轮廓后的零件，因此只需在零件上进行孔轮廓的加工即可，在此任务的孔零件加工过程中，由于孔的加工精度及表面质量要求较高，所以选择铰孔和攻螺纹作为本例工件的最终加工工序。最终加工工序中还应注意选择合适的精加工余量，特别是在加工零件的内螺纹时，应注意底孔直径的确定。此外，由于采用刚性攻螺纹，为防止丝锥在攻螺纹的过程中折断，应选择专用的攻螺纹夹头来装夹丝锥。

2）确定加工步骤。启动数控铣床前检查→启动数控铣床后检查→回机床参考点→零件装夹及找正→装夹刀具及找正→对刀，以零件中心为工件坐标系原点建立工件坐标系→将零件加工程序输入机床，模拟仿真→加工零件→零件去毛倒棱，进行零件自检。

3）工件原点的选择。本次零件加工孔，选取零件上表面中心处 $O$（即工件表面的对称中心）作为零件的编程原点，如图 3—4—31 所示。

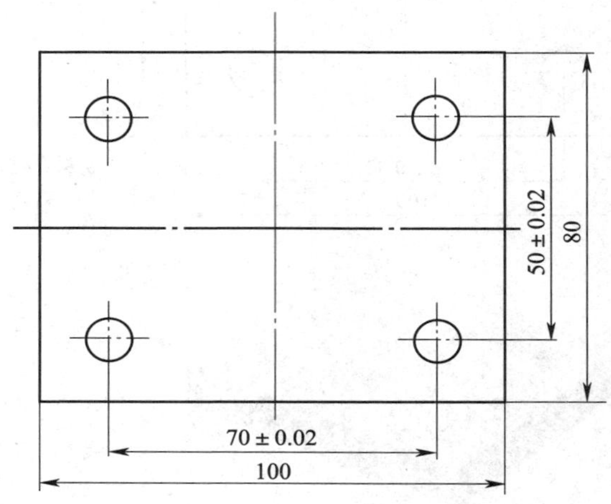


图 3—4—31 零件原点选择

4）制定加工工艺文件

①加工工序卡。本次零件加工任务的工序卡内容见表 3—4—9。

**表 3—4—9** 零件铣削加工工序卡

| 工步 | 加工内容 | 刀具规格 /mm | 刀号 | 主轴转速 /（r/min） | 进给速度 /（mm/min） |
|---|---|---|---|---|---|
| 1 | 四孔定位 | A2.5 中心钻 | T1 | 1 800 | 30～50 |
| 2 | 钻四孔 | $\phi$9.8 麻花钻 | T2 | 800 | 50～100 |
| 3 | 扩两孔 | $\phi$11.8 麻花钻 | T3 | 600 | 50～100 |
| 4 | 铰孔 | $\phi$10 铰刀 | T4 | 120 | 40～60 |
| 5 | 攻螺纹 | M12 丝锥 | T5 | 100 | 175 |

②NC 程序单。本次零件加工任务的 NC 程序单内容见表 3—4—10。

**表 3—4—10　　零件铣削加工 NC 程序单**

| 刀具 | A2.5 mm 中心钻 | |
|---|---|---|
| 程序段号 | FANUC 系统程序 | 程序说明 |
| | O0010; | 中心钻定位 |
| N10 | G90 G94 G80 G21 G17 G54; | 程序开始 |
| N20 | G91 G28 Z0; | |
| N30 | G90 G00 Z30.0; | 刀具定位至初始平面 |
| N40 | S1800 M03 M08; | 采用较高的转速 |
| N50 | G99 G81 X25 Y35 Z－7.5 R5.0 F50; | 中心孔定位 |
| N60 | X－25.0; | |
| N70 | Y－35; | |
| N80 | X25.0; | |
| N90 | G80 G49 M09 M05; | 取消固定循环 |
| N100 | G91 G28 Z0; | 程序结束部分 |
| N110 | M30; | |
| 刀具 | $\phi$9.8 mm 麻花钻 | |
| 程序段号 | FANUC 系统程序 | 程序说明 |
| | O0020; | 钻四个孔 |
| N10 | G90 G94 G80 G21 G17 G54; | 程序开始 |
| N20 | G91 G28 Z0; | |
| N30 | G90 G00 Z30.0; | 刀具定位 |
| N40 | S800 M03 M08; | 定转速 |
| N50 | G99 G81 X25 Y35 Z－20.0 R5.0 F100; | 钻四个孔 |
| N60 | X－25.0; | |
| N70 | Y－35; | |
| N80 | X25.0; | |
| N90 | G80 G49 M09 M05; | 取消固定循环 |
| N100 | G91 G28 Z0; | 程序结束部分 |
| N110 | M30; | |

续表

| 刀具 | A2.5 mm 中心钻 | |
| --- | --- | --- |
| 程序段号 | FANUC 系统程序 | 程序说明 |
| | O0030； | 扩两个孔 |
| N10 | G90 G94 G80 G21 G17 G54； | 程序开始 |
| N20 | G91 G28 Z0； | |
| N30 | G90 G00 Z30.0； | 刀具定位 |
| N40 | S600 M03 M08； | 定转速 |
| N50 | G99 G81 X25 Y－35 Z－20.0 R5.0 F100； | 钻两个孔 |
| N60 | X－25 Y35； | |
| N70 | G80 G49 M09 M05； | 取消固定循环 |
| N80 | G91 G28 Z0； | 程序结束部分 |
| N90 | M30； | |
| 刀具 | $\phi$10 mm 铰刀 | |
| 程序段号 | FANUC 系统程序 | 程序说明 |
| | O0030； | 铰孔 |
| N10 | G90 G94 G80 G21 G17 G54； | 程序开始 |
| N20 | G91 G28 Z0； | |
| N30 | G90 G00 Z30.0； | 刀具定位 |
| N40 | S120 M03 M08； | 定转速 |
| N50 | G85 X25 Y－35 Z－18.0 R5.0 F60； | 铰孔加工 |
| N60 | X－25 Y35； | |
| N70 | G80 G49 M09 M05； | 取消固定循环 |
| N80 | G91 G28 Z0； | 程序结束部分 |
| N90 | M30； | |
| 刀具 | M12 mm 丝锥 | |
| 程序段号 | FANUC 系统程序 | 程序说明 |
| | O0040； | 攻螺纹 |
| N10 | G90 G94 G80 G21 G17 G54； | 程序开始部分 |
| N20 | G91 G28 Z0； | |

续表

| 刀具 | A2.5 mm 中心钻 | |
|---|---|---|
| N30 | G90 G00 Z30.0； | 刀具定位至初始平面 |
| N40 | M03 S100 M08 ； | 定速 |
| N50 | G99 G84X25 Y35 Z－18.0 R3.0 F175； | 攻螺纹 |
| N60 | X－25 Y－35； | |
| N70 | G80 G49 M09 M05； | 取消固定循环 |
| N80 | G91 G28 Z0； | 程序结束 |
| N90 | M30； | |

③检测评价。加工完零件后，根据表3—4—11内容填入相关数据，与图纸要求进行对比，对误差进行原因分析。

**表3—4—11　　零件检测表**

| 序号 | 考核项目 | 技术要求 | 评分标准 | 配分 | 检测结果 | 得分 | 失分原因 |
|---|---|---|---|---|---|---|---|
| 1 | 通孔 | 直径10 mm | 超差0.01 mm扣2分 | 5×2 | | | |
| 2 | 螺纹孔 | 螺纹M12 | 超差0.01 mm扣2分 | 10 | | | |
| 3 | 两孔定位 | (70±0.02) mm | 超差0.01 mm扣2分 | 5×2 | | | |
| 4 | 两孔定位 | (50±0.02) mm | 超差0.01 mm扣2分 | 5×2 | | | |
| 5 | 其他项目 | 表面粗糙度要求 *Ra*1.6 μm | 每错一处扣2分 | 10 | | | |
| 6 | 工艺合理 | 填写工序卡。工艺不合理，视情况酌情扣分（详见工序卡）<br>①工件定位和夹紧不合理<br>②加工顺序不合理<br>③刀具选择不合理 | | 总分15分，每违反一条酌情扣5分 | | | |
| 7 | 程序编制 | ①指令正确，程序完整<br>②运用刀具半径和长度补偿功能<br>③数值计算正确，程序编写表现出一定的技巧，简化计算和加工程序 | | 总分15分，每违反一条酌情扣5分 | | | |
| 8 | 安全文明生产 | ①着装规范，未受伤<br>②刀具、工具、量具的放置<br>③工件装夹、刀具安装规范 | | 总分20分，每违反一条酌情扣3分 | | | |

续表

| 序号 | 考核项目 | 技术要求 | 评分标准 | 配分 | 检测结果 | 得分 | 失分原因 |
|---|---|---|---|---|---|---|---|
| 8 | 安全文明生产 | ④正确使用量具<br>⑤卫生、设备保养<br>⑥关机后机床停放位置不合理<br>⑦发生重大安全事故、严重违反操作规程 | | 总分20分，每违反一条酌情扣3分 | | | |
| 检测人员 | | | | 复核 | | | |

## 课后练习

1. 孔加工刀具有哪些，各有什么特点？

2. 孔加工、铰孔及攻螺纹的指令及其含义。

3. 根据3—4—32所示的零件图，分析其孔的加工工艺，拟定加工路线，合理选择刀具和切削参数，编写数控加工程序。毛坯为100 mm×80 mm×15 mm的长方块（其余表面已加工），材料为45钢。

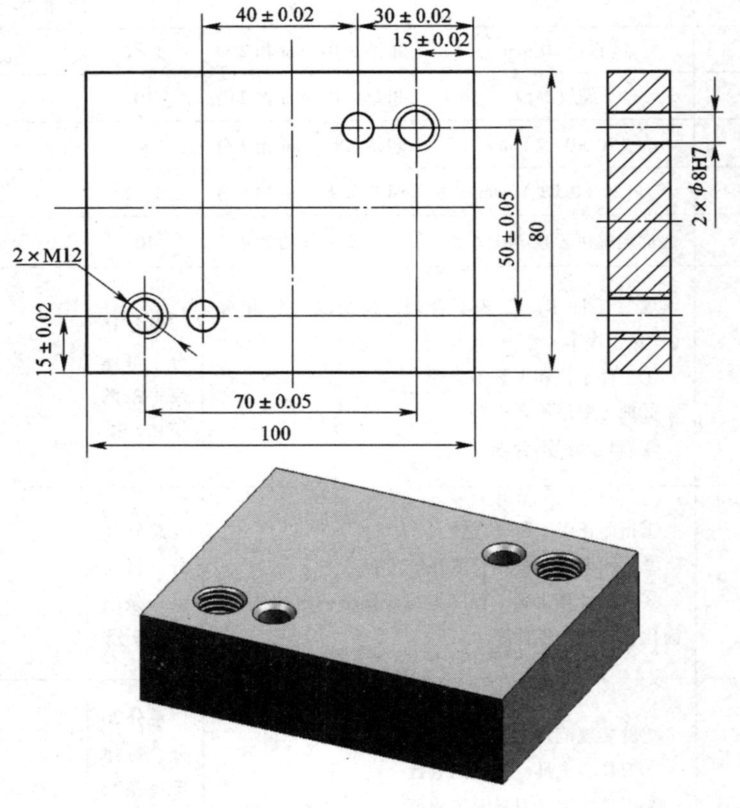


图3—4—32　铰孔与攻螺纹训练图

# 课题 5　槽加工

## 学习目标

1. 掌握槽加工常用编程指令。
2. 熟悉键槽铣刀。
3. 能确定槽零件铣削的加工方案。
4. 掌握槽零件的加工过程及操作要点。

## 一、槽加工常用编程指令

### 1. 绝对值坐标指令 G90 和增量值坐标指令 G91

**(1) 指令功能**

数控铣床有两种方法指定刀具的位置，即绝对值指令 G90 和增量值指令 G91。

G90 指令是按绝对值方式设定刀具位置，即移动指令终点的坐标值 X、Y、Z、都是以编程原点为基准来计算。

G91 指令是按增量值方式设定刀具位置，即移动指令终点的坐标值 X、Y、Z、都是以前一点为基准来计算，再根据终点相对于前一点的方向来判断正负，与坐标轴正方向一致取正值，相反取负值。

**(2) 指令格式**

绝对坐标指令代码：G90。

增量坐标指令代码：G91。

**(3) 指令说明**

对于这两个指令，需要说明以下三点。

1）机床通电时，系统处于 G90 状态，以后 G91 和 G90 可以相互取代。

2）编程时注意 G90 和 G91 模式间的转换。

3）FANUC 系统中还可以用 U、V、W 表示相对坐标，X、Y、Z 表示绝对坐标且可以绝对和相对坐标混合编程，但使用 G90 和 G91 时无混合编程。

**(4) 参考程序**

如图 3—5—1 所示，已知刀具中心轨迹为"*A*→*B*→*C*"，使用绝对坐标方式 G90 编程时，*A*、*B*、*C* 三点的坐标分别为（10，70）、（35，35）、（100，35）；使用增量坐标方式 G91 编程时，A、B、C 三点的坐标分别为（0，0）、（25，－35）、（65，0）。

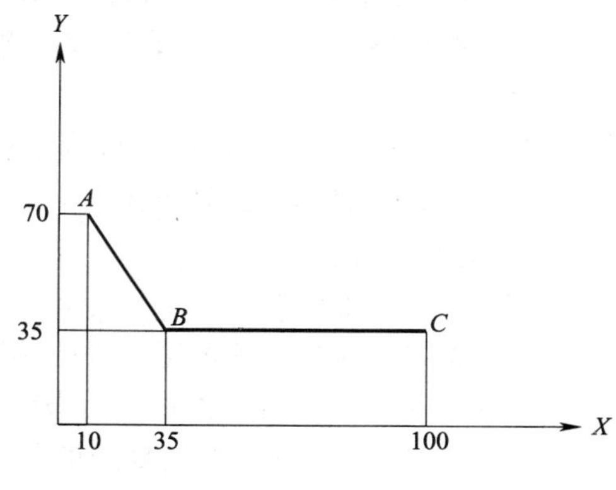

图 3—5—1　参考程序实例图

**2. 快速点定位指令 G00**

**（1）指令功能**

G00 指定刀具以快速移动的速度，从刀具当前点移动到目标点。它只是快速定位，对中间空行程无轨迹要求，G00 移动速度是机床参数设定的空行程速度，与程序段中的进给速度无关。

使用 G00 指令时，各轴以内定的速度分别独自快速移动，定位时的刀具运动轨迹由各轴快速移动速度共同决定，刀具的实际运动路线并不一定是直线，因机床的数控系统而异。如图 3—5—2 所示，指令执行开始后，刀具沿着各个坐标方向同时按参数设定的速度移动，最后减速到达终点；刀具移动轨迹通常是几条线段的组合，不是一条直线，在 FANUC 系统中，运动总是先沿着 45°角的直线运动，最后再在某一轴单向移动至目标点位置，在各坐标轴方向上不是同时到达终点。

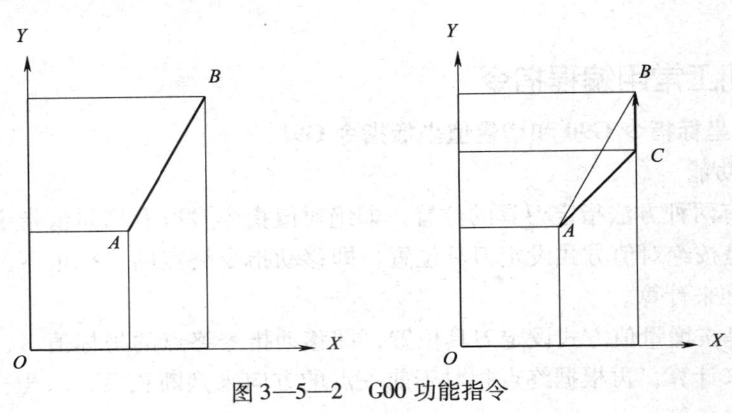


图 3—5—2　G00 功能指令

**（2）指令格式**

以 FAUNC 系统为例，G00 指令格式如下：

G00 X __Y __Z __;

其中，X、Y、Z 的值是快速点定位的终点坐标值。

如图 3—5—3 所示，刀具空间快速运动至 *P* 点（45，30，6），程序为：

G00 X45 Y30 Z6;

**（3）指令说明**

1）G00 指令一般不对工件进行切削加工，适用于空行程。

2）G00 为模态代码，一直有效，直到被同组的其他 G 指令（G01、G02、G03 等）取代为止。

3）向下运动时，不能以 G00 速度运动切入工件，一般应离工件有 5 ~ 10 mm 的安全距离，不能在移动过程中碰到机床、夹具等、如图 3—5—4 所示。

**3. 直线插补指令 G01**

**（1）指令功能**

G01 指定刀具从当前位置，以两轴或三轴联动方式，按程序中规定的合成进给速度 F，使刀具相对于工件按直线方式，由当前位置移动到程序段中规定的位置，从而加工出平面（或空间）直线。当前位置是直线的起点，为已知点，而程序段中指定的坐标值即为终点坐标值。

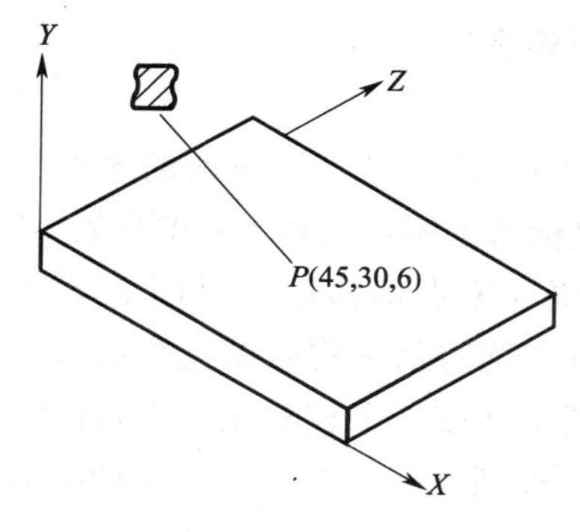


图 3—5—3　快速点定位

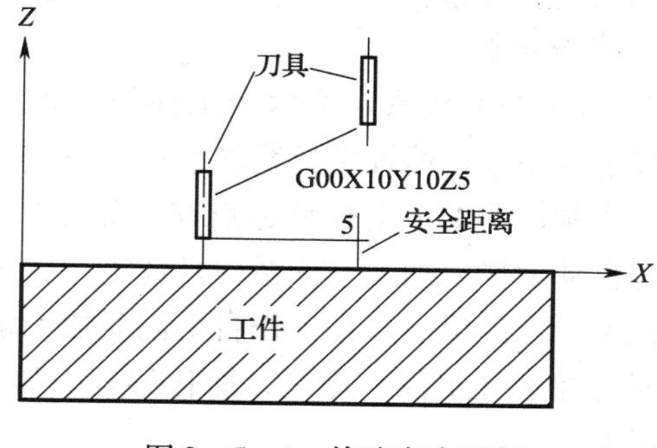


图 3—5—4　快速安全运行

**（2）指令格式**

G01 X __Y __Z __F __;

其中，X __Y __Z __用绝对尺寸编程时为线性插补的终点坐标，用相对尺寸编程时为线性插补的终点相对于起点的增量值。

**（3）指令说明**

1）使用直线插补指令，刀具的移动路径为从已知的起始点与指令中给定的终点两点间的直线运动，其移动速度由指令 F 给定。

2）G01 为模态代码，一直有效，直到被同组的其他 G 指令（G00、G02、G03 等）取代为止。

3）刀具空间运行或退刀时用此指令则运动时间长、效率低。

**4. 机床坐标系指令 G53**

**（1）指令功能**

G53 指令用来指定机床的坐标系，机床坐标系的原点为机床原点，它是固定的点。

**（2）指令格式**

G53 G90 X __Y __Z __;

式中，X、Y、Z 后的值为机床坐标系中的坐标值，其尺寸均为负值。

**（3）指令说明**

1）机床坐标系是用来确定工件坐标系的基本坐标系，如图 3—5—5 所示。

2）程序书写时，如不指定工件坐标系 G54 ~ G59，则机床将在 G53 坐标系，即机床坐标系下运行程序。

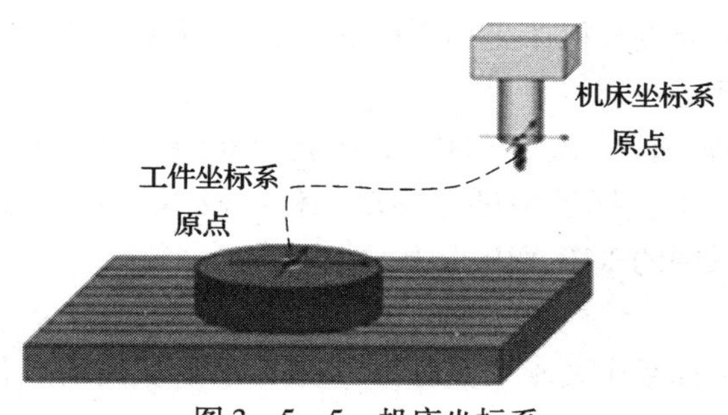


图 3—5—5　机床坐标系

### 5. 加工坐标系选择指令（G54～G59，又称为零点偏置）

**（1）指令功能**

G54～G59 是系统预定的六个工件坐标系，可根据需要任意选用。所谓的零点偏置就是在编程过程中进行编程坐标系的平移变换，使编程坐标系的零点偏移到新的位置。

这六个预定的加工坐标系零点在机床坐标系中的值（零点偏移值）可用 MDI 方式输入，系统自动记忆。加工坐标系一旦选定，后续程序段中绝对值编程时的指令值均为相对于此坐标系原点的值。若在工作台上同时加工多个相同工件或一个较复杂的工件时，可以设定不同的加工（工件）零点，简化编程。如图 3—5—6 所示，可建立 G54～G59 共六个加工坐标系。

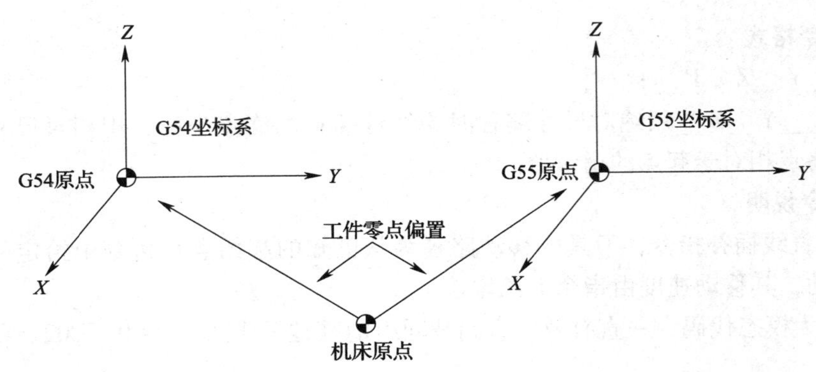


图 3—5—6　工件零点偏置

**（2）指令格式**

以 G54 为例：

G54 G90 G00（G01）X _Y _Z _;

该指令执行后，所有坐标值指定的坐标尺寸都是选定的 G54 工件加工坐标系中的位置。

**（3）指令说明**

1）G54 与 G55～G59 的区别。G54～G59 设置加工坐标系的方法是一样的，在使用中有以下区别：利用 G54 设置机床原点的情况下，进行回参考点操作时机床坐标值显示为 G54 的设定值，且符号均为正；利用 G55～G59 设置加工坐标系的情况下，进行回参考点操作时机床坐标值显示零值。

2）G54～G59 的修改。G54～G59 指令是通过 MDI 在设置参数方式下设定工件加工坐标系的，一旦设定，加工原点在机床坐标系中的位置是不变的，它与刀具的当前位置无关，除非再通过 MDI 方式修改。

3）G54～G59 指令程序段可以和 G00、G01 指令组合，如执行 G54 G90 G01 X10 Y10 时，运动部件在选定的加工坐标系中进行移动。程序段运行后，无论刀具当前点在哪里，它都会移动到加工坐标系中的 X10 Y10 点上。

**（4）程序编制**

在图 3—5—7 所示坐标系中要求刀具在 G54 坐标系下从当前点移动到 *A* 点，再从 *A* 点移动到 G55 坐标系中的 *B* 点。

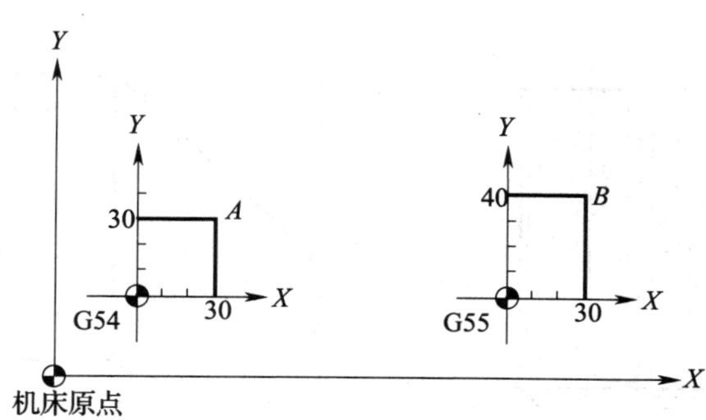


图 3—5—7　G54 ~ G59 应用

**6. 设置工件坐标系指令 G92**

**(1) 指令功能**

G92 指令是规定工件坐标系坐标原点的指令，工件坐标系坐标原点又称为程序原点。

**(2) 指令格式**

G92 X __Y __Z __;

其中，X、Y、Z 为刀具刀位点在工件坐标系中（相对于编程原点）的坐标。执行 G92 指令时，机床不动作，即 *X*、*Y*、*Z* 轴均不移动。

**7. 插补平面选择 G17、G18、G19**

**(1) 指令功能**

该组指令用于选择直线、圆弧插补的平面。G17 选择 *XY* 平面，G18 选择 *XZ* 平面，G19 选择 *YZ* 平面，如图 3—5—8 所示。

**(2) 特点**

对于数控铣床和加工中心镗铣床，通常都是在 XY 坐标平面内进行轮廓加工。该组指令为模态指令，一般系统初始状态为 G17 状态。故 G17 可省略。

**8. 圆弧插补 G02、G03**

**(1) 指令功能**

该组指令使刀具从圆弧起点，沿圆弧移动到圆弧终点。

G02 为顺时针圆弧（CW），G03 为逆时针圆弧（CCW）。

**(2) 判断方法**

从 *Z* 轴的正方向往负方向看 *XY* 平面，由此决定 *XY* 平面的“顺时针”“逆时针”方向。其他平面方法相同，如图 3—5—9 所示。

**(3) 格式**

*XY* 平面圆弧：

$$\mathrm{G17}\begin{Bmatrix}\mathrm{G02}\\\mathrm{G03}\end{Bmatrix}\mathrm{X}\_\ \mathrm{Y}\_\begin{Bmatrix}\mathrm{I}\_\ \mathrm{J}\_\\\mathrm{R}\end{Bmatrix}\mathrm{F}\_;$$

*XZ* 平面圆弧：

$$\mathrm{G18}\begin{Bmatrix}\mathrm{G02}\\\mathrm{G03}\end{Bmatrix}\mathrm{X}\_\ \mathrm{Z}\_\begin{Bmatrix}\mathrm{I}\_\ \mathrm{K}\_\\\mathrm{R}\end{Bmatrix}\mathrm{F}\_;$$

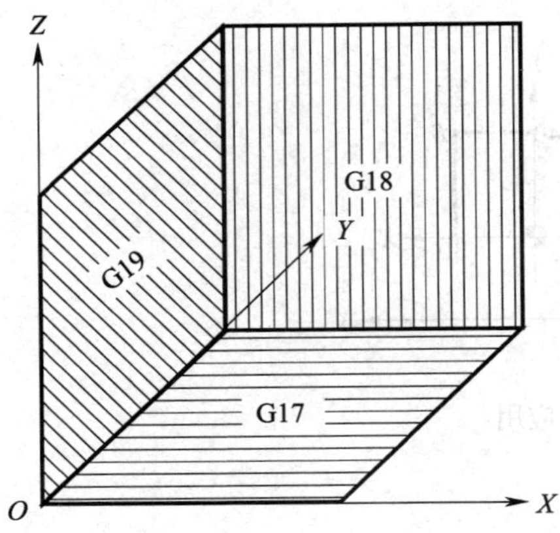


图 3—5—8 插补平面的选择

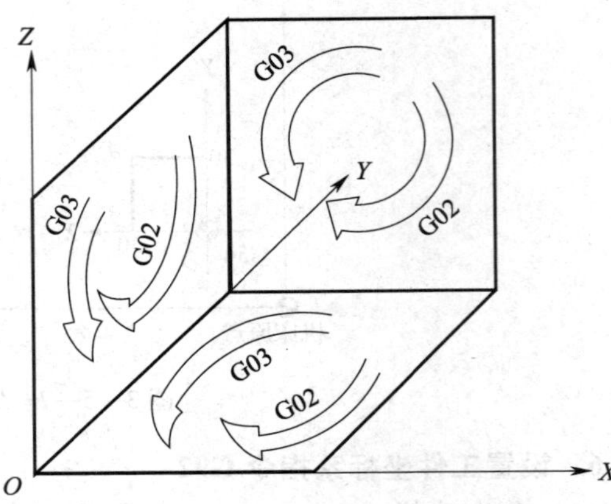


图 3—5—9 圆弧的方向

*YZ* 平面圆弧：

$$G19\begin{Bmatrix}G02\\G03\end{Bmatrix}Y\_Z\_\begin{Bmatrix}J\_K\_\\R\end{Bmatrix}F\_;$$

1）X、Y、Z 为圆弧终点坐标。

2）I、J、K 分别为圆弧圆心相对圆弧起点在 *X*、*Y*、*Z* 轴方向的坐标增量。

3）圆弧的圆心角≤180°时用“+R”编程，圆弧的圆心角>180°时用“-R”编程，若用半径 R，则圆心坐标不用。

4）整圆编程时不可以使用 R。

**9．螺旋线插补 G02、G03**

**（1）指令功能**

该组指令是指在圆弧插补时，垂直插补平面的直线轴同步运动，构成螺旋线插补运动，如图 3—5—10 所示。G02、G03 分别表示顺时针、逆时针螺旋线插补，判断方向的方法同圆弧插补。

**（2）指令格式**

*XY* 平面螺旋线：

G17 G02（G03）X _Y _I _J _Z _K _F _;

*ZX* 平面圆弧螺旋线：

G18 G02（G03）X _Z _I _K _Y _J _F _;

*YZ* 平面圆弧螺旋线：

G19 G02（G03）Y _Z _J _K _X _I _F _;

说明（以 G17 为例）如下。

1）X、Y、Z 是螺旋线的终点坐标。

2）I、J 是圆心在 *X*、*Y* 平面上，相对螺旋线起点的增量坐标。

3）K 是螺旋线的导程，为正值。

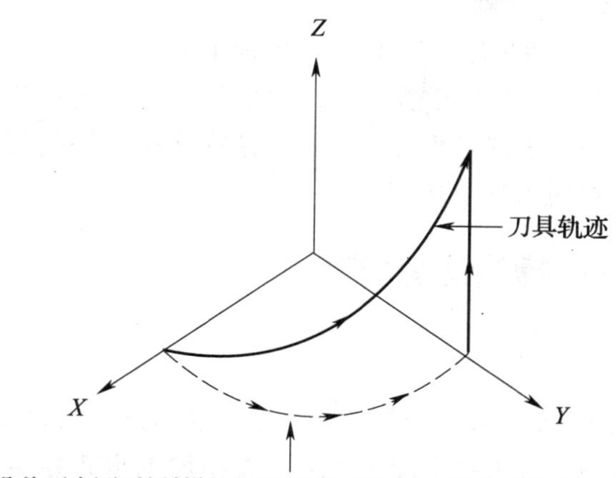


图 3—5—10　螺旋形切削

## 二、键槽铣刀

键槽铣刀是一种铣削刀具，刃径极限误差分为 e8 和 d8 两种。键槽铣刀螺旋角小（20°）、槽深、近似直线折背，和麻花钻有点相似。

**1. 键槽铣刀的特点及其应用**

键槽铣刀有两个刃瓣，可以轴向进给向毛坯钻孔，然后沿键槽方向铣出键槽全长。重磨时只磨端刃。小螺旋角（20°）、槽深、近似直线折背，和麻花钻有点相似。两齿立铣刀螺旋角大，一般 30°以上，外观和普通立铣刀一样。两齿立铣刀通常用于有色金属及低碳钢的粗加工，大螺旋角大容屑槽使得切削轻快，排屑流畅。键槽铣刀可以加工平键键槽、半圆键键槽表面等。

**2. 键槽铣刀的分类**

键槽铣刀分为锥柄键槽铣刀、直柄键槽铣刀以及半圆键槽铣刀，如图 3—5—11 所示。其中，锥柄键槽铣刀和直柄键槽铣刀均用于铣削平键槽，半圆键槽铣刀用于铣削半圆键槽。

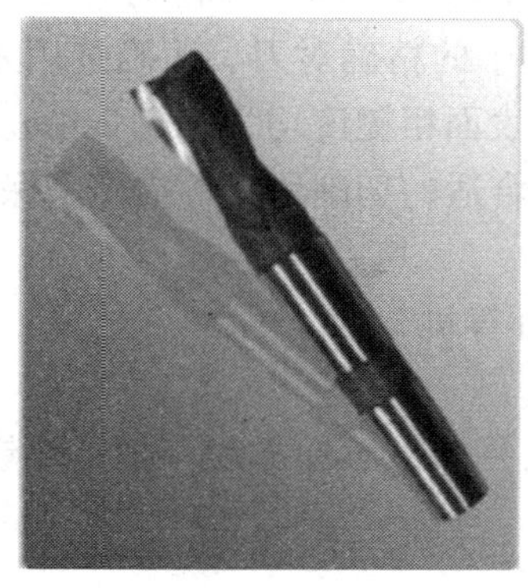

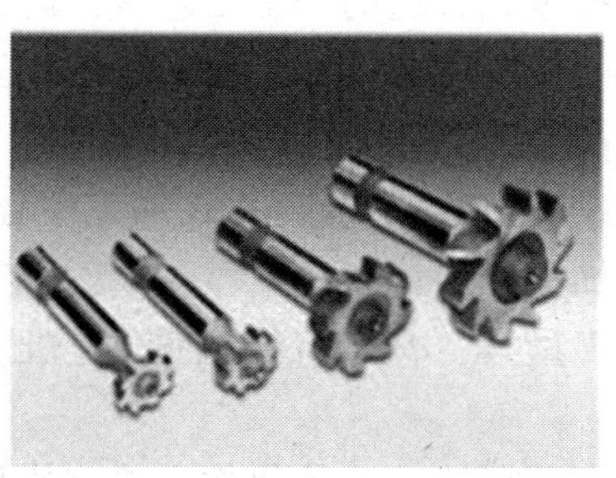

图 3—5—11　各类键槽铣刀

**3. 键槽铣刀与立铣刀的区别**

（1）键槽铣刀不能加工平面，而立铣刀可以加工平面。

（2）键槽铣刀主要用于加工键槽与槽，键槽铣刀对铣键槽很好用。例如，铣槽时，6 mm的立铣刀跟6 mm 的键槽铣刀相比，立铣刀容易断刀，而键槽铣刀能一刀过。

（3）键槽铣刀的切削量要比立铣刀大。

## 三、技能训练——槽的铣削加工

**1. 键槽的铣削加工**

**（1）训练项目**

本次任务是数控加工如图 3—5—12 所示零件（毛坯尺寸为 60 mm × 60 mm × 30 mm），在零件的数控加工过程中，分析键槽加工工艺、安排加工步骤并编写其数控加工程序，学生通过本次零件编程与加工任务，可提高操作者对直槽零件铣削加工分析问题和解决问题的能力。

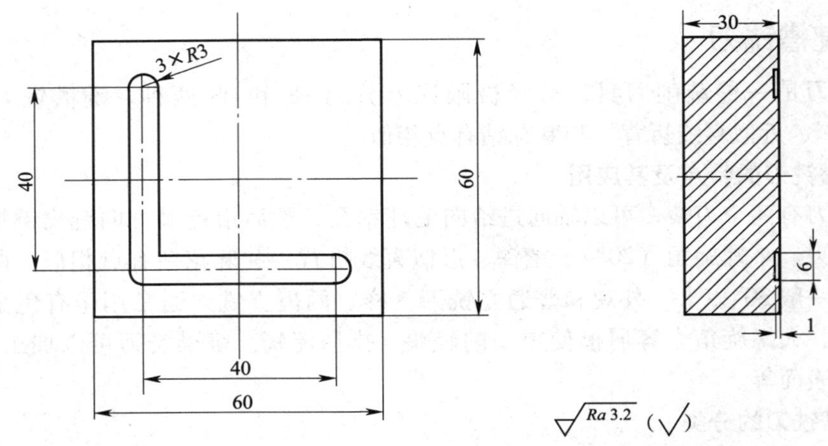


图 3—5—12 键槽铣削加工零件图

**（2）项目分析**

本例中尺寸主要有：键槽的宽度 6 mm、长度 40 mm、深度 1 mm，方料的外形尺寸 60 mm × 60 mm × 30 mm。对于尺寸要求，主要通过加工过程中的精确对刀、正确选用刀具的磨损量和合适的加工工艺等措施来保证。所有加工表面的表面粗糙度均为 *Ra*3. 2 μm。对于表面粗糙度要求，主要通过选用正确的粗、精加工路线和合适的切削用量等措施来保证。

**（3）训练准备**

设备：数控铣床/立式加工中心 1 台（FANUC 系统），计算机 1 台。

加工材料：45 钢。

工量具：$\phi$6 mm 键槽铣刀一把，百分表一个，磁性表头一个，游标卡尺一把，垫铁若干。

实习场地：一体化教室或多媒体教室，数控实训车间。

其他：训练记录手册、纸、笔、教学课件及相关教学资料等。

**（4）操作步骤**

1）确定数控加工方案。本例任务零件的毛坯为精加工平面后的零件，因此只需加工零件表面的键槽轮廓即可，在此任务的键槽零件加工过程中，只需要用到 G00 和 G01 指令来编写键槽加工程序。

2）确定加工步骤。启动数控铣床前检查→启动数控铣床后检查→回机床参考点→零件装夹及找正→装夹刀具及找正→对刀，以零件中心为工件坐标系原点建立工件坐标系→将零件加工程序输入机床，模拟仿真→加工零件→零件去毛倒棱，进行零件自检。

3）工件原点的选择。本次零件加工键槽，选取零件上表面中心处（即工件表面的对称中心）作为零件的编程原点，如图 3—5—13 所示。

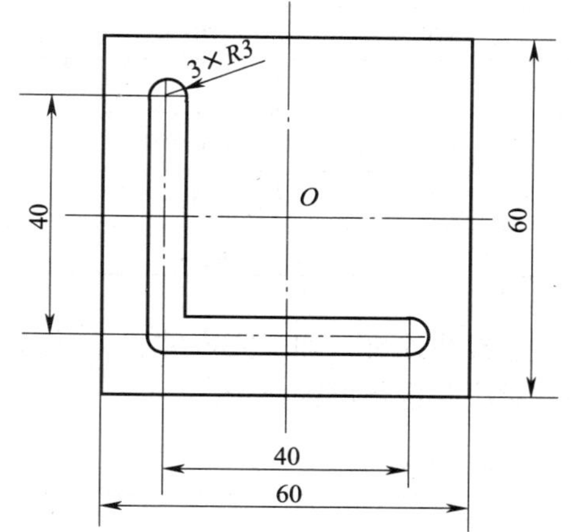

图 3—5—13 零件原点选择

4）制定加工工艺文件

①加工工序卡。本次零件加工任务的工序卡内容见表 3—5—1。

**表 3—5—1** **零件铣削加工工序卡**

| 工步 | 加工内容 | 刀具规格/mm | 刀号 | 主轴转速/（r/min） | 进给速度/（mm/min） | 背吃刀量/mm |
|---|---|---|---|---|---|---|
| 1 | 加工键槽 | $\phi$6 键槽铣刀 | T1 | 800 | 50 | 1 |

②NC 程序单。本次零件加工任务的 NC 程序单内容见表 3—5—2。

**表 3—5—2** **零件铣削加工 NC 程序单**

| 刀具 | $\phi$6 mm 键槽铣刀 | |
|---|---|---|
| 程序段号 | FANUC 系统程序 | 程序说明 |
| | O 0010； | 键槽轮廓加工程序 |
| N10 | G90 G94 G40 G21 G17 G54； | 程序初始化 |
| N20 | M03 S800； | 程序开始部分 |
| N30 | G00 X0 Y0； | |
| N40 | Z50； | |
| N50 | X－20，Y20； | |
| N60 | Z10； | |
| N70 | G01 Z－1 F50； | |

续表

| 刀具 | $\phi$6 mm 键槽铣刀 | |
|---|---|---|
| N80 | Y-20 F100; | 程序结束部分 |
| N90 | X20; | |
| N100 | Z10; | |
| N110 | G00 Z50; | |
| N120 | M05; | |
| N130 | M30; | |

③检测评价。加工完零件后，根据表 3—5—3 内容填入相关数据，与图纸要求进行对比，对误差进行原因分析。

**表 3—5—3　　　　零件检测表**

| 序号 | 考核项目 | 序号 | 技术要求 | 评分标准 | 配分 | 检测结果 | 得分 | 失分原因 |
|---|---|---|---|---|---|---|---|---|
| 1 | 键槽尺寸 | 1 | 6 mm | 超差 0.02 mm 扣 2 分 | 10 | | | |
| | | 2 | 40 mm | 超差 0.02 mm 扣 2 分 | 10 | | | |
| 2 | 键槽圆弧 | 3 | $R$3 mm | 超差 0.01 mm 扣 2 分 | 10 | | | |
| 3 | 键槽深度 | 4 | 1 mm | 超差 0.01 mm 扣 2 分 | 10 | | | |
| 4 | 其他项目 | 表面粗糙度要求 $Ra$3.2 μm | | 每错一处扣 1 分 | 10 | | | |
| 5 | 工艺合理 | 填写工序卡。工艺不合理，视情况酌情扣分（详见工序卡）<br>①工件定位和夹紧不合理<br>②加工顺序不合理<br>③刀具选择不合理 | | | 总分 15 分，每违反一条酌情扣 5 分 | | | |
| 6 | 程序编制 | ①指令正确，程序完整<br>②运用刀具半径和长度补偿功能<br>③数值计算正确，程序编写表现出一定的技巧，简化计算和加工程序 | | | 总分 15 分，每违反一条酌情扣 5 分 | | | |
| 7 | 安全文明生产 | ①着装规范，未受伤<br>②刀具、工具、量具的放置<br>③工件装夹、刀具安装规范<br>④正确使用量具<br>⑤卫生、设备保养<br>⑥关机后机床停放位置不合理<br>⑦发生重大安全事故、严重违反操作规程 | | | 总分 20 分，每违反一条酌情扣 3 分 | | | |
| 检测人员 | | | | | 复核 | | | |

**2. 圆弧槽的铣削加工**

**（1）训练项目**

本次任务是数控加工如图 3—5—14 所示零件（毛坯尺寸为 60 mm×60 mm×30 mm），在零件的数控加工过程中，分析圆弧加工工艺、安排加工步骤并编写其数控加工程序。通过本次零件编程与加工任务，可提高操作者对圆弧槽零件铣削加工分析问题和解决问题的能力。

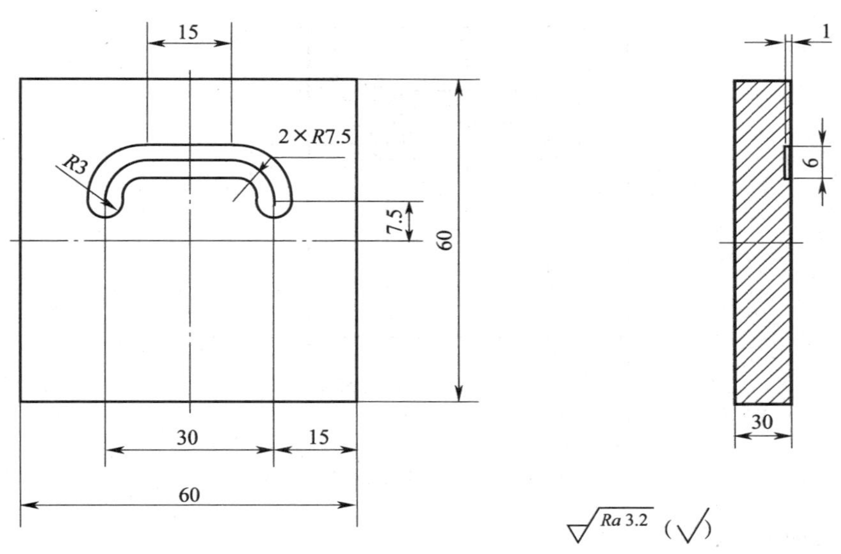


图 3—5—14　圆弧槽铣削加工零件图

**（2）项目分析**

本例任务中尺寸主要有：键槽的长度 15 mm、30 mm，宽度 7.5 mm、6 mm，深度 1 mm，圆弧 *R*7.5 mm，方料的外形尺寸 60 mm×60 mm×30 mm。对于尺寸要求，主要通过加工过程中的精确对刀、正确选用刀具的磨损量和合适的加工工艺等措施来保证。所有加工表面的表面粗糙度均为 *Ra*3.2 μm。对于表面粗糙度要求，主要通过选用正确的粗、精加工路线和合适的切削用量等措施来保证。

**（3）训练准备**

设备：数控铣床/立式加工中心 1 台（FANUC 系统），计算机 1 台。

加工材料：45 钢。

工量具：$\phi$6 mm 键槽铣刀一把，百分表一个，磁性表头一个，游标卡尺一把，垫铁若干。

实习场地：一体化教室或多媒体教室，数控实训车间。

其他：训练记录手册、纸、笔、教学课件及相关教学资料等。

**（4）操作步骤**

1）确定数控加工方案。本例任务零件的毛坯为精加工平面后的零件，因此只需加工零件表面的圆弧槽轮廓即可，在此任务的圆弧槽零件加工过程中，需要用到 G02 和 G03 指令来编写键槽加工程序。

2）确定加工步骤。启动数控铣床前检查→启动数控铣床后检查→回机床参考点→零件装夹及找正→装夹刀具及找正→对刀，以零件中心为工件坐标系原点建立工件坐标系→将零件加工程序输入机床，模拟仿真→加工零件→零件去毛倒棱，进行零件自检。

3）工件原点的选择。本次零件加工两键槽，选取零件上表面中心处 $O$（即工件表面的对称中心）作为零件的编程原点，如图 3—5—15 所示。

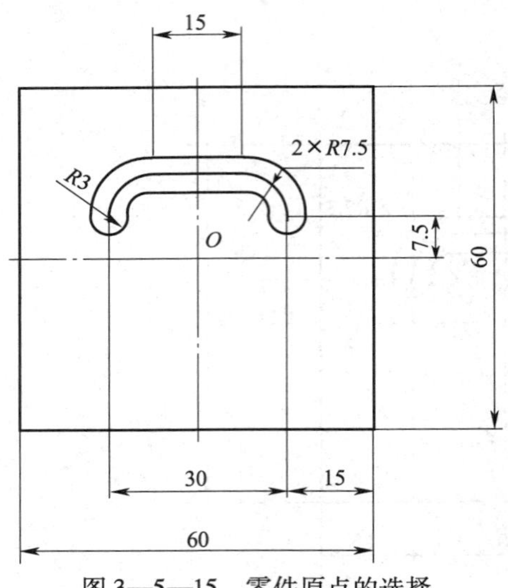


图 3—5—15　零件原点的选择

4）制定加工工艺文件

①加工工序卡。本次零件加工任务的工序卡内容见表 3—5—4。

**表 3—5—4　　零件铣削加工工序卡**

| 工步 | 加工内容 | 刀具规格/mm | 刀号 | 主轴转速/（r/min） | 进给速度/（mm/min） | 背吃刀量/mm |
|---|---|---|---|---|---|---|
| 1 | 加工键槽 | $\phi$6 键槽铣刀 | T1 | 800 | 60 | 1 |

②NC 程序单。本次零件加工任务的 NC 程序单内容见表 3—5—5。

**表 3—5—5　　零件铣削加工 NC 程序单**

<table>
<tr><td>刀具</td><td colspan="2">φ6 mm 键槽铣刀</td></tr>
<tr><td rowspan="2">程序段号</td><td>FANUC 系统程序</td><td>程序说明</td></tr>
<tr><td>O0010；</td><td>圆弧槽轮廓加工程序</td></tr>
<tr><td>N10</td><td>G90 G94 G40 G21 G17 G54；</td><td>程序初始化</td></tr>
<tr><td>N20</td><td>M03 S800；</td><td rowspan="6">程序开始部分</td></tr>
<tr><td>N30</td><td>G00 X0 Y0；</td></tr>
<tr><td>N40</td><td>Z50；</td></tr>
<tr><td>N50</td><td>X15，Y7.5；</td></tr>
<tr><td>N60</td><td>Z10；</td></tr>
<tr><td>N70</td><td>G01 Z－1 F50；</td></tr>
</table>

续表

| 刀具 | $\phi$6 mm 键槽铣刀 | |
|---|---|---|
| N80 | G03 X7.5 Y15 R7.5; | 程序开始部分 |
| N90 | G01 X−7.5; | |
| N100 | G03 X−15 Y7.5 R7.5; | |
| N110 | G01 Z10; | 程序结束部分 |
| N120 | G00 Z50; | |
| N130 | M05; | |
| N140 | M30; | |

③检测评价。加工完零件后，根据表3—5—6内容填入相关数据，与图纸要求进行对比，对误差进行原因分析。

**表3—5—6　　零件检测表**

| 序号 | 考核项目 | 序号 | 技术要求 | 评分标准 | 配分 | 检测结果 | 得分 | 失分原因 |
|---|---|---|---|---|---|---|---|---|
| 1 | 圆弧槽长度 | 1 | 15 mm | 超差0.02 mm扣2分 | 8 | | | |
| | | 2 | 30 mm | 超差0.02 mm扣2分 | 8 | | | |
| 2 | 圆弧槽宽度 | 3 | 7.5 mm | 超差0.02 mm扣2分 | 8 | | | |
| | | 4 | 6 mm | 超差0.02 mm扣2分 | 8 | | | |
| 3 | 圆弧槽圆弧 | 5 | *R*7.5 mm | 超差0.01 mm扣2分 | 4 | | | |
| 4 | 圆弧槽深度 | 6 | 1 mm | 超差0.01 mm扣2分 | 4 | | | |
| 5 | 其他项目 | 表面粗糙度要求 *Ra*3.2 μm | | 每错一处扣1分 | 10 | | | |
| 6 | 工艺合理 | 填写工序卡。工艺不合理，视情况酌情扣分（详见工序卡）<br>①工件定位和夹紧不合理<br>②加工顺序不合理<br>③刀具选择不合理 | | | 总分15分，每违反一条酌情扣5分 | | | |
| 7 | 程序编制 | ①指令正确，程序完整<br>②运用刀具半径和长度补偿功能<br>③数值计算正确，程序编写表现出一定的技巧，简化计算和加工程序 | | | 总分15分，每违反一条酌情扣5分 | | | |
| 8 | 安全文明生产 | ①着装规范，未受伤<br>②刀具、工具、量具的放置<br>③工件装夹、刀具安装规范<br>④正确使用量具<br>⑤卫生、设备保养<br>⑥关机后机床停放位置不合理<br>⑦发生重大安全事故、严重违反操作规程 | | | 总分20分，每违反一条酌情扣3分 | | | |
| 检测人员 | | | | | 复核 | | | |

## 课后练习

1. 试叙述直线插补和圆弧插补的指令功能和格式。

2. 键槽铣刀的分类及其与立铣刀之间的区别。

3. 根据3—5—16所示的零件图，分析键槽加工工艺，拟定加工路线，合理选择刀具和切削参数，编写数控加工程序。毛坯为100 mm×100 mm×10 mm的长方块（其余表面已加工），材料为45钢。

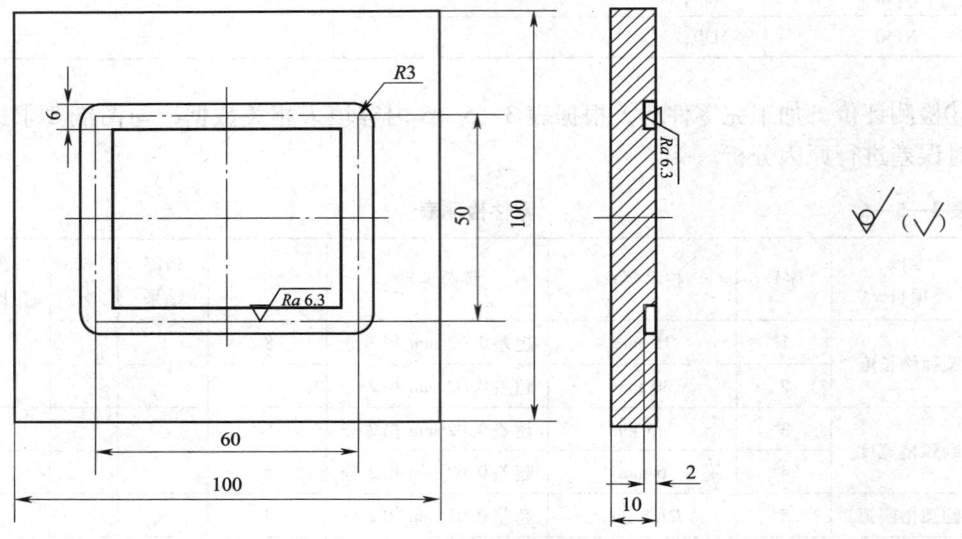


图3—5—16 键槽零件训练图

4. 根据图3—5—17所示的零件，分析圆弧槽的加工工艺，拟定加工路线，合理选择刀具和切削参数，编写数控加工程序。毛坯为70 mm×70 mm×10 mm的长方块（其余表面已加工），材料为45钢。

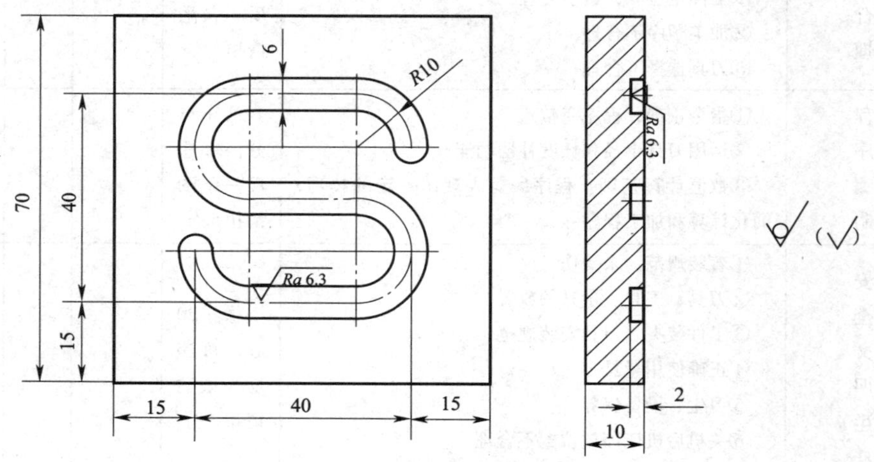


图3—5—17 圆弧槽零件训练图

# 课题 6　零件精度检验

## 学习目标

1. 熟悉常用量具的分类和使用。
2. 掌握量具的维护和保养。
3. 会运用常用量具进行零件的检测。

## 一、常用量具的分类

在工业生产测量中，为了确保零部件的加工质量，需要对加工出来的零部件按照要求进行表面粗糙度、尺寸精度、形状精度、位置精度等的测量，这也就是通常需要使用的称为量具的工具。量具按其用途可分为三大类。

**1．标准量具**

标准量具是指用作测量或检定标准的量具。如量块、多面棱体、表面粗糙度比较样块等。

**2．通用量具（或称万能量具）**

通用量具一般是指由量具厂统一制造的通用性量具。如直尺、平板、角度块、卡尺、仪表等。

**3．专用量具（或称非标量具）**

专用量具是指专门为检测工件某一技术参数而设计制造的量具。如内外沟槽卡尺、钢丝绳卡尺、步距规等量具是以固定形式复现量值的测量器具。它的特点如下。

（1）本身直接复现了单位量值，即量具的标称值就是单位量值的实际大小，如量块本身就复现了长度量的单位。

（2）在结构上一般没有测量机构，没有指示器或运动着的元部件。如量块只是复现单位量值的一个实物。

（3）由于没有测量机构，如不依赖其他配用的测量器具，就不能直接测出被测量值。例如，量块要配用干涉仪、光学计。因此，它是一种被动式测量器具。刃具是用来进行切削加工的工具，主要指车刀、铰刀、刨刀、钻头等。

## 二、常用量具的使用

**1．游标读数量具**

应用游标读数原理制成的量具有：游标卡尺、游标高度尺、游标深度尺、游标量角尺（如万能量角尺）和齿厚游标卡尺等，用以测量零件的外径、内径、长度、宽度，厚度、高度、深度、角度以及齿轮的齿厚等，应用范围非常广泛。

**（1）游标卡尺**

游标卡尺是一种常用的量具，具有结构简单、使用方便、精度中等和测量的尺寸范围大等特点，可以用它来测量零件的外径、内径、长度、宽度、厚度、深度和孔距等，应用范围很广。

1）游标卡尺的三种结构形式

①测量范围为 0 ~ 125 mm 的游标卡尺，制成带有刀口形的上下量爪和带有深度尺的形式，如图 3—6—1 所示。

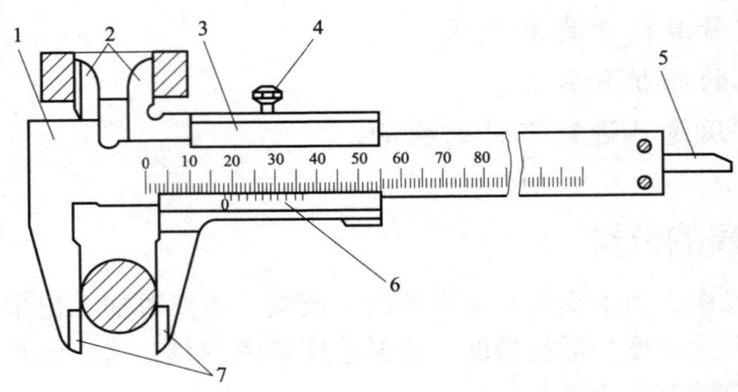


图 3—6—1　游标卡尺的结构形式之一

1—尺身　2—上量爪　3—尺框　4—紧固螺钉　5—深度尺　6—游标　7—下量爪

②测量范围为 0 ~ 200 mm 和 0 ~ 300 mm 的游标卡尺，可制成带有内外测量面的下量爪和带有刀口形的上量爪的形式，如图 3—6—2 所示。

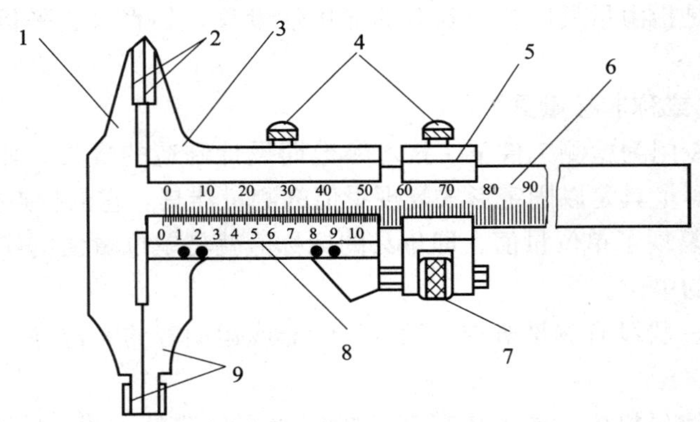


图 3—6—2　游标卡尺的结构形式之二

1—尺身　2—上量爪　3—尺框　4—紧固螺钉　5—微动装置

6—主尺　7—微动螺母　8—游标　9—下量爪

③测量范围为 0 ~ 200 mm 和 0 ~ 300 mm 的游标卡尺，也可制成只带有内外测量面的下量爪的形式，如图 3—6—3 所示。而测量范围大于 300 mm 的游标卡尺，只制成这种仅带有下量爪的形式。

2）游标卡尺的主要组成部分

①具有固定量爪的尺身，如图 3—6—2 所示的 1。尺身上有类似钢尺一样的主尺刻度，如图 3—6—2 所示的 6。主尺上的刻线间距为 1 mm。主尺的长度决定于游标卡尺的测量范围。

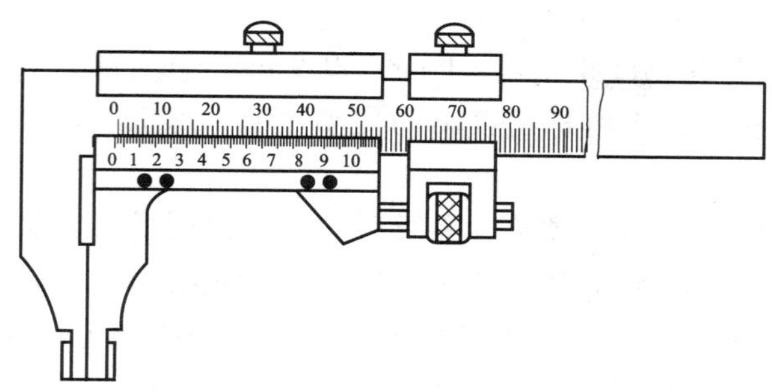


图 3—6—3　游标卡尺的结构形式之三

②具有活动量爪的尺框，如图 3—6—2 所示的 3。尺框上有游标，如图 3—6—2 所示的 8，游标卡尺的游标读数值可制成为 0. 1 mm、0. 05 mm 和 0. 02 mm 的三种。游标读数值就是指使用这种游标卡尺测量零件尺寸时，卡尺上能够读出的最小数值。

③在 0 ~ 125 mm 的游标卡尺上，还带有测量深度的深度尺，如图 3—6—1 所示的 5。深度尺固定在尺框的背面，能随着尺框在尺身的导向凹槽中移动。测量深度时，应把尺身尾部的端面靠紧在零件的测量基准平面上。

④测量范围等于和大于 200 mm 的游标卡尺，带有随尺框做微动调整的微动装置，如图 3—6—2 所示的 5。使用时，先用紧固螺钉 4 把微动装置 5 固定在尺身上，再转动微动螺母 7，活动量爪就能随同尺框 3 做微量的前进或后退。微动装置的作用是使游标卡尺在测量时用力均匀，便于调整测量压力，减少测量误差。

目前，我国生产的游标卡尺的测量范围及其游标读数值见表 3—6—1。

**表 3—6—1　　游标卡尺的测量范围和游标卡尺读数值**　　mm

| 测量范围 | 游标读数值 | 测量范围 | 游标读数值 |
|---|---|---|---|
| 0 ~ 25 | 0. 02、0. 05、0. 10 | 300 ~ 800 | 0. 05、0. 10 |
| 0 ~ 200 | 0. 02、0. 05、0. 10 | 400 ~ 1 000 | 0. 05、0. 10 |
| 0 ~ 300 | 0. 02、0. 05、0. 10 | 600 ~ 1 500 | 0. 05、0. 10 |
| 0 ~ 500 | 0. 05、0. 10 | 800 ~ 2 000 | 0. 10 |

3）游标卡尺的读数原理和读数方法。游标卡尺的读数机构是由主尺和游标（见图 3—6—2中的 6 和 8）两部分组成。当活动量爪与固定量爪贴合时，游标上的“0”刻线（简称游标零线）对准主尺上的“0”刻线，此时量爪间的距离为“0”，如图 3—6—2 所示。当尺框向右移动到某一位置时，固定量爪与活动量爪之间的距离就是零件的测量尺寸，如图 3—6—1 所示。此时零件尺寸的整数部分，可在游标零线左边的主尺刻线上读出来，而比 1 mm 小的小数部分，可借助游标读数机构来读出，现把三种游标卡尺的读数原理和读数方法介绍如下。

①游标读数值为 0. 1 mm 的游标卡尺。如图 3—6—4a 所示，主尺刻线间距（每格）为 1 mm，当游标零线与主尺零线对准（两爪合并）时，游标上的第 10 刻线正好指向主尺上的 9 mm，而游标上的其他刻线都不会与主尺上任何一条刻线对准。

游标每格间距 =9 mm ÷10 =0.9 mm

主尺每格间距与游标每格间距相差 =1 mm - 0.9 mm =0.1 mm

0.1 mm 即为此游标卡尺上游标所读出的最小数值，再也不能读出比 0.1 mm 小的数值。

当游标向右移动 0.1 mm 时，则游标零线后的第 1 根刻线与主尺刻线对准。当游标向右移动 0.2 mm 时，则游标零线后的第 2 根刻线与主尺刻线对准，以此类推。若游标向右移动 0.5 mm，如图 3—6—4b 所示，则游标上的第 5 根刻线与主尺刻线对准。由此可知，游标向右移动不足 1 mm 的距离，虽不能直接从主尺读出，但可以由游标的某一根刻线与主尺刻线对准时，该游标刻线的次序数乘其读数值而读出其小数值。例如，图 3—6—4b 的尺寸即为：5 ×0.1 =0.5（mm）。

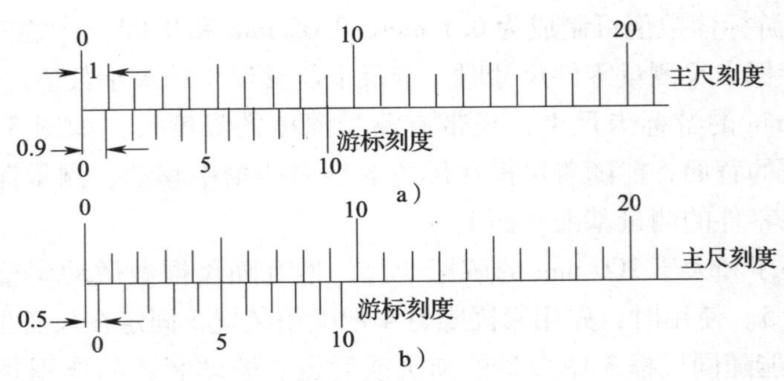


图 3—6—4　游标读数原理

另有一种读数值为 0.1 mm 的游标卡尺，图 3—6—5a 所示，是将游标上的 10 格对准主尺的 19 mm，则游标每格 =19 mm ÷10 =1.9 mm，使主尺 2 格与游标 1 格相差 =2 - 1.9 =0.1 mm。这种增大游标间距的方法，其读数原理并未改变，但使游标线条清晰，更容易看准读数。

在游标卡尺上读数时，首先要看游标零线的左边，读出主尺上尺寸的整数是多少毫米，其次是找出游标上第几根刻线与主尺刻线对准，该游标刻线的次序数乘其游标读数值，读出尺寸的小数，整数和小数相加的总值，就是被测零件尺寸的数值。

在图 3—6—5b 中，游标零线在 2 mm 与 3 mm 之间，其左边的主尺刻线是 2 mm，所以被测尺寸的整数部分是 2 mm，再观察游标刻线，这时游标上的第 3 根刻线与主尺刻线对准。所以，被测尺寸的小数部分为 3 ×0.1 mm =0.3 mm，被测尺寸即为 2 mm +0.3 mm =2.3 mm。

②游标读数值为 0.05 mm 的游标卡尺。如图 3—6—5c 所示，主尺每小格为 1 mm，当两爪合并时，游标上的 20 格刚好等于主尺的 39 mm，则游标每格间距 =39 mm ÷20 =1.95 mm。

主尺每格间距与游标每格间距相差 =2 mm - 1.95 mm =0.05 mm

0.05 mm 即为此种游标卡尺的最小读数值。同理，也有用游标上的 20 格刚好等于主尺上的 19 mm，其读数原理不变。

在图 3—6—5d 中，游标零线在 32 mm 与 33 mm 之间，游标上的第 11 格刻线与主尺刻线对准。所以，被测尺寸的整数部分为 32 mm，小数部分为 11 ×0. 05 mm =0. 55 mm，被测尺寸为 32 mm +0. 55 mm =32. 55 mm。

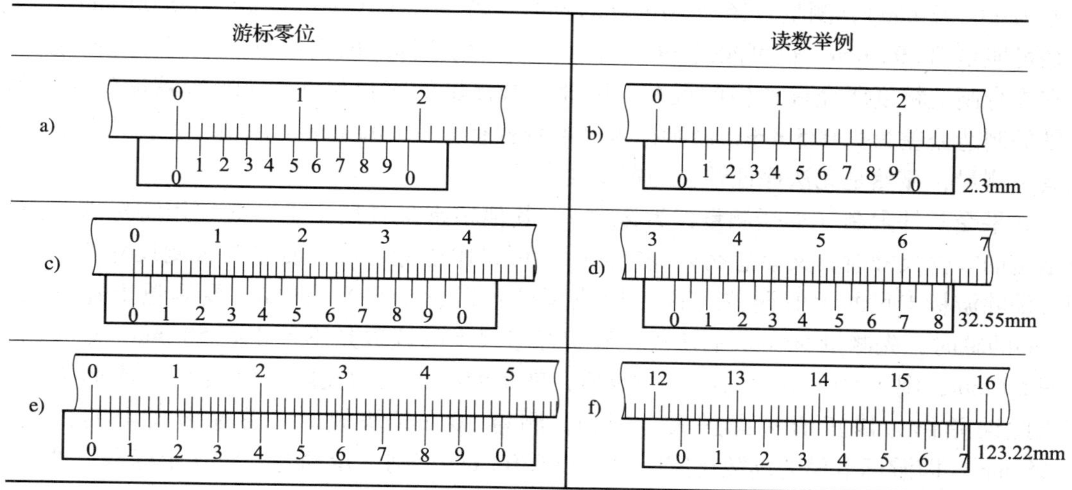


图 3—6—5　游标零位和读数举例

③游标读数值为 0. 02 mm 的游标卡尺。如图 3—6—5e 所示，主尺每小格为 1 mm，当两爪合并时，游标上的 50 格刚好等于主尺上的 49 mm，则游标每格间距 =49 mm ÷50 =0. 98 mm。

主尺每格间距与游标每格间距相差 =1 mm −0. 98 mm =0. 02 mm

0. 02 mm 即为此种游标卡尺的最小读数值。

在图 3—6—5f 中，游标零线在 123 mm 与 124 mm 之间，游标上的 11 格刻线与主尺刻线对准。所以，被测尺寸的整数部分为 123 mm，小数部分为 11 ×0. 02 mm =0. 22 mm，被测尺寸为 123 mm +0. 22 mm =123. 22 mm。

实际使用中希望直接从游标尺上读出尺寸的小数部分，而不要通过上述的换算，为此，把游标的刻线次序数乘其读数值所得的数值，标记在游标上，如图 3—6—5 所示，这样读数就方便了。

4）游标卡尺的测量精度。测量或检验零件尺寸时，要按照零件尺寸的精度要求，选用相适应的量具。游标卡尺是一种中等精度的量具，它只适用于中等精度尺寸的测量和检验。用游标卡尺去测量锻铸件毛坯或精度要求很高的尺寸，都是不合理的。前者容易损坏量具，后者测量精度达不到要求，因为量具都有一定的示值误差，游标卡尺的示值误差见表 3—6—2。

**表 3—6—2　　游标卡尺的示值误差**

| 游标读数值/mm | 示值总误差/mm |
|---|---|
| 0. 02 | ±0. 02 |
| 0. 05 | ±0. 05 |
| 0. 10 | ±0. 10 |

游标卡尺的示值误差，就是游标卡尺本身的制造精度，不论使用得怎样正确，卡尺本身就可能产生这些误差。例如，用游标读数值为0.02 mm的0～125 mm的游标卡尺（示值误差为±0.02 mm），测量直径为50 mm的轴时，若游标卡尺上的读数为50.00 mm，实际直径可能是50.02 mm，也可能是49.98 mm。这不是游标尺的使用方法上有什么问题，而是它本身制造精度所允许产生的误差。因此，若该轴的直径尺寸是IT5级精度的基准轴，则轴的制造公差为0.025 mm，而游标卡尺本身就有着±0.02 mm的示值误差，选用这样的量具去测量，显然是无法保证轴径的精度要求的。

如果受条件限制（如受测量位置限制），其他精密量具用不上，必须用游标卡尺测量较精密的零件尺寸时，又该怎么办呢？此时，可以用游标卡尺先测量与被测尺寸相当的块规，消除游标卡尺的示值误差（称为用块规校对游标卡尺）。例如，要测量上述直径为50 mm的轴时，先测量50 mm的块规，看游标卡尺上的读数是不是正好50 mm。如果不是正好50 mm，则比50 mm大的或小的数值，就是游标卡尺的实际示值误差，测量零件时，应把此误差作为修正值考虑进去。例如，测量50 mm块规时，游标卡尺上的读数为49.98 mm，即游标卡尺的读数比实际尺寸小0.02 mm，则测量轴时，应在游标卡尺的读数上加上0.02 mm，才是轴的实际直径尺寸；若测量50 mm块规时的读数是50.01 mm，则在测量轴时，应在读数上减去0.01 mm，才是轴的实际直径尺寸。另外，游标卡尺测量时的松紧程度（即测量压力的大小）和读数误差（即看准是那一根刻线对准），对测量精度影响也很大。所以，当必须用游标卡尺测量精度要求较高的尺寸时，最好采用和测量相等尺寸的块规相比较的办法。

5）游标卡尺的使用方法。量具使用得是否合理，不但影响量具本身的精度，且直接影响零件尺寸的测量精度，甚至发生质量事故，给国家造成不必要的损失。所以，必须重视量具的正确使用，对测量技术精益求精，力求获得正确的测量结果，确保产品质量。

使用游标卡尺测量零件尺寸时，必须注意下列几点。

①测量前应把卡尺揩干净，检查卡尺的两个测量面和测量刃口是否平直无损，把两个量爪紧密贴合时，应无明显的间隙，同时游标和主尺的零位刻线要相互对准。这个过程称为校对游标卡尺的零位。

②移动尺框时，活动要自如，不应有过松或过紧，更不能有晃动现象。用紧固螺钉固定尺框时，卡尺的读数不应有所改变。在移动尺框时，不要忘记松开紧固螺钉，也不宜过松以免掉了。

③当测量零件的外尺寸时，卡尺两测量面的连线应垂直于被测量表面，不能歪斜。测量时，可以轻轻摇动卡尺，放正垂直位置，如图3—6—6所示。否则，量爪若在如图3—6—6所示的错误位置上，将使测量结果$a$比实际尺寸$b$要大；先把卡尺的活动量爪张开，使量爪能自由地卡进工件，把零件贴靠在固定量爪上，然后移动尺框，用轻微的压力使活动量爪接触零件。如卡尺带有微动装置，此时可拧紧微动装置上的紧固螺钉，再转动调节螺母，使量爪接触零件并读取尺寸。绝不可把卡尺的两个量爪调节到接近甚至小于所测尺寸，把卡尺强制地卡到零件上去。这样做会使量爪变形，或使测量面过早磨损，使卡尺失去应有的精度。

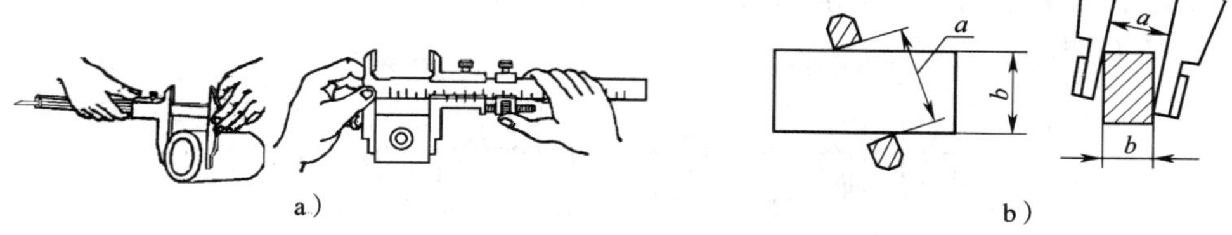


图 3—6—6　测量外尺寸时正确与错误的位置

a）正确　b）错误

测量沟槽时，应当用量爪的平面测量刃进行测量，尽量避免用端部测量刃和刀口形量爪去测量外尺寸。而对于圆弧形沟槽尺寸，则应当用刀口形量爪进行测量，不应当用平面形测量刃进行测量，如图 3—6—7 所示。

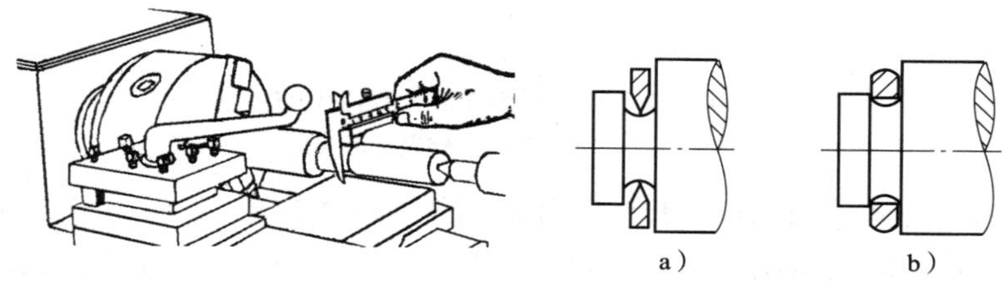


图 3—6—7　测量沟槽时正确与错误的位置

a）正确　b）错误

测量沟槽宽度时，也要放正游标卡尺的位置，应使卡尺两测量刃的连线垂直于沟槽，不能歪斜。否则，量爪若在如图 3—6—8 所示的错误的位置上，也将使测量结果不准确（可能大也可能小）。

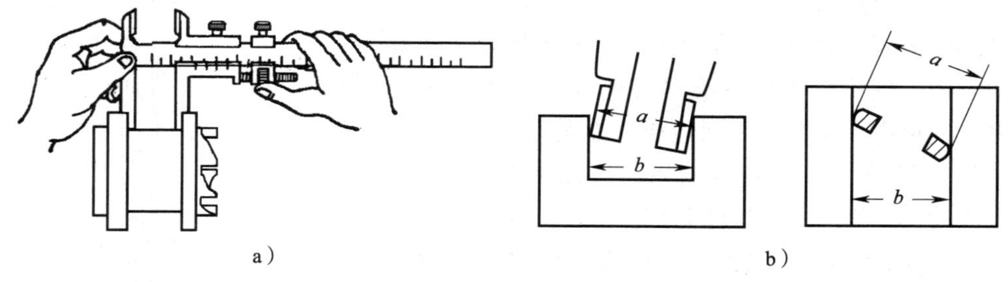


图 3—6—8　测量沟槽宽度时正确与错误的位置

a）正确　b）错误

④当测量零件的内尺寸时，如图 3—6—9 所示，要使量爪分开的距离小于所测内尺寸，进入零件内孔后，再慢慢张开并轻轻接触零件内表面，用紧固螺钉固定尺框后，轻轻取出卡尺来读数。取出量爪时，用力要均匀，并使卡尺沿着孔的中心线方向滑出，不可歪斜，以免使量爪扭伤、变形和受到不必要的磨损，同时会使尺框走动，影响测量精度。

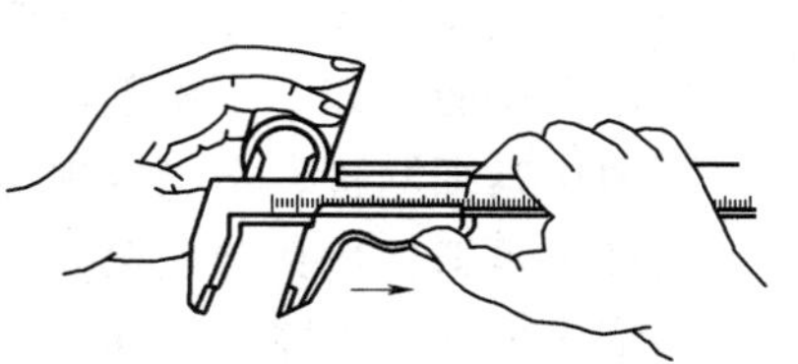

图 3—6—9　内孔的测量方法

卡尺两测量刃应在孔的直径上，不能偏歪。如图 3—6—10 所示为带有刀口形量爪和带有圆柱面形量爪的游标卡尺，在测量内孔时正确和错误的位置。当量爪在错误位置时，其测量结果，将比实际孔径 $D$ 要小。

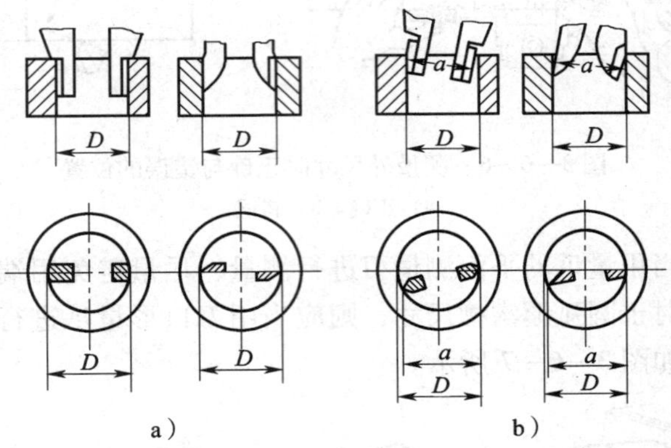


图 3—6—10　测量内孔时正确与错误的位置
a）正确　b）错误

⑤用下量爪的外测量面测量内尺寸。如用图 3—6—2 和图 3—6—3 所示的两种游标卡尺测量内尺寸，在读取测量结果时，一定要把量爪的厚度加上去。即游标卡尺上的读数，加上量爪的厚度，才是被测零件的内尺寸，如图 3—6—11 所示。测量范围在 500 mm 以下的游标卡尺，量爪厚度一般为 10 mm。但当量爪磨损和修理后，量爪厚度就要小于 10 mm，读数时这个修正值也要考虑进去。

⑥用游标卡尺测量零件时，不允许过分地施加压力，所用压力应使两个量爪刚好接触零件表面。如果测量压力过大，不但会使量爪弯曲或磨损，且量爪在压力作用下产生弹性变形，使测量得到的尺寸不准确（外尺寸小于实际尺寸，内尺寸大于实际尺寸）。

在游标卡尺上读数时，应把卡尺水平拿着，朝着亮光的方向，使测量者的视线尽可能和卡尺的刻线表面垂直，以免由于视线的歪斜造成读数误差。

⑦为了获得正确的测量结果，可以多测量几次。即在零件的同一截面上的不同方向进行测量。对于较长零件，则应当在全长的各个部位进行测量，尽量获得一个比较正确的测量结果。

为了便于读者记忆，更好地掌握游标卡尺的使用方法，把上述提到的几个主要问题，整理成顺口溜，供读者参考。

量爪贴合无间隙，主尺游标两对零。
尺框活动能自如，不松不紧不摇晃。
测力松紧细调整，不当卡规用力卡。
量轴防歪斜，量孔防偏歪，
测量内尺寸，爪厚勿忘加。
面对光亮处，读数垂直看。

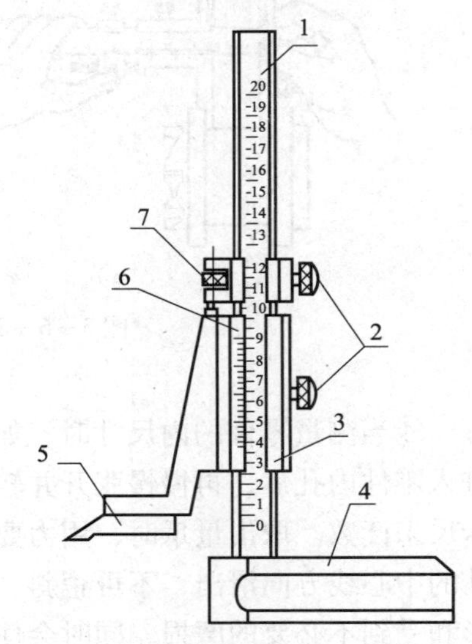


图 3—6—11　游标高度尺
1—主尺　2—紧固螺钉　3—尺框　4—基座
5—量爪　6—游标　7—微动装置

**（2）游标高度尺**

游标高度尺如图 3—6—11 所示，用于测量零件的高度和精密划线。它的结构特点是用质量较大的基座 4 代替固定量爪 5，而动的尺框 3 则通过横臂装有测量高度和划线用的量爪，量爪的测量面上镶有硬质合金，提高量爪的使用寿命。游标高度尺的测量工作，应在平台上进行。当量爪的测量面与基座的底平面位于同一平面时，如在同一平台平面上，主尺 1 与游标 6 的零线相互对准。所以在测量高度时，量爪测量面的高度，就是被测量零件的高度尺寸，它的具体数值，与游标卡尺一样可在主尺（整数部分）和游标（小数部分）上读出。应用游标高度尺划线时，调好划线高度，用紧固螺钉 2 把尺框锁紧后，也应在平台上进行先调整再划线。如图3—6—12所示为游标高度尺的应用。

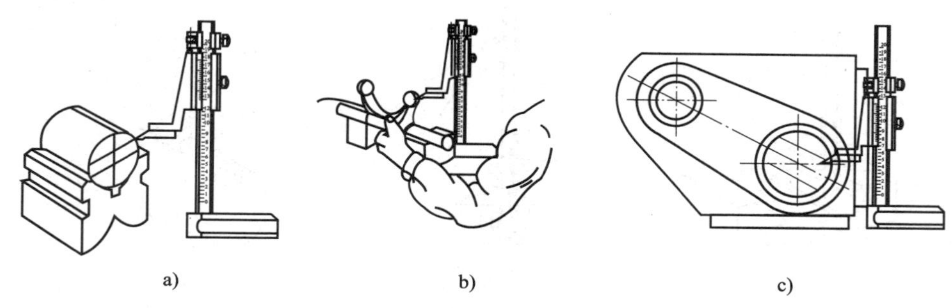


图 3—6—12　游标高度尺的应用

a）划偏心线　b）划拨叉轴　c）划箱体

**（3）游标深度尺**

游标深度尺如图 3—6—13 所示，用于测量零件的深度尺寸或台阶高低和槽的深度。它的结构特点是尺框 3 的两个量爪连在一起成为一个带游标的测量基座 1，基座的端面和尺身 4 的端面就是它的两个测量面。如测量内孔深度时应把基座的端面紧靠在被测孔的端面上，使尺身与被测孔的中心线平行，伸入尺身，则尺身端面至基座端面之间的距离，就是被测零件的深度尺寸。它的读数方法和游标卡尺完全一样。

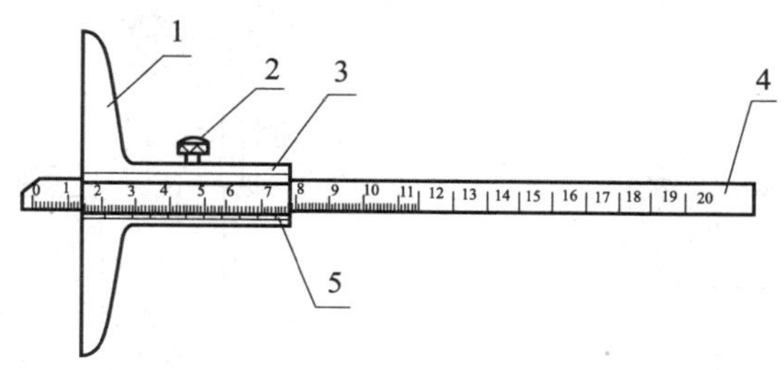


图 3—6—13　游标深度尺

1—测量基座　2—紧固螺钉　3—尺框　4—尺身　5—游标

测量时，先把测量基座轻轻压在工件的基准面上，两个端面必须接触工件的基准面，如图 3—6—14a 所示。测量轴类等台阶时，测量基座的端面一定要压紧在基准面上，如图 3—6—14b、c 所示，再移动尺身，直到尺身的端面接触到工件的量面（台阶面）上，然后用紧固螺钉固定尺框，提起卡尺，读出深度尺寸。多台阶小直径的内孔深度测量，要注意尺身的端面是否在要测量的台阶上，如图 3—6—14d 所示。当基准面是曲线时，如图

3—6—14e所示，测量基座的端面必须放在曲线的最高点上，测量出的深度尺寸才是工件的实际尺寸，否则会出现测量误差。

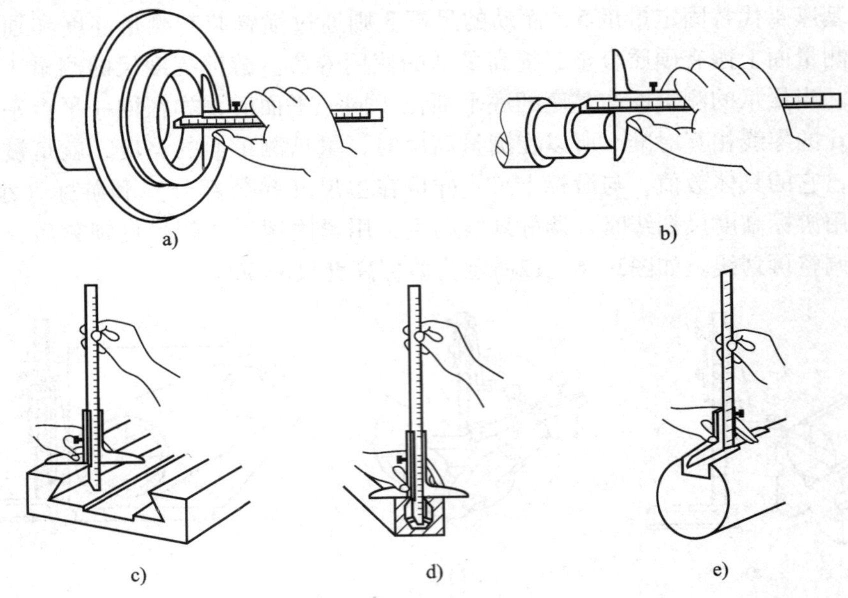

图 3—6—14　游标深度尺的使用方法

**（4）齿厚游标卡尺**

齿厚游标卡尺（见图 3—6—15）用于测量齿轮（或蜗杆）的弦齿厚和弦齿顶。这种游标卡尺由两互相垂直的主尺组成，因此它就有两个游标。$A$ 的尺寸由垂直主尺上的游标调整；$B$ 的尺寸由水平主尺上的游标调整。刻线原理和读法与一般游标卡尺相同。

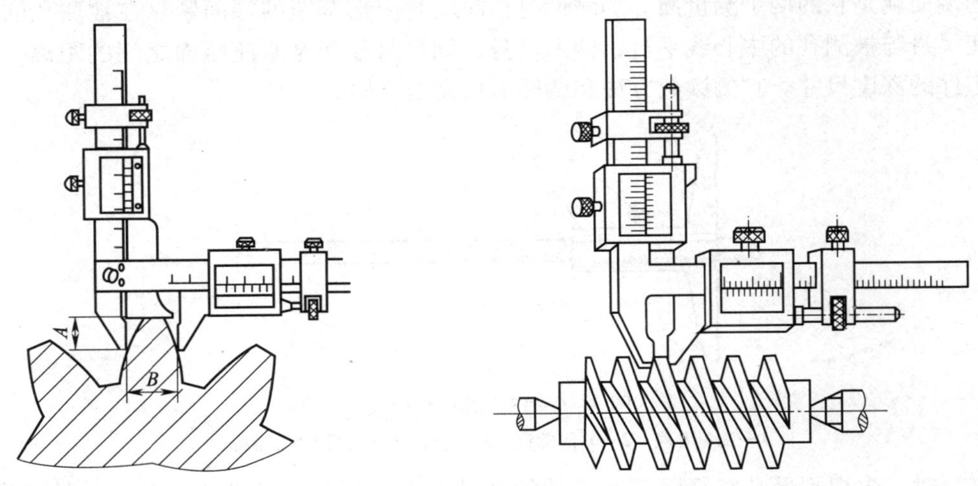


图 3—6—15　齿厚游标卡尺测量齿轮与蜗杆

测量蜗杆时，把齿厚游标卡尺读数调整到等于齿顶高（蜗杆齿顶高等于模数 $m_s$），法向卡入齿廓，测得的读数是蜗杆中径（$d_2$）的法向齿厚。但图纸上一般注明的是轴向齿厚，必须进行换算。法向齿厚 $S_n$ 的换算公式如下：

$$S_n = \frac{\pi m_s}{2}\cos\tau$$

以上所介绍的各种游标卡尺都存在一个共同的问题，就是读数不很清晰，容易读错，有时不得不借放大镜将读数部分放大。现有游标卡尺采用无视差结构，使游标刻线与主尺刻线处在同一平面上，消除了在读数时因视线倾斜而产生的视差；有的卡尺装有测微表称为带表卡尺（见图3—6—16），读数准确，提高了测量精度；更有一种带有数字显示装置的游标卡尺（见图3—6—17），这种游标卡尺在零件表面上测量尺寸时，就直接用数字显示出来，其使用极为方便。

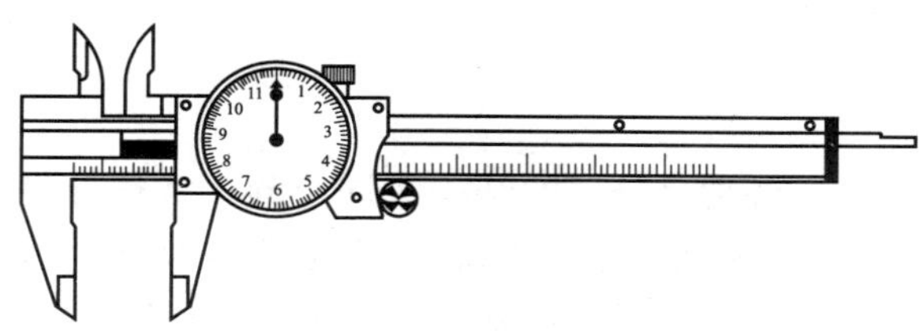

图3—6—16　带表卡尺

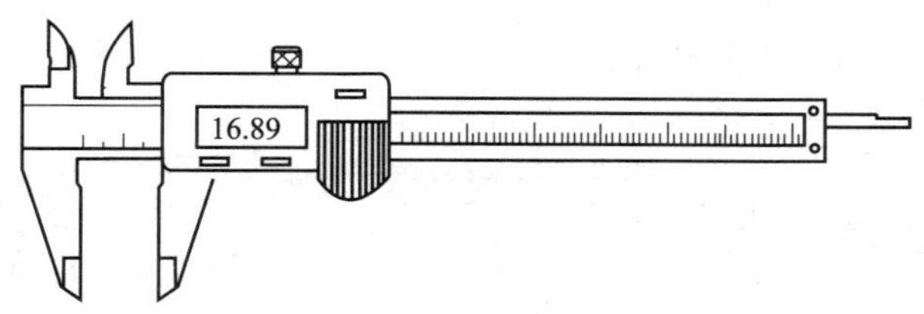


图3—6—17　数字显示游标卡尺

带表卡尺的规格见表3—6—3。数字显示游标卡尺的规格见表3—6—4。

**表3—6—3　　带表卡尺规格**　　mm

| 测量范围 | 指示表读数值 | 指示表示值误差范围 |
|---|---|---|
| 0～150 | 0.01 | 1 |
| 0～200 | 0.02 | 1；2 |
| 0～300 | 0.05 | 5 |

**表3—6—4　　数字显示游标卡尺规格**

| 名称 | 数显游标卡尺 | 数显高度尺 | 数显深度尺 |
|---|---|---|---|
| 测量范围/mm | 0～150；0～200<br>0～300；0～500 | 0～300；0～500 | 0～200 |
| 分辨率/mm | 0.01 | | |
| 测量精度/mm | （0～200）0.03；（>200～300）0.04；（>300～500）0.05 | | |
| 测量移动速度/（m/s） | 1.5 | | |
| 使用温度/℃ | 0～+40 | | |

**2. 螺旋测微量具**

应用螺旋测微原理制成的量具，称为螺旋测微量具。它们的测量精度比游标卡尺高，并且测量比较灵活，因此，当加工精度要求较高时多被应用。常用的螺旋读数量具有百分尺和千分尺。百分尺的读数值为0.01 mm，千分尺的读数值为0.001 mm。工厂习惯上把百分尺和千分尺统称为百分尺或分厘卡。目前，车间里大量用的是读数值为0.01 mm的百分尺，这里主要介绍这种百分尺，并适当介绍千分尺的使用知识。百分尺的种类很多，机械加工车间常用的有：外径百分尺、内径百分尺、深度百分尺以及螺纹百分尺和公法线百分尺等，分别测量或检验零件的外径、内径、深度、厚度以及螺纹的中径和齿轮的公法线长度等。

**（1）外径百分尺**

1）外径百分尺的结构。各种百分尺的结构大同小异，常用外径百分尺是用以测量或检验零件的外径、凸肩厚度以及板厚或壁厚等（测量孔壁厚度的百分尺，其量面呈球弧形）。百分尺由尺架、测微头、测力装置和制动器等组成。如图3—6—18所示为测量范围为0~25 mm的外径百分尺。尺架1的一端装着固定测砧2，另一端装着测微头。固定测砧和测微螺杆的测量面上都镶有硬质合金，以提高测量面的使用寿命。尺架的两侧面覆盖着绝热板12，使用百分尺时，手拿在绝热板上，防止人体的热量影响百分尺的测量精度。

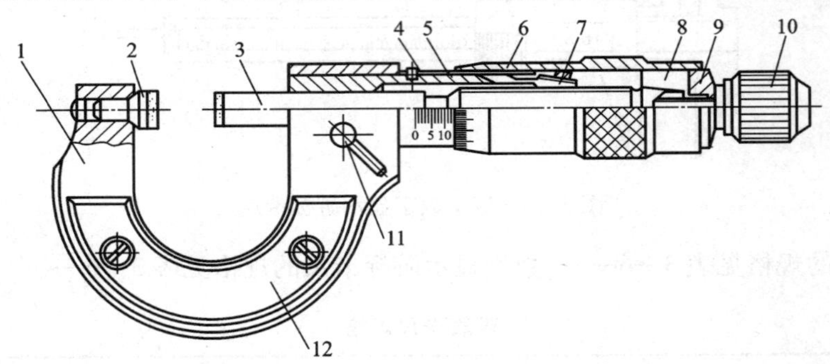


图3—6—18　0~25 mm外径百分尺

1—尺架　2—固定测砧　3—测微螺杆　4—螺纹轴套　5—固定刻度套筒　6—微分筒
7—调节螺母　8—接头　9—垫片　10—测力装置　11—锁紧螺钉　12—绝热板

2）百分尺的测微头。如图3—6—18所示的3~9是百分尺的测微头部分。带有刻度的固定刻度套筒5用螺钉固定在螺纹轴套4上，而螺纹轴套又与尺架紧配结合成一体。在固定套筒5的外面有一带刻度的活动微分筒6，它用锥孔通过接头8的外圆锥面再与测微螺杆3相连。测微螺杆3的一端是测量杆，并与螺纹轴套上的内孔定心间隙配合；中间是精度很高的外螺纹，与螺纹轴套4上的内螺纹精密配合，可使测微螺杆自如旋转而其间隙极小；测微螺杆另一端的外圆锥与内圆锥接头8的内圆锥相配，并通过顶端的内螺纹与测力装置10连接。当测力装置的外螺纹旋紧在测微螺杆的内螺纹上时，测力装置就通过垫片9紧压接头8，而接头8上开有轴向槽，有一定的胀缩弹性，能沿着测微螺杆3上的外圆锥胀大，从而使微分筒6与测微螺杆和测力装置结合成一体。当用手旋转测力装置10时，就带动测微螺杆3和微分筒6一起旋转，并沿着精密螺纹的螺旋线方向运动，使百分尺两个测量面之间的距离发生变化。

3）百分尺的测力装置。百分尺测力装置的结构如图3—6—19所示，主要依靠一对棘轮3和4的作用。棘轮4与转帽5连结成一体，而棘轮3可压缩弹簧2在轮轴1的轴线方向移动，但不能转动。弹簧2的弹力是控制测量压力的，螺钉6使弹簧压缩到百分尺所规定的测量压力。当手握转帽5顺时针旋转测力装置时，若测量压力小于弹簧2的弹力，转帽的运动就通过棘轮传给轮轴1（带动测微螺杆旋转），使百分尺两测量面之间的距离继续缩短，即继续卡紧零件；当测量压力达到或略微超过弹簧的弹力时，棘轮3与4在其啮合斜面的作用下，压缩弹簧2，使棘轮4沿着棘轮3的啮合斜面滑动，转帽的转动就不能带动测微螺杆旋转，同时发出嘎嘎的棘轮跳动声，表示已达到了额定测量压力，从而达到控制测量压力的目的。当转帽逆时针旋转时，棘轮4是用垂直面带动棘轮3，不会产生压缩弹簧的压力，始终能带动测微螺杆退出被测零件。

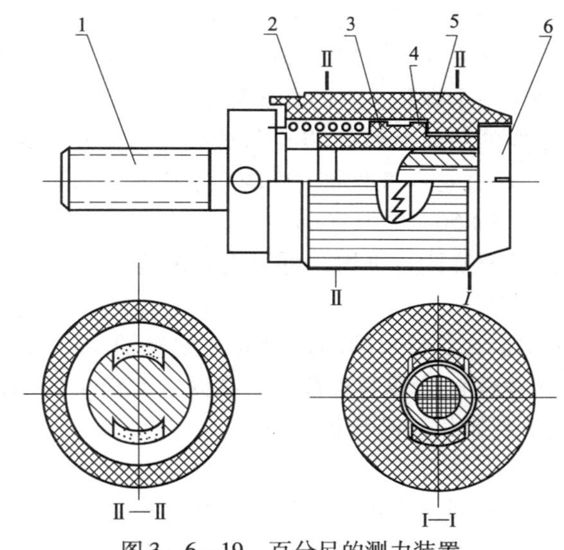

图3—6—19 百分尺的测力装置
1—轮轴 2—弹簧 3，4—棘轮 5—转帽 6—螺钉

4）百分尺的制动器。百分尺的制动器，就是测微螺杆的锁紧装置，其结构如图3—6—20所示。制动轴4的圆周上，有一个开着深浅不均的偏心缺口，对着测量杆2。当制动轴以缺口的较深部分对着测量杆时，测量杆2就能在轴套3内自由活动，当制动轴转过一个角度，以缺口的较浅部分对着测量杆时，测量杆就被制动轴压紧在轴套内不能运动，达到制动的目的。

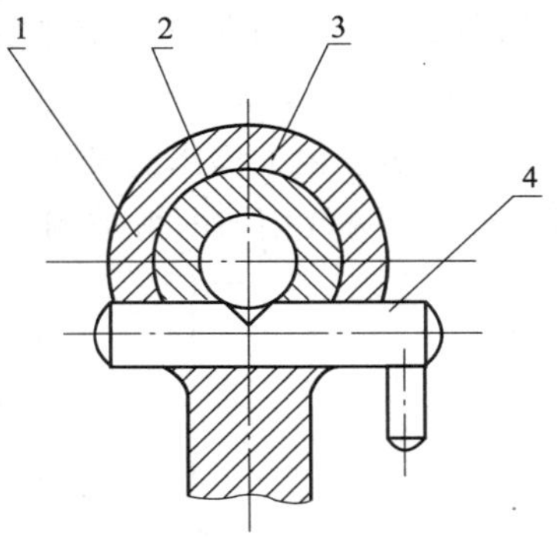

图3—6—20 百分尺的制动器
1—尺架 2—测量杆 3—轴套 4—制动轴

5）百分尺的测量范围。百分尺测微螺杆的移动量为25 mm，所以百分尺的测量范围一般为25 mm。为了使百分尺能测量更大范围的长度尺寸，以满足工业生产的需要，百分尺的尺架做成各种尺寸，形成不同测量范围的百分尺。

测量上限大于 300 mm 的百分尺，也可把固定测砧做成可调式的或可换测砧，从而使此百分尺的测量范围为 100 mm。

测量上限大于 1 000 mm 的百分尺，也可将测量范围制成为 500 mm，目前国产最大的百分尺为 2 500 ~3 000 mm。

6）百分尺的工作原理。外径百分尺的工作原理就是应用螺旋读数机构，它包括一对精密的螺纹——测微螺杆与螺纹轴套，如图 3—6—18 中的 3 和 4，和一对读数套筒——固定套筒与微分筒，如图 3—6—18 中的 5 和 6。

用百分尺测量零件的尺寸，就是把被测零件置于百分尺的两个测量面之间。所以两测砧面之间的距离，就是零件的测量尺寸。当测微螺杆在螺纹轴套中旋转时，由于螺旋线的作用，测量螺杆就有轴向移动，使两测砧面之间的距离发生变化。如测微螺杆按顺时针的方向旋转一周，两测砧面之间的距离就缩小一个螺距。同理，若按逆时针方向旋转一周，则两测砧面的距离就增大一个螺距。常用百分尺测微螺杆的螺距为 0. 5 mm。因此，当测微螺杆顺时针旋转一周时，两测砧面之间的距离就缩小 0. 5 mm。当测微螺杆顺时针旋转不到一周时，缩小的距离就小于一个螺距，它的具体数值，可从与测微螺杆结成一体的微分筒的圆周刻度上读出。微分筒的圆周上刻有 50 个等分线，当微分筒转一周时，测微螺杆就推进或后退 0. 5 mm，微分筒转过它本身圆周刻度的一小格时，两测砧面之间转动的距离为：

$$0.5 \div 50 = 0.01\ (\mathrm{mm})$$

由此可知：百分尺上的螺旋读数机构，可以正确地读出 0. 01 mm，也就是百分尺的读数值为 0. 01 mm。

7）百分尺的读数方法。在百分尺的固定套筒上刻有轴向中线，作为微分筒读数的基准线。另外，为了计算测微螺杆旋转的整数转，在固定套筒中线的两侧，刻有两排刻线，刻线间距均为 1 mm，上下两排相互错开 0. 5 mm。

百分尺的具体读数方法可分为三步。

①读出固定套筒上露出的刻线尺寸，一定要注意不能遗漏应读出的 0. 5 mm 的刻线值。

②读出微分筒上的尺寸，要看清微分筒圆周上哪一格与固定套筒的中线基准对齐，将格数乘 0. 01 mm 即得微分筒上的尺寸。

③将上面两个数相加，即为百分尺上测得的尺寸。

如图 3—6—21a 所示，在固定套筒上读出的尺寸为 8 mm，微分筒上读出的尺寸为 27（格）×0. 01 mm = 0. 27 mm，上两数相加即得被测零件的尺寸为 8. 27 mm；如图 3—6—21b 所示，在固定套筒上读出的尺寸为 8. 5 mm，在微分筒上读出的尺寸为 27（格）×0. 01 mm = 0. 27 mm，上两数相加即得被测零件的尺寸为 8. 77 mm。

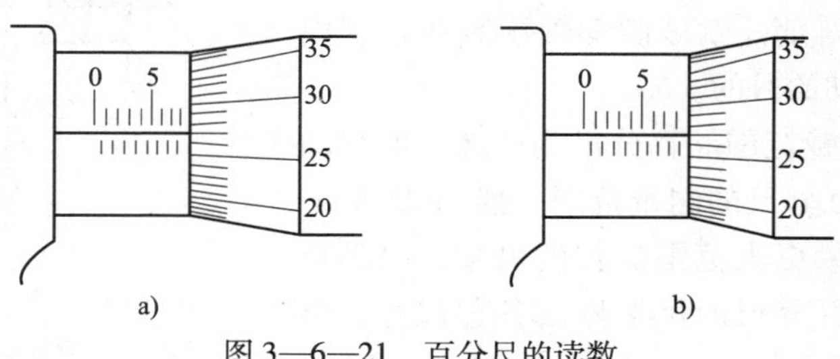


图 3—6—21　百分尺的读数

8）百分尺的精度及其调整。百分尺是一种应用很广的精密量具，按它的制造精度，可分0级和1级两种，0级精度较高，1级次之。百分尺的制造精度，主要由它的示值误差和测砧面的平面平行度公差的大小来决定，小尺寸百分尺的精度要求见表3—6—5所示。从百分尺的精度要求可知，用百分尺测量IT6～IT10级精度的零件尺寸较为合适。

**表3—6—5　百分尺的精度要求**　mm

| 测量上限 | 示值误差 | | 两测量面平行度 | |
|---|---|---|---|---|
| | 0级 | 1级 | 0级 | 1级 |
| 15；25 | ±0.002 | ±0.004 | 0.001 | 0.002 |
| 50 | ±0.002 | ±0.004 | 0.001 2 | 0.002 5 |
| 75；100 | ±0.002 | ±0.004 | 0.001 5 | 0.003 |

百分尺在使用过程中，由于磨损，特别是使用不妥当，会使百分尺的示值误差超差，所以应定期进行检查，进行必要的拆洗或调整，以保持百分尺的测量精度。

①校正百分尺的零位。百分尺如果使用不妥，零位就要走动，使测量结果不正确，容易造成产品质量事故。所以，在使用百分尺的过程中，应当校对百分尺的零位。所谓“校对百分尺的零位”，就是把百分尺的两个测砧面揩干净，转动测微螺杆使它们贴合在一起（这是对0～25 mm的百分尺而言，若测量范围大于0～25 mm时，应该在两测砧面间放上校对样棒），检查微分筒圆周上的“0”刻线，是否对准固定套筒的中线，微分筒的端面是否正好使固定套筒上的“0”刻线露出来。如果两者位置都是正确的，就认为百分尺的零位是对的，否则就要进行校正，使之对准零位。

如果零位是由于微分筒的轴向位置不对，如微分筒的端部盖住固定套筒上的“0”刻线，或“0”刻线露出太多，0.5的刻线搞错，必须进行校正。此时，可用制动器把测微螺杆锁住，再用百分尺的专用扳手，插入测力装置轮轴的小孔内，把测力装置松开（逆时针旋转），微分筒就能进行调整，即轴向移动一点。使固定套筒上的“0”线正好露出来，同时使微分筒的零线对准固定套筒的中线，然后把测力装置旋紧。

如果零位是由于微分筒的零线没有对准固定套筒的中线，也必须进行校正。此时，可用百分尺的专用扳手，插入固定套筒的小孔内，把固定套筒转过一点，使之对准零线。但当微分筒的零线相差较大时，不应当采用此法调整，而应该采用松开测力装置转动微分筒的方法来校正。

②调整百分尺的间隙。百分尺在使用过程中，由于磨损等原因，会使精密螺纹的配合间隙增大，从而使示值误差超差，必须及时进行调整，以保持百分尺的精度。

要调整精密螺纹的配合间隙，应先用制动器把测微螺杆锁住，再用专用扳手把测力装置松开，拉出微分筒后再进行调整。由图3—6—18可以看出，在螺纹轴套上，接近精密螺纹一段的壁厚比较薄，且连同螺纹部分一起开有轴向直槽，使螺纹部分具有一定的胀缩弹性。同时，螺纹轴套的圆锥外螺纹上，旋着调节螺母7。当调节螺母往里旋入时，因螺母直径保持不变，就迫使外圆锥螺纹的直径缩小，于是精密螺纹的配合间隙就减小了。然后，松开制动器进行试转，看螺纹间隙是否合适。间隙过小会使测微螺杆活动不灵活，可把调节螺母松出一点，间隙过大则使测微螺杆有松动，可把调节螺母再旋进一点。直至间隙调整好后，再把微分筒装上，对准零位后把测力装置旋紧。

9）百分尺的使用方法。百分尺使用得是否正确，对保持精密量具的精度和保证产品质量的影响很大，指导人员和实习的学生必须重视量具的正确使用，使测量技术精益求精，力求获得正确的测量结果，确保产品质量。

使用百分尺测量零件尺寸时，必须注意下列几点。

①使用前，应把百分尺的两个测砧面揩干净，转动测力装置，使两测砧面接触（若测量上限大于25 mm时，在两测砧面之间放入校对量杆或相应尺寸的量块），接触面上应没有间隙和漏光现象，同时微分筒和固定套筒要对准零位。

②转动测力装置时，微分筒应能自由灵活地沿着固定套筒活动，没有任何轧卡和不灵活的现象。如有活动不灵活的现象，应送计量站及时检修。

③测量前，应把零件的被测量表面揩干净，以免有脏物存在时影响测量精度。绝对不允许用百分尺测量带有研磨剂的表面，以免损伤测量面的精度。用百分尺测量表面粗糙的零件也是错误的，这样易使测砧面过早磨损。

④用百分尺测量零件时，应当手握测力装置的转帽来转动测微螺杆，使测砧表面保持标准的测量压力，即听到嘎嘎的声音，表示压力合适，并可开始读数。要避免因测量压力不等而产生测量误差。

绝对不允许用力旋转微分筒来增加测量压力，使测微螺杆过分压紧零件表面，致使精密螺纹因受力过大而发生变形，损坏百分尺的精度。有时用力旋转微分筒后，虽因微分筒与测微螺杆间的连接不牢固，对精密螺纹的损坏不严重，但是微分筒打滑后，百分尺的零位走动了，就会造成质量事故。

⑤使用百分尺测量零件时（见图3—6—22），要使测微螺杆与零件被测量的尺寸方向一致。如测量外径时，测微螺杆要与零件的轴线垂直，不要歪斜。测量时，可在旋转测力装置的同时，轻轻地晃动尺架，使测砧面与零件表面接触良好。

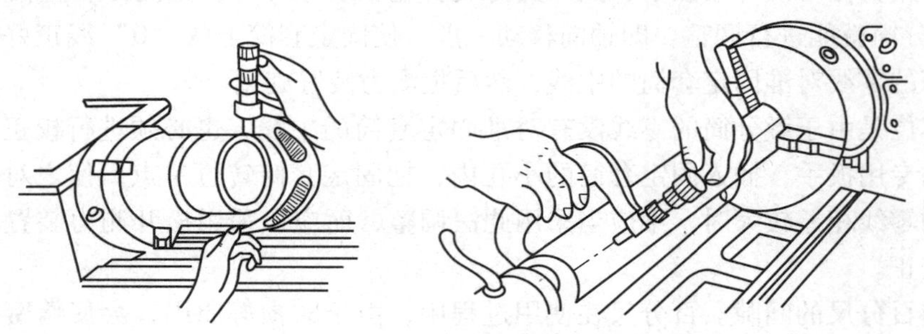

图3—6—22　在车床上使用外径百分尺的方法

⑥用百分尺测量零件时，最好在零件上进行读数，放松后取出百分尺，这样可减少测砧面的磨损。如果必须取下读数时，应用制动器锁紧测微螺杆后，再轻轻滑出零件，把百分尺当卡规使用是错误的，因为这样做不但易使测量面过早磨损，甚至会使测微螺杆或尺架发生变形而失去精度。

⑦在读取百分尺上的测量数值时，要特别留心不要读错0.5 mm。

⑧为了获得正确的测量结果，可在同一位置上再测量一次。尤其是测量圆柱形零件时，应在同一圆周的不同方向测量几次，检查零件外圆有没有圆度误差，再在全长的各个部位

测量几次，检查零件外圆有没有圆柱度误差等。

⑨对于超常温的工件，不要进行测量，以免产生读数误差。

⑩用单手使用外径百分尺时，如图 3—6—23a 所示，可用大拇指和食指或中指捏住微分筒，小指勾住尺架并压向手掌上，大拇指和食指转动测力装置就可测量。

用双手测量时，可按图 3—6—23b 所示的方法进行。

值得提出的是几种使用外径百分尺的错误方法，比如用百分尺测量旋转运动中的工件，很容易使百分尺磨损，而且测量也不准确；又如贪图快一点得出读数，握着微分筒来挥转（见图 3—6—24）等，这同碰撞一样，也会破坏百分尺的内部结构。

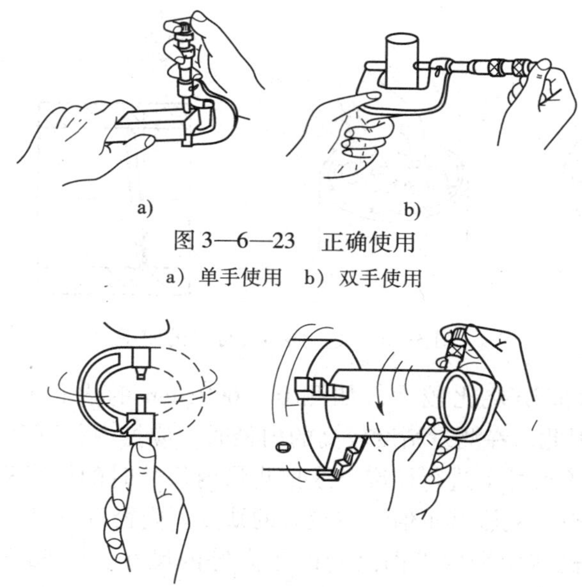


图 3—6—23　正确使用

a）单手使用　b）双手使用

图 3—6—24　错误使用

**（2）内径百分尺**

内径百分尺如图 3—6—25a 所示，其读数方法与外径百分尺相同。内径百分尺主要用于测量大孔径，为适应不同孔径尺寸的测量，可以接上接长杆（见图 3—6—25b）。连接时，只需将保护螺帽 5 旋去，将接长杆的右端（具有内螺纹）旋在百分尺的左端即可。接长杆可以一个接一个地连接起来，测量范围最大可达到 5 000 mm。内径百分尺与接长杆是成套供应的。

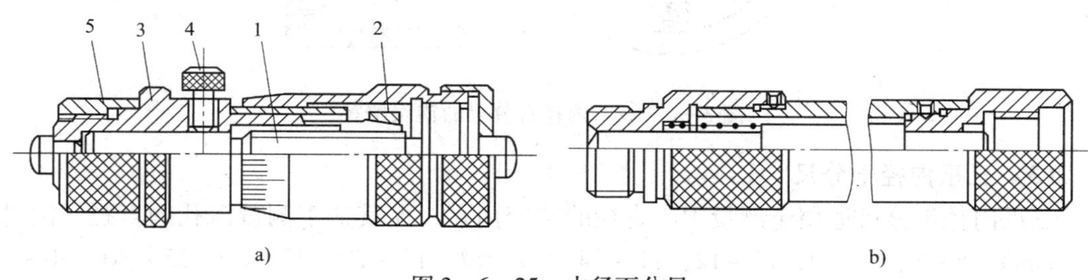


图 3—6—25　内径百分尺

a）内径百分尺　b）接长杆

1—测微螺杆　2—微分筒　3—固定套筒　4—制动螺钉　5—保护螺帽

内径百分尺上，没有测力装置，测量压力的大小完全靠手中的感觉。测量时，把它调整到所测量的尺寸后（见图3—6—26），轻轻放入孔内试测其接触的松紧程度是否合适。一端不动，另一端做左、右、前、后摆动。左右摆动，必须细心地放在被测孔的直径方向，以点接触，即测量孔径的最大尺寸处（最大读数处），要防止如图3—6—27所示的错误位置。前后摆动应在测量孔径的最小尺寸处（即最小读数处）。按照这两个要求与孔壁轻轻接触，才能读出直径的正确数值。测量时，用力把内径百分尺压过孔径是错误的。这样做不但使测量面过早磨损，且由于细长的测量杆弯曲变形后，既损伤量具精度，又使测量结果不准确。

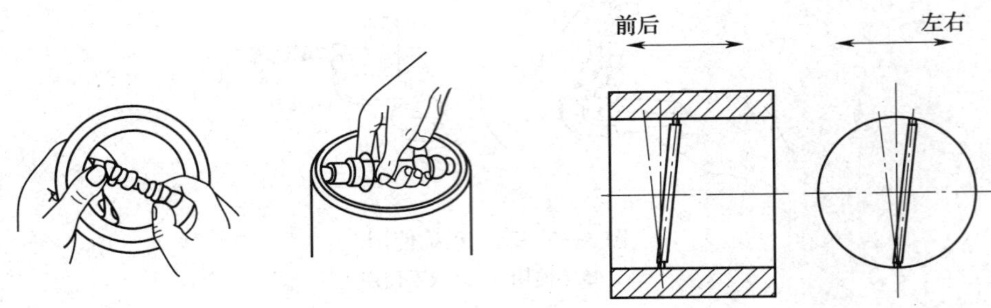


图3—6—26　内径百分尺的使用

内径百分尺的示值误差比较大，如测0～600 mm的内径百分尺，示值误差就有±0.01～0.02 mm。因此，在测量精度较高的内径时，应把内径百分尺调整到测量尺寸后，放在由量块组成的相等尺寸上进行校准，或把测量内尺寸时的松紧程度与测量量块组尺寸时的松紧程度进行比较，克服其示值误差较大的缺点。内径百分尺，除可用来测量内径外，也可用来测量槽宽和机体两个内端面之间的距离等内尺寸。但50 mm以下的尺寸不能测量，需用内测百分尺。

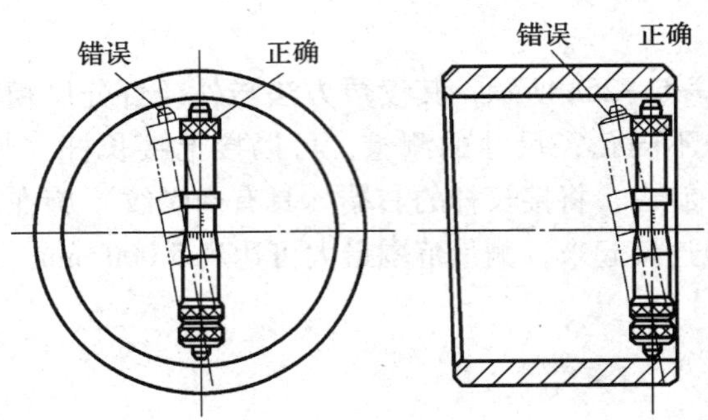


图3—6—27　内径百分尺的错误位置

**(3) 三爪内径千分尺**

三爪内径千分尺适用于测量中小直径的精密内孔，尤其适于测量深孔的直径。测量范围（mm）：6～8，8～10，10～12，11～14，14～17，17～20，20～25，25～30，30～35，35～40，40～50，50～60，60～70，70～80，80～90，90～100。三爪内径千分尺的零位必须在标准孔内进行校对。

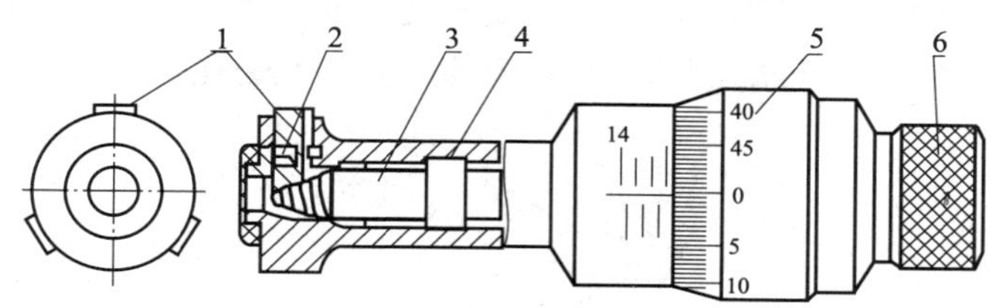

图 3—6—28 三爪内径千分尺

1—测量爪 2—扭簧 3—测微螺杆 4—螺纹轴套 5—微分筒 6—测力装置

三爪内径千分尺的工作原理：如图 3—6—28 所示为测量范围 11 ~ 14 mm 的三爪内径千分尺，当顺时针旋转测力装置 6 时，就带动测微螺杆 3 旋转，并使它沿着螺纹轴套 4 的螺旋线方向移动，于是测微螺杆端部的方形圆锥螺纹就推动三个测量爪 1 做径向移动。扭簧 2 的弹力使测量爪紧紧地贴合在方形圆锥螺纹上，并随着测微螺杆的进退而伸缩。

三爪内径千分尺的方形圆锥螺纹的径向螺距为 0. 25 mm。即当测力装置顺时针旋转一周时测量爪 1 就向外移动（半径方向）0. 25 mm，三个测量爪组成的圆周直径就要增加 0. 5 mm。即微分筒旋转一周时，测量直径增大 0. 5 mm 而微分筒的圆周上刻着 100 个等分格，所以它的读数值为 0. 5 mm ÷ 100 = 0. 005 mm。

**（4）内测百分尺**

内测百分尺如图 3—6—29 所示，用来测量小尺寸内径和内侧面槽的宽度。其特点是容易找正内孔直径，测量方便。国产内测百分尺的读数值为 0. 01 mm，测量范围有 5 ~ 30 mm 和 25 ~ 50 mm 的两种，如图 3—6—29 所示为 5 ~ 30 mm 的内测百分尺。内测百分尺的读数方法与外径百分尺相同，只是套筒上的刻线尺寸与外径百分尺相反，另外它的测量方向和读数方向也都与外径百分尺相反。

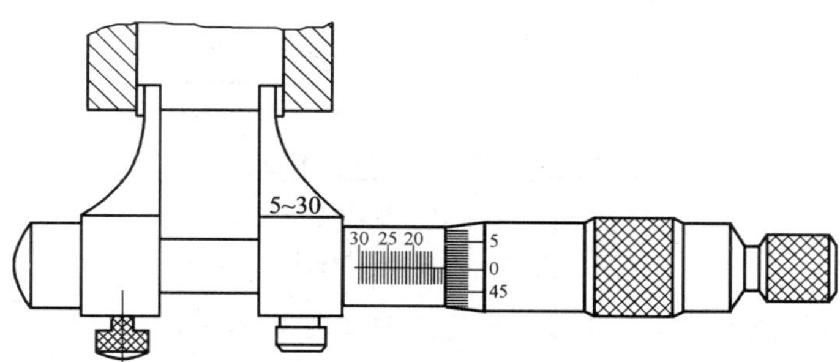

图 3—6—29 内测百分尺

**（5）深度百分尺**

深度百分尺如图 3—6—30 所示，用以测量孔深、槽深和台阶高度等。它的结构，除用基座代替尺架和测砧外，与外径百分尺没有什么区别。

深度百分尺的读数范围（mm）：0 ~ 25，25 ~ 100，100 ~ 150。读数值（mm）为 0. 01。它的测量杆 6 制成可更换的形式，更换后，用锁紧装置 4 锁紧。

深度百分尺校对零位可在精密平面上进行。即当基座端面与测量杆端面位于同一平面时，微分筒的零线正好对准。当更换测量杆时，一般零位不会改变。

深度百分尺测量孔深时，应把基座 5 的测量面紧贴在被测孔的端面上。零件的这一端面应与孔的中心线垂直，且应当光洁平整，使深度百分尺的测量杆与被测孔的中心线平行，保证测量精度。此时，测量杆端面到基座端面的距离，就是孔的深度。

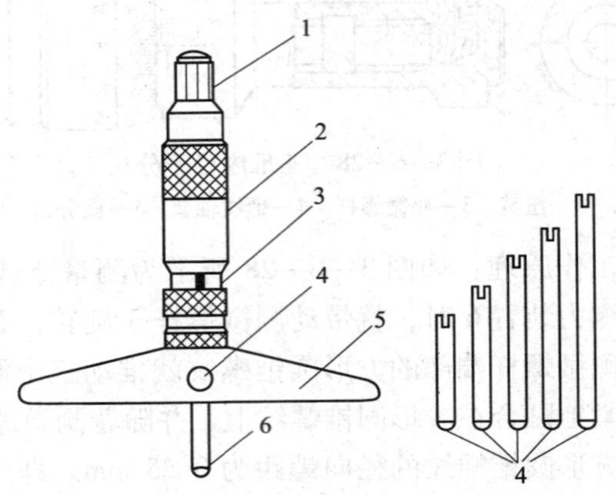


图 3—6—30　深度百分尺

1—测力装置　2—微分筒　3—固定套筒　4—锁紧装置　5—底板　6—测量杆

**（6）螺纹千分尺**

螺纹千分尺如图 3—6—31 所示，主要用于测量普通螺纹的中径。螺纹千分尺的结构与外径百分尺相似，所不同的是它有两个特殊的可调换的量头 1 和 2，其角度与螺纹牙形角相同。

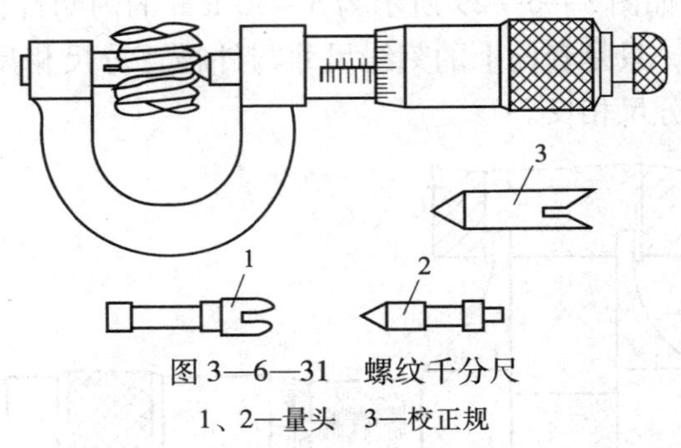


图 3—6—31　螺纹千分尺

1、2—量头　3—校正规

螺纹千分尺测量范围与测头测量螺距的范围见表 3—6—6。

**表 3—6—6　　螺纹千分尺测量范围与测头测量螺距的范围**

| 测量范围/mm | 测头数量/副 | 测头测量螺距的范围/mm |
|---|---|---|
| 0～25 | 5 | 0.4～0.5；0.6～0.8；1～1.25；1.5～2；2.5～3.5 |
| 25～50 | 5 | 0.6～0.8；1～1.25；1.5～2；2.5～3.5；4～6 |
| 50～75<br>75～100 | 4 | 1～1.25；1.5～2；2.5～3.5；4～6 |
| 100～125<br>125～150 | 3 | 1.5～2；2.5～3.5；4～6 |

**(7) 杠杆千分尺**

杠杆千分尺又称指示千分尺，它是由外径千分尺的微分筒部分和杠杆卡规中指示机构组合而成的一种精密量具，如图 3—6—32 所示。

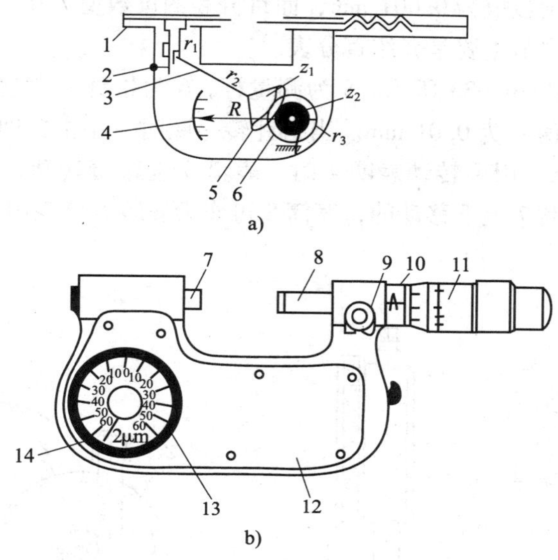


图 3—6—32　杠杆千分尺

1—压簧　2—拨叉　3—杠杆　4、14—指针　5—扇形齿轮 $z_1=312$　6—小齿轮 $z_2=12$　7—微动测杆　8—活动测杆　9—止动器　10—固定套筒　11—微分筒　12—盖板　13—表盘

杠杆千分尺的放大原理如图 3—6—32a 所示，其指示值为 0.002 mm，指示范围为 ±0.06 mm，$r_1=2.54$ mm，$r_2=12.195$ mm，$r_3=3.195$ mm，指针长 $R=18.5$ mm，$z_1=312$，$z_2=12$，则其传动放大比 $k$ 为：$k\approx\frac{r_2R}{r_1r_3}\times\frac{z_1}{z_2}=\frac{12.195\ \text{mm}\times18.5\ \text{mm}}{2.54\ \text{mm}\times3.195\ \text{mm}}\times\frac{312}{12}=723$。即活动测砧移动 0.002 mm 时，指针转过一格。读数值 $b$ 为：

$$b\approx0.002\ k=0.002\ \text{mm}\times723=1.446\ \text{mm}$$

杠杆千分尺既可以进行相对测量，也可以像千分尺那样用作绝对测量。其分度值有 0.001 mm 和 0.002 mm 两种。

杠杆千分尺不仅读数精度较高，而且因弓形架的刚度较大，测量力由小弹簧产生，比普通千分尺的棘轮装置所产生的测量力稳定，因此，它的实际测量精度也较高。

杠杆千分尺使用注意事项：用杠杆卡规或杠杆千分尺做相对测量前，应按被测工件的尺寸，用量块调整好零位；测量时，按动退让按钮，让测量杆面轻轻接触工件，不可硬卡，以免测量面磨损而影响精度；测量工件直径时，应摆动量具，以指针的转折点读数为正确测量值。

**3. 指示式量具**

指示式量具是以指针指示出测量结果的量具。车间常用的指示式量具有：百分表、千分表、杠杆百分表和内径百分表等。它主要用于校正零件的安装位置、检验零件的形状精度和相互位置精度，以及测量零件的内径等。

**（1）百分表**

1）百分表的结构。百分表和千分表都是用来校正零件或夹具的安装位置，检验零件的形状精度或相互位置精度的。它们的结构原理没有什么大的不同，就是千分表的读数精度比较高，即千分表的读数值为0.001 mm，而百分表的读数值为0.01 mm。车间里经常使用的是百分表，因此，本节主要是介绍百分表。

百分表的外形如图3—6—33所示。8为测量杆，6为指针，表盘3上刻有100个等分格，其刻度值（即读数值）为0.01 mm。当指针转一圈时，小指针即转动一小格，转数指示盘5的刻度值为1 mm。用手转动表圈4时，表盘3也跟着转动，可使指针对准任一刻线。测量杆8是沿着套筒7上下移动的，套筒8可作为安装百分表用。9是测量头，2是手提测量杆用的圆头。

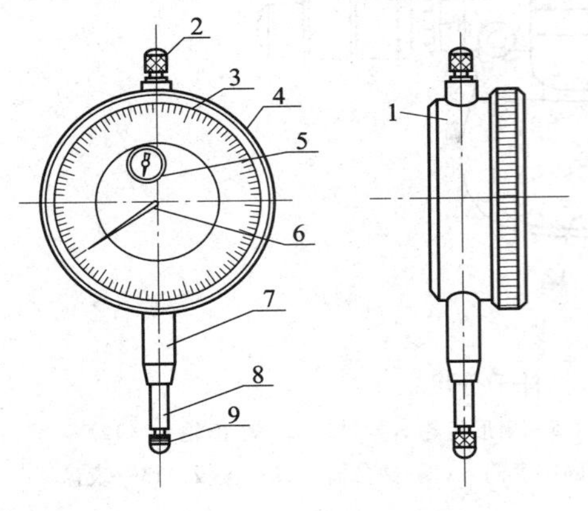


图3—6—33　百分表

1—表体　2—圆头　3—表盘　4—表圈　5—指示盘　6—指针　7—套筒　8—测量杆　9—测量头

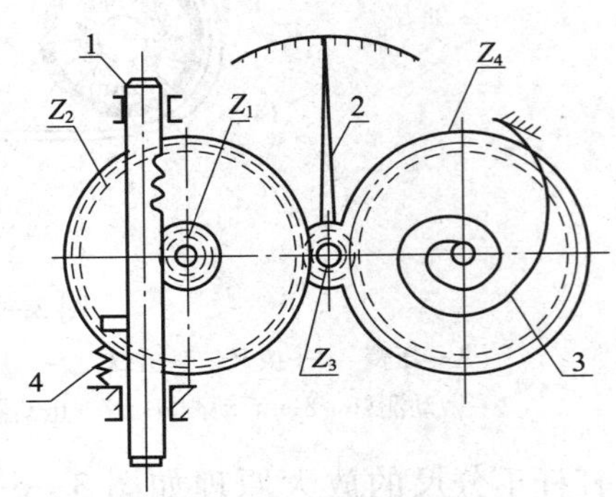


图3—6—34　百分表的内部结构

1—测量杆　2—指针　3、4—弹簧

如图3—6—34所示为百分表的内部结构。带有齿条的测量杆1的直线移动，通过齿轮传动（$Z_1$、$Z_2$、$Z_3$），转变为指针2的回转运动。齿轮$Z_4$和弹簧3使齿轮传动的间隙始终在一个方向，起着稳定指针位置的作用。弹簧4是控制百分表的测量压力的。百分表内的齿轮传动机构使测量杆直线移动1 mm时，指针正好回转一圈。

由于百分表和千分表的测量杆是做直线移动的，可用来测量长度尺寸，所以它们也是长度测量工具。目前，国产百分表的测量范围（即测量杆的最大移动量），有0～3 mm、0～5 mm、0～10 mm三种。读数值为0.001 mm的千分表，测量范围为0～1 mm。

2）百分表和千分表的使用方法。由于千分表的读数精度比百分表高，所以百分表适用于尺寸精度为IT6～IT8级零件的校正和检验；千分表则适用于尺寸精度为IT5～IT7级零件的校正和检验。百分表和千分表按其制造精度，可分为0级、1级和2级三种，0级精度较高。使用时，应按照零件的形状和精度要求，选用合适的百分表或千分表的精度等级和测量范围。

使用百分表和千分表时，必须注意以下几点。

①使用前，应检查测量杆活动的灵活性。即轻轻推动测量杆时，测量杆在套筒内的移

动要灵活，没有任何轧卡现象，且每次放松后，指针能恢复到原来的刻度位置。

②使用百分表或千分表时，必须把它固定在可靠的夹持架上（如固定在万能表架或磁性表座上，见图3—6—35），夹持架要安放平稳，以免使测量结果不准确或摔坏百分表。

用夹持百分表的套筒来固定百分表时，夹紧力不要过大，以免因套筒变形而使测量杆活动不灵活。

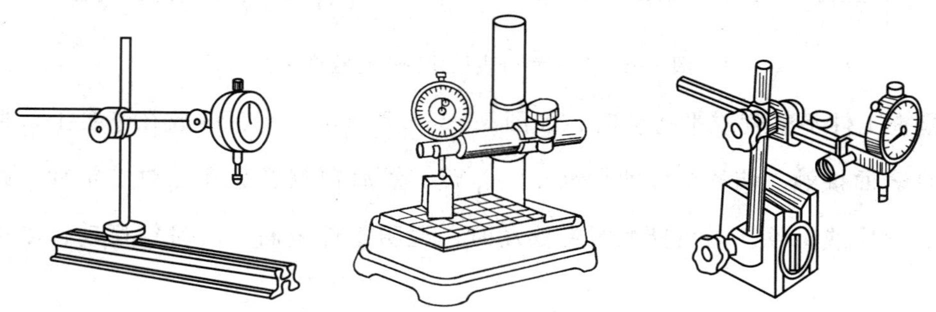

图3—6—35　安装在专用夹持架上的百分表

③用百分表或千分表测量零件时，测量杆必须垂直于被测量表面，如图3—6—36所示。即使测量杆的轴线与被测量尺寸的方向一致，否则将使测量杆活动不灵活或使测量结果不准确。

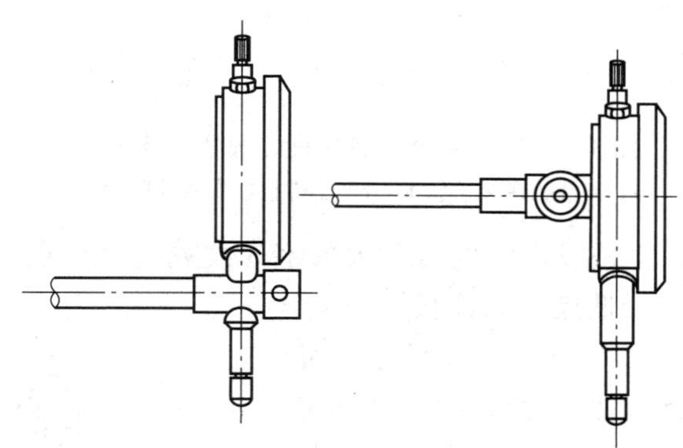

图3—6—36　百分表安装方法

④测量时，不要使测量杆的行程超过它的测量范围；不要使测量头突然撞在零件上；不要使百分表和千分表受到剧烈的振动和撞击，也不要把零件强迫推入测量头下，以免损坏百分表和千分表的机件而使其失去精度。因此，用百分表测量表面粗糙或有显著凹凸不平的零件是错误的。

⑤如图3—6—37所示，用百分表校正或测量零件时，应当使测量杆有一定的初始测力。即在测量头与零件表面接触时，测量杆应有0.3～1 mm的压缩量（千分表可小一点，有0.1 mm即可），使指针转过半圈左右，然后转动表圈，使表盘的零位刻线对准指针。轻轻地拉动手提测量杆的圆头，拉起和放松几次，检查指针所指的零位有无改变。当指针的零位稳定后，再开始测量或校正零件的工作。如果是校正零件，此时开始改变零件的相对位置，读出指针的偏摆值，就是零件安装的偏差数值。

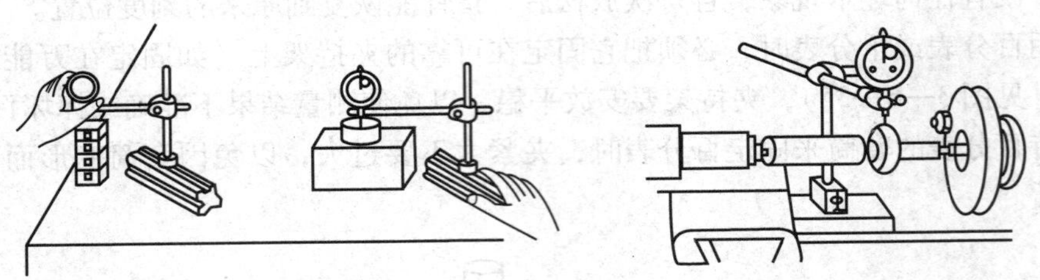

图 3—6—37　百分表尺寸校正与检验方法

⑥检查工件平整度或平行度时，如图 3—6—38 所示。将工件放在平台上，使测量头与工件表面接触，调整指针使摆动$\frac{1}{3}$ ~ $\frac{1}{2}$转，然后把刻度盘零位对准指针，跟着慢慢地移动表座或工件，当指针顺时针摆动时，说明工件偏高，反时针摆动，则说明工件偏低了。

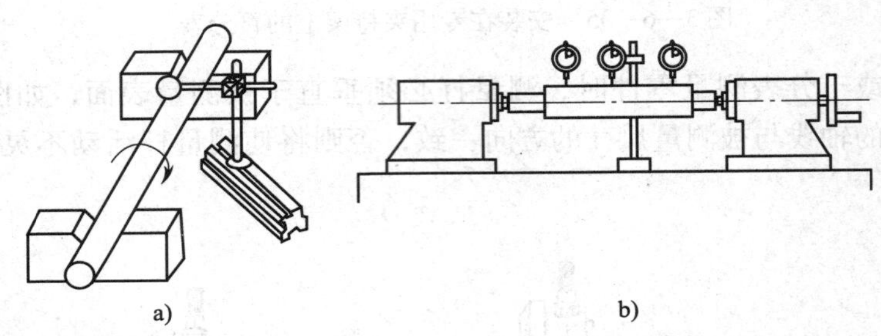

图 3—6—38　轴类零件圆度、圆柱度及跳动

a）工件放在 V 形铁上　b）工件放在专用检验架上

当进行轴测的时候，就是以指针摆动最大数字为读数（最高点）；测量孔的时候，就是以指针摆动最小数字（最低点）为读数。

检验工件的偏心度时，如果偏心距较小，可按图 3—6—39 所示方法测量偏心距，把被测轴装在两顶尖之间，使百分表的测量头接触在偏心部位上（最高点），用手转动轴，百分表上指示出的最大数字和最小数字（最低点）之差的二分之一就等于偏心距的实际尺寸。偏心套的偏心距也可用上述方法来测量，但必须将偏心套装在心轴上进行测量。

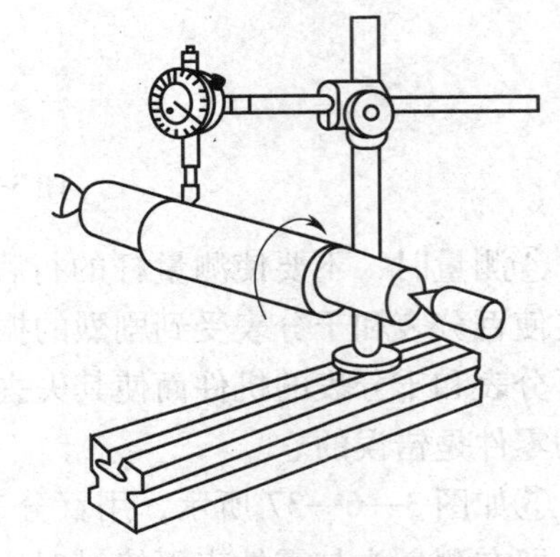

图 3—6—39　在两顶尖上测量偏心距的方法

偏心距较大的工件，因受到百分表测量范围的限制，就不能用上述方法测量。这时可用如图 3—6—40 所示的间接测量偏心距的方法。测量时，把 V 形铁放在平板上，并把工件放在 V 形铁中，转动偏心轴，用百分表测量出偏心轴的最高点，找出最高点后，工件固定不动。再用百分表水平移动，测出偏心轴外圆到基准外圆之间的距离 $a$，然后用下式计算出偏心距 $e$：

$$\frac{D}{2}=e+\frac{d}{2}+a$$

$$e=\frac{D}{2}-\frac{d}{2}-a$$

式中　$e$——偏心距，mm；

$D$——基准轴外径，mm；

$d$——偏心轴直径，mm；

$a$——基准轴外圆到偏心轴外圆之间最小距离，mm。

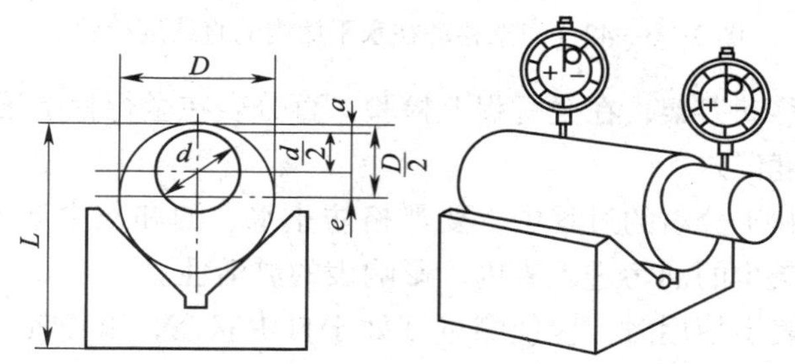


图 3—6—40　偏心距的间接测量方法

用上述方法，必须把基准轴直径和偏心轴直径用百分尺测量出正确的实际尺寸，否则计算时会产生误差。

⑦检验车床主轴轴线对刀架移动平行度时，在主轴锥孔中插入一检验棒，把百分表固定在刀架上，使百分表测头触及检验棒表面，如图 3—6—41 所示。移动刀架，分别对侧母线 $A$ 和上母线 $B$ 进行检验，记录百分表读数的最大差值。为消除检验棒轴线与旋转轴线不重合对测量的影响，必须旋转主轴 180°，再同样检验一次 $A$、$B$ 的误差分别计算，两次测量结果的代数和的一半就是主轴轴线对刀架移动的平行度误差。要求水平面内的平行度允差只许向前偏，即检验棒前端偏向操作者；垂直平面内的平行度允差只许向上偏。

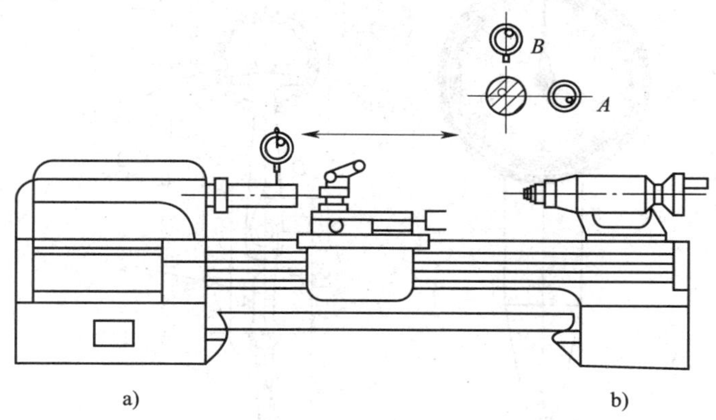


图 3—6—41　主轴轴线对刀架移动的平行度检验
a）侧母线位置　b）上母线位置

⑧检验刀架移动在水平面内直线度时，将百分表固定在刀架上，使其测头顶在主轴和尾座顶尖间的检验棒侧母线上（见图 3—6—42 位置 $A$），调整尾座，使百分表在检验棒两

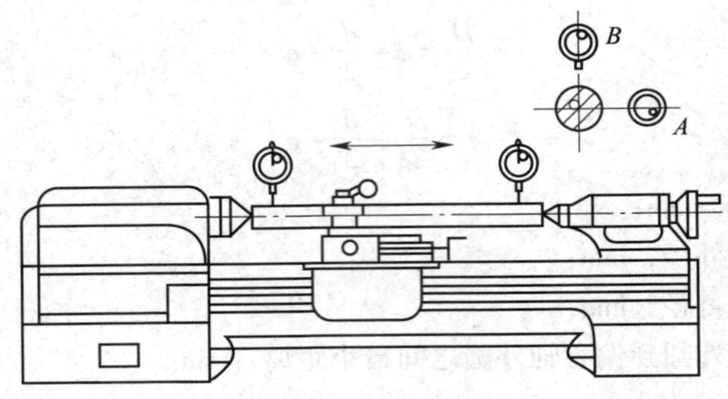


图 3—6—42 刀架移动在水平面内的直线度检验

端的读数相等。然后移动刀架，在全行程上检验。百分表在全行程上读数的最大代数差值，就是水平面内的直线度误差。

⑨在使用百分表和千分表的过程中，要严格防止水、油和灰尘渗入表内，测量杆上也不要加油，免得粘有灰尘的油污进入表内，影响表的灵活性。

⑩百分表和千分表不使用时，应使测量杆处于自由状态，以免使表内的弹簧失效。如内径百分表上的百分表，不使用时，应拆下来保存。

3）杠杆千分表。杠杆千分表的分度值为 0.002 mm，其原理如图 3—6—43 所示，当测量杆 1 向左摆动时，拨杆 2 推动扇形齿轮 3 上的圆柱销 $C$ 使扇形齿轮绕轴 $B$ 逆时针转动，此时圆柱销 $D$ 与拨杆 2 脱开。当测量杆 1 向右摆动时，拨杆 2 推动扇形齿轮上的圆柱销 $D$ 也使扇形齿轮绕轴 $B$ 逆时针转动，此时圆柱销 $C$ 与拨杆 2 脱开。这样，无论测量杆 1 向左或向右摆动，扇形齿轮 3 总是逆时针方向转动。扇形齿轮 3 再带动小齿轮 4 以及同轴的端面齿轮 5，经小齿轮 6，由指针 7 在刻度盘上指示出数值。

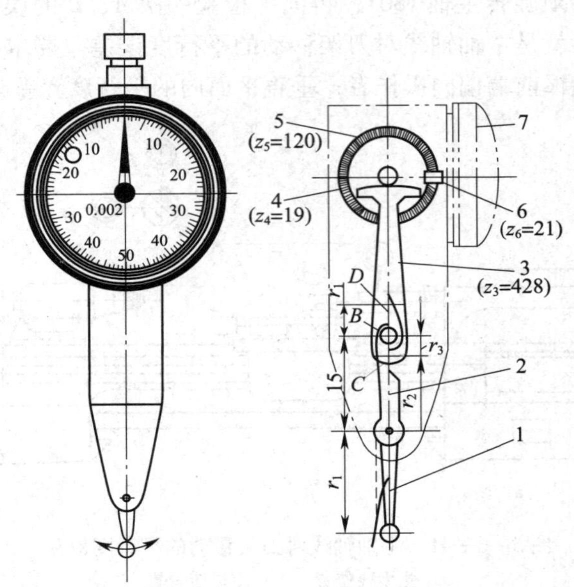


图 3—6—43 杠杆千分表

1—测量杆 2—拨杆 3—扇形齿轮 4—小齿轮 5—端面齿轮 6—小齿轮 7—指针

已知 $r_1=16.39$ mm，$r_2=12$ mm，$r_3=3$ mm，$r_4=5$ mm，$z_3=428$，$z_4=19$，$z_5=120$，$z_6=21$，当测量杆向左移动 0.2 mm 时，指针 7 的转数 $n$ 为：

$$n\approx\frac{0.2\ \text{mm}}{16.39\ \text{mm}}\times\frac{12}{2\pi\times3}\times\frac{428}{19}\times\frac{120}{21}\approx1\text{r}$$

由于刻度盘等分 100 格，因此 1 格所表示的测量值 $b$ 为：

$$b\approx\frac{0.2\ \text{mm}}{100}=0.002\ \text{mm}$$

当测量杆向右移动 0.2 mm 时，指针 7 的转数为：

$$n\approx\frac{0.2\ \text{mm}}{16.39\ \text{mm}}\times\frac{20}{2\pi\times5}\times\frac{428}{19}\times\frac{120}{21}\approx1\text{r}$$

由于杠杆比$\frac{12}{2\pi\times3}$和$\frac{20}{2\pi\times5}$相同，因此测量杆向左或向右转动的两条传动链的传动比是相等的，也就是分度值相等。

4）杠杆百分表和千分表的使用方法

①千分表应固定在可靠的表架上，测量前必须检查千分表是否夹牢，并多次提拉千分表测量杆与工件接触，观察其重复指示值是否相同。

②测量时，不准用工件撞击测头，以免影响测量精度或撞坏千分表。为保持一定的起始测量力，测头与工件接触时，测量杆应有 0.3～0.5 mm 的压缩量。

③测量杆上不要加油，以免油污进入表内，影响千分表的灵敏度。

④千分表测量杆与被测工件表面必须垂直，否则会产生误差。

⑤杠杆千分表的测量杆轴线与被测工件表面的夹角越小，误差就越小。如果由于测量需要，$\alpha$ 角无法调小时（当 $\alpha>15°$），其测量结果应进行修正。从图 3—6—44 可知，当平面上升距离为 $a$ 时，杠杆千分表摆动的距离为 $b$，也就是杠杆千分表的读数为 $b$，因为 $b>a$，所以指示读数增大。具体修正计算式如下：

$$a=b\cos\alpha$$

**例**　用杠杆千分表测量工件时，测量杆轴线与工件表面夹角 $\alpha$ 为 30°，测量读数为 0.048 mm，求正确测量值。

**解**　$\alpha=b\cos\alpha=0.048\times\cos30°=0.048\times0.866=0.0416$（mm）

⑥杠杆百分表体积较小，适用于零件上孔的轴心线与底平面的平行度的检查，如图 3—6—45 所示。将工件底平面放在平台上，使测量头与 A 端孔表面接触，左右慢慢移动表座，找出工件孔径最低点，调整指针至零位，将表座慢慢向 B 端推进。也可以工件转换方向，再使测量头与 B 端孔表面接触，A、B 两端指针最低点和最高点在全程上读数的最大差值，就是全部长度上的平行度误差。

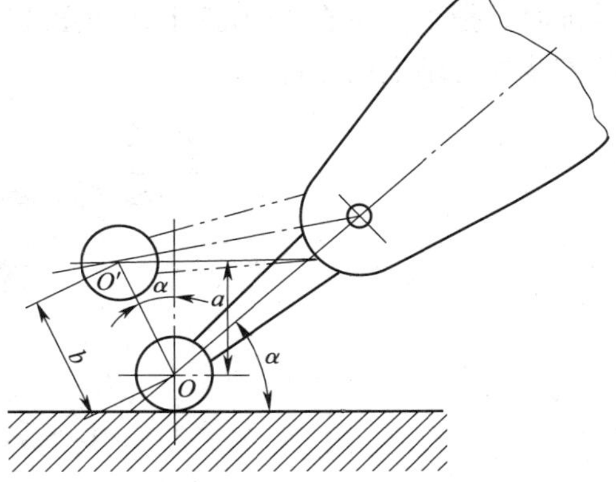


图 3—6—44　杠杆千分表测杆轴线位置引起的测量误差

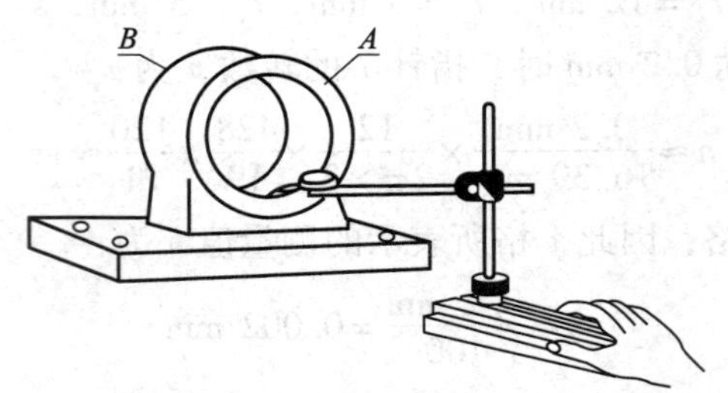


图 3—6—45　孔的轴心线与底平面的平行度检验方法

⑦如图 3—6—46 所示，用杠杆百分表检验键槽的直线度时，在键槽上插入检验块，将工件放在 V 形铁上，百分表的测头触及检验块表面进行调整，使检验块表面与轴心线平行。调整好平行度后，将测头接触 *A* 端平面，调整指针至零位，将表座慢慢向 *B* 端移动，在全程上检验。百分表在全程上读数的最大代数差值，就是水平面内的直线度误差。

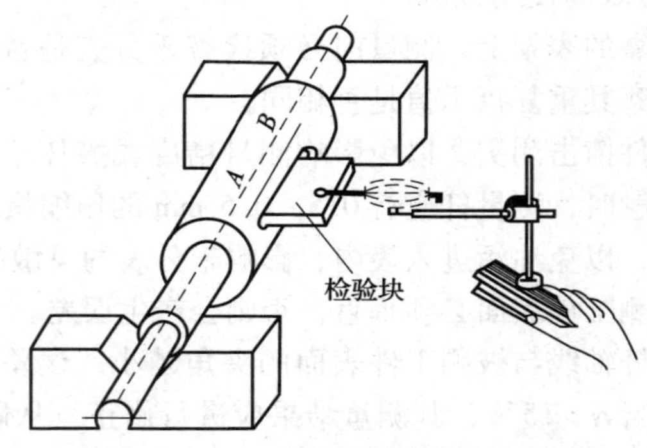


图 3—6—46　键槽直线度的检验方法

⑧内外圆同轴度的检验，在排除内外圆本身的形状误差时，可用圆跳动量的 1/2 来计算。以内孔为基准时，可把工件装在两顶尖的心轴上，用百分表或杠杆表检验，如图 3—6—47 所示。百分表（杠杆表）在工件转一周的读数，就是工件的圆跳动。以外圆为基准时，把工件放在 V 形铁上，如图 3—6—48 所示，用杠杆表检验。这种方法可测量不能安装在心轴上的工件。

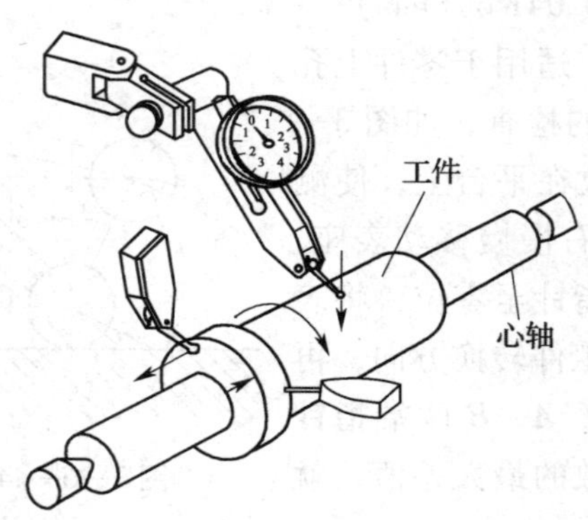


图 3—6—47　在心轴上检验圆跳动

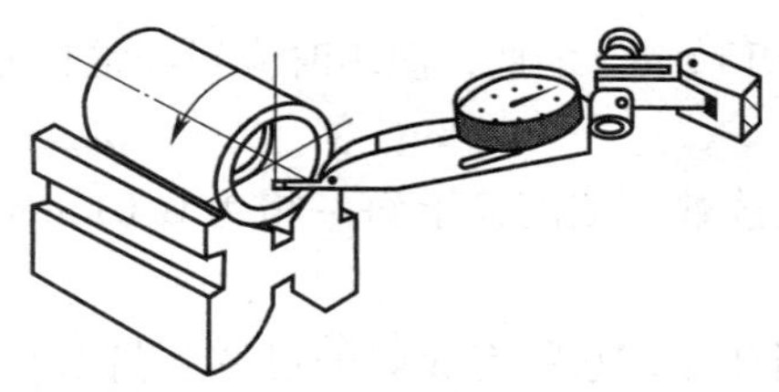

图 3—6—48　在 V 形铁上检验圆跳动

**（2）内径百分表**

内径百分表是内量杠杆式测量架和百分表的组合，如图 3—6—49 所示。用以测量或检验零件的内孔、深孔直径及其形状精度。

内径百分表测量架的内部结构如图 3—6—49 所示。在三通管 3 的一端装着活动测量头 1，另一端装着可换测量头 2，垂直管口一端，通过连杆 4 装有百分表 5。活动测头 1 的移动，使传动杠杆 7 回转，通过活动杆 6，推动百分表的测量杆，使百分表指针产生回转。由于杠杆 7 的两侧触点是等距离的，当活动测头移动 1 mm 时，活动杆也移动 1 mm，推动百分表指针回转一圈。所以，活动测头的移动量可以在百分表上读出来。

两触点量具在测量内径时，不容易找正孔的直径方向，定心护桥 8 和弹簧 9 就起了一个帮助找正直径位置的作用，使内径百分表的两个测量头正好在内孔直径的两端。活动测头的测量压力由活动杆 6 上的弹簧控制，保证测量压力一致。

内径百分表活动测头的移动量，小尺寸的只有 0 ~ 1 mm，大尺寸的可有 0 ~ 3 mm，它的测量范围是由更换或调整可换测头的长度来达到的。因此，每个内径百分表都附有成套的可换测头。国产内径百分表的读数值为 0.01 mm，测量范围有：10 ~ 18 mm；18 ~ 35 mm；35 ~ 50 mm；50 ~ 100 mm；100 ~ 160 mm；160 ~ 250 mm；250 ~ 450 mm。

用内径百分表测量内径是一种比较量法，测量前应根据被测孔径的大小，在专用的环规或百分尺上调整好尺寸后才能使用。调整内径百分尺的尺寸时，选用可换测头的长度及其伸出的距离（大尺寸内径百分表的可换测头，是用螺纹旋上去的，故可调整伸出的距离，小尺寸的不能调整），应使被测尺寸在活动测头总移动量的中间位置。

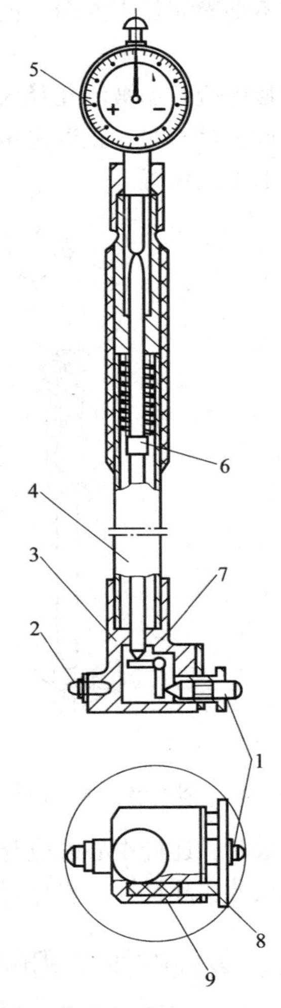


图 3—6—49　内径百分表

1—活动测量头　2—可换测量头　3—三通管　4—连杆　5—百分表　6—活动杆　7—传动杠杆　8—定心护桥　9—弹簧

内径百分表的示值误差比较大，如测量范围为 35 ~

50 mm 的，示值误差为 ±0.015 mm。为此，使用时应当经常在专用环规或百分尺上校对尺寸（习惯上称为校对零位）。

内径百分表的指针摆动读数，刻度盘上每一格为 0.01 mm，盘上刻有 100 格，即指针每转一圈为 1 mm。

内径百分表用来测量圆柱孔，它附有成套的可调测量头，使用前必须先进行组合和校对零位，如图 3—6—50 所示。

组合时，将百分表装入连杆内，使小指针指在 0 ~ 1 的位置上，长针和连杆轴线重合，刻度盘上的字应垂直向下，以便于测量时观察，装好后应予紧固。

粗加工时，最好先用游标卡尺或内卡钳测量。因内径百分表同其他精密量具一样属贵重仪器，其好坏与精确直接影响到工件的加工精度和其使用寿命。粗加工时，工件加工表面粗糙不平而测量不准确，也使测头易磨损。因此，须加以爱护和保养，精加工时再进行测量。

测量前应根据被测孔径大小用外径百分尺调整好尺寸后才能使用，如图 3—6—51 所示。在调整尺寸时，正确选用可换测头的长度及其伸出距离，应使被测尺寸在活动测头总移动量的中间位置。

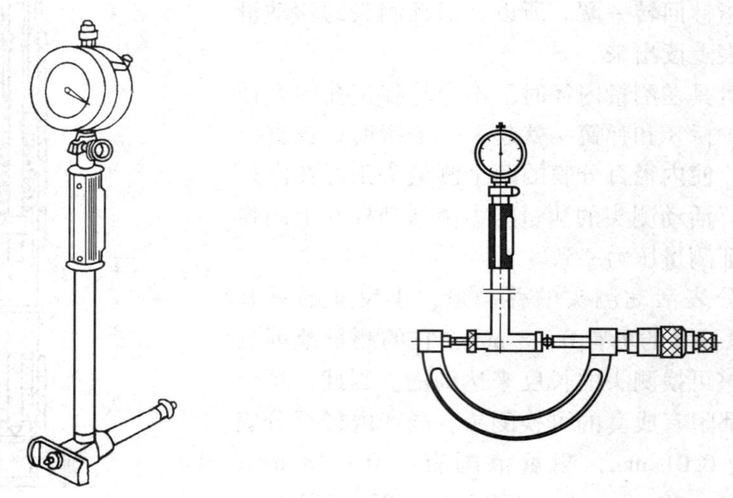

图 3—6—50　内径百分表　　　　图 3—6—51　用外径百分尺调整尺寸

测量时，连杆中心线应与工件中心线平行，不得歪斜，同时应在圆周上多测几个点，找出孔径的实际尺寸，看是否在公差范围以内，如图 3—6—52 所示。

## 三、量具的维护和保养

正确地使用精密量具是保证产品质量的重要条件之一。要保持量具的精度和它工作的可靠性，除了在使用中要按照正确的使用方法进行操作以外，还必须做好量具的维护和保养工作。

1. 在机床上测量零件时，要等零件完全停稳后进行，否则不但使量具的测量面过早磨

图 3—6—52　内径百分表的使用方法

损而失去精度，且会造成事故。尤其是车工使用外卡时，不要以为卡钳简单，磨损一点无所谓，要注意铸件内常有气孔和缩孔，一旦钳脚落入气孔内，可把操作者的手也拉进去，造成严重事故。

2. 测量前应把量具的测量面和零件的被测量表面都要揩干净，以免因有脏物存在而影响测量精度。用精密量具如游标卡尺、百分尺和百分表等，去测量锻铸件毛坯，或带有研磨剂（如金刚砂等）的表面是错误的，这样易使测量面很快磨损而失去精度。

3. 量具在使用过程中，不要和工具、刀具如锉刀、榔头、车刀和钻头等堆放在一起，以免碰伤。也不要随便放在机床上，以免因机床振动而使量具掉下来损坏。尤其是游标卡尺等，应平放在专用盒子里，以免使尺身变形。

4. 量具是测量工具，绝对不能作为其他工具的代用品。例如，拿游标卡尺划线，拿百分尺当小榔头，拿钢直尺当起子旋螺钉，以及用钢直尺清理切屑等都是错误的。把量具当玩具，如把百分尺等拿在手中任意挥动或摇转等也是错误的，都容易使量具失去精度的。

5. 温度对测量结果影响很大，零件的精密测量一定要使零件和量具都在 20℃ 的情况下进行。一般可在室温下进行测量，但必须使工件与量具的温度一致，否则，由于金属材料的热胀冷缩的特性，使测量结果不准确。温度对量具精度的影响也很大，量具不应放在阳光下或床头箱上，因为量具温度升高后，也量不出正确尺寸。更不要把精密量具放在热源（如电炉、热交换器等）附近，以免使量具受热变形而失去精度。

6. 不要把精密量具放在磁场附近，如磨床的磁性工作台上，以免使量具感磁。

7. 发现精密量具有不正常现象时，如量具表面不平、有毛刺、有锈斑以及刻度不准、尺身弯曲变形、活动不灵活等，使用者不应当自行拆修，更不允许自行用榔头敲、锉刀锉、砂布打光等粗糙办法修理，以免增大量具误差。发现上述情况，使用者应当主动送计量站检修，并经检定量具精度后再继续使用。

8. 量具使用后，应及时揩干净，除不锈钢量具或有保护镀层者外，金属表面应涂上一层防锈油，放在专用的盒子里，保存在干燥的地方，以免生锈。

9. 精密量具应实行定期检定和保养，长期使用的精密量具，要定期送计量站进行保养和检定精度，以免因量具的示值误差超差而造成产品质量事故。

## 四、技能训练——量具的测量使用

**1. 用游标卡尺测量T形槽的宽度**

如图3—6—53所示为用游标卡尺测量T形槽的宽度。测量时将量爪外缘端面的小平面，贴在零件凹槽的平面上，用紧固螺钉把微动装置固定，转动调节螺母，使量爪的外测量面轻轻地与T形槽表面接触，并放正两量爪的位置（可以轻轻地摆动一个量爪，找到槽宽的垂直位置），读出游标卡尺的读数，图3—6—53中用$A$表示。但由于它是用量爪的外测量面测量内尺寸的，卡尺上所读出的读数$A$是量爪内测量面之间的距离，因此必须加上两个量爪的厚度$b$，才是T形槽的宽度。所以T形槽的宽度$L=A+b$。

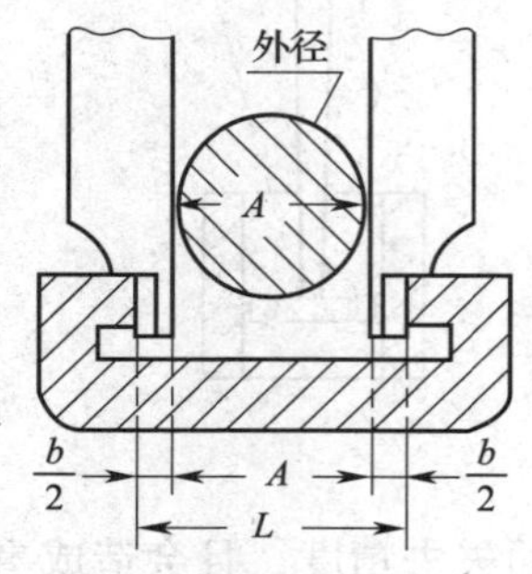

图3—6—53 测量T形槽的宽度

**2. 用百分尺测量三孔的等分精度**

如要检验如图3—6—54所示夹具的三个孔（$\phi14$、$\phi15$、$\phi16$）在$\phi150$圆周上的等分精度。检验前，先在孔$\phi14$、$\phi15$、$\phi16$和$\phi20$内配入圆柱销（圆柱销应与孔定心间隙配合）。

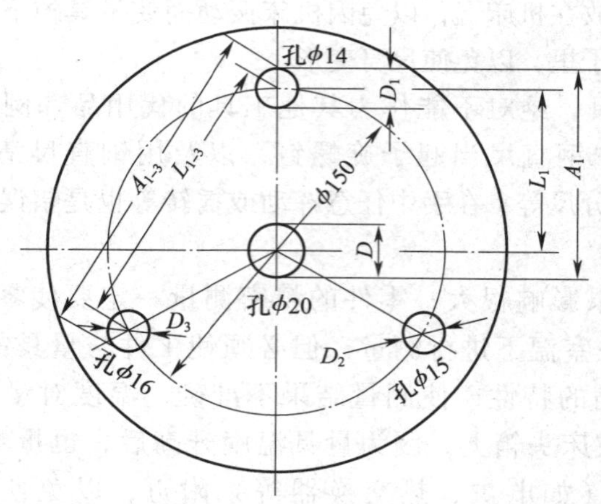

图3—6—54 测量三孔的等分精度

等分精度的测量，可分三步做。

（1）用0～25 mm的外径百分尺，分别量出四个圆柱销的外径$D$、$D_1$、$D_2$和$D_3$。

（2）用75～100 mm的外径百分尺，分别量出$D$与$D_1$、$D$与$D_2$、$D$与$D_3$两圆柱销外表面的最大距离$A_1$、$A_2$和$A_3$。则三孔与中心孔的中心距分别为：

$$L_1 = A_1 - \frac{1}{2}(D + D_1)$$

$$L_2 = A_2 - \frac{1}{2}(D + D_2)$$

$$L_3 = A_3 - \frac{1}{2}(D + D_3)$$

而中心距的基本尺寸为 150 ÷ 2 = 75 mm。如果 $L_1$、$L_2$和 $L_3$都等于 75 mm，就说明三个孔的中心线是在 150 mm 的同一圆周上。

（3）用 125 ~ 150 mm 的百分尺，分别量出 $D_1$与 $D_2$、$D_2$与 $D_3$、$D_1$与 $D_3$两圆柱销外表面的最大距离 $A_{1-2}$、$A_{2-3}$、和 $A_{1-3}$。则它们之间的中心距为：

$$L_{1-2} = A_{1-2} - \frac{1}{2}(D_1 + D_2)$$

$$L_{2-3} = A_{2-3} - \frac{1}{2}(D_2 + D_3)$$

$$L_{1-3} = A_{1-3} - \frac{1}{2}(D_1 + D_3)$$

比较三个中心距的差值，就得三个孔的等分精度。如果三个中心距是相等的，即 $L_{1-2} = L_{2-3} = L_{1-3}$，就说明三个孔的中心线在圆周上是等分的。

## 课后练习

1．简述游标卡尺的读数原理及方法。

2．游标卡尺有哪三种结构类型？

3．根据图 3—6—55 所示，用游标卡尺测量孔中心线与侧平面之间的距离，写出其步骤。

4．根据图 3—6—56 所示，用游标卡尺测量两孔的中心距，写出其步骤。

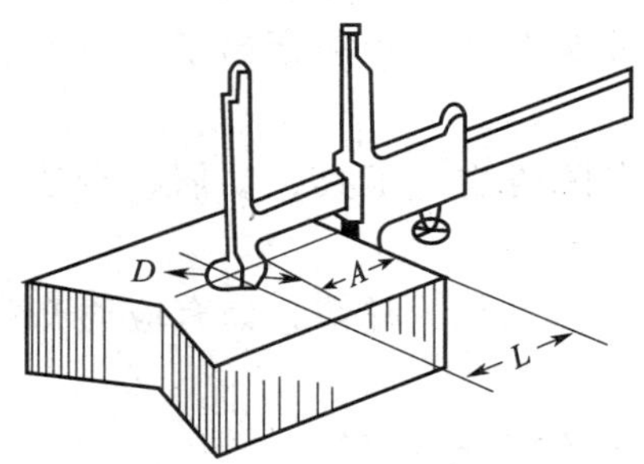


图 3—6—55　测量孔与测面距离

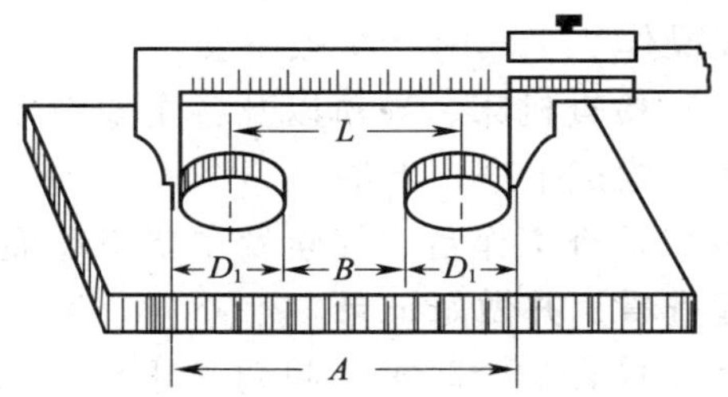


图 3—6—56　测量两孔的中心距

5．简述百分尺的读数原理及方法。

6．简述百分表和千分表的使用方法。

# 模块四 数控铣床维护与故障诊断

## 课题1 数控铣床的日常维护

学习目标

1. 熟悉数控铣床安全操作规程。
2. 掌握数控铣床日常维护保养。
3. 熟悉数控铣床维护管理规程。

### 一、数控铣床安全操作规程

**1. 操作者必须熟悉机床的结构、性能及传动系统、润滑部位、电气等基本知识和使用维护方法；操作者必须经过考核合格后，方可进行操作。**

**2. 工作前**

（1）检查润滑系统储油部位的油量应符合规定，封闭良好。油标、油窗、油杯、油嘴、油线、油毡、油管和分油器等应齐全完好，安装正确。按润滑指示图表规定人工加油，查看油窗是否来油。

（2）必须束紧服装、套袖，戴好工作帽、防护眼镜，工作时应检查各手柄位置的正确性，应使变换手柄保持在定位位置上，严禁戴围巾、手套和穿裙子、凉鞋、高跟鞋上岗操作。工作时严禁戴手套。

（3）检查机床、导轨以及各主要滑动面，如有障碍物、工具、铁屑、杂质等，必须清理、擦拭干净、上油。

（4）检查工作台、导轨及主要滑动面有无新的拉、研、碰伤，如有应通知指导教师一起查看，并做好记录。

（5）检查安全防护、制动（止动）和换向等装置应齐全完好。

（6）检查操作手柄、阀门、开关等应处于非工作的位置上，是否灵活、准确、可靠。

（7）检查刀具应处于非工作位置。检查刀具及刀片是否松动，检查操作面板是否有异常。

（8）检查电气配电箱应关闭牢靠，电气接地良好。

**3. 工作中**

（1）坚守岗位，精心操作，不做与工作无关的事。因事离开机床时要停车，关闭电源。

（2）按工艺规定进行加工。不准任意加大进刀量、切削速度。不准超规范、超负荷、超重使用机床。

（3）刀具、工件应装夹正确、紧固牢靠。装卸时不得碰伤机床。

（4）不准在机床主轴锥孔安装与其锥度或孔径不符、表面有刻痕和不清洁的顶针、刀套等。

（5）对加工的首件要进行动作检查和防止刀具干涉的检查，按“高速扫描运行”“空运转”“单程序段切削”“连续运转”的顺序进行。

（6）应保持刀具锋利，若崩裂应及时更换。

（7）切削刀具未离开工件，不准停车。

（8）不准擅自拆卸机床上的安全防护装置，缺少安全防护装置的机床不准工作。

（9）开车时，工作台不得放置工具或其他无关物件，操作者应注意不要使刀具与工作台撞击。

（10）经常清除机床上的铁屑、油污，保持导轨面、滑动面、转动面、定位基准面清洁。

（11）密切注意机床运转情况、润滑情况，如发现动作失灵、振动、发热、爬行、噪声、异味、碰伤等异常现象，应立即停车检查，排除故障后，方可继续工作。

（12）机床发生事故时应立即按急停按钮，保持事故现场，报告有关部门分析处理。

（13）工作中严禁用手清理铁屑，一定要用清理铁屑的专用工具，以免发生事故。

（14）自动运行前，确认刀具补偿值和工件原点的设定。确认操作面板上进给轴的速度及其倍率开关状态。

（15）铣刀必须夹紧。

（16）切削加工要在各轴与主轴的扭矩和功率范围内使用。

（17）装卸及测量工件时，把刀具移到安全位置，主轴停转；要确认工件在卡紧状态下加工。

（18）使用快速进给时，应注意工作台面情况，以免发生事故。

（19）装卸大件、大平口钳及分度头等较重物件需多人搬运时，动作要协调，应注意安全，以免发生事故。

（20）每次开机后，必须首先进行回机床参考点的操作。

（21）装卸工件、测量对刀、紧固心轴螺母及清扫机床时，必须停车进行。

（22）工件必须夹紧，垫铁必须垫平，以免松动发生事故。

（23）运行程序前要先对刀，确定工件坐标系原点。对刀后立即修改机床零点偏置参数，以防程序不正确运行。

（24）不准使用钝的刀具和过大的吃刀量、进给量进行加工。

（25）开车时不得用手摸加工面和刀具，在清除铁屑时，应用刷子，不得用嘴吹或用棉纱擦。

（26）操作者在工作中不许离开工作岗位，如需离开，无论时间长短，都应停车，以免发生事故。

（27）在手动方式下操作机床，要防止主轴和刀具与机床或夹具相撞。操作机床面板时，只允许单人操作，其他人不得触摸按键。

(28) 运行程序自动加工前，必须进行机床空运行。空运行时必须将 $Z$ 向提高一个安全高度。

(29) 自动加工中出现紧急情况时，立即按下复位或急停按钮。当显示屏出现报警信号，要先查明报警原因，采取相应措施，取消报警后，再进行操作。

(30) 机床开动前必须关好机床防护门。机床开动时不得随意打开防护门。

**4. 工作后**

(1) 将机械操作手柄、阀门、开关等扳到非工作位置上。

(2) 停止机床运转，切断电源、气源。

(3) 清除铁屑，清扫工作现场，认真擦净机床。导轨面、转动面及滑动面、定位基准面、工作台面等处加油保养。严禁使用带有铁屑的脏棉纱揩擦机床，以免拉伤机床导轨面。

(4) 认真将班中发现的机床问题，填到交接班记录本上，做好交班工作。

## 二、数控铣床的日常维护保养

数控铣床的日常保养包括每天保养和周末保养，由操作工负责。检查周期、部位、要求见表 4—1—1。

**1. 每天保养**

每天班前要对设备进行点检，查看导轨润滑油箱，主轴润滑恒温油箱，机床液压系统，压缩空气气源压力，气源自动分水滤气器，自动空气干燥器，气液转换器和增压器油面，$X$、$Y$、$Z$ 轴导轨面，各防护装置，电气柜各散热通风装置，冷却油箱、水箱等有无异常。检查安全装置及电源等是否良好；确认无误后，先空车运转待润滑情况及各部位正常后方可工作。设备运行中要严格遵守操作规程，注意观察运转情况，发现异常立即停机处理，对不能自己排除的故障应填写“设备故障请修单”交维修部门检修。下班前应清扫擦拭设备，切断电源，在设备滑动导轨部位涂油，清理工作场地，保持设备整洁。

**2. 周末保养**

在每周末和节假日前，用 1 ~2 h 时间较彻底地清洗设备，清除油污。

**表 4—1—1　　数控铣床的日常维护**

| 序号 | 检查周期 | 检查部位 | 检查要求 |
|---|---|---|---|
| 1 | 每天 | 导轨润油箱 | 检查油量，及时添加润滑油，润滑油泵是否定时启动打油 |
| 2 | 每天 | 主轴润滑恒温油箱 | 工作是否正常，油量充足，温度范围是否合适 |
| 3 | 每天 | 机床液压系统 | 油箱油泵有无异常噪声，工作油面高度是否合适，压力表指示是否正常，管路及各接头有无泄漏 |
| 4 | 每天 | 压缩空气气源压力 | 气动控制系统压力是否在正常范围之内 |
| 5 | 每天 | 气源自动分水滤气器，自动空气干燥器 | 及时清理分水器中滤出的水分，保证自动空气干燥器工作正常 |
| 6 | 每天 | 气液转换器和增压器油面 | 油量不够时要及时补充 |

续表

| 序号 | 检查周期 | 检查部位 | 检查要求 |
|---|---|---|---|
| 7 | 每天 | $X$、$Y$、$Z$ 轴导轨面 | 清除切屑和脏物，检查导轨面有无划伤损坏，润滑油是否充足 |
| 8 | 每天 | 各防护装置 | 导轨、机床防护罩等是否齐全有效 |
| 9 | 每天 | 电气柜各散热通风装置 | 各电气柜中散热风扇是否工作正常，风道过滤网有无堵塞，及时清洗过滤器 |
| 10 | 每天 | 冷却油箱、水箱 | 随时检查液面高度，及时添加油（或水），太脏时要更换、清洗油箱（水箱）和过滤器 |
| 11 | 每周 | 各电气柜过滤网 | 清洗粘附的尘土 |
| 12 | 不定期 | 废油池 | 及时取走存积在废油池中的废油，避免溢出 |
| 13 | 不定期 | 排屑器 | 经常清理切屑，检查有无卡住等现象 |
| 14 | 半年 | 检查主轴驱动皮带 | 按机床说明书要求调整皮带的松紧程度 |
| 15 | 半年 | 各轴导轨上镶条、压紧滚轮 | 按机床说明书要求调整松紧状态 |
| 16 | 一年 | 检查或更换直流伺服电动机炭刷 | 检查换向器表面，去除毛刺，吹净炭粉，及时更换长度过短的炭刷，并应跑合后才能使用 |
| 17 | 一年 | 液压油路 | 清洗滤油器、油箱，过滤或更换液压油 |
| 18 | 一年 | 主轴润滑恒温油箱 | 清洗过滤器、油箱，更换润滑油 |
| 19 | 一年 | 润滑油泵，过滤器 | 清洗润滑油池，更换过滤器 |
| 20 | 一年 | 滚珠丝杠 | 清洗丝杠上旧的润滑脂，涂上新油脂 |

**3. 数控铣床的机械系统的日常保养**

数控铣床的机械结构较传统铣床的机械结构简单，但部件精度高，对维护提出了更高的要求。数控机床机械部件维护与传统机床不同的内容如下。

**（1）主传动链的维护**

1）熟悉数控机床主传动链的结构、性能和主轴调整方法，严禁超性能使用。出现不正常现象时，应立即停机排除故障。

2）使用带传动的主轴系统，需定期调整主轴驱动带的松紧程度，防止因带打滑造成的丢步现象。

3）注意观察主轴箱温度，检查主轴润滑恒温油箱调节的温度范围，防止各种杂质进入油箱，及时补充油量。每年更换一次润滑油，并清洗过滤器。

4）经常检查压缩空气气压，调整到标准要求值，足够的气压才能将主轴锥孔中的切屑和灰尘清理干净，保持主轴与刀柄连接部位的清洁。

5）对采用液压系统平衡主轴箱质量的结构，需定期观察液压系统的压力，油压低于要求值时，要及时调整。

**（2）滚珠丝杠螺母副的维护**

1）定期检查、调整丝杠螺母副的轴向间隙，保证反向传动精度和轴向刚度。

2）定期检查丝杠支承与床身的连接是否有松动以及支承轴承是否损坏。如有以上问题要及时紧固松动部位、更换支承轴承。

3）采用润滑脂润滑的滚珠丝杠，每半年一次清洗丝杠上的旧润滑脂，换上新的润滑脂。用润滑油润滑的滚珠丝杠，每次机床工作前加油一次。

4）注意避免硬质灰尘或切屑进入丝杠防护罩和工作中碰击防护罩，防护装置一有损坏要及时更换。

**4. 数控铣床的电气系统的日常保养**

（1）应尽量少开数控柜和强电柜的门。

（2）定时清扫数控柜的散热通风系统。

（3）定期检查和更换直流电动机电刷。

（4）经常监视数控系统的电网电压。

通常，数控系统允许的电网电压波动范围在额定值的 ±10%，如果超出此范围，轻则使数控系统不能稳定工作，重则会造成重要电子部件损坏。

（5）定期更换存储器用电池。

一定要注意的是，电池的更换应在数控系统供电状态下进行，这样才不会造成存储参数丢失。一旦参数丢失，在调换新电池后，可将参数重新输入。

**5. 数控铣床的液压、气压和冷却润滑系统的日常保养**

**（1）液压系统的保养**

1）定期对油箱内的油液进行取样化验，检查油液质量，定期过滤或更换油液。

2）定期检查冷却器和加热器的工作性能，控制液压系统中油液的温度，使之在标准要求内。

3）定期检查更换密封件，防止液压系统泄漏。

4）定期检查清洗或更换过滤器滤芯，清洗油箱和管路。

5）严格执行日常点检制度，检查系统的泄漏、噪声、振动、压力、温度等是否正常，将故障排除在萌芽状态。

**（2）气动系统的保养**

1）选用合适的过滤器，清除压缩空气中的杂质和水分、油分。

2）注意检查系统中油雾器的供油量，保证空气中含有适量的润滑油来润滑气动元件。防止生锈、磨损造成空气泄漏和元件动作失灵。

3）定期检查更换密封件，保持系统的密封性。

4）注意调节工作压力，保证气动装置具有合适的工作压力和运动速度。

5）定期检查、清洗或更换气动元件、滤芯。

**（3）冷却、润滑系统的日常保养**

1）每日检查导轨润滑油箱的油量，润滑油泵是否能定时启动、停止。

2）每年一次检查润滑油箱、油泵、过滤器，清洗过滤器、油箱、更换润滑油。

3）不定期检查冷却液箱液面高度，及时添加冷却液。如冷却液太脏，应清洗冷却液箱、过滤器，更换冷却液。

## 三、数控铣床维护管理规程

**1. 数控机床维护与保养的目的和意义**

(1) 延长平均无故障时间，增加机床的开动率。

(2) 便于及早发现故障隐患，避免停机损失。

(3) 长期保持数控设备的加工精度。

**2. 数控机床维护与保养的基本要求。**

(1) 在思想上重视维护与保养工作。

(2) 提高操作人员的综合素质。

(3) 保持数控机床良好的使用环境。

(4) 严格遵循正确的操作规程。

(5) 提高数控机床的开动率。

(6) 要冷静对待机床故障，不可盲目处理。

(7) 严格执行数控机床管理的规章制度。

**3. 数控机床维护中的点检管理**

点检就是按有关维护文件的规定，对设备进行定点、定时的检查和维护。

**(1) 点检的内容**

1) 定点。首先要确定一台数控机床有多少个维护点，科学地分析这台设备，找准可能发生故障的部位。只要把这些维护点“看住”，有了故障就会及时发现。

2) 定标。对每个维护点要逐个制定标准，例如，间隙、温度、压力、流量、松紧度等，都要有明确的数量标准，只要不超过规定标准就不算故障。

3) 定期。多长时间检查一次，要定出检查周期。有的点可能每班要检查几次，有的点可能一个月或几个月检查一次，要根据具体情况确定。

4) 定项。每个维护点检查哪些项目也要有明确规定。每个点可能检查一项，也可能检查几项。

5) 定人。由谁进行检查，是操作者、维修人员还是技术人员，应根据检查部位和技术精度要求，落实到人。

6) 定法。怎样检查也要有规定，是人工观察还是用仪器测量，是采用普通仪器还是精密仪器。

7) 检查。检查的环境、步骤要有规定，是在生产运行中检查还是停机检查，是解体检查还是不解体检查。

8) 记录。检查要详细做记录，并按规定格式填写清楚。要填写检查数据及其与规定标准的差值、判定印象、处理意见，检查者要签名并注明检查时间。

9) 处理。检查中间能处理和调整的要及时处理和调整，并将处理结果记入处理记录。没有能力或没有条件处理的，要及时报告有关人员，安排处理。但任何人、任何时间处理都要填写处理记录。

10) 分析。检查记录和处理记录都要定期进行系统分析，找出薄弱“维护点”，即故障率高的点或损失大的环节，提出意见，交设计人员进行改进设计。

**（2）点检的分类**

数控机床的点检可分为日常点检和专职点捡两个层次。日常点检负责对机床的一般部件进行点检，处理和检查机床在运行过程中出现的故障，由机床操作人员进行。专职点检负责对机床的关键部位和重要部件按周期进行重点点检和设备状态监测与故障诊断，制定点检计划，做好诊断记录。分析维修结果，提出改善设备维护管理的建议，由专职维修人员进行。

数控机床的点检作为一项工作制度，必须认真执行并持之以恒，才能保证机床的正常运行。

从点检的要求和内容上看，点检可分为专职点检、日常点检和生产点检三个层次，数控机床点检维修过程如下。

1）专职点检。负责对机床的关键部位和重要部位按周期进行重点点检、状态监测与故障诊断定，做好诊断记录，分析维修结果，提出改善设备维护管理的建议。

2）日常点检。负责对机床的一般部位进行点检，处理和检查机床在运行过程中出现的故障。

3）生产点检。负责对生产运行中的数控机床进行点检，并负责润滑、紧固等工作。

点检作为一项工作制度必须认真执行并持之以恒，这样才能保证数控机床的正常运行。

**（3）点检的特点**

优点是可以把出现的故障和性能的劣化消灭在萌芽状态，防止过修或欠修。

缺点是定期点检工作量大。

**（4）点检表的举例（见表 4—1—2）**

**表 4—1—2　点检表**

| 序号 | 点检内容 | 1 ___ 31日 | | | | | | | | | | | | | | | | |
|---|---|---|---|---|---|---|---|---|---|---|---|---|---|---|---|---|---|---|
| 1 | 检查电源电压 | | | | | | | | | | | | | | | | | |
| 2 | 检查气源压力 | | | | | | | | | | | | | | | | | |
| 3 | 检查液压回路 | | | | | | | | | | | | | | | | | |
| 4 | 检查润滑是否正常 | | | | | | | | | | | | | | | | | |
| 5 | 冷却过滤有无堵塞 | | | | | | | | | | | | | | | | | |
| 6 | 主轴定位与换刀动作 | | | | | | | | | | | | | | | | | |
| 7 | 主轴孔内有无铁屑 | | | | | | | | | | | | | | | | | |
| 8 | 机床罩壳及周围场地 | | | | | | | | | | | | | | | | | |

## 4. 数控机床维护与保养的内容

**（1）日检**

日检就是根据各系统的正常情况来加以检测。日检主要项目包括液压系统、主轴润滑系统、导轨润滑系统、冷却系统、气压系统。

举例：某铣床的维护点检。

导轨润滑油箱：油量、及时添加润滑油、润滑泵能定时启动及停止。

*X*、*Y*、*Z* 轴导轨面：清除切屑及脏物，检查润滑油是否充分、导轨面是否有划伤损坏。

压缩空气气源压力：检查压力是否在正常范围，及时清理气源自动分水滤气器和自动空气干燥器、分水器中滤出的水分，自动保持空气干燥器正常工作。

主轴润滑恒温油箱：油量充足，调节温度范围。

机床液压系统：油箱、液压泵无异常噪声；压力表指示正常、管路及各接头无泄漏、工作油面高度正常。

液压平衡系统：平衡压力指示正常、快速移动时平衡阀工作正常。

CNC 的输入输出单元：光电阅读机清洁、机械结构润滑良好。

各种电气柜散热通风装置：各电气柜冷却风扇工作正常、风道过滤网无堵塞。

各种防护装置：导轨、机床各种防护罩等应无松动。

**（2）周检**

其主要项目包括机床零件、主轴润滑系统，应该每周对其进行正确的检查，特别是对机床零件要清除铁屑，进行外部杂物清扫。

**（3）季检**

季检的主要项目包括机床床身、液压系统、主轴润滑系统。例如，主要看机床精度、机床水平是否符合手册中的要求；检查时，如有问题，应分别更换新油 60 L 和 20 L，并对其进行清洗。

**（4）年检**

每半年：滚珠丝杠，清洗旧润滑脂，涂上新的油脂；液压油路，清洗溢流阀、减压阀、滤油器及油箱箱底，更换或过滤液压油；主轴润滑恒温油箱。

每年：检查并更换直流伺服电机炭刷；检查换向器表面，吹净炭粉，去毛刺；更换长度过短的电刷，跑合后使用；润滑液压泵、滤油器清洗；清理池底，更换滤油器。

**（5）不定期检查**

检查各轴轨道上镶条、压紧滚轮松紧状态（按机床说明书调整）。

冷却水箱：检查液面高度，太脏应更换；清理水箱底部；经常清洗过滤器。

排屑器：经常清理铁屑；检查有无卡住。

清理废油池：及时取油池中废油，以免外溢。

调整主轴驱动带松紧：按机床说明书调整。

## 四、技能训练——数控铣床的维护与保养

### 1. 数控铣床数控系统的检查

**（1）数控系统在通电前的检查**

1）确认交流电源的规格是否符合 CNC 装置的要求。

2）检查 CNC 装置与外界之间的全部连接电缆是否符合随机提供的连接技术手册的规定。

3）确认 CNC 装置内的各种印刷线路板上的硬件设定是否符合 CNC 装置的要求。

4）检查数控机床的保护接地线。

**(2) 数控系统在通电后的检查**

1) 检查数控装置中的风扇。

2) 直流电源是否正常。

3) 确认CNC装置的各种参数。

4) 在接通电源的同时，做好按压紧急停止按钮的准备。

5) 在手动状态下，低速进给移动各个轴，并且注意观察机床移动方向和坐标值显示是否正确。

6) 检查数控机床是否有返回基准点的功能。

7) CNC系统的功能测试

**2. 数控装置的日常维护与保养**

**(1) 严格遵守操作规程和日常维护制度**

通常，首次采用数控机床或由不熟练工人来操作，在使用的第一年内，有三分之一以上的系统故障是由于操作不当引起的。

**(2) 尽量少开数控柜和强电柜的门**

1) 夏天为了使数控系统能超负荷长期工作，采取打开数控柜的门来散热，其最终将导致数控系统的加速损坏。

2) 正确的方法是降低数控系统的外部环境温度。

注意：除非进行必要的调整和维修，否则不允许随意开启数控柜和强电柜的门。

3) 一些已受外部尘埃、油雾污染的电路板和接插件，可采用专用电子清洁剂喷洗。

注意：自然干燥的喷液台在非接触表面形成绝缘层，使其绝缘良好。

**(3) 定时清扫数控柜的散热通风系统**

1) 每天检查数控柜上的风扇工作是否正常。

2) 每半年或每季度检查一次风道过滤器是否有堵塞现象。

注意：数控柜内温度过高（一般不允许超过55℃），造成过热报警或数控系统工作不可靠。

3) 清扫方法

①拧下螺钉，拆下空气过滤器。

②在轻轻振动过滤器的同时，用压缩空气由里向外吹掉空气过滤器内的灰尘。

③过滤器太脏时，可用中性清洁剂（清洁剂和水的配方为5∶95）冲洗（但不可揉擦），然后置于阴凉处晾干即可。

**(4) 数控系统的输入/输出装置的定期维护**

例如，CNC系统的输入装置中磁头的清洗。

**(5) 定期检查和更换直流电动机电刷**

1) 断电状态，电动机已经完全冷却的情况下进行检查。

2) 取下橡胶刷帽，用一字旋具拧下刷盖取出电刷。

3) 测量电刷长度，如磨损到原长的一半左右时必须更换同型号的新电刷。

4) 仔细检查电刷的弧形接触面是否有深沟或裂缝，以及电刷弹簧上有无打火痕迹，如有上述现象必须用新电刷交换，并在一个月后再次检查。

5）用不含金属粉末、不含水分的压缩空气导入电刷孔，吹净粘在孔壁上的电刷粉末。如果难以吹净，可用一字旋具尖轻轻清理，直至孔壁全部干净为止。但要注意不要碰到换向器表面

6）重新装上电刷，拧紧刷盖。

**（6）经常监视数控系统的电网电压**

CNC 系统对工作电网电压有严格的要求。例如，FANUC 公司生产的 CNC 系统，允许电网电压在额定值的 85% ~110% 的范围内波动，否则会造成 CNC 系统不能正常工作，甚至会引起 CNC 系统内部电子元件的损坏。为此要经常检测电网电压，并控制在额定值的 -15% ~ +10% 内。

**（7）定期更换存储器用电池**

通常，CNC 系统中部分 CMOS 存储器中的存储内容在断电时靠电池供电保持。一般采用锂电池或者可充电的镍镉电池。当电池电压下降到一定值时，就会造成数据丢失，因此要定期检查电池电压。当电池电压下降到限定值或者出现电池电压报警时，就要及时更换电池。更换电池时一般要在 CNC 系统通电状态下进行，这样才不会造成存储参数丢失。一旦数据丢失，在调换电池后，可重新将参数输入。

**（8）数控系统长期不用时的维护**

当数控机床长期闲置不用时，也要定期对 CNC 系统进行维护保养。在机床未通电时，用备份电池给芯片供电，保持数据不变。机床上电池在电压过低时，通常会在显示屏幕上给出报警提示。在长期不使用时，要经常通电检查是否有报警提示，并及时更换备份电池。经常通电可以防止电器元件受潮或印制板受潮短路或断路等。长期不用的机床，每周至少通电两次以上。具体做法如下。

1）首先，应经常给 CNC 系统通电，在机床锁住不动的情况下，让机床空运行。其次，在空气湿度较大的梅雨季节，应天天给 CNC 系统通电，这样可利用电器元件本身的发热来驱走数控柜内的潮气，以保证电器元件的性能稳定可靠。生产实践证明，如果长期不用的数控机床，过了梅雨天后往往一开机就容易发生故障。

2）此外，对于采用直流伺服电动机的数控机床，如果闲置半年以上不用，应将电动机的电刷取出来，以避免由于化学腐蚀作用而导致换向器表面的腐蚀，确保换向性能。

**（9）备用电路板的维护**

对于已购置的备用印刷线路板应定期装到 CNC 装置上通电运行一段时间，以防损坏。

**（10）CNC 发生故障时的处理**

一旦 CNC 系统发生故障，操作人员应采取急停措施，停止系统运行，并且保护好现场，协助维修人员做好维修前期的准备工作。

## 课后练习

1. 抄写数控铣床的安全操作规程，并能理解其中的含义。
2. 数控铣床日常的保养项目有哪些？
3. 什么是数控机床的点检管理？它有哪些内容？

# 课题 2　数控机床的故障诊断

## 学习目标

1. 熟悉数控机床常见故障分类和诊断方法。
2. 掌握数控机床系统故障诊断方法。
3. 掌握数控机床常见故障及排除。

## 一、数控机床常见故障分类和诊断方法

数控机床是综合应用微电子、计算机、自动控制、自动检测、液压传动和精密机械等技术的最新成果而发展起来的新型机械加工设备。它的发展趋势是工序集中、高速、高效、高精度以及使用方便、可靠性高。要达到这些要求，就需要对机床的维护保养、日常检查、故障诊断等做复杂、有效的工作。在生产过程中，数控机床频繁地发生故障，必然影响产品的加工质量和生产效率，影响数控机床效益的发挥。因此，必须对出现的故障进行广泛深入的研究，找出其原因和规律，不断积累经验，采取有效措施，对故障进行预防、预测，建立一套排除故障的有效方法。

**1. 数控机床常见故障分类**

故障是指设备或系统由于自身的原因丧失了规定的功能，不能再进行正常工作的现象。数控机床的故障包括机械部分的故障、数控系统的故障、伺服与主轴驱动系统的故障以及辅助装置的故障等。故障按其表现形式、性质、起因等可作多种分类。常见的故障类型有以下几种。

**（1）按与故障的相互关系可分为关联性故障和非关联性故障两类**

非关联性故障是由与系统本身无关的因素（如安装、运输等）引起的，而关联性故障又可分为系统性故障和随机性故障。系统性故障是指机床和系统一旦满足某种条件必然出现的故障，这是一种可重演性的故障。而随机性故障则不然，即使在完全相同的条件下，故障也只是偶然发生。一般来说，随机性故障往往是由于机械结构局部松动、错位，控制系统中软件不完善、硬件工作特性曲线漂移，机床电气元件工作可靠性下降等原因所致。这类故障的排除比系统性故障要难得多，需经过反复试验和综合判断才能确诊。

**（2）按诊断方式可分为有诊断显示故障和无诊断显示故障两类**

现代的数控系统大多都有较丰富的自诊断功能，如日本的 FANUC 数控系统、德国的 SIEMENS 数控系统等，报警号有数百条，所配置可编程控制装置报警参数也有数十条乃至上百条，当出现故障时自动显示出报警号。维修人员利用这些诊断显示的报警号，较易找到故障所在。而在无诊断显示时，机床停在某一个位置不动，循环进行不下去，甚至用手动强行操作也无济于事。由于没有报警显示，维修人员只能根据故障出现前后的现象来判断，因此故障排除难度较大。

**(3) 按故障破坏性可分为破坏性故障和非破坏性故障两类**

破坏性故障一般来说应避免再发生，维修时不允许使故障重现来进行分析、判断。如对因伺服系统失控造成的机床飞车、短路后熔丝熔断等破坏性故障，只能根据现场目击者提供的情况来做分析判断，所以维修难度较大，且具有一定的危险性。对于非破坏性故障，由于其危险性小，可以由操作者使其反复再现，因此排除较容易。

**(4) 按故障起因可分为硬故障和软故障两类**

硬故障主要是由于控制系统中的元器件损坏而造成的，必须更换元器件才能排除故障。而软故障大都由于编程错误、操作错误或电磁干扰等偶然因素造成，只要修改程序或做适当调整，故障即可排除。

**2. 数控机床常见故障诊断方法**

**(1) 现场故障处理**

数控机床或系统出现故障时，操作人员应采取急停措施停止系统运行。如果操作人员不能将故障排除，应及时通知维修人员，并保护好现场，同时对故障做以下记录。

1) 故障的种类

①数控机床处于何种工作方式（纸带方式、手动数据输入方式、存储器方式、点动方式等）。

②数控系统状态显示的内容。

③定位误差超差情况如何?

④刀具运动轨迹误差状况以及出现误差时的速度是否正常?

⑤显示器上有无报警?报警号是什么?

2) 故障出现情况

①故障何时发生，一共发生了几次?此时旁边其他数控机床工作是否正常?

②加工同类工件时，故障出现的概率如何?

③故障是否与进给速度、换刀方式或螺纹切削有关?

④故障出现在哪段程序上?

⑤如果故障为非破坏性的，则将引起故障的程序段重复执行多次，观察故障的重复性。

⑥将该程序段的编程值与系统内的实际数值进行比较，看两者是否有差异，是否是程序输入错误。

⑦重复出现的故障是否与外界因素有关?

3) 数控机床操作及运转情况

①经过什么操作之后才发生此故障?操作是否有误?

②数控机床的操作方式是否正确?

③数控机床调整状况如何?间隙补偿是否合适?

④数控机床在运转过程中是否发生振动?

⑤所用刀具的切削刃是否正常?

⑥换刀时是否设置了偏移量?

4) 环境状况

①周围环境温度如何?是否有强烈的振源?系统是否受到阳光的直射?

②切削液、润滑油是否飞溅到系统柜里？

③电源电压是否有波动？电压值为多少？

④近处是否存在干扰源？

⑤系统是否处于报警状态？

⑥机床操作面板上的倍率开关是否设定为“0”？

⑦数控机床是否处于锁住状态？

⑧系统是否处于急停状态？

⑨熔丝是否熔断？

⑩方式选择开关设定是否正确？进给保持按钮是否被按下？

5）数控机床和系统之间的接线情况

①电缆是否完整无损？特别是在拐弯处是否有破裂、损伤？

②交流电源线和系统内部电缆是否分开安装？

③电源线和信号线是否分开走线？

④信号屏蔽线接地是否正确？

⑤继电器、电磁铁以及电动机等电磁部件是否装有噪声抑制器？

6）有关穿孔纸带的检查

①纸带阅读机开关设定是否正确？

②有关纸带操作的设定是否正确？纸带安装是否正确？

③纸带是否折、皱和存有污物？孔有无破损？

④纸带的连接处是否完好？

7）程序检查

①是否是新编程序？检查程序的正误。

②故障是否发生在某一特定的程序段？

③程序内是否包含有增量指令？刀具补偿量是否设定得正确？

④程序是否提前终止或中断？

**（2）故障诊断的原则**

数控机床或数控系统的故障是多种多样的。但无论对何种故障，在进行诊断时，都应遵循以下原则。

1）仔细调查故障现场，掌握第一手材料。维修人员到达故障现场后，先不要急于动手处理，而应首先详细向操作者询问故障发生的全过程，并查看故障记录单，了解故障发生前后曾出现过什么现象、采取过什么措施等。同时还要亲自仔细勘察现场。无论是系统的外观、CRT 显示的内容，还是系统内部的各电路板上有无相应的报警显示、有无烧灼的痕迹，不管多么细微的变化都应查清。在确认系统通电无危险的情况下，方可通电，并按下数控系统的复位（RESET）按钮，观察系统有何异常、报警是否消失等。如果消失，则该故障属于软故障，否则属于硬故障。

2）认真查找各种故障因素。目前的数控系统在出现故障时，除少数自诊断显示故障原因外，如存储器报警、电源电压过高报警等，大部分尚不能自动诊断出故障的确切原因。往往是同一现象、同一报警号可以由多种故障所致，不可能将故障缩小到具体的某一部件。

所以在查找故障起因时，一定要思路开阔，不能被某种假象所迷惑。如系统的某一部分自诊断出现故障，但查其根源在数控机床机械部分，而并不在数控系统。所以，无论是数控系统、数控机床电气，还是机械和液压系统，只要有可能引起该故障的迹象，都要尽可能全部列出来。

3）综合分析，查清故障。利用数控机床的维修档案进行综合分析和筛选，找出可能性最大的原因。经过必要的试验，查清确切原因。然后“对症下药”，采取相应措施排除故障。例如，某厂购置了一台北京机床研究所生产的JCS—018立式加工中心，使用中发现$X$、$Y$两坐标轴快速回零时，$X$轴出现抖动。经询问，该加工中心已使用了7年。对$X$轴进行多次单独运行试验，均无抖动现象，从而排除了$X$轴机械传动链和伺服电动机本身的因素。数控系统控制$X$轴脉冲也很均匀，这又排除了控制系统的影响。$X$轴的伺服电动机装在$Y$轴的床鞍上，$X$轴的控制电缆在$Y$轴运动时被来回拖动，当$X$轴单轴往复运动时，用手拖动$X$轴电动机的控制电缆，出现了抖动现象，这就可以确认抖动现象是由于$X$轴控制电缆接触不良造成的。由于电缆的插头长期被油腐蚀，绝缘丧失，插头松动，需要更换电缆排除故障。

**（3）故障诊断的一般方法**

要排除故障，首先必须找到故障所在。下面介绍几种常用的故障检查方法。

1）直观检查法。即维修人员充分利用自身的眼、耳、鼻、手等感觉器官查找故障的方法。通过目测故障电路板，仔细检查有无熔丝熔断、元器件烧坏、烟熏、开裂现象，从而可判断板内有无过流、过压、短路发生。用手摸并轻摇元器件（如电阻、电容、晶体管等）看有无松动之感，以此检查一些断脚、虚焊等问题。针对故障的有关部分，用一些简单工具，如万用表、蜂鸣器等，检查各电源之间的连接线有无断路现象。若无，即可接入相应的电源，并注意有无烟、尘、噪声、焦煳味、异常发热的现象，以此发现一些较为明显的故障，进一步缩小检查范围。

2）自诊断功能法。现代的数控机床虽然尚未达到智能化很高的程度，但已经具备了较强的自诊断功能。所谓自诊断，是指依靠数控系统内部计算机的快速处理数据的能力，对出错系统进行多路、快速的信号采集和处理，然后由诊断程序进行逻辑分析判断，以确定系统是否存在故障，并对故障进行定位。自诊断功能能随时监视数控系统硬件和软件的工作状态。一旦发现异常，立即在CRT上显示报警信息或用发光二极管指示出故障的大致起因。利用自诊断功能，显示设备也能显示出系统与主机之间接口信号的状态，从而判断出故障发生在机械部分还是数控系统部分，并指示出故障的大致部位。这个方法是当前维修方法中最为有效的一种。

3）功能程序测试法。所谓功能程序测试法就是将数控系统的常用功能和特殊功能如直线定位、圆弧插补、螺纹切削、固定循环、用户宏程序等用编程法，编制成一个功能测试程序，并存储于相应的介质上，如纸带和磁带等，需要时通过纸带阅读机等送入数控系统内，然后启动数控系统使之运行，借以检查数控机床执行这些功能的准确性和可靠性，进而判断出故障发生的可能起因。本方法适用于长期闲置的数控机床第一次开机时的检查；对于数控机床加工中造成废品，但又无报警的情况下，一时难以确定是编程错误或是操作错误，还是数控机床本身故障时，是一有效的故障分析判断法。

4）故障现象分析法。对于非破坏性故障，必要时维修人员可让操作人员再现故障现象，最好会同机械、电气、液压等技术人员一起会诊，共同分析出现故障时的异常现象，有助于尽快而准确地找到故障规律和线索。

5）报警显示分析法。数控机床上多配有面板显示器和指示灯。面板显示器可把大部分被监控的故障识别结果以报警的方式给出。对于各个具体的故障，系统有固定的报警号和文字显示给予提示。出现故障后，系统会根据故障情况、类型给予故障提示或者同时中断运行而停机等待处理。指示灯可粗略地提示故障部位及类型等。程序运行中出现故障时程序显示能指出故障出现时程序的中断部位；坐标值显示能提示故障出现时运动部件的坐标位置；状态显示能提示功能执行结果。维修人员应利用故障信号及有关信息分析故障原因。

6）换件诊断法。当系统出现故障后，维修人员把怀疑部分从大缩至小，逐步缩小故障范围，直至把故障定位于电路板级或部分电路，甚至元器件级。此时，可利用备用的印制电路板、集成电路芯片或元器件替换有疑点的部分，或将系统中具有相同功能的两块印制电路板、集成电路芯片或元器件进行交换，即可迅速找出故障所在。这是一种简便易行的方法。但换件时应该注意备件的型号、规格、各种标记、电位器调整位置、开关状态、电路更改是否与怀疑部分的相同，此外，还要考虑到可能要重调新替换件的某些电位器，以保证新、旧两部分性能相近。任何细微的差异都可能导致失败或造成损失。

7）测量比较法。数控系统生产厂在设计印制电路板时，为了调整、维修的便利，在印制电路板上设计了多个检测用端子。用户也可利用这些端子比较、测量正常的印制电路板和有故障的印制电路板之间的差异。可以检测这些测量端子的电压或波形，分析故障的起因及故障的所在位置。甚至有时还可对正常的印制电路板人为地制造“故障”，如断开连接或短路、拔去组件等，以判断真实故障的起因。

8）参数检查法。众所周知，数控参数能直接影响数控机床的性能。参数通常存放在磁盘存储器或存放在需由电池保持的 CMOS RAM 中，一旦电池不足或由于外界的某种干扰等因素，会使个别参数丢失或变化，发生混乱，使数控机床无法正常工作。此时，通过核对、修正参数，就能将故障排除。当数控机床长期闲置后，工作时会无缘无故地出现不正常现象，此时应根据现象特征，检查和校对有关参数。另外，经过长期运行的数控机床，由于其机械传动部件磨损、电气元件性能变化等原因，也需对其有关参数进行调整。有些数控机床的故障往往就是由于未及时修改某些不适应的参数所致。当然这些故障都属于软故障的范畴。

9）敲击法。当数控系统出现的故障表现为时有时无时，往往可用敲击法检查出故障的部位所在。这是由于数控系统是由多块印制电路板组成，每块板上又有许多焊点，板间或模块间又通过接插件及电缆相连。因此，任何虚焊或接触不良，都可能引起故障。当用绝缘物轻轻敲打有虚焊或接触不良的疑点时，故障会重复再现。

10）局部升温法。数控系统经过长期运行后元器件均会逐步老化，性能变坏。当它们尚未完全损坏时，相应的故障时有时无。这时可用热吹风机或电烙铁等来局部升温被怀疑的元器件，加速其老化，以便彻底暴露故障部件。当然，采用此法时，一定要注意元器件的温度参数等，不要将原来好的元器件烤坏。

11）原理分析法。根据数控系统的工作原理，维修人员可从逻辑上分析可疑元器件各点的电平和波形，然后用万用表、逻辑笔、示波器或逻辑分析仪进行测量、分析和对比，从而找出故障。这种方法对维修人员的要求最高，维修人员必须对整个系统乃至每个电路的原理有清楚的了解。但这也是检查疑难故障的最终方法。

12）接口信号法。由于数控机床的各个控制部分大都采用 I/O 接口来互为控制，利用数控机床各接口部分的 I/O 接口信号来分析，则可以找出故障出现的部位。利用接口信号法进行故障诊断的全过程可归纳为：故障报警—故障现象分析—确定故障范围（大范围）—采用接口信号法—逻辑分析—确定故障点—排除故障。此方法符合系统的设计与调试原则，使用简单，容易掌握，能起到迅速准确排除故障的作用。因此，这种方法对数控系统的维修工作具有很重要的作用。

## 二、数控机床系统故障诊断方法

由于数控系统是高技术密集型产品，要想迅速而正确地查明原因并确定其故障的部位，不借助于诊断技术将是很困难的，有时甚至是不可能的。随着微处理器的不断发展，诊断技术也由简单的诊断朝着多功能的高能诊断或智能化方向发展。诊断能力的强弱也是评价当今 CNC 系统性能的一项重要指标。目前所使用的各种 CNC 系统的诊断方法归纳起来大致可分为以下三大类。

**1. 启动诊断（start up diagnostics）**

启动诊断是指 CNC 系统每次从通电开始至进入正常的运行准备状态为止，系统内部诊断程序自动执行的诊断。诊断的内容为系统中最关键的硬件和系统控制软件，如 CPU、存储器、I/O 等单元模块，以及 MDI/CRT 单元、纸带阅读机、软盘单元等装置或外部设备。有的 CNC 系统启动诊断程序还能对配置进行检查，用以确定所有指定的设备模块是否都已正常的连接，甚至还能对某些重要的芯片，如 RAM、ROM、LSI（大规模集成电路）是否插装到位，选择的规格型号是否正确进行诊断。只有当全部项目都确认正确无误之后，整个系统才能进入正常运行的准备状态。否则，CNC 系统将通过 CRT 画面或用硬件（如发光二极管）报警方式指出故障的信息。此时，启动诊断过程不能结束，系统不能投入运行。上述启动诊断程序正常时需数秒结束，一般不会超过 1 min。

**2. 在线诊断（on－1ine diagnostics）**

在线诊断是指通过 CNC 系统的内装程序，在系统处于正常运行状态时对 CNC 系统本身及与 CNC 装置相连的各个伺服单元、伺服电动机、主轴伺服单元和主轴电动机以及外部设备等进行自动诊断、检查，只要系统不停电，在线诊断就不会停。

在线诊断的内容很丰富，一般来说，包括自诊断功能的状态显示和故障信息显示两部分。其中自诊断功能状态显示有上千条，常以二进制的 0、1 来显示其状态。对正逻辑来讲，0 表示断开状态，1 表示接通状态，借助状态显示可以判断出故障发生的部位。如区分出故障在数控系统内部，还是发生在 PLC 或机床侧。常用的有 I/O 接口状态显示和内部状态显示，如利用 I/O 接口状态显示，再结合 PLC 梯形图和强电控制电路图，用推理法和排除法即可判断出故障点所在的真正位置。故障信息显示的内容一般有上百条，最多可达 600 条。

这些信息大都以报警号和注释的形式出现，一般可分为：过热报警类；系统报警类；存储器报警类；编程/设定类，这类故障均为操作、编程错误引起的软故障；伺服类，即与伺服单元和伺服电动机有关的故障报警；行程开关报警类；印制电路板间的连接故障类。

这些在线诊断功能，对 CNC 系统的操作者和维修人员来说，对于分析系统故障原因、确定部位大有帮助。

**3. 离线诊断（off - line diagnostics）**

离线诊断主要是指 CNC 系统制造厂家或专业维修中心，利用专用的诊断软件和测试装置在 CNC 系统出现故障后，进行停机（或脱机）检查，力求把故障定位到尽可能小的范围内。如缩小到某个功能模块、某个印制电路板或板上某部分电路，甚至某个芯片或元件，以便更换元件进行修复。随着电信技术的发展，一种新的通信诊断技术也正在进入应用阶段即海外诊断，它利用电话通信线，把带故障的 CNC 系统和专业维修中心的专用通信诊断计算机通过连接进行测试、诊断。如德国 SIEMENS 公司在 CNC 系统诊断中采用了这种诊断功能，用户只需把 CNC 系统中专用“通信接口”连接到普通电话线上，而在 SIEMENS 公司维修中心的专用通信诊断计算机的“数据电话”也连接到电话线路上，然后由计算机向 CNC 系统发送诊断程序，并将测试数据输回到计算机进行分析并得出结论，随后又将诊断结论和处理办法通知用户。通信诊断系统除用于故障发生后的诊断外，还可为用户做定期的预防性诊断，维修人员不必亲临现场，只需按预定的时间对数控床做一个系统性试运行检查，在维修中心分析诊断数据，以发现可能存在的故障隐患。这类 CNC 系统必须具备远距离诊断接口及联网功能。

## 三、数控机床常见故障及排除

**1. 数控机床系统的故障及排除**

（1）键盘故障。用键盘输入程序，发现有关字符不能输入和消除、程序不能复位或显示屏不能变换页面等故障。先检查有关按键是否接触不好，予以修复或更换。若不见成效或所有按键都不起作用，可进一步检查该部分的接口电路、系统控制软件及电缆连接状况等。

（2）数控系统电源接通后 CRT 无辉度或无任何画面。造成此类故障的原因如下。

1）与 CRT 单元有关的电缆连接不良引起的。应对电缆重新检查，再连接一次。

2）检查 CRT 单元的输入电压是否正常。但在检查前应先搞清楚 CRT 单元所用的电压是直流还是交流，电压有多高。因为生产厂家不同，它们之间有较大差异，一般来说，9in 单色 CRT 多用 +24V 直流电源，而 14in 彩色 CRT 却为 200V 交流电压。在确认输入电压过低的情况下，还应确认电网电压是否正常。如果是电源电路不良或接触不良，造成输入电压过低时，还会出现某些印制电路板上的硬件或软件报警，如主轴低压报警等，因此可通过几个方面的相互印证来确认故障所在。

3）CRT 单元本身的故障造成。CRT 单元由显示单元、调节器单元等部分组成，它们中的任一部分不良都会造成 CRT 无辉度或无图像等故障。

4）可以用示波器检查是否有视频（video）信号输入。如无，则故障出在 CRT 接口印制电路板上或主控制电路板上。

5）数控系统的主控制印制电路板上如有报警显示，也可影响 CRT 的显示。此时，故障的起因，多不是 CRT 本身，而在主控制印制电路板上，可以按报警指示的信息来分析处理。

（3）CRT 无显示。造成此类故障的原因如下。

1）电源接通后 CRT 无显示，但输入单元有硬件报警显示。这时，故障可能出在输入单元处。先检查单元的熔断器是否熔断，然后再检查单元上的有关电容是否烧坏、击穿等。

2）CRT 无显示，数控机床也不能动作，但主控制印制电路板有硬件报警。可根据硬件报警指示的提示来判断故障的根源。多数是主控制印制电路板或 ROM 板不良造成的。

3）CRT 无显示，数控机床不能动作，而主控制印制电路板也无报警。这时，故障一般发生在 CRT 控制板上。更换 CRT 控制板，系统即可恢复运行。

4）CRT 无显示，但数控机床能正常地执行手动或自动操作。这种现象表明，系统的控制部分正常，仍能完成插补运算等功能，而仅是显示部分或 CRT 控制板出了故障。

（4）CRT 显示无规律的亮斑、线条或不正确的符号。这时 CNC 系统往往也不能正常工作，造成此类故障的原因：CRT 控制板故障；主控制板故障。

（5）数控系统一接通电源，CRT 就出现“NOT READY”显示，过几秒自动切断电源，有时数控系统接通电源后显示正常，但在运行程序的中途突然在 CRT 上显示“NOT READY”，随之电源被切断。造成这类故障的一个原因是 PC 有故障，可以通过检查 PC 的参数及梯形图来发现。其次应检查伺服系统电源装置是否有熔丝熔断、断路器跳闸等问题。若合闸或更换熔丝后断路器再次跳闸，应检查电源部分是否有问题，检查是否有电动机过热、大功率晶体管组件过电流等故障而使计算机的监控电路起作用；检查计算机各板是否有故障灯显示。另外还应检查计算机所需各交流电源、直流电源的电压值是否正常。若电压不正常也可造成逻辑混乱而产生“NOT READY”故障。

（6）当数控系统进入用户宏程序时出现超程报警或显示“PROGRAM STOP”，但数控系统一旦退出用户宏程序运行就恢复正常，这类故障多出在用户宏程序。如操作人员错按“RESET”按钮，就会造成宏程序的混乱。此时可采取全部清除数控系统的内存，重新输入 NC 和 PC 的参数、宏程序变量、刀具补偿号及设定值等方法来恢复。

（7）数控系统的 MDI 方式、MEMORY 方式无效，但在 CRT 画面上却无报警发生，这类故障多数不是由数控系统引起的，因为上述的 MDI 方式、MEMORY 方式的操作开关都在机床操作面板上，在操作面板和数控柜之间的连接发生故障如断线等的可能性最大。在上述故障中几种工作方式均无效，说明是共性的问题，如机床侧的继电器损坏，造成数控机床侧的 +24 V 电压不能进入 NC 侧的连接单元就会引起上述故障。

（8）数控机床不能正常地返回基准点，且有报警产生。此类故障一般是由脉冲编码器的一转信号没有输入到主控制印制电路板造成的。如脉冲编码器断线，或脉冲编码器的连接电缆和插头断线等均可引起此类故障。另外，返回基准点时的数控机床位置距基准点太近也会产生此报警。

（9）手摇脉冲发生器（电手轮）不能工作。这可分为两种情况：一是转动手摇脉冲发生器时 CRT 画面的位置显示发生变化但数控机床不动。此时可先通过诊断功能检查系统是否处于数控机床锁住状态。如未锁住，则再由诊断功能确认伺服断开信号是否已被输入到数控系统中。如果两种情况都不存在，则故障多是出在伺服系统。二是转动手摇脉冲发生器时 CRT 画面的位置显示无变化，数控机床也不运动。此时可从以下几个方面进行检查：首先应确认数控系统是否带有手摇脉冲发生器这个功能。这可以通过核查参数来确认。然后确认数控机床锁住信号是否已被输入（通过诊断功能来检查）。确认手摇脉冲发生器的方式选择（它在数控机床操作面板上）信号是否已输入（也可用诊断功能来确认），并检查主板是否有报警。若以上几个方面均无问题，则可能是手摇脉冲发生器不良或脉冲发生器接口板不良。

（10）一台加工中心在攻螺纹或主轴电动机做高低速切换时，引起附近另一台加工中心自动断电的原因主要是控制回路中 MCC 接触器失电，从而造成整个控制回路断电。检查 MCC 接触器的线圈、连接导线、操作面板上的停止按钮、浪涌吸收器等元件，检查 MCC 的自锁触点以及交流和稳压直流电源发现均正常。进一步细查机床控制回路，发现当一台加工中心主轴变速时，引起地基振动，结果导致另一台加工中心的机床控制回路中的一根导线接地，从而引起机床自动断电保护。

（11）加工中心的存储器方式、手动数据输入方式均无效，但 CRT 却无报警发生。经过检查，是由于机床侧的继电器损坏，使机床侧的 +24 V 电压不能送入 CNC 系统的连接单元。

（12）SIEMENS 公司 SINUMERIK810 系统常见故障

1）CPU 监控报警。如果系统不能被启动，原因有：CPU 模块硬件故障；模块中的跨接桥接错；EPROM 故障；总线板损坏；数控机床参数错误；启动芯片损坏，如果 CPU 监控报警发生在运行过程中，则多数是模块硬件故障或是 CPU 循环工作出错。

2）EPROM 的自诊断报警。多是由于存储器模块或 EPROM 芯片接插不良或插错位置引起的。

3）数据存储器子模块电池用尽报警。此时，子模块必须更换，但子模块更换必须在系统断电的情况下进行，且在子模块更换后，要重新加载其存储内容。

4）轮廓监控报警。说明坐标轴的实际移动速度高于规定的轮廓监控门槛速度的允许值，或是在高速或制动时，相应坐标轴不能在规定时间内达到要求的速度。这多数是由于 Kv 系数设定不当造成。

5）位置反馈回路硬件故障。表示检测到的位置反馈信号相位错误、接地短路或完全没有。可以通过检查测量回路电缆是否断路、脱落；检测判断位置控制模块是否有故障；用示波器测量位置反馈信号的相位，判断电缆与位置传感器是否出问题等确定故障之所在。

**2. 数控机床伺服系统的故障诊断与维修**

**（1）进给伺服系统的故障诊断与维修**

根据经验，进给伺服系统的故障约占整个数控系统故障的 1/3。故障报警现象有三种：一是利用软件诊断程序在 CRT 上显示报警信息，二是利用伺服系统上的硬件（如发光二极管、熔丝熔断等）显示报警，三是没有任何报警指示。

1）软件报警形式。现代数控系统都具有对进给驱动进行监视、报警的能力。在 CRT 上显示进给驱动的报警信号大致可分为以下三类。

①伺服进给系统出错报警。这类报警的起因，大多是速度控制单元方面的故障引起的，

或是主控制印制电路板内与位置控制或伺服信号有关部分的故障。

②检测出错报警。它是指检测元件（测速发电机、旋转变压器或脉冲编码器）或检测信号方面引起的故障。

③过热报警。这里所说的过热是指伺服单元、变压器及伺服电动机过热。总之，可根据 CRT 上显示的报警信号，参阅该数控机床维修说明书中“各种报警信息产生的原因”的提示进行分析判断，找出故障，将其排除。

2）硬件报警形式。硬件报警形式包括速度单元上的报警指示灯和熔丝熔断以及各种保护用的开关跳开等报警。报警指示灯的含义随速度控制单元设计上的差异也有所不同，一般有下述几种。

①大电流报警。此时多为速度控制单元上的功率驱动元件（晶闸管模块或晶体管模块）损坏。检查方法是在切断电源的情况下，用万用表测量模块集电极和发射极之间的阻值。如阻值小于 10 Ω，表明该模块已损坏。当然速度控制单元的印制电路板故障或电动机绕组内部短路也可引起大电流报警，但后一种故障较少发生。

②高电压报警。产生这类报警的原因是输入的交流电源电压达到了额定值的 110%，甚至更高或电动机绝缘能力下降，或速度控制单元的印制电路板不良。

③电压过低报警。大多是由于输入电压低于额定值的 85% 或是伺服变压器二次绕组与速度单元之间的连接不良引起的。

④速度反馈断线报警。此类报警多是由伺服电动机的速度或位置反馈线接触不良或连接器接触不良引起的。如果此类报警是在更换印制电路板之后出现，则应先检查印制电路板上的设定是否有误，例如，误将脉冲编码设定为测速发电机。

⑤保护开关动作。此时应首先分清是何种保护开关动作，然后再采取相应措施解决。如伺服单元上热继电器动作时，应先检查热继电器的设定是否有误，然后再检查数控机床工作时的切削条件是否太苛刻或数控机床的摩擦力矩是否太大。如变压器热动开关动作，但此时变压器并不热，则是热动开关失灵；如果变压器很热，用手只能接触几秒，则要检查电动机负载是否过大。这可以在减轻切削负载条件下，再检查热动开关是否动作。如仍发生动作，应在空载低速进给的条件下测量电动机电流，如已接近电流额定值，则需要重新调整数控机床。产生上述故障的另一原因是变压器内部短路。

⑥过载报警。造成过载报警的原因有机械负载不正常，速度控制单元上电动机电流的上限值设定得太低。永磁电动机上的永久磁体脱落也会引起过载报警，如果不带制动器的电动机空载时用手转不动或转动轴时很费劲，即说明永久磁体脱落。

⑦速度控制单元上的熔丝熔断或断路器跳闸。发生此类故障的原因很多，除机械负荷过大和接线错误外（仅发生在重新接线之后），主要原因如下。

a. 速度控制单元的环路增益设定过高。

b. 位置控制或速度控制部分的电压过高或过低引起振荡（如速度或位置检测元件故障，也可能引起振荡）。

c. 电动机故障（如电动机去磁，将会引起过大的励磁电流）。

d. 相间短路（当速度控制单元的加速或减速频率太高时，由于流经扼流圈的电流延迟，可能造成相间短路，从而熔断熔丝，此时需适当降低工作频率）。

3）无报警显示的故障。这类故障多以数控机床处于不正常运动状态的形式出现，但故障的根源却在进给驱动系统。

①直流伺服电动机不转。这类故障的原因如下。

a. 电动机永久磁铁脱落，此时用手很难转动电动机转子。

b. 对于带制动器的电动机，可能由于通电后电磁制动片未能脱开或是制动器用的整流器损坏，使制动器失灵。

②数控机床失控（飞车现象）。其原因如下。

a. 位置传感器或速度传感器的信号反相，或者是电枢线反接，使整个系统变成正反馈。

b. 速度指令不正确。

c. 位置传感器或速度传感器没有反馈信号。

d. 计算机或伺服控制板有故障。

e. 电源板有故障而引起的逻辑混乱。

③数控机床振动。此时应首先确认振动周期与进给速度是否成比例变化，如果成比例变化，则故障的起因是数控机床、电动机、检测器不良，或是系统插补精度差，检测增益太高；如果不成比例变化，且数值大致固定时，则故障的起因是与位置控制有关的系统参数设定错误，速度控制单元上短路棒设定错误或增益电位器调整不好，以及速度控制单元的印制电路不良。

④伺服超差。故障影响因素如下。

a. 计算机与驱动放大模块之间或计算机与位置检测器之间或驱动放大器与伺服电动机之间的连线是否正确、可靠。

b. 位置检测器的信号及相关的 D/A 转换电路是否有问题。

c. 驱动放大器输出电压是否有问题。

d. 电动机轴与数控机床间的传动机构是否有问题。

e. 位置环增益是否符合要求。

⑤数控机床停止时，有关进给轴振动，可检查以下部位。

a. 高频脉动信号是否符合要求。

b. 伺服放大器速度环的补偿是否合适。

c. 位置检测用编码盘的轴、联轴器、齿轮系是否啮合良好，有无松动现象。

⑥数控机床过冲。数控系统的参数（快速移动时间常数）设定的大小或速度控制单元上的速度环增益设定太低都会引起数控机床过冲。另外，如果电动机和进给丝杠间的刚性太差，如间隙太大或传动带的张力调整不好也会造成此故障。

⑦数控机床移动时噪声过大。如果噪声源来自电动机，可能的原因是电动机换向器表面的粗糙度高或有损伤，油、液、灰尘等侵入电刷槽或换向器和电动机有轴向窜动。

⑧快速移动坐标轴时数控机床出现振动，有时还伴有大的冲击。这种现象多是由于伺服电动机尾部测速发电机的电刷接触不良引起的。

⑨圆柱度超差。两轴联动加工外圆时圆柱度超差，且加工时象限稍一变化精度就不一样，则多是由于进给轴的定位精度太差所致，需要调整机床精度差的轴。如果是在坐标轴

的45°方向超差，则多是由于位置增益或检测增益调整不好造成的。

**（2）主轴伺服系统常见故障的处理**

主轴伺服系统可分为直流主轴伺服系统和交流主轴伺服系统，下面分别说明。

1）直流主轴伺服系统

①主轴电动机振动或噪声太大。这类故障的起因如下。

a. 系统电源缺相或相序不对。

b. 主轴控制单元上的电源频率开关（50/60 Hz切换）设定错误。

c. 控制单元上的增益电路调整不好。

d. 电流反馈回路调整不好。

e. 电动机轴承故障。

f. 主轴电动机和主轴之间连接的离合器故障。

g. 主轴齿轮啮合不好及主轴负荷太大等。

②主轴不转。引起这一故障的原因如下。

a. 印制电路板太脏。

b. 触发脉冲电路故障。

c. 系统未给出主轴旋转信号。

d. 电动机动力线或主轴控制单元与电动机间连接不良。

③主轴速度不正常。造成此故障的原因如下。

a. 装在主轴电动机尾部的测速发电机故障。

b. 速度指令给定错误或D/A转换器故障。

④发生过流报警。发生过流的可能原因如下。

a. 电流极限设定错误。

b. 同步脉冲紊乱和主轴电动机电枢线圈层间短路。

⑤速度偏差过大。这种故障是由于负荷过大、电流零信号没有输出和主轴被制动所致。

⑥主轴定位时抖动。其主要原因如下。

a. 定位检测用的传感器位置安装不正。

b. 主轴速度控制单元的参数不合适。

⑦主轴停位不准，换刀时甚至有掉刀现象。发生这种现象多数是主轴停止回路没有调整好。因此只要调整有关电位器，即可排除故障。

2）交流主轴伺服系统

①电动机过热。造成过热的可能原因如下。

a. 负载过大。

b. 电动机冷却系统太脏。

c. 电动机的冷却风扇损坏。

d. 电动机与控制单元之间连接不良。

②主轴电动机不转或达不到正常转速。其原因如下。

a. 系统侧输出或D/A转换器不良引起。

b. 印制电路板设定错误、调整不当或控制回路有问题。

c. 因停位用传感器安装不良而使传感器不能发出检测信号也会使主轴不能启动。

d. 连接电缆的接触不良。

③输入电路的熔断器熔断。引起这类故障的原因多是以下几种。

a. 交流电源侧的阻抗太高（例如，在电源侧用自耦变压器代替隔离变压器）。

b. 交流电源输入处的浪涌吸收器损坏。

c. 电源整流桥损坏。

d. 逆变器用的晶体管模块损坏或控制单元的印制电路板故障。

④再生回路用的熔断器熔断。这大多是由于主轴电动机的加速或减速频率太高引起的。

⑤主轴电动机有异常噪声和振动。对这类故障应先检查确认是在何种情况下产生的。若在减速过程中产生，则故障发生在再生回路，此时应检查回路处的熔丝是否熔断及晶体管是否损坏。若在恒速下产生，则应先检查反馈电压是否正常，然后突然切断指令，观察电动机停转过程中是否有噪声。若有噪声，则故障出现在机械部分，否则，多在印制电路板上。若反馈电压不正常，则需检查振动周期是否与速度有关。若有关，应检查主轴与主轴电动机连接是否合适，主轴以及装在交流主轴电动机尾部的脉冲发生器是否不良；若无关，则可能是印制电路板调整不好或不良，或是机械故障。

⑥主轴电动机转速偏离指令值。其原因如下。

a. 电动机过载。

b. 如发生在减速时，则可能是再生回路不良或晶体管模块损坏。

c. 如果发生在电动机正常旋转时，则可能是脉冲发生器故障或速度反馈信号断线，或是印制电路板不良所引起。

## 四、技能训练——数控铣床的故障诊断

**1. 爬行和振动的故障诊断实例**

故障现象：某数控铣床运行时，工作台 $X$ 轴方向位移过程中产生爬行现象故障，故障发生时系统不报警。

分析及处理过程：对于爬行现象，先检查是否过载、是否润滑不良这些容易看到的表面现象，经检查都正常。再检查联轴器是否连接松动或产生裂纹等，也没发现问题，接着查看了增益系数，发现也正常。再脱开弹性联轴器，用扳手转动滚珠丝杠进行手感检查。通过手感检查，感觉到似乎有故障存在，且丝杠的全行程范围均有这种爬行现象。拆下滚珠丝杠检查，发现滚珠丝杠螺母在丝杠副上转动不畅，故而引起这种故障。拆下滚珠丝杠螺母，发现螺母内的反相器处有脏物和小铁屑，因此钢球流动不畅，时有爬行现象。经过认真清洗和修理，重新装好，故障排除。

**2. 换刀故障的维修**

故障现象：一台数控铣床发生打刀事故，按急停按钮后，换上新刀，但工作台不旋转。

分析及处理过程：通过 PLC 梯形图分析，发现其换刀过程不正确，计算机认为换刀过程没有结束，不能进行其他操作。因此，按正确程序重新换刀后，机床恢复正常。

**3. 机床过载报警的故障维修**

故障现象：某配套 FANUC－0M 系统的数控机床，在加工中经常出现过载报警，报警号为434，表现形式为 $Z$ 轴电动机电流过大，电动机发热，停上 40 min 左右报警消失，接着再工作一阵，又出现同类报警。

分析及处理过程：经检查电气伺服系统无故障，估计是负载过重带不动造成。为了区分是电气故障还是机械故障，将 $Z$ 轴电动机拆下与机械脱开，再运行时该故障不再出现。由此确认为机械丝杠或运动部位过紧造成。调整 $Z$ 轴丝杠防松螺母后，效果不明显，后来又调整 $Z$ 轴导轨镶条，机床负载明显减轻，该故障消除。

## 课后练习

1. 数控机床的常见故障有哪几类？
2. 数控机床故障诊断的原则是什么？
3. 数控机床故障诊断的方法有哪几种？
4. 什么是直观检查法和功能程序测试法？
5. 数控系统的故障诊断有哪些？

# 课题3　数控铣床的精度检查

## 学习目标

1. 掌握水平仪的使用方法。
2. 了解机床垫铁的使用方法。
3. 了解机床水平调整的过程。

## 一、水平仪的使用方法

**1. 用途与分类**

气泡水平仪有条式水平仪、框式水平仪、光学合像水平仪、电子水平仪、红外线水平仪等。

框式水平仪和条式水平仪主要用于检验各种机床及其他设备的平直度，安装的水平位置和垂直位置的正确性，并可检验微小倾角。水平仪是机床制造、安装和修理中最基本的一种检验工具。

**2. 组成及原理**

水平仪的结构根据分类不同而有所区别。框式水平仪一般由水平仪主体、横向水准器、绝热手把、主水准器、盖板和零位调整装置等零部件组成。尺式水平仪一般由水平仪主体、盖板、主水准器和零位调整装置等零部件构成。

水平仪是以水准器作为测量和读数元件的一种量具。水准器是一个密封的玻璃管，内表面的纵断面为具有一定曲率半径的圆弧面。水准器的玻璃管内装有黏滞系数较小的液体，如酒精、乙醚及其混合体等，没有液体的部分通常叫作水准气泡。玻璃管内表面纵断面的曲率半径与分度值之间存在着一定的关系，根据这一关系即可测出被测平面的倾斜度。

**3. 使用方法和注意事项**

（1）使用前，应先检查该百分表是否在受控范围，为避免由于水平仪零位不准引起的测量误差，在使用前必须对水平仪的零位进行校对或调整。水平仪零位校对的调整方法：将水平仪放在基础稳固、大致水平的平板（或机床导轨）上，待气泡稳定后，在一端如左端读数，且定为零。再将水平仪调转 180°，仍放在平板原来的位置上，待气泡稳定后，仍在原来一端（左端）读数 A 格，则水平仪零位误差为二分之一 A 格。如果零位误差超过许可范围，则需调整水平仪零位调整机构（调整螺钉或螺母，使零位误差减小至许可值以内。对于非规定调整的螺钉，螺母不得随意拧动。调整前水平仪工作面与平板必须擦拭干净。调整后螺钉或螺母等件必须固紧）。

（2）框式水平仪在找水平时，要交错 90°进行校调，也就是通常的 $X$ 轴和 $Y$ 轴的校调，其 V 形面与被调平面应基本完全接触，水平仪不应有手感上的摆动，调整的过程中应使水泡处于正中位置就达到要求了。水平仪还有个侧面的 V 形槽，是用于测垂直面的，方法与上面相同。

（3）注意：水平仪在使用时应轻放在被测表面上，尽量不要碰撞，以避免水平仪里面的机械调整件移位，进而引起精度的不准确。框式水平仪的精度为 0.02/1 000 mm，即每米 2C。上面刻度每格就是 2C，即每有一格的偏差代表在 1 m 长内有一头高出了 2C。

（4）测量时使水平仪工作面紧贴在被测表面，待气泡完全静止后方可进行读数。水平仪的分度值是以 1 m 为基长的倾斜值，如需测量长度为 $L$ 的实际倾斜则可通过下式进行计算：实际倾斜值 = 分度值 × $L$ × 偏差格数。

（5）框架水平仪的两个 V 形测量面是测量精度的基准，在测量中不能与工作的粗糙面接触或摩擦。安放时必须小心轻放，避免因测量面划伤而损坏水平仪和造成不应有的测量误差。

（6）用框架水平仪测量工件的垂直面时，不能握住与副侧面相对的部位，而用力向工件垂直平面推压，这样会因水平仪的受力变形，影响测量的准确性。正确的测量方法是手握持副侧面内侧，使水平仪平稳、垂直地（调整气泡位于中间位置）贴在工件的垂直平面上，然后从纵向水准读出气泡移动的格数。

（7）使用水平仪时，要保证水平仪工作面和工件表面的清洁，以防止脏物影响测量的准确性。测量水平面时，在同一个测量位置上，应将水平仪调过相反的方向再进行测量。当移动水平仪时，不允许水平仪工作面与工件表面发生摩擦，应该提起来放置。

（8）当测量长度较大工件时，可将工件平均分若干尺寸段，用分段测量法，然后根据各段的测量读数，绘出误差坐标图，以确定其误差的最大格数。

（9）机床工作台面的平面度检验方法：工作台及床鞍分别置于行程的中间位置，在工作台面上放一桥板，其上放水平仪，分别沿测量方向移动桥板，每隔桥板跨距记录一次水平仪读数。通过工作台面上三点建立基准平面，根据水平仪读数求得各测点平面的坐标值。误差以任意 300 mm 测量长度上的最大坐标值计。

（10）测量大型零件的垂直度时，用水平仪粗调基准表面到水平。分别在基准表面和被测表面上用水平仪分段逐步测量并用图解法确定基准方位，然后求出被测表面相对于基准的垂直度误差。测量小型零件时，先将水平仪放在基准表面上，读气泡一端的数值，然后用水平仪的一侧紧贴垂直被测表面，气泡偏离第一次（基准表面）读数值，即为被测表面的垂直度误差。

## 二、机床垫铁的使用方法

目前，有许多数控机床对地基没有特殊要求，不需要预埋地脚螺钉，用减振垫铁作为数控机床的支承点。也就是说，数控机床的床身不需要与地面紧固，只把机床放在减振垫铁上即可。调整机床水平时，只要调整减振垫铁的高低就可以了。如图 4—3—1 所示为某数控机床用减振垫铁的地基图。

图中共有 5 个支承点。其中 3 个 *A* 为主要支承点，两个 *B* 为辅助支承点。数控机床只要放在这 5 个支承点上，就不需要用地脚螺钉紧固。调整机床水平时，只要先调整 3 个 *A* 点的减振垫铁，使机床处于要求的水平状态后，再调整两个 *B* 点的减振垫铁与机床底面牢靠接触就可以了。当然，这种不需要地脚螺钉的数控机床床身和需要地脚螺钉的数控机床床身在设计上是不同的。

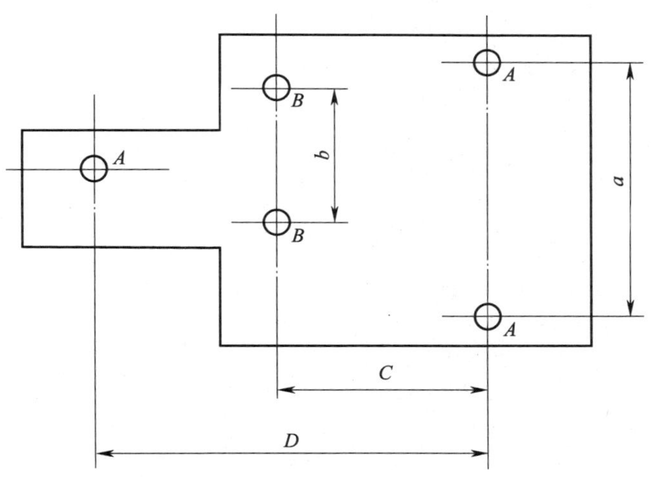


图 4—3—1　某数控机床用减振垫铁地基图

另外，还有一些数控机床特别是一些进口的数控车床、车削中心、立式加工中心及卧式加工中心等对机床调整水平也没有特殊的要求，只要基本水平即可，不需要用水平仪来测量。但是，在安装这类数控机床时，对地基面的平面度有一定要求，即在制作地基地面、地面抹平时，安装数控机床的位置在每平方米 1 ~2 mm 的误差，或者安装整体机床地面的平面度在一定的要求范围内就可以了。当然，这些类型大都属于普通精度的数控机床。

## 三、技能训练——数控机床的水平调整

运用水平仪和机床垫铁对数控铣床的水平进行调整。

首先，在 MDI 方式下慢速移动各坐标轴，尽量将各坐标运行到基本满行程。在精确调整数控机床水平时离不开各坐标的运行。而精确调整数控机床水平是整机调试数控机床的前提条件。前面讲过，数控机床的床身有三点支撑、四点支撑和四点以上支撑。在四点以上支撑中，分为主支撑点和辅助支撑点，那么在调整数控机床水平时要先调整主支撑点，然后再调整辅助支撑点。对于有些数控机床，特别是某些进口数控机床，对数控机床的水平要求不高，只要求地面的平面度在一定范围内就可以了。

## 课后练习

1. 水平仪的种类有哪些？它主要是检验机床的哪些方面？
2. 水平仪是如何测量机床的？
3. 机床垫铁如何调节机床的水平调整？

# 模块五 职业技能鉴定数控铣工中级考核模拟试卷

## 理论知识考核模拟试卷一

| 得　分 | |
|---|---|
| 评分人 | |

**一、单项选择（第 1 题 ~ 第 80 题。选择一个正确的答案，将相应的字母填入题内的括号中。每题 1 分，满分 80 分。）**

1. 在企业的经营活动中，下列选项中的（　　）不是职业道德功能的表现。

A. 激励作用　　B. 决策能力

C. 规范行为　　D. 遵纪守法

2. 职业道德对企业起到（　　）的作用。

A. 增强员工独立意识　　B. 模糊企业上级与员工关系

C. 使员工规规矩矩做事情　　D. 增强企业凝聚力

3. 正确阐述职业道德与人的事业的关系的选项是（　　）。

A. 没有职业道德的人不会获得成功

B. 要取得事业的成功，前提条件是要有职业道德

C. 事业成功的人往往并不需要较高的职业道德

D. 职业道德是人获得事业成功的重要条件

4. 在商业活动中，不符合待人热情要求的是（　　）。

A. 严肃待客，表情冷漠　　B. 主动服务，细致周到

C. 微笑大方，不厌其烦　　D. 亲切友好，宾至如归

5. （　　）是企业诚实守信的内在要求。

A. 维护企业信誉　　B. 增加职工福利

C. 注重经济效益　　D. 开展员工培训

6. 下列事项中属于办事公道的是（　　）。

A. 顾全大局，一切听从上级　　B. 大公无私，拒绝亲戚求助

C. 知人善任，努力培养知己　　D. 坚持原则，不计个人得失

7. （　　）不属于压入硬度试验法。

A. 布氏硬度　　B. 洛氏硬度　　C. 莫氏硬度　　D. 维氏硬度

8. （　　）不适宜采用退火工艺。

A. 高碳钢　　B. 形状复杂的零件

C. 低碳钢　　D. 切削性能较高的零件

9. 数控机床上有一个机械原点，该点到机床坐标零点在进给坐标轴方向上的距离可以在机床出厂时设定。该点称为（　　）。

A. 工件零点　　B. 机床零点　　C. 机床参考点　　D. 限位点

10. 数控机床在开机后，须进行回零操作，使 $X$、$Z$ 各坐标轴运动回到（　　）。

A. 机床参考点　　B. 编程原点　　C. 工件零点　　D. 机床原点

11. 为改善低碳钢加工性能，应采用（　　）热处理工艺。

A. 正火　　B. 退火　　C. 淬火　　D. 回火

12. 钢材淬火后获得的组织大部分为（　　）。

A. 洛氏体　　B. 奥氏体　　C. 马氏体　　D. 索氏体

13. 经回火后，能使工件（　　）。

A. 获得适当的硬度　　B. 提高内应力

C. 增大脆性　　D. 获得较差的综合力学性能

14. 加工中心按照功能特征分类，可分为复合、（　　）和钻削加工中心。

A. 刀库 + 主轴换刀　　B. 卧式

C. 镗铣　　D. 三轴

15. 加工中心执行顺序控制动作和控制加工过程的中心是（　　）。

A. 基础部件　　B. 主轴部件　　C. 数控系统　　D. ATC

16. 提高机床动刚度的有效措施是（　　）。

A. 增加切削液　　B. 增大断面面积

C. 减少切削液　　D. 增大阻尼

17. 中小型立式加工中心常采用（　　）立柱。

A. 凸面式实心　　B. 移动式空心　　C. 旋转式　　D. 固定式空心

18. 当前，加工中心进给系统的驱动方式多采用（　　）。

A. 液压伺服进给系统　　B. 电气伺服进给系统

C. 气动伺服进给系统　　D. 液压电气联合式

19. 加工中心的刀具由（　　）管理。

A. AKC　　B. ABC　　C. PLC　　D. TAC

20. 按主轴的种类分类，加工中心可分为单轴、双轴、（　　）加工中心。

A. 不可换主轴箱　　B. 三轴、五面

C. 复合、四轴　　D. 三轴、可换主轴箱

21. 逐点比较法圆弧插补的判别式函数为（　　）。

A. F = Xi − Xe　　B. F = Ye + Yi

C. F = Xi2 + Yi2 − R2　　D. F = Xe − Yi

22 .（　　）只接收数控系统发出的指令脉冲，执行情况系统无法控制。

A. 定环伺服系统　　B. 半动环伺服系统

C. 开环伺服系统　　D. 联动环伺服系统

23. 某系统在（　　）处拾取反馈信息，该系统属于闭环伺服系统。

A. 转向器　　B. 速度控制器　　C. 旋转仪　　D. 工作台

24. 机床通电后应首先检查（　　）是否正常。

A. 各开关按钮和键　　B. 加工路线、气压

C. 工件质量　　D. 电压、工件精度

25. 在试切和加工中，刃磨刀具和更换刀具后（　　）。

A. 一定要重新测量刀长并修改好刀补值

B. 不需要重新测量刀长

C. 可重新设定刀号

D. 不需要修改好刀补值

26. 最大极限尺寸与基本尺寸的代数差称为（　　）。

A. 上偏差　　B. 下偏差　　C. 误差　　D. 公差带

27. 相配合的孔与轴尺寸的代数差为正值时称为（　　）。

A. 参照值　　B. 间隙　　C. 过长　　D. 过渡

28. 尺寸链中每（　　）个尺寸为一环。

A. 1　　B. 2　　C. 3　　D. 4

29. 国标 GB 1182—80 中形位公差有（　　）个项目。

A. 4　　B. 24　　C. 24　　D. 14

30 在形状公差中，符号“ – ”是表示（　　）。

A. 高度　　B. 面轮廓度　　C. 透视度　　D. 直线度

31. 在粗糙度的标注中，数值的单位是（　　）。

A. m　　B. μm　　C. mm　　D. km

32. 标准公差用 IT 表示，共有（　　）个等级。

A. 20　　B. 29　　C. 32　　D. 25

33. 一个尺寸链有（　　）个封闭环。

A. 0　　B. 1　　C. 2　　D. 3

34. 封闭环是在装配或加工过程的最后阶段自然形成的（　　）环。

A. 三　　B. 一　　C. 双　　D. 多

35. 基准代号由基准符号、圆圈、连线和（　　）组成。

A. 字母　　B. 数字　　C. 弧线　　D. 三角形

36. 符号“∠”在位置公差中表示（　　）。

A. 同轴度　　B. 倾斜度　　C. 对称面弯度　　D. 圆弧度

37. 一个零件投影最多可以有（　　）个基本视图。

A. 9　　B. 6　　C. 15　　D. 26

38. 正立面上的投影称为（　　）。

A. 局部视图　　B. 主视图　　C. 俯视图　　D. 左视图

39. 当机件具有倾斜机构，且倾斜表面在基本投影面上投影不反映实形，可采用（　　）表达。

A．局部视图　　B．斜视图　　C．主视图　　D．左视图

40．板状零件厚度可在尺寸数字前加注（　　）。

A．j　　B．k　　C．W　　D．δ

41．刀具直径为 10 mm 的高速钢立铣钢件时，主轴转速为 820 r/min，切削速度为（　　）。

A. 26 m/min　　B. 0. 9 m/min　　C. 5. 2 m/min　　D. 44 m/min

42．组合夹具不适用于（　　）生产。

A．单件小批量　　B．位置精度高的工件

C．大批量　　D．新产品试制

43．工件的六个自由度全部被限制，它在夹具中只有唯一的位置，称为（　　）。

A．六点部分定位　　B．六点定位　　C．重复定位　　D．六点欠定位

44．利用一般计算工具，运用各种数学方法人工进行刀具轨迹的运算并进行指令编程称为（　　）。

A．手工编程　　B．自动编程

C．CAD/CAM 编程　　D．机床编程

45．机床坐标系的原点称为（　　）。

A．立体零点　　B．自动零点　　C．机械原点　　D．工作零点

46．工件坐标系的原点称为（　　）。

A．机床原点　　B．工件原点　　C．坐标原点　　D．初始原点

47．数控功能较强的加工中心加工程序分为主程序和（　　）。

A．子程序　　B．宏程序　　C．大程序　　D．小程序

48．（　　）表示绝对方式指定的指令。

A．G50　　B．G90　　C．G66　　D．G62

49．（　　）表示快速进给、定位指定的指令。

A．G9　　B．G111　　C．G00　　D．G93

50．（　　）表示程序暂停的指令。

A．G9　　B．G111　　C．M00　　D．G93

51．刀具半径补偿指令中，G41 代表（　　）。

A．刀具半径左补偿　　B．刀具半径右补偿

C．取消刀具补偿　　D．选择平面

52．M99 表示（　　）。

A．调用下一个子程序　　B．子程序返回主程序

C．调用循环　　D．关机

53．相对 $X$ 轴的镜像指令用（　　）。

A．M21　　B．M22　　C．M23　　D．M24

54．为避免切削时在工件上产生刀痕，刀具应沿（　　）引入或圆弧方式切入。

A．切向　　B．垂直　　C．反向　　D．正向

55．（　　）表示直线插补的指令。

A. G90　B. G00　C. G01　D. G91

56（　）表示极坐标指令。

A. G50　B. G16　C. G66　D. G62

57. 沿着刀具前进方向观察，刀具中心轨迹偏在工件轮廓的左边时，用（　）补偿指令。

A. 右刀　B. 左刀　C. 前刀　D. 后刀

58. 粗加工补偿值等于刀具半径（　）精加工余量。

A. 乘以　B. 加　C. 减　D. 除以

59. 换刀点是加工中心刀具（　）的地方。

A. 自动更换模具　B. 自动换刀　C. 回参考点　D. 加工零件入刀

60.（　）表示主轴正转的指令。

A. M9　B. G111　C. M03　D. G93

61.（　）表示主轴反转的指令。

A. M9　B. G111　C. M04　D. G93

62.（　）表示切削液关的指令。

A. M99　B. G111　C. M09　D. G93

63.（　）表示英制输入的指令。

A. M99　B. G111　C. G20　D. G93

64. 常用地址符（　）代表刀具功能。

A. I　B. T　C. D　D. Z

65. G02X_ Y_ I_ K_ F_ 中 G02 表示（　）。

A. 顺时针圆弧插补　B. 逆时针圆弧插补

C. 直线插补　D. 快速点位移

66. 调用子程序指令为（　）。

A. M98　B. D02　C. B77　D. C36

67. 常用地址符 H、D 的功能是（　）。

A. 辅助功能　B. 子程序号　C. 偏置号　D. 参数

68. 常用地址符 L 的功能是（　）。

A. 辅助功能　B. 刀具功能　C. 进给速度　D. 重复次数

69. 常用地址符 G 的功能是（　）。

A. 程序段序号　B. 准备功能　C. 主轴转速　D. 辅助功能

70. 加工内廓类零件时，为保证顺铣，（　）。

A. 刀具要沿内廓表面顺时针运动

B. 刀具要沿工件表面左右滑动

C. 刀具要沿工件表面左右摆动

D. 刀具要沿内廓表面逆时针运动

71. 用轨迹法切削槽类零件时，槽两侧表面，（　）。

A. 两面均为逆铣

B. 两面均为顺铣

C. 一面为顺铣、一面为逆铣，因此两侧质量不同

D. 一面为顺铣、一面为逆铣，但两侧质量相同

72. 对简单型腔类零件进行精加工时，（　　）。

A. 底面和侧面不用留有余量　　B. 先加工侧面、后加工底面

C. 只加工侧面，侧面不用留有余量　　D. 先加工底面、后加工侧面

73. 量块组合使用时，块数一般不超过（　　）块。

A. 15　　B. 20　　C. 9　　D. 4 ~ 5

74. 对于百分表，使用不当的是（　　）。

A. 量杆与被测表面垂直

B. 测量圆柱形工件时，量杆的轴线应与工件轴线方向一致

C. 使用时应将百分表可靠地固定在表座或支架上

D. 可以用来作绝对测量或相对测量

75. 可选用（　　）来测量孔内径是否合格。

A. 游标卡尺　　B. 内径千分尺　　C. 杠杆百分表　　D. 内径塞规

76. 表面粗糙度测量仪可以测（　　）值。

A. $Ra$ 和 $Rm$　　B. $Ry$　　C. $Rk$　　D. $Ra$ 和 $Rz$

77. 三坐标测量机是一种高效精密测量仪器，其测量结果（　　）。

A. 只显示在屏幕上，无法打印输出

B. 只能存储，无法打印输出

C. 可绘制出图形或打印输出

D. 既不能打印输出，也不能绘制出图形

78. 深度千分尺的测微螺杆移动量是（　　）。

A. 0. 15 mm　　B. 25 m　　C. 15 m　　D. 25 mm

79. 机床主轴润滑系统润滑油必须（　　）进行检查。

A. 每三年　　B. 每一年　　C. 每两年　　D. 每半年

80. 当零件图尺寸为链联接（相对尺寸）标注时适宜用（　　）编程。

A. 绝对值　　B. 增量值

C. 两者混合　　D. 先绝对值后增量值

| 得　分 | |
|---|---|
| 评分人 | |

**二、判断题（第 81 题 ~ 第 100 题。将判断结果填入括号中。正确的填“√”，错误的填“×”。每题 1 分，满分 20 分。）**

（　　）81. 职业道德具有自愿性的特点。

（　　）82. 市场经济时代，勤劳是需要的，而节俭则不宜提倡。

（　　）83. 高合金工具钢不能用于制造较高速的切削工具。

（　　）84. 黄铜是铜和硅的合金。

(　　) 85. 加工中心的特点是加大了劳动者的劳动强度。

(　　) 86. 自动清除主轴孔中的切屑和灰尘是换刀操作中的一个不容忽视的问题。为了保持主轴锥孔的清洁，常用压缩空气吹屑。

(　　) 87. 符号“⊥”在位置公差中表示圆弧度。

(　　) 88. 定位销用于工件圆孔定位，其中，长圆柱销限制 9 个自由度。

(　　) 89. 游标卡尺测量时，如果游标上没有一条刻线与尺身刻线完全对齐，则应找出对得比较齐的那条刻线左边一条刻线作为游标的读数。

(　　) 90. 外径千分尺分度值一般为 1 mm。

(　　) 91. 外径千分尺的读数方法是：先读整数、再读小数，把两次读数相加，就是被测尺寸。

(　　) 92. 加工中心的日常维护与保养，通常情况下应由后勤管理人员来进行。

(　　) 93. 在每日检查时液压系统的油标应在两条红线之下。

(　　) 94. 机床主轴润滑系统中的空气过滤器每周都应检查。

(　　) 95. 机床电流电压不必每月检查。

(　　) 96. 机床油压过高或过低可能是因为油量不足所造成的。

(　　) 97. 机床参考点一定就是机床原点。

(　　) 98. 在加工中心上，可以同时预置多个加工坐标系。

(　　) 99. 为提高孔的加工精度，应先加工孔，后加工面。

(　　) 100. 当数控机床失去对机床参考点的记忆时，必须进行返回参考点的操作来建立工件坐标系。

# 理论知识考核模拟试卷二

| 得　分 | |
|---|---|
| 评分人 | |

**一、单项选择（第 1 题 ~ 第 80 题。选择一个正确的答案，将相应的字母填入题内的括号中。每题 1 分，满分 80 分。）**

1. 职业道德不体现（　　）。

A. 工作勤奋努力　　B. 工作精益求精

C. 工作以自我为中心　　D. 工作尽心尽力

2. 敬业就是以一种严肃认真的态度对待工作，下列不符合的是（　　）。

A. 从业者对所从事职业的态度　　B. 从业者的工资收入

C. 从业者的价值观　　D. 从业者的道德观

3. 液压泵是将原动机的（　　）转变为液压能。

A. 电能　　B. 液压能

C. 机械能　　D. 势能

4. 在静止的液体内部某一深度的一个点，它所受到的压力是（　　）。

A. 向上的压力大于向下的压力

B. 向下的压力大于向上的压力

C. 各个方向的压力都相等

D. 不一定

5. 选用液压油时，应（　　）。

A. 尽量选择密度高的

B. 尽量选择低饱和度的

C. 尽量选择质量较重的

D. 应根据液压系统的液压元件种类进行选择

6. 在实际应用中，为使气源质量满足气动元件的要求，常在气动系统前面安装（　　）。

A. 过滤器　　B. 干燥器

C. 气源调节装置　　D. 液压装置

7. 根据切屑的粗细及材质情况，及时清除（　　）中的切屑，以防止冷却液回路。

A. 开关和喷嘴　　B. 冷凝器及热交换器

C. 注油口和吸入阀　　D. 一级（或二级）过滤网及过滤罩

8. 某机床不能进行螺纹切削，应检查（　　）。

A. 主轴位置编码器　　B. 接近开关

C. 进给倍率开关　　D. 数控装置

9. 滚珠丝杠副采用双螺母差调隙方式时，如果最小调整量为 0.002 5 mm，齿数 $Z_1=61$，$Z_2=60$，则滚珠丝杠的导程为（　　）。

A. 4 mm　　B. 6 mm　　C. 9 mm　　D. 12 mm

10. 数控机床如长期不用时最重要的日常维护工作是（　　）。

A. 清洁　　B. 干燥　　C. 通电　　D. 切断电源

11. 数控系统的报警大体可以分为操作报警、程序错误报警、驱动报警及系统错误报警，某个程序在运行过程中出现“圆弧端点错误”，这属于（　　）。

A. 程序错误报警　　B. 操作报警

C. 驱动报警　　D. 系统错误报警

12. 当机床面板出现 NO CIRCLE RADIUS 报警时，说明出现了（　　）问题。

A. 非法半径指令　　B. 没有圆弧半径

C. 没有圆弧直径　　D. 没有圆弧半径补偿

13. 读零件图时，首先看（　　）。

A. 剖视图　　B. 模板图　　C. 标题栏　　D. 主视图和尺寸

14. 零件图由图形、尺寸线、（　　）和标题栏组成。

A. 形位公差要求　　B. 表面粗糙度要求

C. 热处理要求　　D. 技术要求

15. 机械零件的真实大小是以图样上的（　　）为依据。

A. 比例　　B. 公差范围　　C. 技术要求　　D. 尺寸数值

16. RESET 按钮的功能是（　　）。

A. 启动数控系统　　B. 执行程序或 MDI 指令

C. 计算机复位　　D. 机床进给运动锁定

17. MDI 方式是指（　　）。

A. 执行手动的功能　　B. 执行一个加工程序段

C. 执行某一 G 功能　　D. 执行经操作面板输入的一段指令

18. 按（　　）就可以自动加工。

A. SINGLE + 运行　　B. BLANK + 运行

C. AUTO + 运行　　D. RUN + 运行

19. 要使机床单步运行，在（　　）键按下时才有效。

A. DRN　　B. DNC　　C. SBK　　D. RESET

20. 自动运行时，不执行段前带“/”的程序段，需按下（　　）功能按键。

A. 空运行　　B. 单段　　C. M01　　D. 跳步

21. 数控零件加工程序的输入必须在（　　）下进行。

A. 手动方式　　B. 手动输入方式

C. 自动方式　　D. 编辑方式

22. 通常 CNC 系统将零件加工程序输入后，存放在（　　）。

A. RAM 中　　B. ROM 中　　C. PROM 中　　D. EPROM 中

23. INSRT 键用于编辑新的程序或（　　）新的程序内容。

A. 插入　　B. 修改　　C. 更换　　D. 删除

24. DELET 键用于（　　）已编辑的程序或内容。

A. 插入　　B. 修改　　C. 删除　　D. 取消

25. 在机床执行自动方式下按进给暂停键，（　　）会立即停止，一般在编程出错或将要碰撞时按此键。

A. 计算机　　B. 控制系统　　C. 参数运算　　D. 进给运动

26. 数控系统“辅助功能锁住”作用常用于（　　）。

A. 梯形图运行　　B. 参数校验　　C. 程序编辑　　D. 程序校验

27. 数控机床的准停功能主要用于（　　）。

A. 换刀和加工中　　B. 退刀

C. 换刀和让刀　　D. 测量工件时

28. 在正确使用刀具半径补偿指令情况下，当所用刀具与理想刀具半径出现偏差时，可将偏差值输入到（　　）。

A. 长度补偿形状值　　B. 长度、半径磨损补偿值

C. 半径补偿形状值　　D. 半径补偿磨损值

29. 在自动运行中，欲终止自动运行，应按（　　）按钮。

A. HOLD　　B. STOP　　C. REST　　D. RESET

30. 精加工时应首先考虑（　　）。

A. 零件的加工精度和表面质量　　B. 刀具的耐用度
C. 生产效率　　D. 机床的功率

31. 工艺过程称为（　　）。
A. 工步　　B. 工序　　C. 工位　　D. 进给

32. 基准不重合误差由前后（　　）不同而引起。
A. 设计基准　　B. 环境温度　　C. 工序基准　　D. 形位误差

33. 选择定位基准时，应尽量与工件的（　　）一致。
A. 工艺基准　　B. 测量基准　　C. 起始基准　　D. 设计基准

34. 数控加工填写加工程序单时，要按照数控系统规定的程序格式和要求填写零件的加工（　　）及其加工条件等内容。
A. 工艺卡　　B. 程序　　C. 程序单　　D. 程序段

35. 提高数控加工生产效率可以通过缩减基本时间、缩短辅助时间、让辅助时间与基本时间重合等方法来实现。例如，采用加工中心、多工位机床等都属于（　　）。
A. 缩减基本时间　　B. 缩短辅助时间
C. 辅助时间与基本时间重合　　D. 同时缩短基本时间和辅助时间

36. 选用精基准的表面安排在（　　）工序进行。
A. 起始　　B. 中间　　C. 最后　　D. 任意

37. 工件在加工过程中，因受力变形、受热变形而引起的种种误差，这类原始误差关系称为工艺系统（　　）。
A. 动态误差　　B. 安装误差　　C. 调和误差　　D. 逻辑误差

38. 数控加工时，（　　）包括对零件轮廓形状、有关标注（尺寸精度、形状和位置精度及表面粗糙度要求等）及材料和热处理等项要求所进行的分析。
A. 工艺分析　　B. 图样分析　　C. 生产过程　　D. 工艺过程

39. 工艺成本中的可变费用是指与年产量有关并与之成正比的费用。下列选项中，（　　）不属于可变费用。
A. 材料费、刀具费　　B. 通用机床维修费和折旧费
C. 通用夹具费　　D. 专用机床维修费和折旧费

40. 一般情况下，单件小批生产模具零件的工序安排多为（　　）。
A. 工序分散　　B. 工序集中　　C. 集散兼有　　D. 因地制宜

41. 尺寸链中，当其他尺寸确定后，新产生的一个环是（　　）。
A. 增环　　B. 减环　　C. 增环或减环　　D. 封闭环

42. 封闭环公差等于（　　）。
A. 各组成环公差之和　　B. 减环公差
C. 增环、减环代数差　　D. 增环公差

43. 装配精度或装配技术要求，常指装配尺寸链的（　　）。
A. 增环　　B. 组成环　　C. 封闭环　　D. 减环

44. 工艺尺寸链用于定位基准与（　　）不重合时尺寸换算；工序尺寸计算及工序余量解算等。

A. 工序基准　B. 工艺基准　C. 装配基准　D. 设计基准

45. 毛坯的形状误差对下一工序的影响表现为（　）复映。

A. 计算　B. 公差　C. 误差　D. 运算

46. 一个尺寸链封闭环的数目（　）。

A. 一定有两个　B. 一定有三个　C. 只有一个　D. 可能有三个

47. 工艺基准分为（　）、测量和装配基准。

A. 设计　B. 加工　C. 安装　D. 定位

48. 关于粗基准的选择和使用，以下叙述不正确的是（　）。

A. 选工件上不需加工的表面作粗基准

B. 粗基准只能用一次

C. 当工件表面均需加工，应选加工余量最大的坯料表面作粗基准

D. 当工件所有表面都要加工，应选用加工余量最小的毛坯表面作粗基准

49. 精基准是用（　）作为定位基准面。

A. 未加工表面　B. 复杂表面

C. 切削量小的　D. 加工后的表面

50. 一般说来，对工件加工表面的位置误差影响最大的是（　）。

A. 机床静态误差　B. 夹具误差

C. 刀具误差　D. 工件的内应力误差

51. 三爪自定心卡盘、平口钳等属于（　）。

A. 通用夹具　B. 专用夹具

C. 组合夹具　D. 可调夹具

52. 镗削精度高的孔时，粗镗后，在工件上的切削热达到（　）后再进行精镗。

A. 热平衡　B. 热变形　C. 热膨胀　D. 热伸长

53. 数控铣床铣削零件时，若零件受热不均匀，易（　）。

A. 产生位置误差　B. 产生形状误差

C. 影响表面粗糙度　D. 影响尺寸精度

54. 在数控铣床上铣一个正方形零件（外轮廓），如果使用的铣刀直径比原来小1 mm，则计算加工后的正方形尺寸差（　）。

A. 小 1 mm　B. 小于 0.5 mm　C. 大 0.5 mm　D. 大 1 mm

55. 大盘刀铣刚度足够高的平面，沿走刀方向铣出中间凹、两边凸的平面精度，可能的原因是（　）。

A. 刀齿高低不平　B. 工件变形

C. 主轴与工作台面不垂直　D. 工件装夹不平

56. 采用（　）可显著提高铣刀的使用寿命，并可获得较小的表面粗糙度。

A. 对称铣削　B. 非对称逆铣　C. 顺铣　D. 逆铣

57. 零件的最终轮廓加工应安排在最后一次走刀连续加工，其目的主要是保证零件的（　）要求。

A. 尺寸精度　B. 形状精度　C. 位置精度　D. 表面粗糙度

58．数控精铣时，一般应选用（ ）。

A．较大的背吃刀量，较低的主轴转速，较高的进给速度

B．较小的背吃刀量，较低的主轴转速，较高的进给速度

C．较小的背吃刀量，较高的主轴转速，较高的进给速度

D．较小的背吃刀量，较高的主轴转速，较低的进给速度

59．为了提高零件加工的生产效率，应考虑的最主要的一个方面是（ ）。

A．减少毛坯余量

B．提高切削速度

C．减少零件加工中的装卸、测量和等待时间

D．减少零件在车间的运送和等待时间

60．已加工表面和待加工表面之间的垂直距离称为（ ）。

A．进给量　　B．背吃刀量

C．刀具位移量　　D．切削宽

61．切削运动可分为主运动与进给运动。关于主运动，（ ）的描述是不正确的。

A．主运动是切削运动中速度最高、消耗功率最大的运动

B．主运动只有且必须有一个

C．主运动可以是旋转运动，也可以是直线运动

D．主运动可以是连续运动，也可以是间歇运动

62．高速切削时应使用（ ）类刀柄。

A．BT40　　B．CAT40　　C．JT40　　D．HSK63A

63．端铣刀（ ）的主要作用是减小副切削刃与已加工表面的摩擦，其大小将影响副切削刃对已加工表面的修光作用。

A．前角　　B．后角　　C．主偏角　　D．副偏角

64．标准麻花钻的顶角 $\varphi$ 的大小为（ ）。

A. 90°　　B. 100°　　C. 118°　　D. 120°

65．标准麻花钻修磨分屑槽时，是在（ ）上磨出分屑槽的。

A．前刀面　　B．后刀面　　C．副后刀面　　D．基面

66．关于 CVD 涂层，（ ）描述是不正确的。

A．CVD 表示化学气相沉积

B．CVD 是在 400 ~ 600℃的较低温度下形成

C．CVD 涂层具有高耐磨性

D．CVD 对硬质合金有极强的黏附性

67．低速切削刀具（如拉刀、板牙和丝锥等）的主要磨损形式为（ ）。

A．硬质点磨损　　B．粘接磨损　　C．扩散磨损　　D．化学磨损

68．进给功能又称（ ）功能。

A．F　　B．M　　C．S　　D．T

69．无论主程序还是子程序都是由若干（ ）组成。

A．程序段　　B．坐标　　C．图形　　D．字母

70. 程序段 N60 G01 X100 Z50 中 N60 是（　　）。

A. 程序段号　B. 功能字　C. 坐标字　D. 结束符

71. 绝对坐标编程时，移动指令终点的坐标值 X、Z 都是以（　　）为基准来计算。

A. 工件坐标系原点　B. 机床坐标系原点

C. 机床参考点　D. 此程序段起点的坐标值

72. 当零件图尺寸为链联接（相对尺寸）标注时适宜用（　　）编程。

A. 绝对值　B. 增量值　C. 两者混合　D. 先绝对值后增量值

73. 增量坐标编程中，移动指令终点的坐标值 X、Z 都是以（　　）为基准来计算。

A. 工件坐标系原点　B. 机床坐标系原点

C. 机床参考点　D. 此程序段起点的坐标值

74. 英制输入的指令是（　　）。

A. G91　B. G21　C. G20　D. G93

75. G20 代码是（　　）制输入功能，它是 FANUC 数控车床系统的选择功能。

A. 英　B. 公　C. 米　D. 国际

76. 数控机床上有一个机械原点，该点到机床坐标零点在进给坐标轴方向上的距离可以在机床出厂时设定。该点称为（　　）。

A. 工件零点　B. 机床零点　C. 机床参考点　D. 限位点

77. 数控机床在开机后，须进行回零操作，使 *X*、*Z* 各坐标轴运动回到（　　）。

A. 机床参考点　B. 编程原点　C. 工件零点　D. 机床原点

78. 在机床各坐标轴的终端设置有极限开关，由程序设置的极限称为（　　）。

A. 硬极限　B. 软极限　C. 安全行程　D. 极限行程

79. 机床主轴回零后，设 H01 = 6 mm，则执行“G91 G43 G01 Z－15.0;”后的实际移动量为（　　）。

A. 9 mm　B. 21 mm　C. 15 mm　D. 36 mm

80. CNC 铣床程序中，下列 G04 指令应用正确的是（　　）。

A. G04 X2.5　B. G04 Y2.5　C. G04 Z2.5　D. G04 P2.5

| 得　分 | |
|---|---|
| 评分人 | |

**二、判断题（第 81 题～第 100 题。将判断结果填入括号中。正确的填“√”，错误的填“×”。每题 1 分，满分 20 分。）**

81. 职业纪律包括劳动纪律、保密纪律、财经纪律、组织纪律等。（　　）

82. 办事公道对企业活动的意义是使企业赢得市场，生存和发展的重要条件。（　　）

83. 工业企业劳动生产效率的高低是由多种因素决定的，其中主要包括工人劳动态度、文化技术知识和技术熟练程度、企业的管理水平及企业政治思想工作水平。（　　）

84. 社会主义法治的核心内容是执法为民，其根本保证是公平正义。（　　）

85. 维修应包含两方面的含义，一是日常的维护，二是故障维修。（　　）

86. 机床的调整和修理应由有经验或受过专门训练的人员进行。（ ）

87. 二级保养是指操作工人对机械设备进行的日常维护保养工作。（ ）

88. 加强设备的维护保养、修理，能够延长设备的技术寿命。（ ）

89. 工件材料强度和硬度较高时，为保证刀刃强度，应采取较小前角。（ ）

90. 顺时针圆弧插补（G02）和逆时针圆弧插补（G03）的判别方向是沿着不在圆弧平面内的坐标轴负方向向正方向看去，顺时针方向为 G02，逆时针方向为 G03。（ ）

91. 刀具前角越大，切屑越不易流出，切削力越大，但刀具的强度越高。（ ）

92. 硬质合金中含钴量越多，刀片的硬度越高。（ ）

93. 在机床通电后，无须检查各开关按钮和键是否正常。（ ）

94. 相对编程的意义是刀具相对于程序零点的位移量编程。（ ）

95. 当电源掉电时，计数器保持原计数状态。（ ）

96. 圆弧插补中，对于整圆，其起点和终点相重合，用 R 编程无法定义，所以只能用圆心坐标编程。（ ）

97. 数控加工中，程序调试的目的：一是检查所编程序是否正确；二是把编程零点、加工零点和机床零点相统一。（ ）

98. 高速加工由于主轴转速高，所以易造成机床振动。（ ）

99. 加工中心上一个工件各个不同工件坐标系的位置必须通过多次对刀测量得到。（ ）

100. 刀具前角越大，切屑越不易流出，切削力越大，但刀具的强度越高。（ ）

# 理论知识考核模拟试卷三

| 得　分 | |
|---|---|
| 评分人 | |

**一、单项选择（第 1 题～第 80 题。选择一个正确的答案，将相应的字母填入题内的括号中。每题 1 分，满分 80 分。）**

1. 职业道德主要通过（ ）的关系，增强企业的凝聚力。

A. 调节企业与市场　　B. 调节市场之间
C. 协调职工与企业　　D. 企业与消费者

2. 企业诚实守信的内在要求是（ ）。

A. 维护企业信誉　　B. 增加职工福利
C. 注重经济效益　　D. 开展员工培训

3. 职业道德活动中，对客人做到（ ）是符合语言规范的具体要求的。

A. 言语细致，反复介绍　　B. 语速要快，不浪费客人时间
C. 用尊称，不用忌语　　D. 语气严肃，维护自尊

4. 安全文化的核心是树立（　　）的价值观念，真正做到“安全第一，预防为主”。

A. 以产品质量为主　　B. 以经济效益为主

C. 以人为本　　D. 以管理为主

5. 企业加强职业道德建设，关键是（　　）。

A. 树立企业形象　　B. 领导以身作则

C. 抓好职工教育　　D. 健全规章制度

6. 液压系统中液压泵属（　　）。

A. 动力部分　　B. 执行部分　　C. 控制部分　　D. 辅助装置

7. 额定压力是指液压泵（　　）。

A. 正常工作压力　　B. 最低工作压力

C. 最高工作压力　　D. 外部压力

8. 根据切屑的粗细及材质情况，及时清除（　　）中的切屑，以防止冷却液回路。

A. 开关和喷嘴　　B. 冷凝器及热交换器

C. 注油口和吸入阀　　D. 一级（或二级）过滤网及过滤罩

9. 数控机床如长期不用时最重要的日常维护工作是（　　）。

A. 清洁　　B. 干燥　　C. 通电　　D. 切断电源

10. 数控系统后备电池失效将导致（　　）。

A. 数控系统无显示　　B. 加工程序无法编辑

C. 全部参数丢失　　D. PLC 程序无法运行

11. 用闭环系统 $X$、$Y$ 两轴联动加工工件的圆弧面，若两轴均存在跟随误差，但系统增益相等，则此时工件将只产生尺寸误差，那么减小该尺寸误差的措施是（　　）。

A. 提高系统的固有频率　　B. 提高两轴的系统增益

C. 提高加工进给速度　　D. 不能确定

12. 数控铣床的基本控制轴数是（　　）。

A. 一轴　　B. 二轴　　C. 三轴　　D. 四轴

13. 在数控机床各坐标轴的终端设置有极限开关，由极限开关设置的行程称为（　　）。

A. 软极限　　B. 硬极限　　C. 极限行程　　D. 行程保护

14. 限位开关在电路中起的作用是（　　）。

A. 短路保护　　B. 过载保护　　C. 欠压保护　　D. 行程控制

15. 数控系统中 CNC 的中文含义是（　　）。

A. 计算机数字控制　　B. 工程自动化

C. 硬件数控　　D. 计算机控制

16. 数控机床有以下特点，其中不正确的是（　　）。

A. 具有充分的柔性　　B. 能加工复杂形状的零件

C. 加工的零件精度高，质量稳定　　D. 大批量、高精度

17. DNC 系统是指（　　）。

A. 自适应控制　　B. 计算机直接控制系统

C. 柔性制造系统　　D. 计算机数控系统

18. 加工精度高、（　　）、自动化程度高，劳动强度低、生产效率高等是数控机床加工的特点。

A. 加工轮廓简单、生产批量又特别大的零件

B. 对加工对象的适应性强

C. 装夹困难或必须依靠人工找正、定位才能保证其加工精度的单件零件

D. 适于加工余量特别大、材质及余量都不均匀的坯件

19. 按照机床运动的控制轨迹分类，加工中心属于（　　）。

A. 点位控制　　B. 直线控制　　C. 轮廓控制　　D. 远程控制

20. 一张完整的零件图应该具备一组视图、完整的尺寸、技术要求和（　　）。

A. 标题栏　　B. 备注　　C. 签名　　D. 明细栏

21. 零件图由图形、尺寸线、（　　）和标题栏组成。

A. 形位公差要求　　B. 表面粗糙度要求

C. 热处理要　　D. 技术要求

22. 表面粗糙度的评定参数 *Ra* 的名称是（　　）。

A. 轮廓算术平均偏差　　B. 轮廓几何平均偏差

C. 微观不平度十点平均高度　　D. 微观不平度五点平均高度

23. 下列中（　　）为形状公差项目的符号。

A. ⊥　　B. //　　C. ◎　　D. ○

24. 属位置公差项目的符号是（　　）。

A. —　　B. ○　　C. =　　D. ⊥

25. 普通螺纹的配合精度取决于（　　）。

A. 公差等级与基本偏差

B. 基本偏差与旋合长度

C. 公差等级、基本偏差和旋合长度

D. 公差等级和旋合长度

26. 公差代号 H7 的孔和代号（　　）的轴组成过渡配合。

A. f6　　B. g6　　C. m6　　D. u6

27. 尺寸 Ø48F6 中，“6”代表（　　）。

A. 尺寸公差带代号　　B. 公差等级代号

C. 基本偏差代号　　D. 配合代号

28. MDI 方式是指（　　）。

A. 执行手动的功能　　B. 执行一个加工程序段

C. 执行某一 G 功能　　D. 执行经操作面板输入的一段指令

29. CNC 系统一般可用几种方式得到工件加工程序，其中 MDI 是（　　）。

A. 利用磁盘机读入程序　　B. 从串行通信接口接收程序

C. 利用键盘以手动方式输入程序　　D. 从网络通过 Modem 接收程序

30. 数控机床加工调试中若遇到问题需停机，应先停止（　　）。

A. 主运动　　B. 辅助运动　　C. 进给运动　　D. 冷却液

31. ALTER 用于（　　）已编辑的程序号或程序内容。

A. 插入　　B. 修改　　C. 删除　　D. 清除

32. 数控机床机床锁定开关的英文是（　　）。

A. SINGLEBLOCK　　B. MACHINELOCK

C. DRYRUN　　D. POSITION

33. 数控机床机床锁定开关的作用是（　　）。

A. 程序保护　　B. 试运行程序　　C. 关机　　D. 屏幕坐标值不变化

34. 请找出下列数控屏幕上菜单词汇的对应英文词汇 SPINDLE、EMERGENCY STOP、FEED、COOLANT。（　　）

A. 主轴、冷却液、急停、进给　　B. 冷却液、主轴、急停、进给

C. 主轴、急停、进给、冷却液　　D. 进给、主轴、冷却液、急停

35. RAPID 表示（　　）。

A. 快速移动开关　　B. 快速切削开关

C. 选择停止开关　　D. 单节停止开关

36. 在“机床锁定”（FEED HOLD）方式下，进行自动运行，（　　）功能被锁定。

A. 进给　　B. 刀架转位　　C. 主轴　　D. 冷却

37. 自动运行时，不执行段前带“/”的程序段，需按下（　　）功能按键。

A. 空运行　　B. 单段　　C. M01　　D. 跳步

38. 数控机床编辑状态时模式选择开关应放在（　　）。

A. JOGFEED　　B. PRGRM　　C. ZERORETURN　　D. EDIT

39. 通常 CNC 系统将零件加工程序输入后，存放在（　　）中。

A. RAM　　B. ROM　　C. PROM　　D. EPROM

40. 数控机床手动数据输入时，可输入单一命令，按（　　）键使机床动作。

A. 快速进给　　B. 循环启动　　C. 回零　　D. 手动进给

41. 数控机床首件试切时应使用（　　）键。

A. 空运行　　B. 机床锁住　　C. 跳转　　D. 单段

42. 执行程序终了之单节 M02，再执行程序的操作方法为（　　）。

A. 按启动按钮

B. 按紧急停止按钮，再按启动按钮

C. 按重置（RESET）按钮，再按启动按钮

D. 启动按钮连续按两次

43. 自动运行中，可以按下（　　）按钮中断程序的执行。

A. HOLD　　B. STOP　　C. REST　　D. RESET

44. 确定加工路线时，（　　）是不正确的。

A. 加工路线应保证被加工工件的精度和表面质量

B. 利于简化数值计算，减少编程工作量和运算量

C. 使加工路线最短，提高加工效率

D. 能加工出零件就行

45. 精加工时应首先考虑（　　）。

A. 零件的加工精度和表面质量　　B. 刀具的耐用度

C. 生产效率　　D. 机床的功率

46. 选择定位基准时，应尽量与工件的（　　）一致。

A. 工艺基准　　B. 测量基准　　C. 起始基准　　D. 设计基准

47. 数控加工填写加工程序单时，要按照数控系统规定的程序格式和要求填写零件的加工（　　）及其加工条件等内容。

A. 工艺卡　　B. 程序　　C. 程序单　　D. 程序段

48. 提高数控加工生产效率可以通过缩减基本时间、缩短辅助时间、让辅助时间与基本时间重合等方法来实现。例如，采用加工中心、多工位机床等都属于（　　）。

A. 缩减基本时间　　B. 缩短辅助时间

C. 辅助时间与基本时间重合　　D. 同时缩短基本时间和辅助时间

49. 选用精基准的表面安排在（　　）工序进行。

A. 起始　　B. 中间　　C. 最后　　D. 任意

50. 工件在加工过程中，因受力变形、受热变形而引起的种种误差，这类原始误差关系称为工艺系统（　　）。

A. 动态误差　　B. 安装误差　　C. 调和误差　　D. 逻辑误差

51. 属于辅助时间范围的是（　　）。

A. 进给切削所需时间　　B. 测量和检验工件时间

C. 工人喝水、上厕所时间　　D. 领取和熟悉产品图样时间

52. 工艺成本中的可变费用是指与年产量有关并与之成正比的费用。下列选项中，（　　）属于可变费用。

A. 操作人员的工资　　B. 库房管理员的工资

C. 刀具调整人员的工资　　D. 机床维修人员的工资

53. 工艺成本中的可变费用是指与年产量有关并与之成正比的费用。下列选项中，（　　）不属于可变费用。

A. 材料费、刀具费　　B. 通用机床维修费和折旧费

C. 通用夹具费　　D. 专用机床维修费和折旧费

54. 一般情况下，单件小批生产模具零件的工序安排多为（　　）。

A. 工序分散　　B. 工序集中　　C. 集散兼有　　D. 因地制宜

55. 尺寸链中，当其他尺寸确定后，新产生的一个环是（　　）。

A. 增环　　B. 减环　　C. 增环或减环　　D. 封闭环

56. 封闭环公差等于（　　）。

A. 各组成环公差之和　　B. 减环公差

C. 增环、减环代数差　　D. 增环公差

57. 工艺尺寸链用于定位基准与（　　）不重合时尺寸换算、工序尺寸计算及工序余

量解算等。

A. 工序基准　B. 工艺基准　C. 装配基准　D. 设计基准

58. 毛坯的形状误差对下一工序的影响表现为（　　）复映。

A. 计算　B. 公差　C. 误差　D. 运算

59. 工艺基准分为（　　）、测量和装配基准。

A. 设计　B. 加工　C. 安装　D. 定位

60. 关于粗基准的选择和使用，以下叙述不正确的是（　　）。

A. 选工件上不需加工的表面作粗基准

B. 粗基准只能用一次

C. 当工件表面均需加工，应选加工余量最大的坯料表面作粗基准

D. 当工件所有表面都要加工，应选用加工余量最小的毛坯表面作粗基准

61. 精基准是用（　　）作为定位基准面。

A. 未加工表面　B. 复杂表面

C. 切削量小的　D. 加工后的表面

62.（　　）在一定的范围内无须调整或稍加调整就可用于装夹不同的工件。这类夹具通常作为机床附件由专业厂生产，操作费时、生产效率低，主要用于单件小批量生产。

A. 通用夹具　B. 专用夹具　C. 可调夹具　D. 组合夹具

63.（　　）是针对某一工件或某一固定工序而专门设计的。操作方便、迅速，生产效率高。但在产品变更后就无法利用，因此，适合大批量生产。

A. 通用夹具　B. 专用夹具　C. 可调夹具　D. 组合夹具

64. 常用联接的螺纹是（　　）。

A. 三角形螺纹　B. 梯形螺纹　C. 锯齿形螺纹　D. 矩形螺纹

65. 高速切削时，加工中心的刀柄锥度以（　　）为宜。

A. 7∶24　B. 1∶10　C. 1∶20　D. 莫氏 6 号

66. 对长期反复使用、加工大批量零件的情况，以配备（　　）刀柄为宜。

A. 整体式结构　B. 模块式结构

C. 增速刀柄　D. 内冷却刀柄

67. 高速钢的最终热处理方法是（　　）。

A. 淬火 + 低温回火　B. 淬火 + 中温回火

C. 高温淬火 + 多次高温回火　D. 正火 + 球化退火

68. 数控加工的刀具材料中，（　　）。

A. 高速钢的强度和韧性比硬质合金差

B. 刀具涂层可提高韧性

C. 立方氮化硼的韧性优于金刚石

D. 立方氮化硼的硬度高于金刚石

69. 下列刀具材料中，适宜制作形状复杂机动刀具的材料是（　　）。

A. 合金工具钢　B. 高速钢

C. 硬质合金钢　D. 人造聚晶金刚石

70. 专用刀具主要针对（　　）生产中遇到的问题，提高产品质量和加工的效率，降低客户的加工成本。

A. 单件　　B. 批量　　C. 维修　　D. 小量

71. 加工坐标系在（　　）后不被破坏（再次开机后仍有效），并与刀具的当前位置无关，只要按选择的坐标系编程。

A. 工件重新安装　　B. 系统切断电源

C. 机床导轨维修　　D. 停机间隙调整

72. 通常 CNC 系统将零件加工程序输入后，存放在（　　）中。

A. RAM　　B. ROM　　C. PROM　　D. EPROM

73. 如在同一个程序段中指定了多个属于同一组的 G 代码时，只有（　　）那个 G 代码有效。

A. 最前面　　B. 中间　　C. 最后面　　D. 左面

74. 区别子程序与主程序唯一的标志是（　　）。

A. 程序名　　B. 程序结束指令

C. 程序长度　　D. 编程方法

75. 对于大多数数控机床，开机第一步总是先使机床返回参考点，其目的是建立（　　）。

A. 工件坐标系　　B. 机床坐标系

C. 编程坐标系　　D. 工件基准

76. 数控机床编程与操作的坐标中，（　　）对坐标系的描述是错误的。

A. 机床坐标系　　B. 编程坐标系

C. 参考坐标系　　D. 极坐标系

77. 快速定位 G00 指令在定位过程中，刀具所经过的路径是（　　）。

A. 直线　　B. 曲线　　C. 圆弧　　D. 连续多线段

78. 已知刀具沿一直线方向加工的起点坐标为（X20，Z－10），终点坐标为（X10，Z20），则其程序是（　　）。

A. G01 X20 Z－10 F100　　B. G01 X－10 Z20 F100

C. G01 X10 W30 F100　　D. G01 U30 W－10 F100

79. 快速定位 G00 指令在定位过程中，刀具所经过的路径是（　　）。

A. 直线　　B. 曲线　　C. 圆弧　　D. 连续多线段

80. 程序需暂停 5 s 时，下列正确的指令段是（　　）。

A. G04P5000　　B. G04P500　　C. G04P50　　D. G04P5

| 得　分 | |
|---|---|
| 评分人 | |

**二、判断题（第 81 题～第 100 题。将判断结果填入括号中。正确的填“√”，错误的填“×”。每题 1 分，满分 20 分。）**

81. 职业道德主要通过调节企业与市场的关系，增强企业的凝聚力。（　　）

82. 职业职责具有明确的规定性，与物质利益有直接关系，具有法律及纪律的强制性。（　　）

83. 利用 I、J 表示圆弧的圆心位置，须使用增量值。（　　）

84. 刀具位置偏置补偿可分为刀具形状补偿和刀具磨损补偿两种。（　　）

85. AUTO CAD 软件是一种较为常用的自动化编程软件。（　　）

86. 手工编程比较适合批量较大、形状简单、计算方便、轮廓由直线或圆弧组成的零件的编程加工。（　　）

87. 手工编程比计算机编程麻烦，但正确性比自动编程高。（　　）

88. 在数控机床加工时要经常打开数控柜的门，以便降温。（　　）

89. 数控机床在手动和自动运行中，一旦发现异常情况，应立即使用紧急停止按钮。（　　）

90. 加工中心上一个工件各个不同工件坐标系的位置必须通过多次对刀测量得到。（　　）

91. 数控机床具有机、电、液集于一体的特点，因此只要掌握机械或电子或液压技术的人员，就可作为机床维护人员。（　　）

92. 加强设备的维护保养、修理，能够延长设备的技术寿命。（　　）

93. 组装组合夹具的总体结构，是由工件的定位夹紧的要求而确定的。（　　）

94. 定位误差包括工艺误差和设计误差。（　　）

95. 单件、小批生产宜选用工序集中原则。（　　）

96. 高速加工是一项系统技术，主要从刀具材料、刀柄、机床、控制系统这四个方面，与常规加工有很大区别。（　　）

97. 采用工艺孔加工和检验斜孔的方法，精度较低，操作也麻烦。（　　）

98. 数控机床的进给路线不但是作为编程轨迹计算的依据，而且还会影响工件的加工精度和表面粗糙度。（　　）

99. 刀具磨损分为初期磨损、正常磨损、急剧磨损三种形式。（　　）

100. 切削时的切削热大部分由切屑带走。（　　）

# 技能操作考核模拟试卷一

## 考核准备通知单

### 一、材料准备

| 名称 | 规格 | 数量 | 要求 |
|---|---|---|---|
| 45 钢 | 100 mm×80 mm×20 mm | 1 块/每位考生 | 考场准备 |

## 二、设备准备

| 序号 | 名称 | 型号 | 数量 | 要求 |
|---|---|---|---|---|
| 1 | 数控铣床 | | | 考场准备 |
| 2 | 计算机 | 备有 CAD/CAM 软件 | 1/每台 | 考场准备 |
| 3 | 平口钳 | 相应机床 | 1/每台 | 考场准备 |
| 4 | 刀柄 | 相应机床 | | 考场准备 |
| 5 | 弹簧套 | $\phi$8 mm、$\phi$10 mm、$\phi$12 mm、$\phi$16 mm、$\phi$20 mm | 各 1/每台 | 考场准备 |
| 6 | 卸刀器 | | 1/每场地 | 考场准备 |
| 7 | 铜锤 | | 1 | 考场准备 |
| 8 | 油石 | | 若干 | 考场准备 |
| 9 | 抹布 | | 若干 | 考场准备 |

## 三、工、刀、量、辅具准备

| 序号 | 名称 | 规格 | 数量 | 要求 |
|---|---|---|---|---|
| 1 | 绞刀 | $\phi$10H7 mm | 1 | 考生准备 |
| 2 | 铣刀 | $\phi$8 mm、$\phi$10 mm、$\phi$12 mm、$\phi$16 mm、$\phi$20 mm | | 考生准备 |
| 3 | 中心钻 | A3 mm | 1 | 考生准备 |
| 4 | 钻头 | $\phi$9.8 mm | 1 | 考生准备 |
| 5 | 游标卡尺 | 0 ~ 150 mm | 1 | 考生准备 |
| 6 | 千分尺 | 0 ~ 25 mm | 1 | 考生准备 |
| 7 | 千分尺 | 25 ~ 50 mm | 1 | 考生准备 |
| 8 | 千分尺 | 50 ~ 75 mm | 1 | 考生准备 |
| 9 | 千分尺 | 75 ~ 100 mm | 1 | 考生准备 |
| 10 | 深度千分尺 | 0 ~ 50 mm | 1 | 考生准备 |
| 11 | 塞规 | $\phi$10H7 mm | 1 | 考生准备 |
| 12 | 磁力表座 | | 1 | 考生准备 |
| 13 | 百分表 | | 1 | 考生准备 |
| 14 | 半径样规 | R2 ~ 10 mm | 1 | 考生准备 |

# 考核试题

**注意事项**

1. CAD/CAM 软件仅允许使用其绘图及节点计算功能。不得使用软件后处理功能编制加工程序，否则取消其参赛资格。
2. 不得使用软盘、可移动磁盘、移动硬盘等数据存储装置。
3. 若机床出现异常情况，请示考评员处理。
4. 不得将试卷带出考场。

1. 时间：120 min，包括编程和加工时间，到时间停止加工。
2. 工件：

| 名称 | 规格 | 数量 | 要求 |
|---|---|---|---|
| 45 钢 | 100 mm×80 mm×20 mm | 1 块/每位考生 | 考场准备 |

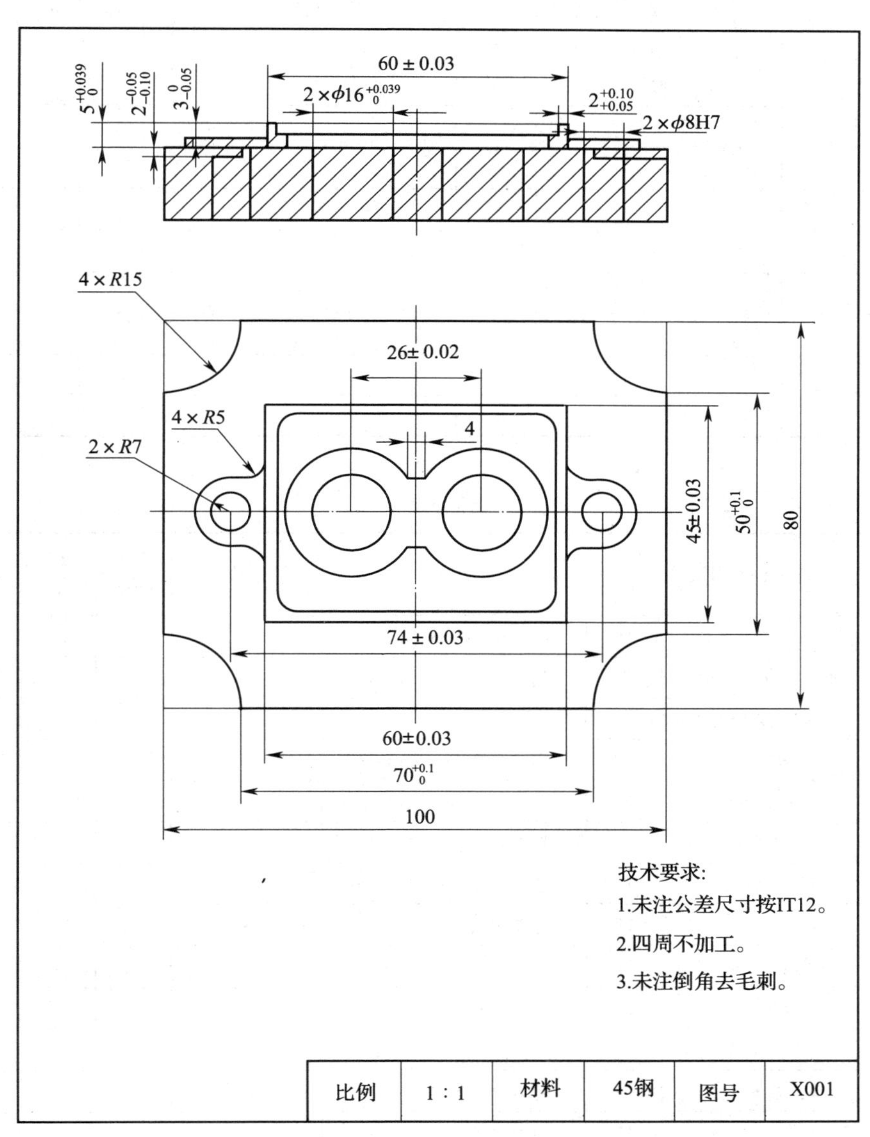

## 加工工艺卡

| 工艺简图（标明定位装夹位置、程序原点和对刀点的位置） | | |
|---|---|---|
| | | |
| | | |

| 序号 | 刀具编号 | 刀具类型 | 刀具材料 | 刀具主要参数 | | | 加工内容 | 加工余量 | $v_c$ | $n$ | $f$ | $a_p$ |
|---|---|---|---|---|---|---|---|---|---|---|---|---|
| | | | | 刀具直径 | 刀角半径 | 刀刃长度 | | | | | | |
| | | | | | | | | | | | | |
| | | | | | | | | | | | | |
| | | | | | | | | | | | | |
| | | | | | | | | | | | | |
| | | | | | | | | | | | | |
| | | | | | | | | | | | | |
| | | | | | | | | | | | | |
| | | | | | | | | | | | | |

## 评分表

| 序号 | 考核项目 | 考核内容及要求 | | 评分标准 | 配分 | 检测结果 | 扣分 | 得分 | 备注 |
|---|---|---|---|---|---|---|---|---|---|
| 1 | 外形轮廓 | (60 ±0.03) mm | IT | 超差0.01 mm扣1分 | 3 | | | | |
| | | (45 ±0.03) mm | IT | 超差0.01 mm扣1分 | 3 | | | | |
| | | 完成形状轮廓加工 | | | 4 | | | | |
| | | $2\times R7$ mm | IT | 超差0.01 mm扣1分 | 4 | | | | |
| | | $4\times R15$ mm | IT | 超差0.01 mm扣1分 | 2 | | | | |
| | | $5^{+0.039}_{0}$ | IT | 超差0.01 mm扣1分 | 2 | | | | |
| | | $3^{0}_{-0.05}$ mm | IT | 超差0.01 mm扣1分 | 2 | | | | |
| 2 | 中间凹槽 | $50^{+0.1}_{0}$ mm | IT | 超差不得分 | 3 | | | | |
| | | $45^{+0.03}_{-0.03}$ mm | IT | 超差全扣 | 4 | | | | |
| | | $4\times R5$ mm | IT | 超差全扣 | 4 | | | | |
| | | 完成形状轮廓加工 | | | 3 | | | | |
| | | $2^{+0.10}_{+0.05}$ mm | IT | 超差全扣 | 4 | | | | |
| | | $2^{-0.05}_{-0.10}$ mm | IT | 超差全扣 | 4 | | | | |
| 3 | 中间通孔 | $2\times\phi16^{+0.039}_{0}$ mm | IT | 超差0.01 mm扣1分 | 4 | | | | |
| | | 完成形状轮廓加工 | | | 4 | | | | |
| | | 深度 通孔 | IT | 超差全扣 | 3 | | | | |

续表

<table>
<tr><th>序号</th><th>考核项目</th><th colspan="2">考核内容及要求</th><th>评分标准</th><th>配分</th><th>检测结果</th><th>扣分</th><th>得分</th><th>备注</th></tr>
<tr><td rowspan="3">4</td><td rowspan="3">销孔</td><td rowspan="2">2×φ8H7 mm</td><td>IT</td><td>超差0.01 mm扣2分</td><td>2分/处</td><td></td><td></td><td></td><td>两处</td></tr>
<tr><td>Ra</td><td>降一级扣2分</td><td>1分/处</td><td></td><td></td><td></td><td>两处</td></tr>
<tr><td>(74±0.03) mm</td><td>IT</td><td>超差0.01 mm扣2分</td><td>3</td><td></td><td></td><td></td><td></td></tr>
<tr><td>5</td><td>其他项目</td><td colspan="3">①未注尺寸公差按照IT12<br>②其余表面光洁度<br>③工件必须完整，局部无缺陷（夹伤等）</td><td>10</td><td></td><td></td><td></td><td></td></tr>
<tr><td>6</td><td>工艺合理</td><td colspan="3">填写工序卡。工艺不合理，视情况酌情扣分（详见工序卡）<br>①工件定位和夹紧不合理<br>②加工顺序不合理<br>③刀具选择不合理</td><td>总扣6分。每违反一条酌情扣3分。扣完为止</td><td></td><td></td><td></td><td></td></tr>
<tr><td>7</td><td>程序编制</td><td colspan="3">①指令正确，程序完整<br>②运用刀具半径和长度补偿功能<br>③数值计算正确，程序编写表现出一定的技巧，简化计算和加工程序</td><td>总扣10分。每违反一条酌情扣3分。扣完为止</td><td></td><td></td><td></td><td></td></tr>
<tr><td>8</td><td>安全文明生产</td><td colspan="3">①着装规范，未受伤<br>②刀具、工具、量具的放置<br>③工件装夹、刀具安装规范<br>④正确使用量具<br>⑤卫生、设备保养<br>⑥关机后机床停放位置不合理<br>⑦发生重大安全事故、严重违反操作规程者，取消考试</td><td>总扣10分。每违反一条酌情扣2分。扣完为止</td><td></td><td></td><td></td><td></td></tr>
<tr><td colspan="2">记录员</td><td></td><td colspan="2">检验员</td><td></td><td>复核</td><td></td><td>统分</td><td></td></tr>
</table>

# 技能操作考核模拟试卷二

## 准备通知单

### 一、材料准备

| 名称 | 规格 | 数量 | 要求 |
|---|---|---|---|
| 45钢 | 100 mm×80 mm×20 mm | 1块/每位考生 | 考场准备 |

## 二、设备准备

| 序号 | 名称 | 型号 | 数量 | 要求 |
|---|---|---|---|---|
| 1 | 数控铣床 | | | 考场准备 |
| 2 | 计算机 | 备有 CAD/CAM 软件 | 1/每台 | 考场准备 |
| 3 | 平口钳 | 相应机床 | 1/每台 | 考场准备 |
| 4 | 刀柄 | 相应机床 | | 考场准备 |
| 5 | 弹簧套 | $\phi$8 mm、$\phi$10 mm、$\phi$12 mm、$\phi$16 mm、$\phi$20 mm | 各 1/每台 | 考场准备 |
| 6 | 卸刀器 | | 1/每场地 | 考场准备 |
| 7 | 铜锤 | | 1 | 考场准备 |
| 8 | 油石 | | 若干 | 考场准备 |
| 9 | 抹布 | | 若干 | 考场准备 |

## 三、工、刀、量、辅具准备

| 序号 | 名称 | 规格 | 数量 | 要求 |
|---|---|---|---|---|
| 1 | 绞刀 | $\phi$10H7 mm | 1 | 考生准备 |
| 2 | 铣刀 | $\phi$8 mm、$\phi$10 mm、$\phi$12 mm、$\phi$16 mm、$\phi$20 mm | | 考生准备 |
| 3 | 中心钻 | A3 mm | 1 | 考生准备 |
| 4 | 钻头 | $\phi$9. 8 mm | 1 | 考生准备 |
| 5 | 游标卡尺 | 0 ~ 150 mm | 1 | 考生准备 |
| 6 | 千分尺 | 0 ~ 25 mm | 1 | 考生准备 |
| 7 | 千分尺 | 25 ~ 50 mm | 1 | 考生准备 |
| 8 | 千分尺 | 50 ~ 75 mm | 1 | 考生准备 |
| 9 | 千分尺 | 75 ~ 100 mm | 1 | 考生准备 |
| 10 | 深度千分尺 | 0 ~ 50 mm | 1 | 考生准备 |
| 11 | 塞规 | $\phi$10H7 mm | 1 | 考生准备 |
| 12 | 磁力表座 | | 1 | 考生准备 |
| 13 | 百分表 | | 1 | 考生准备 |
| 14 | 半径样规 | R2 ~ 10 mm | 1 | 考生准备 |

## 考核试题

**注意事项**

1. CAD/CAM 软件仅允许使用其绘图及节点计算功能。不得使用软件后处理功能编制加工程序，否则取消其参赛资格。

2. 不得使用软盘、可移动磁盘、移动硬盘等数据存储装置。

3. 若机床出现异常情况，请示考评员处理。

4. 不得将试卷带出考场。

1. 时间：120 min，包括编程和加工时间，到时间停止加工。
2. 工件：

| 名称 | 规格 | 数量 | 要求 |
|---|---|---|---|
| 45 钢 | 100 mm × 80 mm × 20 mm | 1 块/每位考生 | 考场准备 |

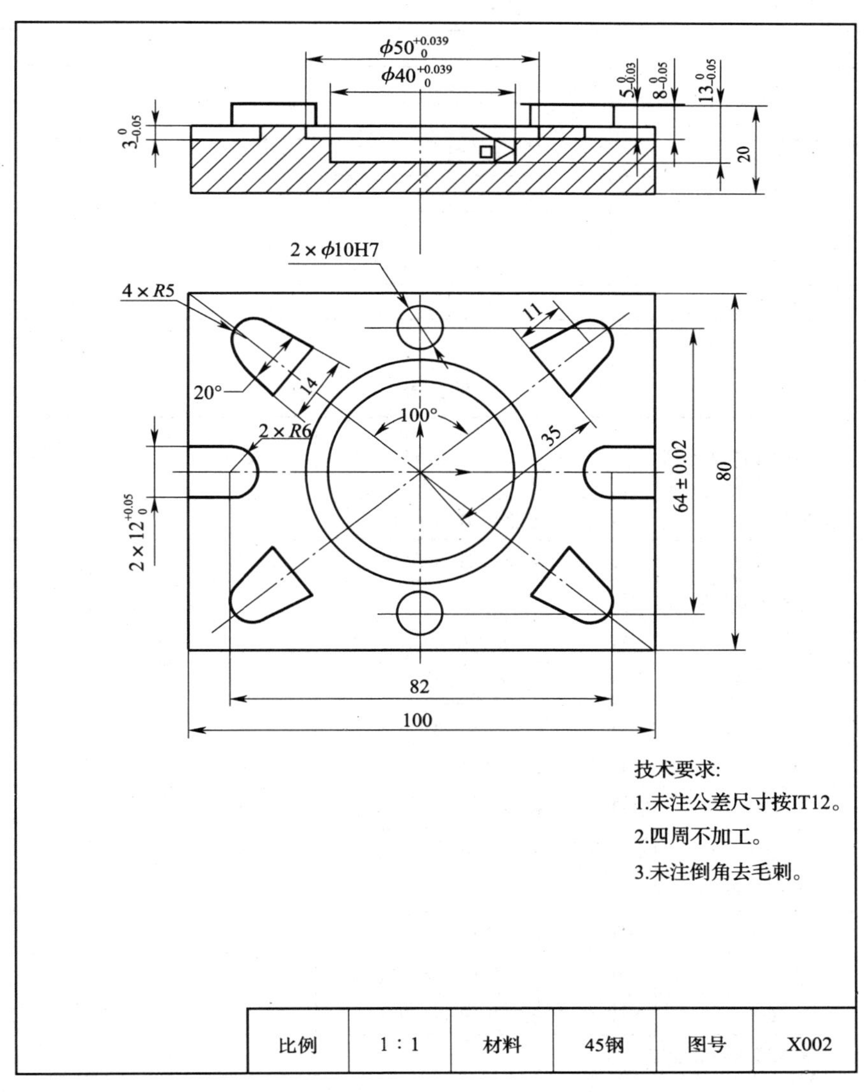

## 加工工艺卡

| 工艺简图（标明定位装夹位置、程序原点和对刀点的位置） | |
|---|---|
| | |

| 序号 | 刀具编号 | 刀具类型 | 刀具材料 | 刀具主要参数 | | | 加工内容 | 加工余量 | $v_c$ | $n$ | $f$ | $a_p$ |
|---|---|---|---|---|---|---|---|---|---|---|---|---|
| | | | | 刀具直径 | 刀角半径 | 刀刃长度 | | | | | | |
| | | | | | | | | | | | | |
| | | | | | | | | | | | | |
| | | | | | | | | | | | | |
| | | | | | | | | | | | | |
| | | | | | | | | | | | | |
| | | | | | | | | | | | | |
| | | | | | | | | | | | | |
| | | | | | | | | | | | | |

## 评分表

| 序号 | 考核项目 | 考核内容及要求 | | 评分标准 | 配分 | 检测结果 | 扣分 | 得分 | 备注 |
|---|---|---|---|---|---|---|---|---|---|
| 1 | 中间凹台 | $\phi40^{+0.039}_{0}$ mm | IT | 超差0.01 mm扣1分 | 3 | | | | |
| | | $\phi50^{+0.039}_{0}$ mm | IT | 超差0.01 mm扣1分 | 3 | | | | |
| | | 完成形状轮廓加工 | | | 4 | | | | |
| | | $8^{0}_{-0.05}$ mm | IT | 超差0.01 mm扣1分 | 3 | | | | |
| | | $13^{0}_{-0.05}$ mm | IT | 超差0.01 mm扣1分 | 3 | | | | |
| 2 | 四边凸台 | 14 mm | IT | 超差0.01 mm扣1分 | 3 | | | | |
| | | 4×$R$5 mm | IT | 超差全扣 | 4 | | | | |
| | | 20° | IT | 超差全扣 | 4 | | | | |
| | | 11 mm | IT | 超差全扣 | 4 | | | | |
| | | 完成形状轮廓加工 | | | 5 | | | | |
| | | $5^{0}_{-0.03}$ mm | IT | 超差全扣 | 3 | | | | |
| 3 | 两边凹槽 | 2×$12^{+0.05}_{0}$ mm | IT | 超差0.01 mm扣1分 | 4 | | | | |
| | | 2×$R$6 mm | IT | 超差0.01 mm扣1分 | 2 | | | | |
| | | 完成形状轮廓加工 | | | 4 | | | | |
| | | $8^{0}_{-0.05}$ mm | IT | 超差全扣 | 3 | | | | |
| 4 | 销孔 | $\phi$10H7 mm | IT | 超差0.01 mm扣2分 | 2分/处 | | | | 两处 |
| | | | Ra | 降一级扣2分 | 2分/处 | | | | 两处 |
| | | (64±0.02) mm | IT | 超差0.01 mm扣2分 | 4 | | | | |

续表

| 序号 | 考核项目 | 考核内容及要求 | 评分标准 | 配分 | 检测结果 | 扣分 | 得分 | 备注 |
|---|---|---|---|---|---|---|---|---|
| 5 | 其他项目 | ①未注尺寸公差按照 IT12<br>②其余表面光洁度<br>③工件必须完整，局部无缺陷（夹伤等） | | 10 | | | | |
| 6 | 工艺合理 | 填写工序卡。工艺不合理，视情况酌情扣分（详见工序卡）<br>①工件定位和夹紧不合理<br>②加工顺序不合理<br>③刀具选择不合理 | | 总扣 6 分。每违反一条酌情扣 3 分。扣完为止 | | | | |
| 7 | 程序编制 | ①指令正确，程序完整<br>②运用刀具半径和长度补偿功能<br>③数值计算正确，程序编写表现出一定的技巧，简化计算和加工程序 | | 总扣 10 分。每违反一条酌情扣 3 分。扣完为止 | | | | |
| 8 | 安全文明生产 | ①着装规范，未受伤<br>②刀具、工具、量具的放置<br>③工件装夹、刀具安装规范<br>④正确使用量具<br>⑤卫生、设备保养<br>⑥关机后机床停放位置不合理<br>⑦发生重大安全事故、严重违反操作规程者，取消考试 | | 总扣 10 分。每违反一条酌情扣 2 分。扣完为止 | | | | |
| 记录员 | | | 检验员 | | 复核 | | 统分 | |

# 技能操作考核模拟试卷三

## 准备通知单

### 一、材料准备

| 名称 | 规格 | 数量 | 要求 |
|---|---|---|---|
| 45 钢 | 100 mm×80 mm×20 mm | 1 块/每位考生 | 考场准备 |

## 二、设备准备

| 序号 | 名称 | 型号 | 数量 | 要求 |
|---|---|---|---|---|
| 1 | 数控铣床 | | | 考场准备 |
| 2 | 计算机 | 备有 CAD/CAM 软件 | 1/每台 | 考场准备 |
| 3 | 平口钳 | 相应机床 | 1/每台 | 考场准备 |
| 4 | 刀柄 | 相应机床 | | 考场准备 |
| 5 | 弹簧套 | $\phi$8 mm、$\phi$10 mm、$\phi$12 mm、$\phi$16 mm、$\phi$20 mm | 各 1/每台 | 考场准备 |
| 6 | 卸刀器 | | 1/每场地 | 考场准备 |
| 7 | 铜锤 | | 1 | 考场准备 |
| 8 | 油石 | | 若干 | 考场准备 |
| 9 | 抹布 | | 若干 | 考场准备 |

## 三、工、刀、量、辅具准备

| 序号 | 名称 | 规格 | 数量 | 要求 |
|---|---|---|---|---|
| 1 | 绞刀 | $\phi$10H7 mm | 1 | 考生准备 |
| 2 | 铣刀 | $\phi$8 mm、$\phi$10 mm、$\phi$12 mm、$\phi$16 mm、$\phi$20 mm | | 考生准备 |
| 3 | 中心钻 | A3 mm | 1 | 考生准备 |
| 4 | 钻头 | $\phi$9. 8 mm | 1 | 考生准备 |
| 5 | 游标卡尺 | 0 ~ 150 mm | 1 | 考生准备 |
| 6 | 千分尺 | 0 ~ 25 mm | 1 | 考生准备 |
| 7 | 千分尺 | 25 ~ 50 mm | 1 | 考生准备 |
| 8 | 千分尺 | 50 ~ 75 mm | 1 | 考生准备 |
| 9 | 千分尺 | 75 ~ 100 mm | 1 | 考生准备 |
| 10 | 深度千分尺 | 0 ~ 50 mm | 1 | 考生准备 |
| 11 | 塞规 | $\phi$10H7 mm | 1 | 考生准备 |
| 12 | 磁力表座 | | 1 | 考生准备 |
| 13 | 百分表 | | 1 | 考生准备 |
| 14 | 半径样规 | R2 ~ 10 mm | 1 | 考生准备 |

# 考核试题

**注意事项**

1. CAD/CAM 软件仅允许使用其绘图及节点计算功能。不得使用软件后处理功能编制加工程序，否则取消其参赛资格。

2. 不得使用软盘、可移动磁盘、移动硬盘等数据存储装置。

3. 若机床出现异常情况，请示考评员处理。

4. 不得将试卷带出考场。

1. 时间：120 min，包括编程和加工时间，到时间停止加工。

2. 工件：

| 名称 | 规格 | 数量 | 要求 |
|---|---|---|---|
| 45 钢 | 100 mm×80 mm×20 mm | 1 块/每位考生 | 考场准备 |

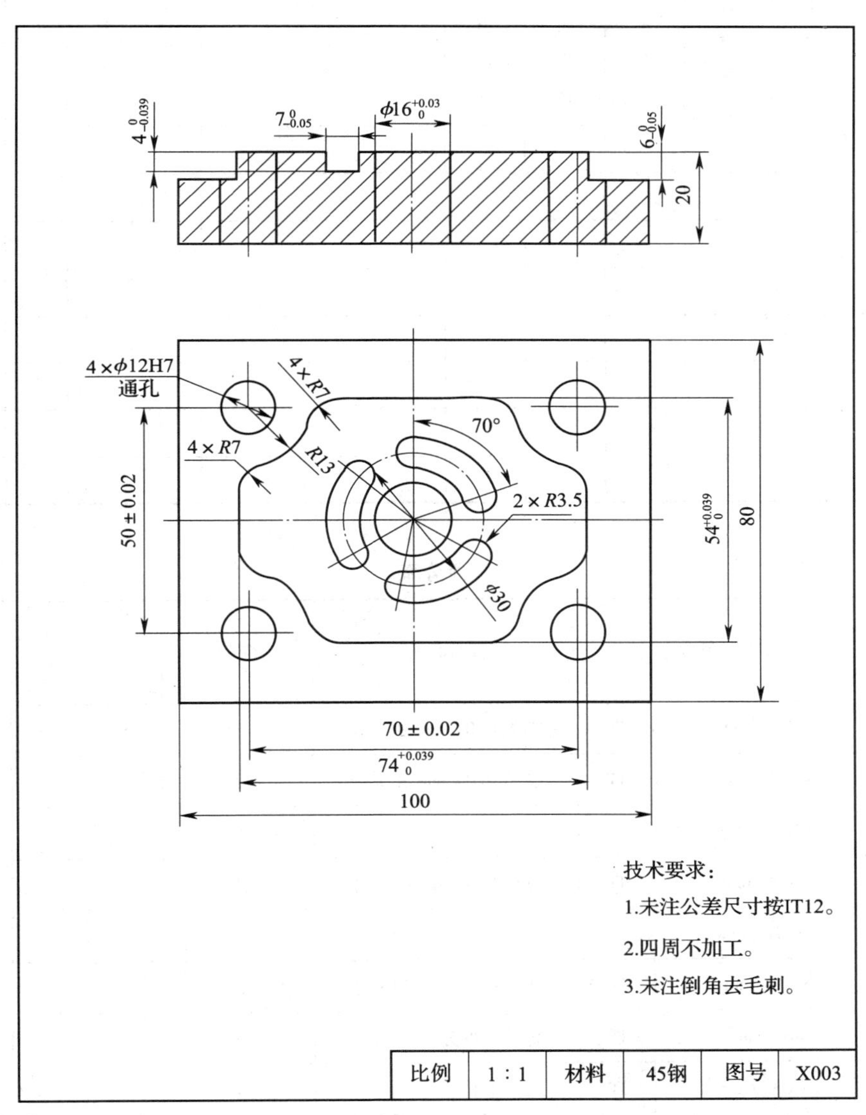


| 比例 | 1∶1 | 材料 | 45钢 | 图号 | X003 |
|---|---|---|---|---|---|

## 加工工艺卡

| 工艺简图（标明定位装夹位置、程序原点和对刀点的位置） | | | | | | | | | | | | |
|---|---|---|---|---|---|---|---|---|---|---|---|---|
| | | | | | | | | | | | | |
| | | | | | | | | | | | | |
| 序号 | 刀具编号 | 刀具类型 | 刀具材料 | 刀具主要参数 | | | 加工内容 | 加工余量 | $v_c$ | $n$ | $f$ | $a_p$ |
| | | | | 刀具直径 | 刀角半径 | 刀刃长度 | | | | | | |
| | | | | | | | | | | | | |
| | | | | | | | | | | | | |
| | | | | | | | | | | | | |
| | | | | | | | | | | | | |
| | | | | | | | | | | | | |
| | | | | | | | | | | | | |
| | | | | | | | | | | | | |
| | | | | | | | | | | | | |

## 评分表

| 序号 | 考核项目 | 考核内容及要求 | | 评分标准 | 配分 | 检测结果 | 扣分 | 得分 | 备注 |
|---|---|---|---|---|---|---|---|---|---|
| 1 | 外形轮廓 | $74^{+0.039}_{0}$ mm | IT | 超差0.01 mm扣1分 | 3 | | | | |
| | | $54^{+0.039}_{0}$ mm | IT | 超差0.01 mm扣1分 | 3 | | | | |
| | | 完成形状轮廓加工 | | | 4 | | | | |
| | | 8×$R7$ mm | IT | 超差0.01 mm扣1分 | 4 | | | | |
| | | 4×$R13$ mm | IT | 超差0.01 mm扣1分 | 2 | | | | |
| | | $6^{0}_{-0.05}$ mm | IT | 超差0.01 mm扣1分 | 2 | | | | |
| 2 | 中间腰槽 | $\phi30$ mm | IT | 超差不得分 | 3 | | | | |
| | | 6×$R3.5$ mm | IT | 超差全扣 | 4 | | | | |
| | | 3×70° | IT | 超差全扣 | 4 | | | | |
| | | 完成形状轮廓加工 | | | 3 | | | | |
| | | $4^{0}_{-0.039}$ mm | IT | 超差全扣 | 4 | | | | |

续表

| 序号 | 考核项目 | 考核内容及要求 | | 评分标准 | 配分 | 检测结果 | 扣分 | 得分 | 备注 |
|---|---|---|---|---|---|---|---|---|---|
| 3 | 中间通孔 | $\phi16^{+0.03}_{0}$ mm | IT | 超差0.01 mm扣1分 | 4 | | | | |
| | | 完成形状轮廓加工 | | | 4 | | | | |
| | | 深度 通孔 | IT | 超差全扣 | 3 | | | | |
| 4 | 销孔 | $\phi$12H7 mm | IT | 超差0.01 mm扣2分 | 2分/处 | | | | 4处 |
| | | | Ra | 降一级扣2分 | 1分/处 | | | | 4处 |
| | | (50±0.02) mm | IT | 超差0.01 mm扣2分 | 3 | | | | |
| | | (70±0.02) mm | IT | 超差0.01 mm扣2分 | 3 | | | | |
| 5 | 其他项目 | ①未注尺寸公差按照IT12<br>②其余表面光洁度<br>③工件必须完整，局部无缺陷（夹伤等） | | | 10 | | | | |
| 6 | 工艺合理 | 填写工序卡。工艺不合理，视情况酌情扣分（详见工序卡）<br>①工件定位和夹紧不合理<br>②加工顺序不合理<br>③刀具选择不合理 | | | 总扣6分。<br>每违反一条酌情扣3分。扣完为止 | | | | |
| 7 | 程序编制 | ①指令正确，程序完整<br>②运用刀具半径和长度补偿功能<br>③数值计算正确，程序编写表现出一定的技巧，简化计算和加工程序 | | | 总扣10分。<br>每违反一条酌情扣3分。<br>扣完为止 | | | | |
| 8 | 安全文明生产 | ①着装规范，未受伤<br>②刀具、工具、量具的放置<br>③工件装夹、刀具安装规范<br>④正确使用量具<br>⑤卫生、设备保养<br>⑥关机后机床停放位置不合理<br>⑦发生重大安全事故、严重违反操作规程者，取消考试 | | | 总扣10分。<br>每违反一条酌情扣2分。扣完为止 | | | | |

| 记录员 | | 检验员 | | 复核 | | 统分 | |
|---|---|---|---|---|---|---|---|

# 理论知识考核模拟试卷参考答案

## 试卷一

### 一、单项选择

| | | | | | | | | |
|---|---|---|---|---|---|---|---|---|
| 1. B | 2. D | 3. D | 4. A | 5. A | 6. D | 7. C | 8. C | 9. C |
| 10. A | 11. A | 12. C | 13. A | 14. C | 15. C | 16. D | 17. D | 18. B |
| 19. C | 20. D | 21. C | 22. C | 23. D | 24. A | 25. D | 26. A | 27. B |
| 28. A | 29. D | 30. D | 31. B | 32. A | 33. B | 34. B | 35. A | 36. B |
| 37. B | 38. B | 39. B | 40. D | 41. A | 42. B | 43. B | 44. A | 45. C |
| 46. B | 47. A | 48. B | 49. C | 50. C | 51. A | 52. B | 53. A | 54. A |
| 55. C | 56. B | 57. B | 58. B | 59. B | 60. C | 61. C | 62. C | 63. C |
| 64. B | 65. A | 66. A | 67. C | 68. D | 69. B | 70. D | 71. C | 72. D |
| 73. D | 74. B | 75. B | 76. D | 77. C | 78. D | 79. D | 80. B | |

### 二、判断题

| | | | | | | | | |
|---|---|---|---|---|---|---|---|---|
| 81. × | 82. × | 83. × | 84. × | 85. × | 86. √ | 87. × | 88. × | 89. × |
| 90. × | 91. √ | 92. × | 93. × | 94. √ | 95. × | 96. × | 97. × | 98. √ |
| 99. × | 100. × | | | | | | | |

## 试卷二

### 一、单项选择

| | | | | | | | | |
|---|---|---|---|---|---|---|---|---|
| 1. B | 2. C | 3. C | 4. C | 5. D | 6. C | 7. D | 8. A | 9. C |
| 10. C | 11. A | 12. B | 13. C | 14. D | 15. D | 16. C | 17. D | 18. C |
| 19. C | 20. D | 21. D | 22. A | 23. A | 24. C | 25. D | 26. D | 27. C |
| 28. D | 29. D | 30. A | 31. A | 32. C | 33. D | 34. C | 35. D | 36. A |
| 37. A | 38. B | 39. D | 40. B | 41. D | 42. A | 43. C | 44. D | 45. C |
| 46. C | 47. D | 48. C | 49. D | 50. B | 51. A | 52. A | 53. B | 54. D |
| 55. C | 56. C | 57. D | 58. D | 59. B | 60. B | 61. D | 62. D | 63. D |
| 64. C | 65. B | 66. B | 67. A | 68. A | 69. A | 70. A | 71. A | 72. B |
| 73. D | 74. C | 75. A | 76. C | 77. A | 78. B | 79. A | 80. A | |

### 二、判断题

| | | | | | | | | |
|---|---|---|---|---|---|---|---|---|
| 81. √ | 82. √ | 83. √ | 84. × | 85. √ | 86. √ | 87. × | 88. × | 89. √ |
| 90. × | 91. × | 92. × | 93. × | 94. × | 95. √ | 96. √ | 97. √ | 98. × |
| 99. × | 100. × | | | | | | | |

## 试卷三

### 一、单项选择

1. C　2. A　3. C　4. C　5. B　6. A　7. A　8. D　9. C
10. C　11. B　12. C　13. B　14. D　15. A　16. D　17. B　18. B
19. C　20. A　21. D　22. A　23. D　24. D　25. C　26. A　27. B
28. D　29. C　30. C　31. B　32. B　33. B　34. C　35. A　36. A
37. D　38. D　39. A　40. B　41. D　42. C　43. A　44. D　45. A
46. D　47. C　48. D　49. A　50. A　51. B　52. A　53. D　54. B
55. D　56. A　57. D　58. C　59. D　60. C　61. D　62. A　63. B
64. A　65. B　66. A　67. C　68. C　69. C　70. B　71. B　72. A
73. C　74. B　75. B　76. C　77. D　78. C　79. D　80. A

### 二、判断题

81. ×　82. √　83. √　84. √　85. ×　86. √　87. ×　88. ×　89. ×
90. ×　91. ×　92. ×　93. ×　94. ×　95. √　96. ×　97. ×　98. √
99. ×　100. √